人工
智能

科学与技术丛书

AI源码解读
数字图像处理案例
（Python版）

李永华◎编著

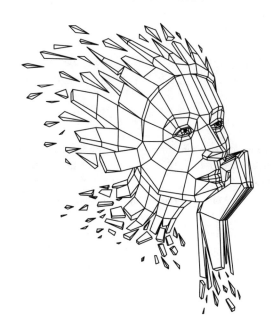

清華大学出版社

北京

内 容 简 介

本书以人工智能发展为时代背景，通过 20 个应用机器学习模型和算法的实际案例，为读者提供较为详细的实战方案，以便进行深度学习。

在编排方式上，全书侧重对创新项目的过程进行介绍，分别从整体设计、系统流程、实现模块等角度论述数据处理、模型训练和模型应用，并剖析模块的功能、使用及程序代码。为便于读者高效学习，快速掌握人工智能程序开发方法，本书配套提供项目设计工程文档、程序代码、实现过程中出现的问题及解决方法等资源，可供读者举一反三，二次开发。

本书语言简洁、深入浅出、通俗易懂，不仅适合对 Python 编程有兴趣的爱好者，而且可作为高等院校相关专业的参考教材，还可作为从事智能应用创新开发专业人员的技术参考书。

图书在版编目(CIP)数据

AI 源码解读. 数字图像处理案例：Python 版/李永华编著. —北京：清华大学出版社，2021.9(2022.7重印)
(人工智能科学与技术丛书)
ISBN 978-7-302-57158-2

Ⅰ. ①A… Ⅱ. ①李… Ⅲ. ①人工智能-算法 Ⅳ. ①TP18

中国版本图书馆 CIP 数据核字(2020)第 259431 号

责任编辑：盛东亮　钟志芳
封面设计：李召霞
责任校对：时翠兰
责任印制：曹婉颖

出版发行：清华大学出版社
　　　　　网　　　址：http://www.tup.com.cn, http://www.wqbook.com
　　　　　地　　　址：北京清华大学学研大厦 A 座　　　　邮　　编：100084
　　　　　社 总 机：010-83470000　　　　邮　　购：010-62786544
　　　　　投稿与读者服务：010-62776969, c-service@tup.tsinghua.edu.cn
　　　　　质量反馈：010-62772015, zhiliang@tup.tsinghua.edu.cn
　　　　　课件下载：http://www.tup.com.cn, 010-83470236
印 装 者：三河市铭诚印务有限公司
经　　销：全国新华书店
开　　本：186mm×240mm　　印　张：30.75　　　　字　　数：691 千字
版　　次：2021 年 11 月第 1 版　　　　　　　　印　　次：2022 年 7 月第 2 次印刷
印　　数：1501～2500
定　　价：119.00 元

产品编号：090182-01

前言
PREFACE

  Python 作为人工智能和大数据领域的主要开发语言,具有灵活性强、扩展性好、应用面广、可移植、可扩展、可嵌入等特点,近年来发展迅速,热度不减,人才需求量逐年攀升,已经成为高等院校的专业课程。

  为适应当前教学改革的要求,更好地践行人工智能模型与算法的应用,本书以实践教学与创新能力培养为目标,采取了创新方式,从不同难度、不同类型、不同算法,融合了同类教材的优点,将实际智能应用案例进行总结,希望起到抛砖引玉的作用。

  本书的主要内容和素材来自开源网站的人工智能经典模型算法、信息工程专业创新课程内容及作者所在学校近几年承担的科研项目成果、作者指导学生完成的创新项目。通过这些创新项目学生不仅学到了知识,提高了能力,而且为本书提供了第一手素材和相关资料。

  本书内容由总述到分述、先理论后实践,采用系统整体架构、系统流程与代码实现相结合的方式,对于从事人工智能开发、机器学习和算法实现的专业技术人员可作为技术参考书,提高其工程创新能力;也可作为信息通信工程及相关专业本科生的参考书,为机器学习模型分析、算法设计和实现提供帮助。

  本书的编写得到了教育部电子信息类专业教学指导委员会、信息工程专业国家第一类特色专业建设项目、信息工程专业国家第二类特色专业建设项目、教育部 CDIO 工程教育模式研究与实践项目、教育部本科教学工程项目、信息工程专业北京市特色专业建设、北京市教育教学改革项目、北京邮电大学教育教学改革项目(2020JC03)的大力支持,在此表示感谢!

  由于作者水平有限,书中疏漏之处在所难免,衷心地希望各位读者多提宝贵意见,以便作者进一步修改和完善。

编 者

2021 年 7 月

目录
CONTENTS

项目 1　基于插帧和超分辨率的视频增强应用 ·· 1

1.1　总体设计 ·· 1

1.1.1　系统整体结构 ·· 1

1.1.2　系统流程 ··· 2

1.2　运行环境 ·· 2

1.2.1　Python 环境 ·· 2

1.2.2　PyTorch 环境 ·· 3

1.2.3　FFmpeg 使用 ·· 3

1.2.4　百度 AI Studio 使用 ··· 3

1.3　模块实现 ·· 4

1.3.1　视频处理模块 ·· 4

1.3.2　超分辨率模块 ·· 6

1.3.3　插帧模块 ··· 22

1.3.4　GUI 模块 ··· 27

1.4　系统测试 ·· 40

1.4.1　算法训练 ··· 40

1.4.2　GUI 界面效果 ·· 41

1.4.3　输出效果展示 ·· 43

项目 2　基于 Pix2Pix 的快速图像风格迁移 ··· 45

2.1　总体设计 ·· 45

2.1.1　系统整体结构 ·· 45

2.1.2　系统流程 ··· 46

2.2　运行环境 ·· 47

2.2.1　Python 环境 ·· 47

2.2.2　TensorFlow 环境 ·· 48

2.2.3　Flask 环境 ·· 49

2.2.4　微信小程序环境 ··· 49

2.3　模块实现 ·· 51

2.3.1　数据预处理 ·· 51

2.3.2　创建模型与编译 ··· 52

2.3.3 模型训练及保存 ··· 56

2.3.4 构建 Pix2Pix 数据集 ··· 60

2.3.5 Pix2Pix 模型构建 ·· 63

2.3.6 Pix2Pix 模型训练及保存 ···································· 68

2.3.7 后端搭建 ··· 69

2.4 系统测试 ··· 77

2.4.1 训练效果 ·· 77

2.4.2 测试效果 ·· 78

2.4.3 模型应用 ·· 79

项目 3 常见花卉识别 ·· 81

3.1 总体设计 ··· 81

3.1.1 系统整体结构 ··· 81

3.1.2 系统流程 ·· 82

3.2 运行环境 ··· 83

3.2.1 Python 环境 ··· 83

3.2.2 TensorFlow 环境 ·· 83

3.2.3 Android 环境 ··· 84

3.3 模块实现 ··· 87

3.3.1 数据预处理 ··· 87

3.3.2 创建模型并编译 ·· 92

3.3.3 模型训练及保存 ·· 95

3.3.4 模型生成 ·· 98

3.4 系统测试 ··· 109

3.4.1 训练准确率 ··· 109

3.4.2 测试效果 ·· 111

3.4.3 模型应用 ·· 111

项目 4 基于 Keras 的狗狗分类与人脸相似检测器 ··················· 114

4.1 总体设计 ··· 114

4.1.1 系统整体结构 ··· 114

4.1.2 系统流程 ·· 115

4.2 运行环境 ··· 115

4.2.1 Python 环境 ··· 115

4.2.2 TensorFlow 环境 ·· 116

4.2.3 Keras 环境 ··· 116

4.2.4 安装库 ··· 116

4.3 模块实现 ··· 117

4.3.1 数据预处理 ··· 117

4.3.2 模型编译主体 ··· 118

4.3.3 图像检测 ·· 120

   4.3.4　文本数据翻译与爬虫 ……………………………………… 121

   4.3.5　模型训练评估与生成 ……………………………………… 122

   4.3.6　前端界面 …………………………………………………… 126

  4.4　系统测试 ………………………………………………………… 130

   4.4.1　前端界面展示 ……………………………………………… 130

   4.4.2　程序功能介绍 ……………………………………………… 130

   4.4.3　识别狗狗效果展示 ………………………………………… 131

   4.4.4　识别人脸效果展示 ………………………………………… 132

项目 5　猫猫相机 ………………………………………………………… 133

  5.1　总体设计 ………………………………………………………… 133

   5.1.1　系统整体结构 ……………………………………………… 133

   5.1.2　系统流程 …………………………………………………… 134

  5.2　运行环境 ………………………………………………………… 134

   5.2.1　Python 环境 ………………………………………………… 135

   5.2.2　mxnet 环境 ………………………………………………… 135

   5.2.3　OpenCV 环境 ……………………………………………… 135

  5.3　模块实现 ………………………………………………………… 135

   5.3.1　数据预处理 ………………………………………………… 135

   5.3.2　创建模型并编译 …………………………………………… 137

   5.3.3　模型训练及保存 …………………………………………… 138

   5.3.4　模型测试 …………………………………………………… 140

  5.4　系统测试 ………………………………………………………… 156

   5.4.1　训练准确率 ………………………………………………… 156

   5.4.2　测试效果 …………………………………………………… 156

   5.4.3　模型应用 …………………………………………………… 157

项目 6　基于 Mask R-CNN 的动物识别分割及渲染 …………………… 159

  6.1　总体设计 ………………………………………………………… 159

   6.1.1　系统整体结构 ……………………………………………… 159

   6.1.2　系统流程 …………………………………………………… 160

  6.2　运行环境 ………………………………………………………… 160

   6.2.1　Python 环境 ………………………………………………… 161

   6.2.2　TensorFlow-GPU 环境 ……………………………………… 161

   6.2.3　Keras 环境 ………………………………………………… 162

   6.2.4　pycocotools 2.0 环境 ……………………………………… 162

   6.2.5　其他依赖库 ………………………………………………… 162

  6.3　模块实现 ………………………………………………………… 162

   6.3.1　数据预处理 ………………………………………………… 162

   6.3.2　数据集处理 ………………………………………………… 163

   6.3.3　模型训练及保存 …………………………………………… 170

　　　　6.3.4　渲染效果实现 ……………………………………………………………… 173
　　　　6.3.5　GUI 设计 ………………………………………………………………… 174
　　6.4　系统测试 …………………………………………………………………………… 177
　　　　6.4.1　模型评估 ………………………………………………………………… 177
　　　　6.4.2　测试效果 ………………………………………………………………… 179
　　　　6.4.3　模型应用 ………………………………………………………………… 179

项目 7　新冠肺炎辅助诊断系统 ……………………………………………………………… 181
　　7.1　总体设计 …………………………………………………………………………… 181
　　　　7.1.1　系统整体结构 …………………………………………………………… 181
　　　　7.1.2　系统流程 ………………………………………………………………… 181
　　7.2　运行环境 …………………………………………………………………………… 182
　　　　7.2.1　Python 环境 ……………………………………………………………… 183
　　　　7.2.2　PaddlePaddle 环境 ……………………………………………………… 183
　　　　7.2.3　在线运行 ………………………………………………………………… 185
　　7.3　模块实现 …………………………………………………………………………… 185
　　　　7.3.1　定义待测数据 …………………………………………………………… 185
　　　　7.3.2　加载预训练模型 ………………………………………………………… 197
　　　　7.3.3　数据预处理 ……………………………………………………………… 198
　　　　7.3.4　可视化操作 ……………………………………………………………… 199
　　7.4　系统测试 …………………………………………………………………………… 214
　　　　7.4.1　DICOM 图像 ……………………………………………………………… 214
　　　　7.4.2　预处理后的图像 ………………………………………………………… 215
　　　　7.4.3　肺部分割 ………………………………………………………………… 216
　　　　7.4.4　病灶分割 ………………………………………………………………… 217
　　　　7.4.5　分割结果 ………………………………………………………………… 219
　　　　7.4.6　统计输出结果 …………………………………………………………… 220

项目 8　Stroke-Controllable 快速风格迁移在网页端应用 ……………………………… 221
　　8.1　总体设计 …………………………………………………………………………… 221
　　　　8.1.1　系统整体结构 …………………………………………………………… 221
　　　　8.1.2　系统流程 ………………………………………………………………… 222
　　8.2　运行环境 …………………………………………………………………………… 222
　　　　8.2.1　Python 环境 ……………………………………………………………… 222
　　　　8.2.2　TensorFlow 环境 ………………………………………………………… 223
　　　　8.2.3　Linux 环境 ……………………………………………………………… 223
　　　　8.2.4　网页配置环境 …………………………………………………………… 223
　　8.3　模块实现 …………………………………………………………………………… 223
　　　　8.3.1　数据预处理 ……………………………………………………………… 224
　　　　8.3.2　模型构建 ………………………………………………………………… 224
　　　　8.3.3　模型训练及保存 ………………………………………………………… 227

　　　　8.3.4　模型测试 ·· 235

　8.4　系统测试 ·· 254

　　　　8.4.1　训练准确率 ·· 254

　　　　8.4.2　测试效果 ·· 254

　　　　8.4.3　模型应用 ·· 255

项目 9　SRGAN 网络在网站默认头像生成中的应用 ············· 258

　9.1　总体设计 ·· 258

　　　　9.1.1　系统整体结构 ······································ 258

　　　　9.1.2　系统流程 ·· 259

　9.2　运行环境 ·· 259

　　　　9.2.1　TensorFlow 环境 ···································· 259

　　　　9.2.2　网页服务器开发环境 ································ 261

　9.3　模块实现 ·· 265

　　　　9.3.1　数据预处理 ·· 265

　　　　9.3.2　模型构建 ·· 269

　　　　9.3.3　模型训练及保存 ···································· 277

　　　　9.3.4　网站搭建 ·· 281

　9.4　系统测试 ·· 294

项目 10　乱序成语验证码识别 ································· 295

　10.1　总体设计 ··· 295

　　　　10.1.1　系统整体结构 ····································· 295

　　　　10.1.2　系统流程 ··· 296

　10.2　运行环境 ··· 297

　　　　10.2.1　Python 环境 ······································· 297

　　　　10.2.2　TensorFlow 环境 ··································· 297

　　　　10.2.3　安装所需的包 ····································· 297

　10.3　模块实现 ··· 298

　　　　10.3.1　数据预处理 ······································· 298

　　　　10.3.2　模型一的构建和训练 ······························ 300

　　　　10.3.3　模型二的构建和训练 ······························ 304

　　　　10.3.4　乱序成语验证码识别 ······························ 310

　　　　10.3.5　可视化界面的实现 ································· 312

　10.4　系统测试 ··· 315

　　　　10.4.1　训练准确率 ······································· 315

　　　　10.4.2　测试效果 ··· 316

　　　　10.4.3　可视化界面应用 ··································· 317

项目 11　基于 CNN 的 SNEAKERS 识别 ························ 319

　11.1　总体设计 ··· 319

　　　　11.1.1　系统整体结构 ····································· 319

　　　　11.1.2　系统流程 ·· 320

　　11.2　运行环境 ·· 320

　　　　11.2.1　Python 环境与 Flask 框架 ······························ 320

　　　　11.2.2　环境配置与工具包 ····································· 320

　　　　11.2.3　微信小程序环境 ······································· 321

　　11.3　模块实现 ·· 321

　　　　11.3.1　数据制作 ··· 321

　　　　11.3.2　数据构建 ··· 322

　　　　11.3.3　模型训练及保存 ······································· 324

　　　　11.3.4　模型测试 ··· 326

　　　　11.3.5　前端与后台搭建 ······································· 327

　　11.4　系统测试 ·· 334

　　　　11.4.1　训练准确率 ··· 334

　　　　11.4.2　测试效果 ··· 335

　　　　11.4.3　模型应用 ··· 335

项目 12　基于 SRGAN 的单图像超分辨率 ································ 337

　　12.1　总体设计 ·· 337

　　　　12.1.1　系统整体结构 ··· 337

　　　　12.1.2　系统流程 ··· 338

　　12.2　运行环境 ·· 338

　　　　12.2.1　Python 环境 ··· 338

　　　　12.2.2　PyTorch 环境 ·· 339

　　　　12.2.3　网页端 Flask 框架 ····································· 339

　　　　12.2.4　PyQt 环境配置 ··· 339

　　12.3　模块实现 ·· 342

　　　　12.3.1　数据预处理 ··· 342

　　　　12.3.2　数据导入 ··· 342

　　　　12.3.3　定义模型 ··· 344

　　　　12.3.4　定义损失函数 ··· 345

　　　　12.3.5　模型训练及保存 ······································· 347

　　　　12.3.6　服务器端架构 ··· 348

　　　　12.3.7　本地单机程序 ··· 348

　　12.4　系统测试 ·· 350

项目 13　滤镜复制 ·· 352

　　13.1　总体设计 ·· 352

　　　　13.1.1　系统整体结构 ··· 352

　　　　13.1.2　系统流程 ··· 353

　　13.2　运行环境 ·· 354

　　　　13.2.1　Anaconda 环境 ··· 354

　　　　13.2.2　TensorFlow 环境 ··· 354

　　　　13.2.3　Keras 环境 ··· 354

　　13.3　模块实现 ··· 355

　　　　13.3.1　模式选择 ··· 355

　　　　13.3.2　任意风格模式 ··· 355

　　　　13.3.3　固定风格模式 ··· 363

　　13.4　系统测试 ··· 368

　　　　13.4.1　任意风格模式测试结果 ··· 368

　　　　13.4.2　固定风格模式测试结果 ··· 369

项目 14　基于 PyTorch 的快速风格迁移 ··· 372

　　14.1　总体设计 ··· 372

　　　　14.1.1　系统整体结构 ··· 372

　　　　14.1.2　系统流程 ··· 373

　　14.2　运行环境 ··· 373

　　　　14.2.1　Python 环境 ··· 373

　　　　14.2.2　PyTorch 环境 ··· 373

　　　　14.2.3　PyQt5 环境 ··· 374

　　14.3　模块实现 ··· 374

　　　　14.3.1　数据预处理 ··· 374

　　　　14.3.2　模型构建 ··· 375

　　　　14.3.3　模型训练及保存 ··· 378

　　　　14.3.4　界面化及应用 ··· 380

　　14.4　系统测试 ··· 386

　　　　14.4.1　训练准确率 ··· 386

　　　　14.4.2　测试效果 ··· 386

　　　　14.4.3　程序应用 ··· 387

项目 15　CASIA-HWDB 手写汉字识别 ··· 389

　　15.1　总体设计 ··· 389

　　　　15.1.1　系统整体结构 ··· 389

　　　　15.1.2　系统流程 ··· 390

　　15.2　运行环境 ··· 390

　　　　15.2.1　Python 环境 ··· 390

　　　　15.2.2　TensorFlow 环境 ··· 391

　　　　15.2.3　wxPython 和 OpenCV 环境 ··· 391

　　　　15.2.4　pyttsx3 环境 ··· 391

　　15.3　模块实现 ··· 391

　　　　15.3.1　数据预处理 ··· 392

　　　　15.3.2　模型构建 ··· 393

　　　　15.3.3　模型训练及保存 ··· 395

15.3.4　前端界面 ·· 398
15.4　系统测试 ··· 402
15.4.1　测试效果 ·· 402
15.4.2　模型应用 ·· 403

项目 16　图像智能修复 ·· 405
16.1　总体设计 ··· 405
16.1.1　系统整体结构 ·· 405
16.1.2　系统流程 ·· 406
16.2　运行环境 ··· 408
16.2.1　Python 环境 ··· 408
16.2.2　TensorFlow 环境 ··· 408
16.2.3　OpenFace 环境 ·· 409
16.3　模块实现 ··· 410
16.3.1　数据预处理 ·· 410
16.3.2　模型构建 ·· 411
16.3.3　模型训练 ·· 414
16.3.4　程序实现 ·· 415
16.3.5　GUI 设计 ·· 417
16.3.6　程序打包 ·· 418
16.4　系统测试 ··· 418
16.4.1　GAN 网络损失变化 ·· 418
16.4.2　测试效果 ·· 419

项目 17　黑白图像自动着色 ·· 421
17.1　总体设计 ··· 421
17.1.1　系统整体结构 ·· 421
17.1.2　系统流程 ·· 422
17.2　运行环境 ··· 423
17.3　模块实现 ··· 424
17.3.1　数据预处理 ·· 424
17.3.2　模型构建与训练 ·· 424
17.3.3　模型调用与结果优化 ·· 430
17.3.4　结果展示 ·· 433
17.4　系统测试 ··· 435

项目 18　深度神经网络压缩与加速技术在风格迁移中的应用 ······················· 437
18.1　总体设计 ··· 437
18.1.1　系统整体结构 ·· 437
18.1.2　系统流程 ·· 437
18.2　运行环境 ··· 438
18.2.1　Python 环境 ··· 438

18.2.2　GPU 环境 ·· 439
18.3　模块实现 ··· 440
　　18.3.1　数据预处理 ·· 440
　　18.3.2　创建模型 ·· 441
　　18.3.3　模型训练及保存 ·· 444
　　18.3.4　模型测试 ·· 444
18.4　系统测试 ··· 445
　　18.4.1　风格迁移效果 ·· 445
　　18.4.2　网络的加速与压缩 ······································ 446

项目 19　迁移学习的狗狗分类器 ·· 449
19.1　总体设计 ··· 449
　　19.1.1　系统整体结构 ·· 449
　　19.1.2　系统流程 ·· 450
19.2　运行环境 ··· 450
　　19.2.1　Python 环境 ··· 450
　　19.2.2　TensorFlow 环境 ······································· 451
　　19.2.3　Keras 环境 ·· 451
　　19.2.4　wxPython 的安装 ······································· 451
19.3　模块实现 ··· 451
　　19.3.1　数据预处理 ·· 452
　　19.3.2　模型构建 ·· 452
　　19.3.3　模型训练 ·· 454
　　19.3.4　API 调用 ·· 455
　　19.3.5　模型生成 ·· 457
19.4　系统测试 ··· 458
　　19.4.1　训练准确率 ·· 458
　　19.4.2　测试效果 ·· 460
　　19.4.3　模型应用 ·· 460

项目 20　基于 TensorFlow 的人脸检测及追踪 ···························· 466
20.1　总体设计 ··· 466
　　20.1.1　系统整体结构 ·· 466
　　20.1.2　系统流程 ·· 466
20.2　运行环境 ··· 467
　　20.2.1　Python 环境 ··· 467
　　20.2.2　TensorFlow 环境 ······································· 467
　　20.2.3　models 环境 ··· 468
20.3　模块实现 ··· 468
　　20.3.1　数据预处理 ·· 468
　　20.3.2　模型构建 ·· 471
　　20.3.3　模型训练及保存 ·· 476
20.4　系统测试 ··· 476

项目 1
PROJECT 1

基于插帧和超分辨率的
视频增强应用

本项目基于插帧和超分辨率的视频增强应用,通过 COCO 数据集,选择 SRGAN 模型训练,制作 GUI 界面,提高视频的清晰度与流畅度。

1.1 总体设计

本部分包括系统整体结构和系统流程。

1.1.1 系统整体结构

系统整体结构如图 1-1 所示。

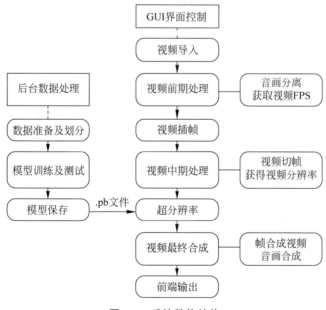

图 1-1 系统整体结构

1.1.2　系统流程

系统流程如图 1-2 所示。

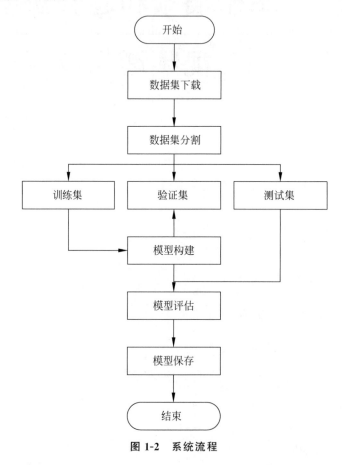

图 1-2　系统流程

1.2　运行环境

本部分包括 Python 环境、PyTorch 环境、FFmpeg 和百度 AI Studio 的使用。

1.2.1　Python 环境

需要 Python 3.7 及以上配置，在 Windows 环境下推荐下载 Anaconda 完成 Python 所需环境的配置，下载地址为 https://www.anaconda.com/，也可以下载虚拟机在 Linux 环境下运行代码。

1.2.2 PyTorch 环境

打开 Anaconda Prompt,输入清华仓库镜像,输入命令:

```
conda config -- add channels https://mirrors.tuna.tsinghua.edu.cn/anaconda/pkgs/free/
conda config -- add channels https://mirrors.tuna.tsinghua.edu.cn/anaconda/cloud/conda-forge
conda config -- add channels https://mirrors.tuna.tsinghua.edu.cn/anaconda/cloud/msys2/
conda config - set show_channel_urls yes
```

创建 Python 3.7 的环境,名称为 PyTorch:
有需要确认的地方,都输入 y。
在 Anaconda Prompt 中激活 PyTorch 环境,输入命令:

```
activate pytorch
```

安装 PyTorch 和 cuda 10.1,输入命令:

```
conda install torch torchvision cudatoolkit = 10.1
```

安装完毕。

1.2.3 FFmpeg 使用

下载 FFmpeg,下载地址为 http://ffmpeg.org/,将 ffmpeg.exe 与主程序放在同一目录下即可,在主程序中使用 os 模块运行命令行调用。

1.2.4 百度 AI Studio 使用

打开网页 https://aistudio.baidu.com/aistudio/index,注册百度账号,进入项目页面单击"创建项目",选择配置资源为 Notebook,上传数据集(最多两个)。

进入项目后,上传代码,将数据集解压,若使用 PyTorch 则需在终端进行如下操作,创建新的 Python 环境,输入命令:

```
conda create - n name(环境名) python = x.x(版本号)
```

进入创建的环境,输入命令:

```
source activate name(环境名)
```

下载 PyTorch,输入命令:

```
pip install torch torchvision
```

PyTorch 配置完成后,在终端输入命令:

```
python xx.py
```

进行训练，完成后将模型下载到本地。

1.3 模块实现

本项目包括 4 个模块：视频处理模块、超分辨率模块、插帧模块和 GUI 模块，下面分别给出各模块的功能介绍及相关代码。

1.3.1 视频处理模块

本模块采用 FFmpeg 和 OpenCV 进行视频处理。具体包括：

（1）对原视频进行音画分离。

（2）对插帧后的视频进行插帧。

（3）对超分辨率后的图片合成为视频。

（4）视频的音画重新合成。

（5）清除产生的图片缓存。

相关代码如下：

```python
import cv2  # 导入各个模块
import os, sys
import subprocess
from scipy.io import wavfile
from tqdm import tqdm
from PIL import Image
# 音画分离
def VideoSlit(VideoPath, VideoOutput, AudioOutput):
    strcmd = "ffmpeg - i " + VideoPath + " - f mp3 " + AudioOutput + " - y"
    subprocess.call(strcmd, shell = True)
    strcmd2 = "ffmpeg - i" + VideoPath + " - vcodec copy - an" + "" + VideoOutput + " - y"
    subprocess.call(strcmd2, shell = True)
# 获取视频 FPS
def GetFps(videoPath):
    cap = cv2.VideoCapture(videoPath)
    fps = cap.get(cv2.CAP_PROP_FPS)
    return fps
# 获取视频分辨率
def GetSize(videoPath, times):
    cap = cv2.VideoCapture(videoPath)
    width = cap.get(cv2.CAP_PROP_FRAME_WIDTH)
    high = cap.get(cv2.CAP_PROP_FRAME_HEIGHT)
    size = (int(width * times), int(high * times))
    return size
# 音画合成
def VideoCompose(VideoInput, AudioInput, Output):
```

```python
    strcmd = "ffmpeg - i " + VideoInput + " - i " + AudioInput + ' - vcodec copy - acodec copy '
+ Output + " - y"
    subprocess.call(strcmd, shell = True)
# 视频帧生成
def FrameCreate(VideoInput, fps, ImageOut):
    strcmd = "ffmpeg - i " + VideoInput + " - r " + fps + " " + ImageOut + " - y"
    subprocess.call(strcmd, shell = True)
# 帧生成视频,FFmpeg 方式
def VideoCreate_ff(ImagePath, fps, OutVideo):
    strcmd = "ffmpeg - r " + fps + " - i " + ImagePath + " - vcodec ffvhuff" + " " + OutVideo +
" - y"
    subprocess.call(strcmd, shell = True)
# 帧生成视频,OpenCV 方式
def VideoCreate_opencv(ImagePath, fps, OutVideo):
    filelist = os.listdir(ImagePath)
    image = Image.open(ImagePath + '00000.png')
    size = image.size
    output_format = 'mp4v'
    video = cv2.VideoWriter(OutVideo, cv2.VideoWriter_fourcc( * output_format), fps, size)
# 视频输出
    for i, item in enumerate(tqdm(filelist, desc = 'video creating')):
        if item.endswith('.png'):
            item = ImagePath + item
            img = cv2.imread(item)
            video.write(img)
    video.release()
    cv2.destroyAllWindows()
# 清除缓存
def FileDelete(filepath):
    del_list = os.listdir(filepath)
    for f in tqdm(del_list, desc = 'cleaning cache ' + filepath):
        file_path = os.path.join(filepath, f)
        if os.path.isfile(file_path):
            os.remove(file_path)
        elif os.path.isdir(file_path):
            shutil.rmtree(file_path)
# 根据文件夹清除缓存
def CacheDelete(file):
    for item in file:
        FileDelete(item)
# 图片分辨率设置
def ImageResize(ImagePath, Resize, size):
    Resize = Resize/4
    if Resize != 1:
        ImageList = os.listdir(ImagePath)
        for image in tqdm(ImageList, desc = "resizing"):
            src = cv2.imread(ImagePath + image)
```

```
src = cv2.resize(src, size)
cv2.imwrite(ImagePath + image, src)
```

1.3.2 超分辨率模块

采用 SRGAN 算法,完成数据载入与处理、模型创建与训练及模型生成。因为训练过程对 GPU 性能要求高,所以在百度 AI studio 上运行。

1. 数据载入与处理

本模块采用 MS COCO 数据集作为训练集,BSDS100 和 BSDS300 数据集作为测试集,并创建 json 文件记录位置。将训练时数据集中的图片缩小作为高分辨率图像,用 opencv 放大原尺寸作为低分辨率图像。

MS COCO 数据集包括 82783 张训练图像和 40504 张验证图像,下载地址为 http://cocodataset.org/。

BSDS100 和 BSDS300 数据集包含 100 张图像和 300 张图像,下载地址为 https://www.eecs.berkeley.edu/Research/Projects/CS/vision/bsds/。

相关代码如下:

```python
#create_data_lists.py,创建数据列表
#创建 json 文件
from utils import create_data_lists
if __name__ == '__main__':
    create_data_lists(train_folders = ['./data/COCO2014/train2014',
                                       './data/COCO2014/val2014'],
                      test_folders = ['./data/BSD100',
                                      './data/BSD300/images/train',
                                      './data/BSD300?images/test'],
                      min_size = 100,
                      output_folder = './data/')
#datasets.py,加载数据集
import torch #导入模块
from torch.utils.data import Dataset
import json
import os
from PIL import Image
from utils import ImageTransforms
class SRDataset(Dataset):
    #数据集加载器
    def __init__(self, data_folder, split, crop_size, scaling_factor, lr_img_type, hr_img_type, test_data_name = None):
        self.data_folder = data_folder
        self.split = split.lower()
        self.crop_size = int(crop_size)
        self.scaling_factor = int(scaling_factor)
```

```python
        self.lr_img_type = lr_img_type
        self.hr_img_type = hr_img_type
        self.test_data_name = test_data_name  # 测试集数据名称
        assert self.split in {'train', 'test'}
        if self.split == 'test' and self.test_data_name is None:
            raise ValueError("请提供测试数据集名称!")
        assert lr_img_type in {'[0,255]', '[0,1]', '[-1,1]', 'imagenet-norm'}
        assert hr_img_type in {'[0,255]', '[0,1]', '[-1,1]', 'imagenet-norm'}
        # 如果是训练,则所有图像必须保持固定的分辨率以保证能够整除放大比例
        # 如果是测试,则不需要对图像的长宽做限定
        if self.split == 'train':
            assert self.crop_size % self.scaling_factor == 0, "裁剪尺寸不能被放大比例整除!"
        # 读取图像路径
        if self.split == 'train':
            with open(os.path.join(data_folder, 'train_images.json'), 'r') as j:
                self.images = json.load(j)
        else:
            with open(os.path.join(data_folder, self.test_data_name + '_test_images.json'), 'r') as j:
                self.images = json.load(j)
        # 数据处理方式
        self.transform = ImageTransforms(split=self.split,
                                         crop_size=self.crop_size,
                                         scaling_factor=self.scaling_factor,
                                         lr_img_type=self.lr_img_type,
                                         hr_img_type=self.hr_img_type)

    def __getitem__(self, i):
        # 读取图像
        img = Image.open(self.images[i], mode='r')
        img = img.convert('RGB')
        if img.width <= 96 or img.height <= 96:
            print(self.images[i], img.width, img.height)
        lr_img, hr_img = self.transform(img)
        return lr_img, hr_img

    def __len__(self):
        # 为了使用 PyTorch 的 DataLoader,必须提供该方法,返回加载的图像总数
        return len(self.images)

# utils.py,定义各种对图像处理的函数
from PIL import Image
import os
import json
import random
import torchvision.transforms.functional as FT
import torch
import math
device = torch.device("cuda" if torch.cuda.is_available() else "cpu")
```

```python
#常量
rgb_weights = torch.FloatTensor([65.481, 128.553, 24.966]).to(device)
imagenet_mean = torch.FloatTensor([0.485, 0.456,
                                   0.406]).unsqueeze(1).unsqueeze(2)
imagenet_std = torch.FloatTensor([0.229, 0.224,
                                  0.225]).unsqueeze(1).unsqueeze(2)
imagenet_mean_cuda = torch.FloatTensor(
    [0.485,0.456,0.406]).to(device).unsqueeze(0).unsqueeze(2).unsqueeze(3)
imagenet_std_cuda = torch.FloatTensor(
    [0.229,0.224,0.225]).to(device).unsqueeze(0).unsqueeze(2).unsqueeze(3)
def create_data_lists(train_folders,test_folders,min_size,output_folder):
    print("\n 正在创建文件列表... 请耐心等待.\n") #创建数据集列表
    train_images = list()
    for d in train_folders:
        for i in os.listdir(d):
            img_path = os.path.join(d, i)
            img = Image.open(img_path, mode = 'r')
            if img.width >= min_size and img.height >= min_size:
                train_images.append(img_path)
    print("训练集中共有 %d 张图像\n" % len(train_images))
    with open(os.path.join(output_folder, 'train_images.json'),'w') as j:
        json.dump(train_images, j) #打开训练图片
    for d in test_folders:
        test_images = list() #测试图片列表
        test_name = d.split("/")[-1]
        for i in os.listdir(d):
            img_path = os.path.join(d, i)
            img = Image.open(img_path, mode = 'r')
            if img.width >= min_size and img.height >= min_size:
                test_images.append(img_path)
        print("在测试集 %s 中共有 %d 张图像\n" %
            (test_name, len(test_images)))
        with open(os.path.join(output_folder, test_name + '_test_images.json'),'w') as j:
            json.dump(test_images, j)
    print("生成完毕.训练集和测试集文件列表已保存在 %s 下\n" % output_folder)
def convert_image(img, source, target):
    assert source in {'pil', '[0, 1]', '[-1, 1]'
                      }, "无法转换图像源格式 %s!" % source
    assert target in {
        'pil','[0, 255]','[0, 1]','[-1, 1]','imagenet-norm', 'y-channel'
    }, "无法转换图像目标格式 t %s!" % target
    #转换图像数据至[0, 1]
    if source == 'pil':
        img = FT.to_tensor(img)
#把取值范围是[0,255]的 PIL.Image 转换成形状为[C,H,W]的 Tensor,取值范围是[0,1.0]
    elif source == '[0, 1]':
        pass #已经在[0, 1],无须处理
```

```
    elif source == '[-1, 1]':
        img = (img + 1.) / 2.
    # 从[0, 1]转换至目标格式
    if target == 'pil':
        img = FT.to_pil_image(img)
    elif target == '[0, 255]':
        img = 255. * img
    elif target == '[0, 1]':
        pass # 无须处理
    elif target == '[-1, 1]':
        img = 2. * img - 1.
    elif target == 'imagenet-norm':
        if img.ndimension() == 3:
            img = (img - imagenet_mean) / imagenet_std
        elif img.ndimension() == 4:
            img = (img - imagenet_mean_cuda) / imagenet_std_cuda
    elif target == 'y-channel':
        # torch.dot() does not work the same way as numpy.dot()
        # So, use torch.matmul() to find the dot product between the last dimension of an 4-D
tensor and a 1-D tensor
        img = torch.matmul(255. * img.permute(0, 2, 3, 1)[:, 4:-4, 4:-4, :],
                           rgb_weights) / 255. + 16.
    return img
class ImageTransforms(object):
    # 图像变换
    def __init__(self, split, crop_size, scaling_factor, lr_img_type,
                 hr_img_type):
        self.split = split.lower()
        self.crop_size = crop_size
        self.scaling_factor = scaling_factor
        self.lr_img_type = lr_img_type
        self.hr_img_type = hr_img_type
        assert self.split in {'train', 'test'}
    def __call__(self, img):
        # 裁剪
        if self.split == 'train':
            # 从原图中随机裁剪一个子块作为高分辨率图像
            left = random.randint(1, img.width - self.crop_size)
            top = random.randint(1, img.height - self.crop_size)
            right = left + self.crop_size
            bottom = top + self.crop_size
            hr_img = img.crop((left, top, right, bottom))
        else:
            # 从图像中裁剪出能被放大比例整除的图像
            x_remainder = img.width % self.scaling_factor
            y_remainder = img.height % self.scaling_factor
            left = x_remainder // 2
```

```python
                top = y_remainder // 2
                right = left + (img.width - x_remainder)
                bottom = top + (img.height - y_remainder)
                hr_img = img.crop((left, top, right, bottom))
            # 下采样(双三次差值)
            lr_img = hr_img.resize((int(hr_img.width/self.scaling_factor),
                                    int(hr_img.height / self.scaling_factor)),
                                   Image.BICUBIC)
            # 安全性检查
            assert hr_img.width == lr_img.width * self.scaling_factor and hr_img.height == lr
_img.height * self.scaling_factor
            # 转换图像
            lr_img = convert_image(lr_img, source = 'pil', target = self.lr_img_type)
            hr_img = convert_image(hr_img, source = 'pil', target = self.hr_img_type)
            return lr_img, hr_img
class AverageMeter(object):
    # 跟踪记录类,用于统计一组数据的平均值、累加和、数据个数
    def __init__(self):
        self.reset()
    def reset(self): # 重置
        self.val = 0
        self.avg = 0
        self.sum = 0
        self.count = 0
    def update(self, val, n = 1): # 更新
        self.val = val
        self.sum += val * n
        self.count += n
        self.avg = self.sum / self.count
def clip_gradient(optimizer, grad_clip): # 优化梯度截断
    for group in optimizer.param_groups:
        for param in group['params']:
            if param.grad is not None:
                param.grad.data.clamp_(-grad_clip, grad_clip)
def save_checkpoint(state, filename):
    # 保存训练结果
    torch.save(state, filename)
def adjust_learning_rate(optimizer, shrink_factor):
    print("\n 调整学习率.")
    for param_group in optimizer.param_groups:
    param_group['lr'] = param_group['lr'] * shrink_factor
    print("新的学习率为 % f\n" % (optimizer.param_groups[0]['lr'], ))
```

2. 模型创建与训练

SRGAN 模型结构分为生成网络和判别网络。生成网络(SRResNet)包含多个残差块，每个残差块中包含两个 3×3 的卷积层，卷积层后接批规范化层(batch normalization，BN)

和 PReLU 作为激活函数,两个亚像素卷积层(sub-pixel convolution layers)被用来增大特征尺寸。判别网络包含 8 个卷积层,随着网络层数加深,特征个数不断增加,尺寸不断减小,选取激活函数为 LeakyReLU,通过两个全连接层和最终的 sigmoid 激活函数得到预测为自然图像的概率。相关代码如下:

```python
# SRmodel.py,模型
import torch
from torch import nn
import torchvision
import math
class ConvolutionalBlock(nn.Module):   # 卷积块
    def __init__(self, in_channels, out_channels, kernel_size, stride = 1, batch_norm = False, activation = None):   # 初始化
        super(ConvolutionalBlock, self).__init__()
        if activation is not None:
            activation = activation.lower()
            assert activation in {'prelu', 'leakyrelu', 'tanh'}
        # 层列表
        layers = list()
        # 1 个卷积层
        layers.append(
            nn.Conv2d(in_channels = in_channels, out_channels = out_channels, kernel_size = kernel_size, stride = stride,
                      padding = kernel_size // 2))
        # 1 个 BN 归一化层
        if batch_norm is True:
            layers.append(nn.BatchNorm2d(num_features = out_channels))
        # 1 个激活层
        if activation == 'prelu':
            layers.append(nn.PReLU())
        elif activation == 'leakyrelu':
            layers.append(nn.LeakyReLU(0.2))
        elif activation == 'tanh':
            layers.append(nn.Tanh())
        # 合并层
        self.conv_block = nn.Sequential(*layers)
    def forward(self, input):
        output = self.conv_block(input)
        return output
class SubPixelConvolutionalBlock(nn.Module):
    def __init__(self, kernel_size = 3, n_channels = 64, scaling_factor = 2):
        super(SubPixelConvolutionalBlock, self).__init__()
        # 通过卷积将通道数扩展为 scaling factor^2 倍
        self.conv = nn.Conv2d(in_channels = n_channels, out_channels = n_channels * (scaling_factor ** 2),
                              kernel_size = kernel_size, padding = kernel_size // 2)
```

```python
        # 进行像素清洗,合并相关通道数据
        self.pixel_shuffle = nn.PixelShuffle(upscale_factor = scaling_factor)
        # 最后添加激活层
        self.prelu = nn.PReLU()
    def forward(self, input):
        output = self.conv(input)  # (N, n_channels * scaling factor^2, w, h)
        output = self.pixel_shuffle(output)  # (N, n_channels, w * scaling factor, h *
scaling factor)
        output = self.prelu(output)  # (N, n_channels, w * scaling factor, h * scaling
factor)
        return output
class ResidualBlock(nn.Module):
    def __init__(self, kernel_size = 3, n_channels = 64):
        super(ResidualBlock, self).__init__()
        # 第一个卷积块
        self.conv_block1 = ConvolutionalBlock(in_channels = n_channels, out_channels =
n_channels, kernel_size = kernel_size,
                              batch_norm = True, activation = 'PReLu')
        # 第二个卷积块
        self.conv_block2 = ConvolutionalBlock(in_channels = n_channels, out_channels =
n_channels, kernel_size = kernel_size,
                                  batch_norm = True, activation = None)
    def forward(self, input):
        residual = input  # (N, n_channels, w, h)
        output = self.conv_block1(input)  # (N, n_channels, w, h)
        output = self.conv_block2(output)  # (N, n_channels, w, h)
        output = output + residual  # (N, n_channels, w, h)
        return output
class SRResNet(nn.Module):
    # SRResNet 模型
    def __init__(self, large_kernel_size = 9, small_kernel_size = 3, n_channels = 64, n_blocks
= 16, scaling_factor = 4):
        super(SRResNet, self).__init__()
        # 放大比例必须为 2、4 或 8
        scaling_factor = int(scaling_factor)
        assert scaling_factor in {2, 4, 8}, "放大比例必须为 2、4 或 8!"
        # 第一个卷积块
        self.conv_block1 = ConvolutionalBlock(in_channels = 3, out_channels = n_channels,
kernel_size = large_kernel_size,
                              batch_norm = False, activation = 'PReLu')
        # 一系列残差模块,每个残差模块包含一个跳连接
        self.residual_blocks = nn.Sequential(
            *[ResidualBlock(kernel_size = small_kernel_size, n_channels = n_channels) for i
in range(n_blocks)])
        # 第二个卷积块
        self.conv_block2 = ConvolutionalBlock(in_channels = n_channels, out_channels =
n_channels,
```

```
                                    kernel_size = small_kernel_size,
                                    batch_norm = True, activation = None)
    # 通过放大子像素卷积模块,实现每个模块放大两倍
    n_subpixel_convolution_blocks = int(math.log2(scaling_factor))
    self.subpixel_convolutional_blocks = nn.Sequential(
        * [SubPixelConvolutionalBlock(kernel_size = small_kernel_size, n_channels = n_
channels, scaling_factor = 2) for i
            in range(n_subpixel_convolution_blocks)])
    # 最后一个卷积模块
    self.conv_block3 = ConvolutionalBlock(in_channels = n_channels, out_channels = 3,
kernel_size = large_kernel_size,
                                    batch_norm = False, activation = 'Tanh')
    def forward(self, lr_imgs):
        output = self.conv_block1(lr_imgs) # (16, 3, 24, 24)
        residual = output  # (16, 64, 24, 24)
        output = self.residual_blocks(output) # (16, 64, 24, 24)
        output = self.conv_block2(output) # (16, 64, 24, 24)
        output = output + residual # (16, 64, 24, 24)
      output = self.subpixel_convolutional_blocks(output) # (16,64,24 * 4,24 * 4)
        sr_imgs = self.conv_block3(output) # (16, 3, 24 * 4, 24 * 4)
        return sr_imgs
class Generator(nn.Module): # 生成引擎
    def __init__(self, large_kernel_size = 9, small_kernel_size = 3, n_channels = 64, n_blocks
= 16, scaling_factor = 4): # 初始化
        super(Generator, self).__init__()
        self.net = SRResNet(large_kernel_size = large_kernel_size, small_kernel_size =
small_kernel_size,
            n_channels = n_channels, n_blocks = n_blocks, scaling_factor = scaling_factor)
    def forward(self, lr_imgs): # 前向处理
        sr_imgs = self.net(lr_imgs) # (N, n_channels, w * scaling factor, h * scaling factor)
        return sr_imgs
    def __init__(self, kernel_size = 3, n_channels = 64, n_blocks = 8, fc_size = 1024):
        super(Discriminator, self).__init__()
        in_channels = 3
        # 卷积系列,参照 SRGAN 进行设计
        conv_blocks = list()
        for i in range(n_blocks):
        out_channels = (n_channels if i is 0 else in_channels * 2) if i % 2 is 0 else in
_channels
            conv_blocks.append(
                ConvolutionalBlock(in_channels = in_channels, out_channels = out_channels,
kernel_size = kernel_size,
                stride = 1 if i % 2 is 0 else 2, batch_norm = i is not 0, activation = 'LeakyReLu'))
                in_channels = out_channels
        self.conv_blocks = nn.Sequential( * conv_blocks)
        # 固定输出大小
        self.adaptive_pool = nn.AdaptiveAvgPool2d((6, 6))
```

```python
        self.fc1 = nn.Linear(out_channels * 6 * 6, fc_size)
        self.leaky_relu = nn.LeakyReLU(0.2)
        self.fc2 = nn.Linear(1024, 1)
        # 最后不需要添加 sigmoid 层,nn.BCEWithLogitsLoss()已经包含了这个步骤
    def forward(self, imgs):
        batch_size = imgs.size(0)
        output = self.conv_blocks(imgs)
        output = self.adaptive_pool(output)
        output = self.fc1(output.view(batch_size, -1))
        output = self.leaky_relu(output)
        logit = self.fc2(output)
        return logit
class TruncatedVGG19(nn.Module):
    # 截断的 VGG-19 网络,用于计算 VGG 特征空间的 MSE 损失
    def __init__(self, i, j):
        super(TruncatedVGG19, self).__init__()
        # 加载预训练 VGG 模型
        vgg19 = torchvision.models.vgg19(pretrained = True) # C:\Users\Administrator\.cache
\torch\checkpoints\vgg19 - dcbb9e9d.pth
        maxpool_counter = 0
        conv_counter = 0
        truncate_at = 0
        # 迭代搜索
        for layer in vgg19.features.children():
            truncate_at += 1
            # 统计
            if isinstance(layer, nn.Conv2d):
                conv_counter += 1
            if isinstance(layer, nn.MaxPool2d):
                maxpool_counter += 1
                conv_counter = 0
            # 截断位置在第(i-1)个池化层之后(第 i 个池化层之前)的第 j 个卷积层
            if maxpool_counter == i - 1 and conv_counter == j:
                break
        # 检查是否满足条件
         assert maxpool_counter == i - 1 and conv_counter == j,"当前 i = % d、j = % d 不满足
VGG19 模型结构" % (
            i, j)
        # 截取网络
        self.truncated_vgg19 = nn.Sequential( * list(vgg19.features.children()))[:truncate_
at + 1])
    def forward(self, input):
        output = self.truncated_vgg19(input) # (N, feature_map_channels, feature_map_w,
feature_map_h)
        return output
# train_srresnet.py,SRResNet 训练
import torch.backends.cudnn as cudnn
```

```python
import torch
from torch import nn
from torchvision.utils import make_grid
from torch.utils.tensorboard import SummaryWriter
from SRmodel import SRResNet
from datasets import SRDataset
from utils import *
# 数据集参数
data_folder = './data/'        # 数据存放路径
crop_size = 96                 # 高分辨率图像裁剪尺寸
scaling_factor = 2             # 放大比例
# 模型参数
large_kernel_size = 9          # 第一层卷积和最后一层卷积的核大小
small_kernel_size = 3          # 中间层卷积的核大小
n_channels = 64                # 中间层通道数
n_blocks = 16                  # 残差模块数量
# 学习参数
checkpoint = None              # 预训练模型路径,如果不存在则为 None
batch_size = 32                # 批大小
start_epoch = 1                # 轮数起始位置
epochs = 130                   # 迭代轮数
workers = 4                    # 工作线程数
lr = 1e-4                      # 学习率
# 设备参数
device = torch.device("cuda" if torch.cuda.is_available() else "cpu")
ngpu = 1                       # 运行的 GPU 数量
cudnn.benchmark = True         # 对卷积进行加速
writer = SummaryWriter()       # 实时监控,使用 tensorboard -- logdir runs 进行查看
def main():
    # 训练
    global checkpoint, start_epoch, writer
    # 初始化
    model = SRResNet(large_kernel_size = large_kernel_size,
                     small_kernel_size = small_kernel_size,
                     n_channels = n_channels,
                     n_blocks = n_blocks,
                     scaling_factor = scaling_factor)
    # 初始化优化器
    optimizer = torch.optim.Adam(params = filter(lambda p: p.requires_grad, model.parameters()),
lr = lr)
    # 迁移至默认设备进行训练
    model = model.to(device)
    criterion = nn.MSELoss().to(device)
    # 加载预训练模型
    if checkpoint is not None:
        checkpoint = torch.load(checkpoint)
        start_epoch = checkpoint['epoch'] + 1
```

```python
        model.load_state_dict(checkpoint['model'])
        optimizer.load_state_dict(checkpoint['optimizer'])
    if torch.cuda.is_available() and ngpu > 1:
        model = nn.DataParallel(model, device_ids = list(range(ngpu)))
    # 定制化的 dataloaders
    train_dataset = SRDataset(data_folder, split = 'train',
                              crop_size = crop_size,
                              scaling_factor = scaling_factor,
                              lr_img_type = 'imagenet-norm',
                              hr_img_type = '[-1, 1]')
    train_loader = torch.utils.data.DataLoader(train_dataset,
        batch_size = batch_size,
        shuffle = True,
        num_workers = workers,
        pin_memory = True)
    # 开始逐轮训练
    for epoch in range(start_epoch, epochs + 1):
        model.train()                    # 训练模式：允许使用批样本归一化
        loss_epoch = AverageMeter()      # 统计损失函数
        n_iter = len(train_loader)
        # 按批处理
        for i, (lr_imgs, hr_imgs) in enumerate(train_loader):
            # 数据移至默认设备进行训练
            lr_imgs = lr_imgs.to(device) # (batch_size (N),3,24,24), imagenet-normed 格式
        hr_imgs = hr_imgs.to(device) # (batch_size (N),3, 96, 96),[-1, 1]格式
            # 前向传播
            sr_imgs = model(lr_imgs)
            # 计算损失
            loss = criterion(sr_imgs, hr_imgs)
            # 后向传播
            optimizer.zero_grad()
            loss.backward()
            # 更新模型
            optimizer.step()
            # 记录损失值
            loss_epoch.update(loss.item(), lr_imgs.size(0))
            # 监控图像变化
            if i == (n_iter - 2):
                writer.add_image('SRResNet/epoch_' + str(epoch) + '_1', make_grid(lr_imgs
[:4,:3,:,:].cpu(), nrow = 4, normalize = True), epoch)
                writer.add_image('SRResNet/epoch_' + str(epoch) + '_2', make_grid(sr_imgs
[:4,:3,:,:].cpu(), nrow = 4, normalize = True), epoch)
                writer.add_image('SRResNet/epoch_' + str(epoch) + '_3', make_grid(hr_imgs
[:4,:3,:,:].cpu(), nrow = 4, normalize = True), epoch)
            # 打印结果
            print("第 " + str(i) + " 个 batch 训练结束")
        # 手动释放内存
```

```
        del lr_imgs, hr_imgs, sr_imgs
        #监控损失值变化
        writer.add_scalar('SRResNet/MSE_Loss', loss_epoch.val, epoch)　#保存预训练模型
        torch.save({
            'epoch': epoch,
            'model': model.state_dict(),
            'optimizer': optimizer.state_dict()
        }, 'results/checkpoint_srresnet_2.pth')
    #训练结束关闭监控
    writer.close()
    main()
```

　　SRGAN 采用交替训练模式的方式,先训练生成器部分(SRResNet)模型,在该模型的
基础上再训练 SRGAN。相关代码如下:

```
#train_srgan.py,SRGAN 训练
import torch.backends.cudnn as cudnn
import torch
from torch import nn
from torchvision.utils import make_grid
from torch.utils.tensorboard import SummaryWriter
from SRmodel import Generator, Discriminator, TruncatedVGG19
from datasets import SRDataset
from utils import *
#数据集参数
data_folder = './data/'          #数据存放路径
crop_size = 96                   #高分辨率图像裁剪尺寸
scaling_factor = 2               #放大比例
#生成器模型参数(与 SRResNet 相同)
large_kernel_size_g = 9          #第一层卷积和最后一层卷积核大小
small_kernel_size_g = 3          #中间层卷积核大小
n_channels_g = 64                #中间层通道数
n_blocks_g = 16                  #残差模块数量
srresnet_checkpoint = "./results/checkpoint_srresnet_2.pth"
#预训练的 SRResNet 模型,用来初始化
#判别器模型参数
kernel_size_d = 3                #所有卷积核大小
n_channels_d = 32                #第一层卷积模块的通道数,后续每隔1个模块通道数翻倍
n_blocks_d = 8                   #卷积模块数量
fc_size_d = 1024                 #全连接层连接数
#学习参数
batch_size = 16                  #批大小
start_epoch = 1                  #迭代起始位置
epochs = 50                      #迭代轮数
checkpoint = None                #SRGAN 预训练模型,如果没有则填 None
workers = 4                      #加载数据线程数量
vgg19_i = 5                      #VGG-19 网络第 i 个池化层
```

```python
vgg19_j = 4                    # VGG-19 网络第 j 个卷积层
beta = 1e-3                    # 判别损失乘子
lr = 1e-4                      # 学习率
# 设备参数
device = torch.device("cuda" if torch.cuda.is_available() else "cpu")
ngpu = 1                       # 用来运行 GPU 数量
cudnn.benchmark = True         # 对卷积进行加速
writer = SummaryWriter()       # 实时监控,使用 tensorboard -- logdir runs 进行查看
def main():
    # 训练
    global checkpoint, start_epoch, writer
    # 模型初始化
    generator = Generator(large_kernel_size = large_kernel_size_g,
                          small_kernel_size = small_kernel_size_g,
                          n_channels = n_channels_g,
                          n_blocks = n_blocks_g,
                          scaling_factor = scaling_factor)
    discriminator = Discriminator(kernel_size = kernel_size_d,
                                  n_channels = n_channels_d,
                                  n_blocks = n_blocks_d,
                                  fc_size = fc_size_d)
    # 初始化优化器
    optimizer_g = torch.optim.Adam(params = filter(lambda p: p.requires_grad, generator.
parameters()), lr = lr)
    optimizer_d = torch.optim.Adam(params = filter(lambda p: p.requires_grad, discriminator.
parameters()), lr = lr)
    # 截断的 VGG-19 网络用于计算损失函数
    truncated_vgg19 = TruncatedVGG19(i = vgg19_i, j = vgg19_j)
    truncated_vgg19.eval()
    # 损失函数
    content_loss_criterion = nn.MSELoss()
    adversarial_loss_criterion = nn.BCEWithLogitsLoss()
    # 将数据移至默认设备
    generator = generator.to(device)
    discriminator = discriminator.to(device)
    truncated_vgg19 = truncated_vgg19.to(device)
    content_loss_criterion = content_loss_criterion.to(device)
    adversarial_loss_criterion = adversarial_loss_criterion.to(device)
    # 加载预训练模型
    srresnetcheckpoint = torch.load(srresnet_checkpoint)
    generator.net.load_state_dict(srresnetcheckpoint['model'])
    if checkpoint is not None:
        checkpoint = torch.load(checkpoint)
        start_epoch = checkpoint['epoch'] + 1
        generator.load_state_dict(checkpoint['generator'])
        discriminator.load_state_dict(checkpoint['discriminator'])
        optimizer_g.load_state_dict(checkpoint['optimizer_g'])
```

```
        optimizer_d.load_state_dict(checkpoint['optimizer_d'])
# 单机多 GPU 训练
if torch.cuda.is_available() and ngpu > 1:
    generator = nn.DataParallel(generator, device_ids = list(range(ngpu)))
    discriminator = nn.DataParallel(discriminator, device_ids = list(range(ngpu)))
# 定制化的 dataloaders
train_dataset = SRDataset(data_folder, split = 'train',
                          crop_size = crop_size,
                          scaling_factor = scaling_factor,
                          lr_img_type = 'imagenet - norm',
                          hr_img_type = 'imagenet - norm')
train_loader = torch.utils.data.DataLoader(train_dataset,
    batch_size = batch_size,
    shuffle = True,
    num_workers = workers,
    pin_memory = True)
# 开始逐轮训练
for epoch in range(start_epoch, epochs + 1):
    if epoch == int(epochs / 2):         # 执行到一半时降低学习率
        adjust_learning_rate(optimizer_g, 0.1)
        adjust_learning_rate(optimizer_d, 0.1)
    generator.train()                    # 开启训练模式: 允许使用批样本归一化
    discriminator.train()
    losses_c = AverageMeter()            # 内容损失
    losses_a = AverageMeter()            # 生成损失
    losses_d = AverageMeter()            # 判别损失
    n_iter = len(train_loader)
    # 按批处理
    for i, (lr_imgs, hr_imgs) in enumerate(train_loader):
        # 数据移至默认设备进行训练
        lr_imgs = lr_imgs.to(device)
        # (batch_size(N), 3, 24, 24), imagenet - normed 格式
        hr_imgs = hr_imgs.to(device)
        # (batch_size(N), 3, 96, 96), imagenet - normed 格式
        # 1. 生成器更新
        # 生成
        sr_imgs = generator(lr_imgs)  # (N, 3, 96, 96), 范围为[ - 1, 1]
        sr_imgs = convert_image(
            sr_imgs, source = '[ - 1, 1]',
            target = 'imagenet - norm')  # (N, 3, 96, 96), 归一化
        # 计算 VGG 特征图
    sr_imgs_in_vgg_space = truncated_vgg19(sr_imgs) # batchsize * 512 * 6 * 6
        hr_imgs_in_vgg_space = truncated_vgg19(hr_imgs).detach()
        # batchsize * 512 * 6 * 6
        # 计算内容损失
        content_loss = content_loss_criterion(sr_imgs_in_vgg_space, hr_imgs_in_vgg_
space)
```

```python
# 计算生成损失
sr_discriminated = discriminator(sr_imgs)   # (batch * 1)
adversarial_loss = adversarial_loss_criterion(
    sr_discriminated, torch.ones_like(sr_discriminated))
# 生成器希望生成的图像能够完全迷惑判别器,因此它的预期所有图片真值为1
# 计算总的感知损失
perceptual_loss = content_loss + beta * adversarial_loss
# 后向传播
optimizer_g.zero_grad()
perceptual_loss.backward()
# 更新生成器参数
optimizer_g.step()
# 记录损失值
losses_c.update(content_loss.item(), lr_imgs.size(0))
losses_a.update(adversarial_loss.item(), lr_imgs.size(0))
# 判别器更新
# 判别器判断
hr_discriminated = discriminator(hr_imgs)
sr_discriminated = discriminator(sr_imgs.detach())
# 二值交叉熵损失
adversarial_loss = adversarial_loss_criterion(sr_discriminated, torch.zeros_like(sr_discriminated)) + \
                   adversarial_loss_criterion(hr_discriminated, torch.ones_like(hr_discriminated))
# 判别器希望能够准确地判断真假,因此凡是生成器生成的都设置为0,原始图像均设置为1
# 后向传播
optimizer_d.zero_grad()
adversarial_loss.backward()
# 更新判别器
optimizer_d.step()
# 记录损失
losses_d.update(adversarial_loss.item(), hr_imgs.size(0))
# 监控图像变化
if i == (n_iter - 2):
    writer.add_image('SRGAN/epoch_' + str(epoch) + '_1', make_grid(lr_imgs[:4, :3, :, :].cpu(), nrow = 4, normalize = True),epoch)
    writer.add_image('SRGAN/epoch_' + str(epoch) + '_2', make_grid(sr_imgs[:4, :3, :, :].cpu(), nrow = 4, normalize = True),epoch)
    writer.add_image('SRGAN/epoch_' + str(epoch) + '_3', make_grid(hr_imgs[:4, :3, :, :].cpu(), nrow = 4, normalize = True),epoch)
# 打印结果
print("第 " + str(i) + " 个 batch 结束")
# 手动释放内存
del lr_imgs, hr_imgs, sr_imgs, hr_imgs_in_vgg_space, sr_imgs_in_vgg_space, hr_discriminated, sr_discriminated                 # 手工清除掉缓存
# 监控损失值变化
writer.add_scalar('SRGAN/Loss_c', losses_c.val, epoch)
```

```
        writer.add_scalar('SRGAN/Loss_a', losses_a.val, epoch)
        writer.add_scalar('SRGAN/Loss_d', losses_d.val, epoch)
        #保存预训练模型
        torch.save({
            'epoch': epoch,
            'generator': generator.state_dict(),
            'discriminator': discriminator.state_dict(),
            'optimizer_g': optimizer_g.state_dict(),
            'optimizer_g': optimizer_g.state_dict(),
        }, 'results/checkpoint_srgan_2.pth')
    #训练结束关闭监控
    writer.close()
```

3. 模型生成

给定图像的输入和输出地址,并通过输入的放大倍数加载所需预训练模型得到输出。
相关代码如下:

```
#SuperResolution.py,超分辨率处理
from utils import *
from torch import nn
from SRmodel import SRResNet, Generator
import time
from PIL import Image
from tqdm import tqdm
def SuperResolution(inPath, outPath, checkpoint, tmpPath = None):
    device = torch.device("cuda" if torch.cuda.is_available() else "cpu")
    #预训练模型
    checkpoint = torch.load(checkpoint)
    generator = Generator(large_kernel_size = 9,
                          small_kernel_size = 3,
                          n_channels = 64,
                          n_blocks = 16,
                          scaling_factor = 4)
    generator = generator.to(device)
    generator.load_state_dict(checkpoint['generator'])
    generator.eval()
    model = generator
    #加载图像
    img = Image.open(inPath, mode = 'r')
    img = img.convert('RGB')
    #测试图片
    if tmpPath:
        Bicubic_img = img.resize((int(img.width * 4), int(img.height * 4)), Image.BICUBIC)
        Bicubic_img.save(tmpPath)
    #图像预处理
    lr_img = convert_image(img, source = 'pil', target = 'imagenet-norm')
```

```
        lr_img.unsqueeze_(0)
        # 记录时间
        start = time.time()
        # 转移数据至设备
        lr_img = lr_img.to(device)                    # (1, 3, w, h), imagenet-normed
        # 模型推理
        with torch.no_grad():
            sr_img = model(lr_img).squeeze(0).cpu().detach()   # (1, 3, w*scale, h*scale),
in [-1, 1]
            sr_img = convert_image(sr_img, source='[-1, 1]', target='pil')
            sr_img.save(outPath)
def SRall(ImagePath, outPath, checkpoint, tmpPath=None):
        filelist = os.listdir(ImagePath)
        for i, item in enumerate(tqdm(filelist, desc="超分辨率")):
            SuperResolution(ImagePath + item, outPath + str(i).zfill(5) + ".png", checkpoint,
tmpPath=None)
# SRall('tmp/image/', 'tmp/imageSR/', "model/checkpoint_srgan.pth")
```

1.3.3　插帧模块

nvidia 于 2018 年发布，Github 开源项目预训练好的模型，根据设定参数在视频帧与帧之间利用模型生成相应数量的帧。

1. 模型构造

参考 https://github.com/avinashpaliwal/Super-SloMo/，并做出契合本项目的修改。

```
# IFmodel.py, 插帧处理
import torch
import torchvision
import torchvision.transforms as transforms
import torch.optim as optim
import torch.nn as nn
import torch.nn.functional as F
import numpy as np
class down(nn.Module):                                      # 向下类定义
    def __init__(self, inChannels, outChannels, filterSize):   # 初始化
        super(down, self).__init__()                           # 超帧初始化
        self.conv1 = nn.Conv2d(inChannels, outChannels, filterSize, stride=1, padding=int
((filterSize - 1) / 2))                                        # 卷积1
        self.conv2 = nn.Conv2d(outChannels, outChannels, filterSize, stride=1, padding=
int((filterSize - 1) / 2))                                     # 卷积2
    def forward(self, x):                                       # 前向处理
        x = F.avg_pool2d(x, 2)
        x = F.leaky_relu(self.conv1(x), negative_slope=0.1)
        x = F.leaky_relu(self.conv2(x), negative_slope=0.1)
        return x
```

```python
class up(nn.Module):                                            # 向上类定义
    def __init__(self, inChannels, outChannels):                # 初始化
        super(up, self).__init__()                              # 超帧初始化
        self.conv1 = nn.Conv2d(inChannels, outChannels, 3, stride = 1, padding = 1) # 卷积 1
        self.conv2 = nn.Conv2d(2 * outChannels, outChannels, 3, stride = 1, padding = 1) # 卷积 2
    def forward(self, x, skpCn):                                # 前向处理
        x = F.interpolate(x, scale_factor = 2, mode = 'bilinear')
        x = F.leaky_relu(self.conv1(x), negative_slope = 0.1)
        x = F.leaky_relu(self.conv2(torch.cat((x, skpCn), 1)), negative_slope = 0.1)
        return x
class UNet(nn.Module):                                          # 创建 Unet
    def __init__(self, inChannels, outChannels):                # 初始化
        super(UNet, self).__init__()                            # 超帧处理
        self.conv1 = nn.Conv2d(inChannels, 32, 7, stride = 1, padding = 3)
        self.conv2 = nn.Conv2d(32, 32, 7, stride = 1, padding = 3)
        self.down1 = down(32, 64, 5)                            # 向下处理 5 次
        self.down2 = down(64, 128, 3)
        self.down3 = down(128, 256, 3)
        self.down4 = down(256, 512, 3)
        self.down5 = down(512, 512, 3)
        self.up1   = up(512, 512)                               # 向上处理 5 次
        self.up2   = up(512, 256)
        self.up3   = up(256, 128)
        self.up4   = up(128, 64)
        self.up5   = up(64, 32)
        self.conv3 = nn.Conv2d(32, outChannels, 3, stride = 1, padding = 1) def forward(self, x):
                                                                # 前向定义
        x  = F.leaky_relu(self.conv1(x), negative_slope = 0.1)
        s1 = F.leaky_relu(self.conv2(x), negative_slope = 0.1)
        s2 = self.down1(s1)                                     # 向下处理 5 次
        s3 = self.down2(s2)
        s4 = self.down3(s3)
        s5 = self.down4(s4)
        x  = self.down5(s5)
        x  = self.up1(x, s5)                                    # 向上处理 5 次
        x  = self.up2(x, s4)
        x  = self.up3(x, s3)
        x  = self.up4(x, s2)
        x  = self.up5(x, s1)
        x  = F.leaky_relu(self.conv3(x), negative_slope = 0.1)
        return x
class backWarp(nn.Module):                                      # 张量计算
    def __init__(self, W, H, device):
        super(backWarp, self).__init__()                        # 超帧处理
        gridX, gridY = np.meshgrid(np.arange(W), np.arange(H))
        self.W = W
        self.H = H
```

```python
        self.gridX = torch.tensor(gridX, requires_grad = False, device = device)
        self.gridY = torch.tensor(gridY, requires_grad = False, device = device)
    def forward(self, img, flow):                              # 前向处理
        u = flow[:, 0, :, :]
        v = flow[:, 1, :, :]
        x = self.gridX.unsqueeze(0).expand_as(u).float() + u
        y = self.gridY.unsqueeze(0).expand_as(v).float() + v
        x = 2 * (x/self.W - 0.5)
        y = 2 * (y/self.H - 0.5)
        grid = torch.stack((x, y), dim = 3)
        imgOut = torch.nn.functional.grid_sample(img, grid)     # 输出图像
        return imgOut t = np.linspace(0.125, 0.875, 7)
def getFlowCoeff (indices, device):                            # 计算光流参数
    ind = indices.detach().numpy()
    C11 = C00 = - (1 - (t[ind])) * (t[ind])
    C01 = (t[ind]) * (t[ind])
    C10 = (1 - (t[ind])) * (1 - (t[ind]))
    return torch.Tensor(C00)[None, None, None, :].permute(3, 0, 1, 2).to(device), torch.
Tensor(C01)[None, None, None, :].permute(3, 0, 1, 2).to(device), torch.Tensor(C10)[None,
None, None, :].permute(3, 0, 1, 2).to(device), torch.Tensor(C11)[None, None, None, :].permute
(3, 0, 1, 2).to(device)
def getWarpCoeff (indices, device):                            # 其他系数计算
    ind = indices.detach().numpy()
    C0 = 1 - t[ind]
    C1 = t[ind]
    return torch.Tensor(C0)[None, None, None, :].permute(3, 0, 1, 2).to(device), torch.
Tensor(C1)[None, None, None, :].permute(3, 0, 1, 2).to(device)
```

2. 模型生成

首先,将视频切帧;其次,在每两帧之间生成相应数量的图片;最后,以扩充后的帧数重新合成视频。

```python
# InsertFrame.py,插帧应用
from time import time
import cv2
import torch
from PIL import Image
import numpy as np
import IFmodel as model
from torchvision import transforms
from torch.functional import F
torch.set_grad_enabled(False)
device = torch.device("cuda" if torch.cuda.is_available() else "cpu")
# 选用设备
trans_forward = transforms.ToTensor()                          # 图片转化成张量
trans_backward = transforms.ToPILImage()                       # 转换为 PILImage
```

```
if device != "cpu":
    mean = [0.429, 0.431, 0.397]
    mea0 = [-m for m in mean]
    std = [1] * 3
    trans_forward = transforms.Compose([trans_forward, transforms.Normalize(mean = mean,
std = std)])                                                              #张量化,归一化
    trans_backward = transforms.Compose([transforms.Normalize(mean = mea0, std = std), trans
_backward])                                                              #逆归一化,张量化
flow = model.UNet(6, 4).to(device)
interp = model.UNet(20, 5).to(device)
back_warp = None
def setup_back_warp(w, h):
    global back_warp
    with torch.set_grad_enabled(False):
        back_warp = model.backWarp(w, h, device).to(device)             #配置模型
def load_models(checkpoint):
    states = torch.load(checkpoint, map_location = 'cpu')               #模型加载
    interp.load_state_dict(states['state_dictAT'])                      #参数加载
    flow.load_state_dict(states['state_dictFC'])
def interpolate_batch(frames, factor):                                  #插帧,扩充倍数
    frame0 = torch.stack(frames[:-1])                                   #交叉切帧
    frame1 = torch.stack(frames[1:])
    i0 = frame0.to(device)
    i1 = frame1.to(device)
    ix = torch.cat([i0, i1], dim = 1)                                   #张量合并,纵向链接
    flow_out = flow(ix)
    f01 = flow_out[:, :2, :, :]                                         #取结果
    f10 = flow_out[:, 2:, :, :]
    frame_buffer = []
    for i in range(1, factor):                                         #插针数目
        t = i / factor
        temp = -t * (1 - t)
        co_eff = [temp, t * t, (1 - t) * (1 - t), temp]
        ft0 = co_eff[0] * f01 + co_eff[1] * f10
        ft1 = co_eff[2] * f01 + co_eff[3] * f10
        gi0ft0 = back_warp(i0, ft0)
        gi1ft1 = back_warp(i1, ft1)
        iy = torch.cat((i0, i1, f01, f10, ft1, ft0, gi1ft1, gi0ft0), dim = 1)
        io = interp(iy)
        ft0f = io[:, :2, :, :] + ft0
        ft1f = io[:, 2:4, :, :] + ft1
        vt0 = F.sigmoid(io[:, 4:5, :, :])
        vt1 = 1 - vt0
        gi0ft0f = back_warp(i0, ft0f)
        gi1ft1f = back_warp(i1, ft1f)
        co_eff = [1 - t, t]
        ft_p = (co_eff[0] * vt0 * gi0ft0f + co_eff[1] * vt1 * gi1ft1f) / \
```

```
                        (co_eff[0] * vt0 + co_eff[1] * vt1)
            frame_buffer.append(ft_p)
        return frame_buffer
def load_batch(video_in, batch_size, batch, w, h):
#源视频,进程处理帧数,批,宽,高
    if len(batch) > 0:
        batch = [batch[-1]]                                        #倒置
    for i in range(batch_size):
        ok, frame = video_in.read()                               #读入i帧
        if not ok:
            break
        frame = cv2.cvtColor(frame, cv2.COLOR_BGR2RGB)            #设置色彩
        frame = Image.fromarray(frame)                            #转化数组
        frame = frame.resize((w, h), Image.ANTIALIAS)            #改变大小
        frame = frame.convert('RGB')                              #转换色彩
        frame = trans_forward(frame)                              #张量化
        batch.append(frame)                                       #拼接
    return batch
def denorm_frame(frame, w0, h0):                                  #反归一化
    frame = frame.cpu()
    frame = trans_backward(frame)                                 #图像化
    frame = frame.resize((w0, h0), Image.BILINEAR)
    frame = frame.convert('RGB')
    return np.array(frame)[:, :, ::-1].copy()                    #倒置
def convert_video(source, dest, factor, batch_size = 10, output_format = 'mp4v', output_fps =
30): #(源视频,输出视频,扩大倍数,帧处理数,编码格式,输出帧数)
    vin = cv2.VideoCapture(source)                                #加载源视频
    count = vin.get(cv2.CAP_PROP_FRAME_COUNT)                     #得到视频总帧数
    w0, h0 = int(vin.get(cv2.CAP_PROP_FRAME_WIDTH)), int(vin.get(cv2.CAP_PROP_FRAME_
HEIGHT))                                                          #得到宽和高
    codec = cv2.VideoWriter_fourcc(*output_format)                #选择编码方式
    vout = cv2.VideoWriter(dest, codec, float(output_fps), (w0, h0))
    #配置视频输出
    w, h = (w0 // 32) * 32, (h0 // 32) * 32                       #宽高标准化
    setup_back_warp(w, h)                                         #配置模型
    done = 0
    batch = []
    i = 0
    while True:
        i += 1
        batch = load_batch(vin, batch_size, batch, w, h)
        if len(batch) == 1:
            break
        done += len(batch) - 1
        intermediate_frames = interpolate_batch(batch, factor)
        intermediate_frames = list(zip(*intermediate_frames))    #打包
        for fid, iframe in enumerate(intermediate_frames):
```

```
                vout.write(denorm_frame(batch[fid], w0, h0))
                for frm in iframe:
                    vout.write(denorm_frame(frm, w0, h0))              #写帧
            try:
                yield len(batch), done, count                         #继续迭代
            except StopIteration:                                     #停止迭代
                break
        vout.write(denorm_frame(batch[0], w0, h0))
        vin.release()                                                 #释放
        vout.release()
    def InsertFrame(input, checkpoint, output, batch, scale, fps):
    #输入:模型位置;输出:处理数、扩大倍数、输出帧率
        avg = lambda x, n, x0: (x * n/(n+1) + x0 / (n+1), n+1)
        load_models(checkpoint)                                       #模型加载
        t0 = time()
        n0 = 0
        fpx = 0
        for dl, fd, fc in convert_video(input, output, int(scale), int(batch), output_fps = int
    (fps)):
            fpx, n0 = avg(fpx, n0, dl / (time() - t0))
            prg = int(100 * fd/fc)
            eta = (fc - fd) / fpx
            print('\rDone: {:03d} % FPS: {:05.2f} ETA: {:.2f}s'.format(prg, fpx, eta) + ' '* 5,
    end = '')
            t0 = time()
```

1.3.4　GUI 模块

GUI 模块包含登录注册修改密码、视频选择、效果选择、进度条功能以及各页面间的跳转。相关代码如下:

```
#main.py,主函数
import sys
import login,start
from PyQt5 import QtCore, QtGui, QtWidgets
from PyQt5.QtWidgets import QApplication, QMainWindow
if __name__ == '__main__':
    app = QApplication(sys.argv)
    form2 = QtWidgets.QDialog()                       #起始页面
    ui2 = start.Ui_Dialog()
    ui2.setupUi(form2)
    form2.show()
    form2.exec_()
    MainWindow = QMainWindow()                         #登录页面
    ui = login.Ui_MainWindow()
    ui.setupUi(MainWindow)
```

```
        MainWindow.show()
        sys.exit(app.exec_())
start.py
#起始界面
from PyQt5 import QtCore, QtGui, QtWidgets
class Ui_Dialog(object):
    def setupUi(self, Dialog):
        self.dialog = Dialog
        Dialog.setObjectName("Dialog")
        Dialog.resize(673, 357)
        self.pushButton = QtWidgets.QPushButton(Dialog)
        self.pushButton.setGeometry(QtCore.QRect(290, 300, 93, 28))
        self.pushButton.setObjectName("pushButton")
        self.retranslateUi(Dialog)
        QtCore.QMetaObject.connectSlotsByName(Dialog)
    def retranslateUi(self, Dialog):
        _translate = QtCore.QCoreApplication.translate
        Dialog.setWindowTitle(_translate("Dialog", "Dialog"))
        self.pushButton.setText(_translate("Dialog", "开始"))
        self.dialog.setWindowFlags(QtCore.Qt.FramelessWindowHint | QtCore.Qt.Tool) #隐藏边框
        self.pushButton.clicked.connect(self.end)
        self.window_pale = QtGui.QPalette()
        self.window_pale.setBrush(self.dialog.backgroundRole(), QtGui.QBrush(QtGui.QPixmap
('UI/startimg.png')))                                      #设置背景图
        self.dialog.setPalette(self.window_pale)
#结束函数
    def end(self):
        self.dialog.close()
signup.py
#注册界面
import json
from PyQt5 import QtCore, QtGui, QtWidgets
from PyQt5.QtWidgets import QMessageBox
class Ui_Dialog(object):                                   #对话框界面
    def setupUi(self, Dialog):
        self.Dialog1 = Dialog
        Dialog.setObjectName("Dialog")
        Dialog.resize(520, 295)
        self.form = Dialog
        self.pushButton = QtWidgets.QPushButton(Dialog)
        self.pushButton.setGeometry(QtCore.QRect(100, 210, 93, 28))
        self.pushButton.setObjectName("pushButton")
        self.label = QtWidgets.QLabel(Dialog)
        self.label.setGeometry(QtCore.QRect(50, 80, 72, 21))
        self.label.setObjectName("label")
        self.label_2 = QtWidgets.QLabel(Dialog)
        self.label_2.setGeometry(QtCore.QRect(50, 130, 72, 21))
```

```
                self.label_2.setObjectName("label_2")
                self.lineEdit = QtWidgets.QLineEdit(Dialog)
                self.lineEdit.setGeometry(QtCore.QRect(140, 80, 261, 21))
                self.lineEdit.setObjectName("lineEdit")
                self.lineEdit_2 = QtWidgets.QLineEdit(Dialog)
                self.lineEdit_2.setGeometry(QtCore.QRect(140, 130, 261, 21))
                self.lineEdit_2.setObjectName("lineEdit_2")
                self.pushButton_2 = QtWidgets.QPushButton(Dialog)
                self.pushButton_2.setGeometry(QtCore.QRect(280, 210, 93, 28))
                self.pushButton_2.setObjectName("pushButton_2")
                self.retranslateUi(Dialog)
                QtCore.QMetaObject.connectSlotsByName(Dialog)
        def retranslateUi(self, Dialog):    #修改相关窗口部件的显示名称
                _translate = QtCore.QCoreApplication.translate
                Dialog.setWindowTitle(_translate("Dialog", "Dialog"))
                self.pushButton.setText(_translate("Dialog", "注册"))
                self.pushButton.clicked.connect(self.sign_up)
                self.label.setText(_translate("Dialog", "用户名"))
                self.label_2.setText(_translate("Dialog", "密码"))
                self.pushButton_2.setText(_translate("Dialog", "返回"))
                self.pushButton_2.clicked.connect(self.jump_to_login)
                self.Dialog1.setWindowTitle("注册")
#返回操作
        def jump_to_login(self):
                self.form.close()
#注册操作,包含用户已存在、注册成功情况
        def sign_up(self):
                try:
                        username = self.lineEdit.text()
                        password = self.lineEdit_2.text()
                        file = open('data/user.txt', 'r + ')
                        js = file.read()
                        dic = json.loads(js)
                        if username in dic:
                                self.lineEdit.setText("")
                                self.lineEdit_2.setText("")
                                file.close()
                                reply = QMessageBox.warning(QtWidgets.QWidget(),
                                                    "警告",
                                                    "用户已存在",
                                                    QMessageBox.Yes|QMessageBox.No)
                        else:
                                self.lineEdit.setText("")
                                self.lineEdit_2.setText("")
                                dic[username] = password
                                file.seek(0)
                                file.truncate()
```

```
                    file.write(json.dumps(dic))
                    file.close()
                    button = QMessageBox.information(self.Dialog1, '成功', '您已注册成功')
            except Exception as e:
                    print(e)
# login.py, 登录
# 注册界面
import json
from PyQt5 import QtCore, QtGui, QtWidgets
from PyQt5.QtWidgets import QMessageBox
class Ui_Dialog(object):                                     # 对话框界面
    def setupUi(self, Dialog):
        self.Dialog1 = Dialog
        Dialog.setObjectName("Dialog")
        Dialog.resize(520, 295)
        self.form = Dialog
        self.pushButton = QtWidgets.QPushButton(Dialog)
        self.pushButton.setGeometry(QtCore.QRect(100, 210, 93, 28))
        self.pushButton.setObjectName("pushButton")
        self.label = QtWidgets.QLabel(Dialog)
        self.label.setGeometry(QtCore.QRect(50, 80, 72, 21))
        self.label.setObjectName("label")
        self.label_2 = QtWidgets.QLabel(Dialog)
        self.label_2.setGeometry(QtCore.QRect(50, 130, 72, 21))
        self.label_2.setObjectName("label_2")
        self.lineEdit = QtWidgets.QLineEdit(Dialog)
        self.lineEdit.setGeometry(QtCore.QRect(140, 80, 261, 21))
        self.lineEdit.setObjectName("lineEdit")
        self.lineEdit_2 = QtWidgets.QLineEdit(Dialog)
        self.lineEdit_2.setGeometry(QtCore.QRect(140, 130, 261, 21))
        self.lineEdit_2.setObjectName("lineEdit_2")
        self.pushButton_2 = QtWidgets.QPushButton(Dialog)
        self.pushButton_2.setGeometry(QtCore.QRect(280, 210, 93, 28))
        self.pushButton_2.setObjectName("pushButton_2")
        self.retranslateUi(Dialog)
        QtCore.QMetaObject.connectSlotsByName(Dialog)
    def retranslateUi(self, Dialog):
        _translate = QtCore.QCoreApplication.translate
        Dialog.setWindowTitle(_translate("Dialog", "Dialog"))
        self.pushButton.setText(_translate("Dialog", "注册"))
        self.pushButton.clicked.connect(self.sign_up)
        self.label.setText(_translate("Dialog", "用户名"))
        self.label_2.setText(_translate("Dialog", "密码"))
        self.pushButton_2.setText(_translate("Dialog", "返回"))
        self.pushButton_2.clicked.connect(self.jump_to_login)
        self.Dialog1.setWindowTitle("注册")
# 返回操作
```

```python
    def jump_to_login(self):
        self.form.close()
# 注册操作,包含用户已存在、注册成功情况
    def sign_up(self):
        try:
            username = self.lineEdit.text()
            password = self.lineEdit_2.text()
            file = open('data/user.txt', 'r + ')
            js = file.read()
            dic = json.loads(js)
            if username in dic:
                self.lineEdit.setText("")
                self.lineEdit_2.setText("")
                file.close()
                reply = QMessageBox.warning(QtWidgets.QWidget(),
                                            "警告",
                                            "用户已存在",
                                            QMessageBox.Yes | QMessageBox.No)
            else:
                self.lineEdit.setText("")
                self.lineEdit_2.setText("")
                dic[username] = password
                file.seek(0)
                file.truncate()
                file.write(json.dumps(dic))
                file.close()
                button = QMessageBox.information(self.Dialog1, '成功', '您已注册成功')
        except Exception as e:
            print(e)
# change_password.py,修改密码
# 注册页面
import json
from PyQt5 import QtCore, QtGui, QtWidgets
from PyQt5.QtWidgets import QMessageBox
from PyQt5.QtWidgets import QLineEdit
class Ui_Dialog(object):                                     # 对话框界面
    def setupUi(self, Dialog):
        self.dialog = Dialog
        Dialog.setObjectName("Dialog")
        Dialog.resize(542, 269)
        self.pushButton = QtWidgets.QPushButton(Dialog)
        self.pushButton.setGeometry(QtCore.QRect(150, 220, 93, 28))
        self.pushButton.setObjectName("pushButton")
        self.pushButton_2 = QtWidgets.QPushButton(Dialog)
        self.pushButton_2.setGeometry(QtCore.QRect(270, 220, 93, 28))
        self.pushButton_2.setObjectName("pushButton_2")
        self.label = QtWidgets.QLabel(Dialog)
```

```python
        self.label.setGeometry(QtCore.QRect(60, 40, 72, 21))
        self.label.setObjectName("label")
        self.label_2 = QtWidgets.QLabel(Dialog)
        self.label_2.setGeometry(QtCore.QRect(60, 90, 72, 21))
        self.label_2.setObjectName("label_2")
        self.label_3 = QtWidgets.QLabel(Dialog)
        self.label_3.setGeometry(QtCore.QRect(60, 140, 72, 21))
        self.label_3.setObjectName("label_3")
        self.lineEdit = QtWidgets.QLineEdit(Dialog)
        self.lineEdit.setGeometry(QtCore.QRect(140, 40, 301, 21))
        self.lineEdit.setObjectName("lineEdit")
        self.lineEdit_2 = QtWidgets.QLineEdit(Dialog)
        self.lineEdit_2.setGeometry(QtCore.QRect(140, 90, 301, 21))
        self.lineEdit_2.setObjectName("lineEdit_2")
        self.lineEdit_2.setEchoMode(QLineEdit.Password) #密码输入模式
        self.lineEdit_3 = QtWidgets.QLineEdit(Dialog)
        self.lineEdit_3.setGeometry(QtCore.QRect(140, 140, 301, 21))
        self.lineEdit_3.setObjectName("lineEdit_3")
        self.lineEdit_3.setEchoMode(QLineEdit.Password)
        self.retranslateUi(Dialog)
        QtCore.QMetaObject.connectSlotsByName(Dialog)
    def retranslateUi(self, Dialog):    #修改相关窗口部件的显示名称
        _translate = QtCore.QCoreApplication.translate
        Dialog.setWindowTitle(_translate("Dialog", "Dialog"))
        self.pushButton.setText(_translate("Dialog", "确定"))
        self.pushButton.clicked.connect(self.change)
        self.pushButton_2.setText(_translate("Dialog", "返回"))
        self.pushButton_2.clicked.connect(self.end)
        self.label.setText(_translate("Dialog", "用户名"))
        self.label_2.setText(_translate("Dialog", "新密码"))
        self.label_3.setText(_translate("Dialog", "确认密码"))
        self.dialog.setWindowTitle("修改密码")
    def end(self):                              #结束
        self.dialog.close()
#修改密码功能实现,包含不存在此用户、两次输入密码错误、修改成功三种情况
    def change(self):
        try:
            username = self.lineEdit.text()
            password1 = self.lineEdit_2.text()
            password2 = self.lineEdit_3.text()
            file = open('data/user.txt', 'r+')
            js = file.read()
            dic = json.loads(js)
            if username not in dic:
                QMessageBox.warning(self.dialog, '错误', "不存在此用户")
                file.close()
                self.lineEdit.setText("")
```

```
                    self.lineEdit_2.setText('')
                    self.lineEdit_3.setText('')
              else:
                    if password1 != password2:
                     QMessageBox.warning(self.dialog,'错误',"两次输入密码不一致")
                          file.close()
                    else:
                          dic[username] = password1
                          file.seek(0)
                          file.truncate()
                          file.write(json.dumps(dic))
                          file.close()
                          QMessageBox.information(self.dialog,"成功", '修改成功')
                          self.lineEdit.setText("")
                          self.lineEdit_2.setText('')
                          self.lineEdit_3.setText('')
        except Exception as e:
              print(e)
#choose.py,视频选择界面
from PyQt5 import QtCore, QtGui, QtWidgets
from PyQt5.QtWidgets import QApplication,QWidget,QFileDialog
import choose_level
from PyQt5.QtWidgets import (QMessageBox, QLineEdit)
import VideoProcess
class Ui_Dialog(object):                              #对话框界面
    def setupUi(self, Dialog):
        self.dialog = Dialog
        Dialog.setObjectName("Dialog")
        Dialog.resize(721, 194)
        self.textBrowser = QtWidgets.QTextBrowser(Dialog)
        self.textBrowser.setGeometry(QtCore.QRect(120, 40, 411, 31))
        self.textBrowser.setObjectName("textBrowser")
        self.label = QtWidgets.QLabel(Dialog)
        self.label.setGeometry(QtCore.QRect(30, 50, 72, 15))
        self.label.setObjectName("label")
        self.pushButton = QtWidgets.QPushButton(Dialog)
        self.pushButton.setGeometry(QtCore.QRect(560, 40, 93, 28))
        self.pushButton.setObjectName("pushButton")
        self.label_2 = QtWidgets.QLabel(Dialog)
        self.label_2.setGeometry(QtCore.QRect(30, 100, 71, 16))
        self.label_2.setObjectName("label_2")
        self.textBrowser_2 = QtWidgets.QTextBrowser(Dialog)
        self.textBrowser_2.setGeometry(QtCore.QRect(120, 90, 411, 31))
        self.textBrowser_2.setObjectName("textBrowser_2")
        self.pushButton_2 = QtWidgets.QPushButton(Dialog)
        self.pushButton_2.setGeometry(QtCore.QRect(560, 90, 93, 28))
        self.pushButton_2.setObjectName("pushButton_2")
```

```python
        self.pushButton_3 = QtWidgets.QPushButton(Dialog)
        self.pushButton_3.setGeometry(QtCore.QRect(190, 150, 93, 28))
        self.pushButton_3.setObjectName("pushButton_3")
        self.pushButton_4 = QtWidgets.QPushButton(Dialog)
        self.pushButton_4.setGeometry(QtCore.QRect(360, 150, 93, 28))
        self.pushButton_4.setObjectName("pushButton_4")
        self.retranslateUi(Dialog)
        QtCore.QMetaObject.connectSlotsByName(Dialog)
    def retranslateUi(self, Dialog):
        _translate = QtCore.QCoreApplication.translate
        Dialog.setWindowTitle(_translate("Dialog", "Dialog"))
        self.label.setText(_translate("Dialog", " 视频选择"))
        self.pushButton.setText(_translate("Dialog", "浏览文件"))
        self.label_2.setText(_translate("Dialog", " 保存地址"))
        self.pushButton_2.setText(_translate("Dialog", "浏览文件夹"))
        self.pushButton_3.setText(_translate("Dialog", "确认"))
        self.pushButton_4.setText(_translate("Dialog", "取消"))
        self.pushButton.clicked.connect(self.open_file)
        self.pushButton_2.clicked.connect(self.open_dir)
        self.pushButton_3.clicked.connect(self.conform)
        self.pushButton_4.clicked.connect(self.exit)
    def exit(self):                                      # 退出
        self.dialog.close()
# 选择视频文件
    def open_file(self):
        try:
            filename = QFileDialog.getOpenFileName(QtWidgets.QWidget(),
                         '选择视频文件', r'C:\Users\suhao\Desktop')
            self.textBrowser.setText(filename[0])
        except Exception as e:
            print(e)
# 选择存储地址
    def open_dir(self):
        try:
            dirname = QFileDialog.getSaveFileName(QtWidgets.QWidget(),
                         '选择保存名称', r'C:\Users\suhao\Desktop')
            self.textBrowser_2.setText(dirname[0])
        except Exception as e:
            print(e)
# 确认,包含未选择视频文件、保存地址,非视频文件,确认成功,若成功则传递视频和存储地址
    def conform(self):
        try:
            if self.textBrowser.toPlainText() == '':
                reply = QMessageBox.warning(QtWidgets.QWidget(),
                                "警告",
                                "未选择视频文件",
                            QMessageBox.Yes | QMessageBox.No)
```

```
        elif self.textBrowser_2.toPlainText() == '':
            reply = QMessageBox.warning(QtWidgets.QWidget(),
                                        "警告",
                                        "未选择保存地址",
                                        QMessageBox.Yes|QMessageBox.No)
        else:
            openpath = self.textBrowser.toPlainText()
            savepath = self.textBrowser_2.toPlainText()
            suffix = openpath.split('.')
            if suffix[1] in ['avi', 'mov', 'wmv', 'mpeg', 'mpg',
                             'rm', 'ram', 'flv', 'swf', 'mkv', 'mp4', 'mp3']:
                fps = VideoProcess.GetFps(openpath)
                size = VideoProcess.GetSize(openpath, 1)
                self.textBrowser.clear()
                self.textBrowser_2.clear()
                form1 = QtWidgets.QDialog()
                ui1 = choose_level.Ui_Dialog()
                ui1.setupUi(form1, fps, size, openpath, savepath)
                form1.show()
                form1.exec_()
            else:
                reply = QMessageBox.warning(QtWidgets.QWidget(),
                                            "警告",
                                            "请选择常见视频格式",
                                            QMessageBox.Yes|QMessageBox.No)
                self.textBrowser.clear()
                self.textBrowser_2.clear()
    except Exception as e:
        print(e)
```

choose_level.py
效果选择界面

```
from PyQt5 import QtCore, QtGui, QtWidgets
import progress
from PyQt5.QtWidgets import (QMessageBox, QLineEdit)
class Ui_Dialog(object):
    def setupUi(self, Dialog, fps, size, openpath, savepath):
        self.fps = fps
        self.size = size
        self.basic = '分辨率:' + str(size[0]) + 'x' + str(size[1]) + '帧数:' + str(fps)
        self.openpath = openpath
        self.savepath = savepath
        self.dialog = Dialog
        Dialog.setObjectName("Dialog")                  # 设置目标名字
        Dialog.resize(537, 310)                         # 对话框大小
        self.radioButton = QtWidgets.QRadioButton(Dialog)  # 单选按钮
        self.radioButton.setGeometry(QtCore.QRect(70, 60, 381, 19))
        self.radioButton.setObjectName("radioButton")
```

```python
        self.radioButton_2 = QtWidgets.QRadioButton(Dialog)
        self.radioButton_2.setGeometry(QtCore.QRect(70, 100, 371, 19))
        self.radioButton_2.setObjectName("radioButton_2")
        self.radioButton_3 = QtWidgets.QRadioButton(Dialog)
        self.radioButton_3.setGeometry(QtCore.QRect(70, 140, 371, 19))
        self.radioButton_3.setObjectName("radioButton_3")
        self.radioButton_4 = QtWidgets.QRadioButton(Dialog)
        self.radioButton_4.setGeometry(QtCore.QRect(70, 180, 371, 19))
        self.radioButton_4.setObjectName("radioButton_4")
        self.pushButton = QtWidgets.QPushButton(Dialog)      # 普通按钮
        self.pushButton.setGeometry(QtCore.QRect(80, 250, 93, 28))
        self.pushButton.setObjectName("pushButton")
        self.pushButton_2 = QtWidgets.QPushButton(Dialog)
        self.pushButton_2.setGeometry(QtCore.QRect(320, 250, 93, 28))
        self.pushButton_2.setObjectName("pushButton_2")
        self.label = QtWidgets.QLabel(Dialog)
        self.label.setGeometry(QtCore.QRect(70, 20, 391, 20))
        self.label.setObjectName("label")
        self.retranslateUi(Dialog)
        QtCore.QMetaObject.connectSlotsByName(Dialog)
    def retranslateUi(self, Dialog):                          # 修改相关窗口部件的显示名称
        _translate = QtCore.QCoreApplication.translate
        Dialog.setWindowTitle(_translate("Dialog", "选择提升程度"))
        self.label.setText(_translate("Dialog", self.basic))
        self.radioButton.setText(_translate("Dialog", "分辨率 x2 帧率 x2"))
        self.radioButton_2.setText(_translate("Dialog","分辨率 x2 帧率 x4"))
        self.radioButton_3.setText(_translate("Dialog","分辨率 x4 帧率 x2"))
        self.radioButton_4.setText(_translate("Dialog","分辨率 x4 帧率 x4"))
        self.pushButton.setText(_translate("Dialog", "确认"))
        self.pushButton_2.setText(_translate("Dialog", "取消"))
        self.pushButton.clicked.connect(self.start)
        self.pushButton_2.clicked.connect(self.end)
    # 根据选择的情况输出参数
    def start(self):
        try:
            if self.radioButton.isChecked():                 # 单选按钮1
                self.dialog.close()
                form1 = QtWidgets.QDialog()
                ui1 = progress.Ui_Dialog()
                ui1.setupUi(form1, self.openpath, self.savepath, 2, 2)
                form1.show()
                form1.exec_()
            elif self.radioButton_2.isChecked():             # 单选按钮2
                self.dialog.close()
                form2 = QtWidgets.QDialog()
                ui2 = progress.Ui_Dialog()
                ui2.setupUi(form2, self.openpath, self.savepath, 2, 4)
```

```
                form2.show()
                form2.exec_()
            elif self.radioButton_3.isChecked():          #单选按钮3
                self.dialog.close()
                form3 = QtWidgets.QDialog()
                ui3 = progress.Ui_Dialog()
                ui3.setupUi(form3, self.openpath, self.savepath, 4, 2)
                form3.show()
                form3.exec_()
            elif self.radioButton_4.isChecked():          #单选按钮4
                self.dialog.close()
                form4 = QtWidgets.QDialog()
                ui4 = progress.Ui_Dialog()
                ui4.setupUi(form4, self.openpath, self.savepath, 4, 2)
                form4.show()
                form4.exec_()
            else:
                reply = QMessageBox.warning(self,
                                   "警告",
                                   "未选择提升程度",
                                   QMessageBox.Yes | QMessageBox.No)
                self.echo(reply)
        except Exception as e:
            print(e)
    def end(self):
        self.dialog.close()
# invitation.py,邀请码界面
import signup
from PyQt5 import QtCore, QtGui, QtWidgets
from PyQt5.QtWidgets import (QMessageBox, QLineEdit)
class Ui_Dialog(object):                              #对话框界面
    def setupUi(self, Dialog):
        self.dialog = Dialog
        Dialog.setObjectName("Dialog")
        Dialog.resize(438, 153)
        self.label = QtWidgets.QLabel(Dialog)
        self.label.setGeometry(QtCore.QRect(40, 35, 321, 20))
        self.label.setObjectName("label")
        self.lineEdit = QtWidgets.QLineEdit(Dialog)
        self.lineEdit.setGeometry(QtCore.QRect(40, 60, 341, 21))
        self.lineEdit.setObjectName("lineEdit")
        self.pushButton = QtWidgets.QPushButton(Dialog)
        self.pushButton.setGeometry(QtCore.QRect(160, 100, 93, 28))
        self.pushButton.setObjectName("pushButton")
        self.retranslateUi(Dialog)
        QtCore.QMetaObject.connectSlotsByName(Dialog)
    def retranslateUi(self, Dialog):
```

```
            _translate = QtCore.QCoreApplication.translate
            Dialog.setWindowTitle(_translate("Dialog", "邀请码"))
            self.label.setText(_translate("Dialog", "请输入邀请码"))
            self.pushButton.setText(_translate("Dialog", "确定"))
            self.pushButton.clicked.connect(self.invite)
    # 判断邀请码是否正确
    def invite(self):
        try:
            invitation = self.lineEdit.text()
            file = open('data/invitation.txt', 'r')
            invite_code = file.read()
            file.close()
            if invitation == invite_code:
                self.dialog.close()
                form1 = QtWidgets.QDialog()
                ui1 = signup.Ui_Dialog()
                ui1.setupUi(form1)
                form1.show()
                form1.exec_()
            else:
                self.lineEdit.setText('')
                reply = QMessageBox.warning(QtWidgets.QWidget(),
                                            "警告",
                                            "邀请码错误",
                                            QMessageBox.Yes|QMessageBox.No)
        except Exception as e:
                print(e)
# progress.py,进度条界面
import video,VideoProcess, InsertFrame, SuperResolution
from PyQt5 import QtCore, QtGui, QtWidgets
class Ui_Dialog(object):                              # 对话框界面
    def setupUi(self, Dialog,openpath,savepath,size_times,fps_times):
        self.openpath = openpath
        self.savepath = savepath
        self.size_times = size_times
        self.fps_times = fps_times
        self.dialog = Dialog
        Dialog.setObjectName("Dialog")
        Dialog.resize(458, 237)
        self.progressBar = QtWidgets.QProgressBar(Dialog)
        self.progressBar.setGeometry(QtCore.QRect(110, 90, 241, 23))
        self.progressBar.setProperty("value", 0)          # 设置进度条的值
        self.progressBar.setObjectName("progressBar")
        self.pushButton = QtWidgets.QPushButton(Dialog)
        self.pushButton.setGeometry(QtCore.QRect(180, 170, 93, 28))
```

```
            self.pushButton.setObjectName("pushButton")
            self.retranslateUi(Dialog)
            QtCore.QMetaObject.connectSlotsByName(Dialog)
        def retranslateUi(self, Dialog):                       # 修改相关窗口部件的显示名称
            _translate = QtCore.QCoreApplication.translate
            Dialog.setWindowTitle(_translate("Dialog", "进度"))
            self.pushButton.setText(_translate("Dialog", "开始"))
            self.pushButton.clicked.connect(self.video)
        def video(self):                                       # 视频处理
            try:
                if self.pushButton.text() == '开始':
                    Resize = VideoProcess.GetSize(self.openpath, self.size_times)
                    fps = VideoProcess.GetFps(self.openpath) * self.fps_times
                    Video = 'tmp/video/'
                    VideoTmp = 'tmp/video/videotmp.mp4'
                    AudioTmp = 'tmp/video/audiotmp.mp3'
                    VideoIF = 'tmp/video/videoIF.mp4'
                    ImageTmp = 'tmp/image/%6d.png'
                    ImagePath = 'tmp/image/'
                    ImageSR = 'tmp/imageSR/'
                    OutVideo = 'tmp/video/videoIFSR.mp4'
                    checkpoint_IF = 'model/checkpoint_IF.ckpt'
                    if self.size_times == 2:
                        checkpoint_SR = 'model/checkpoint_srgan_2.pth'
                    elif self.size_times == 4:
                        checkpoint_SR = 'model/checkpoint_srgan.pth'
                    VideoProcess.VideoSlit(self.openpath, VideoTmp, AudioTmp)
                    # 音画分离
                    self.progressBar.setProperty('value', 10)
                    InsertFrame.InsertFrame(VideoTmp, checkpoint_IF, VideoIF, 2, self.fps_
        times, fps)                                            # 视频插帧
                    self.progressBar.setProperty('value', 40)
                    VideoProcess.FrameCreate(VideoIF, str(fps), ImageTmp)
                    # 视频切帧
                    SuperResolution.SRall(ImagePath, ImageSR, checkpoint_SR)   # 超分辨率
                    self.progressBar.setProperty('value', 90)
                    VideoProcess.VideoCreate_opencv(ImageSR, fps, OutVideo)
                    # 帧合成视频
                    VideoProcess.VideoCompose(OutVideo, AudioTmp, self.savepath) # 音画合成
                    VideoProcess.CacheDelete([ImagePath, ImageSR, Video])
                    # 清除缓存
                    self.progressBar.setProperty('value', 100)
                    self.pushButton.setText('完成')
                elif self.pushButton.text() == '完成':
                    self.dialog.close()
```

```
except Exception as e:
    print(e)
```

1.4　系统测试

本部分包括算法训练、GUI 界面效果和输出效果展示。

1.4.1　算法训练

损失函数逐渐收敛，在结束时基本处在收敛平稳点，如图 1-3 所示。

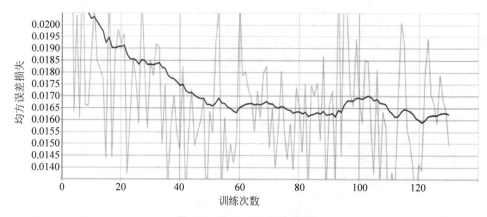

图 1-3　SRResNet 损失变化

SRGAN 损失曲线相对 SRResNet 的收敛曲线，SRGAN 不平稳，生成损失和对抗损失此消彼长，如图 1-4 和图 1-5 所示。

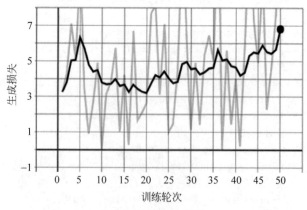

图 1-4　生成损失变化

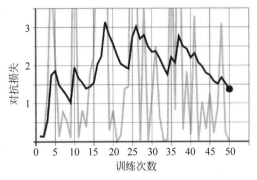

图 1-5　对抗损失变化

1.4.2　GUI 界面效果

起始界面、登录界面、邀请码、注册界面、修改密码界面、视频选择界面、效果选择界面、进度条界面如图 1-6~图 1-13 所示。

图 1-6　起始界面

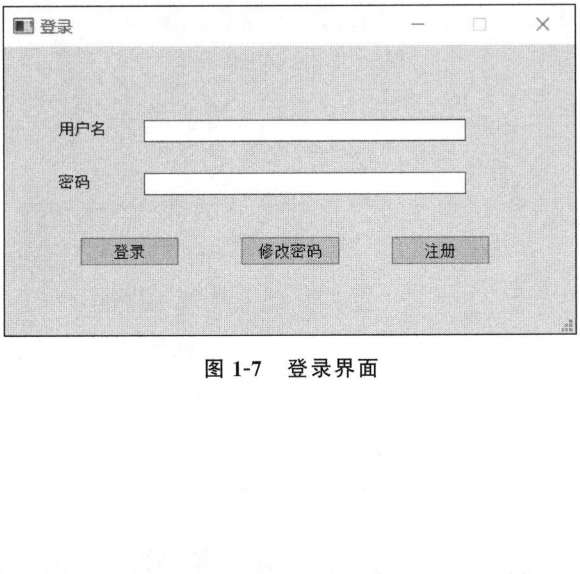

图 1-7　登录界面

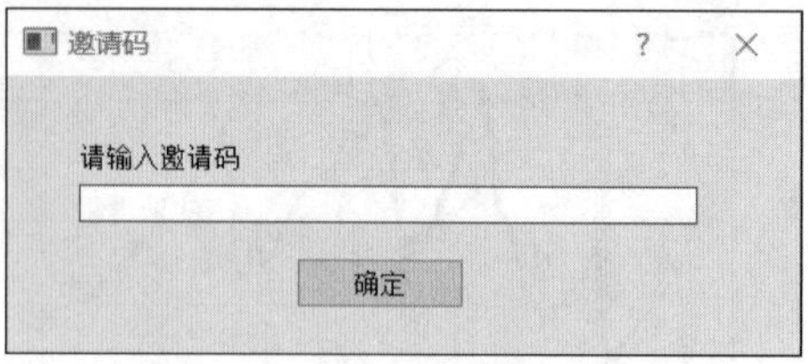

图 1-8 邀请码界面

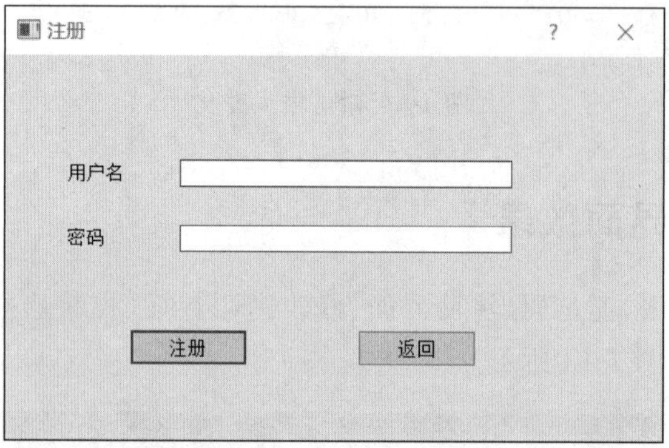

图 1-9 注册界面

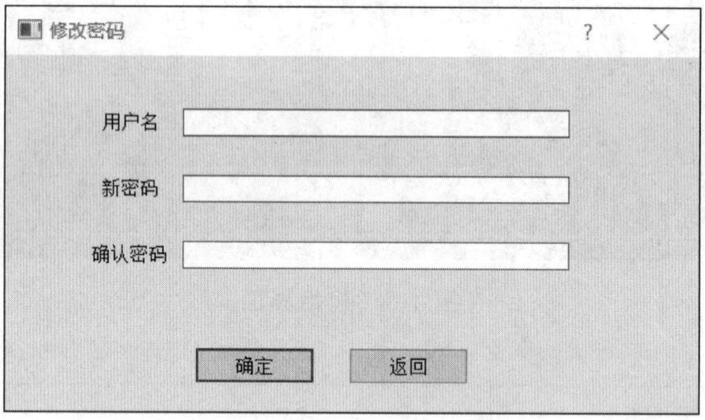

图 1-10 修改密码界面

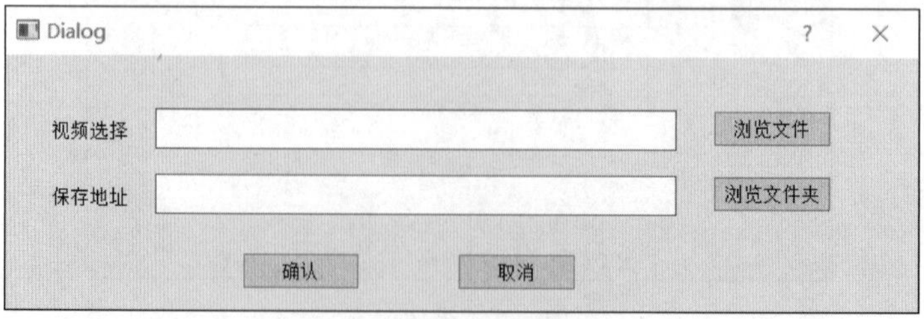

图 1-11 视频选择界面

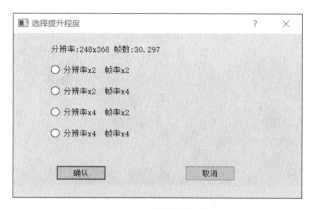

图 1-12　效果选择界面

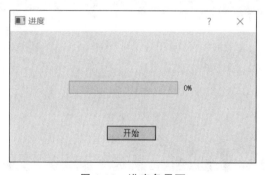

图 1-13　进度条界面

1.4.3　输出效果展示

插帧原视频、处理后视频、超分辨率原视频和处理后视频如图 1-14～图 1-17 所示；在分辨率×2，帧率×4 的条件下，以输出前后视频信息变化展示，如图 1-18 和图 1-19 所示。

图 1-14　插帧原视频

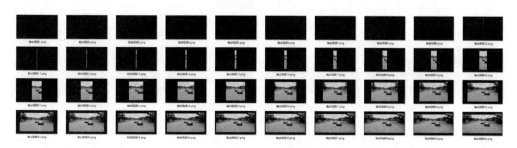

图 1-15　处理后视频

图 1-16　超分辨率原视频

图 1-17　超分辨率处理后视频

```
Width                    : 424 pixels
Height                   : 240 pixels
Display aspect ratio     : 16:9
Frame rate mode          : Constant
Frame rate               : 15.000 FPS
```

图 1-18　原视频信息

```
Width                    : 848 pixels
Height                   : 480 pixels
Display aspect ratio     : 16:9
Frame rate mode          : Constant
Frame rate               : 60.000 FPS
```

图 1-19　输出视频信息

基于 Pix2Pix 的快速

图像风格迁移

本项目通过 COCO-train2014 生成训练 Pix2Pix 对抗网络的数据集,实现快速图像风格迁移。

2.1　总体设计

本部分包括系统整体结构和系统流程。

2.1.1　系统整体结构

系统整体结构如图 2-1 所示。

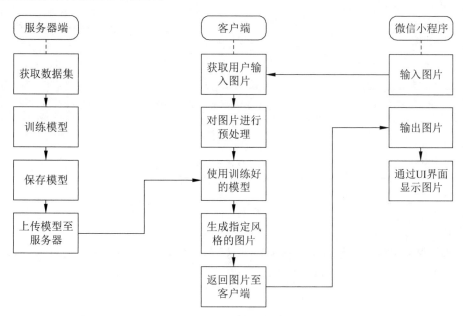

图 2-1　系统整体结构

2.1.2　系统流程

卷积神经网络训练流程如图 2-2 所示，生成数据集流程如图 2-3 所示，Pix2Pix 模型训练流程如图 2-4 所示。

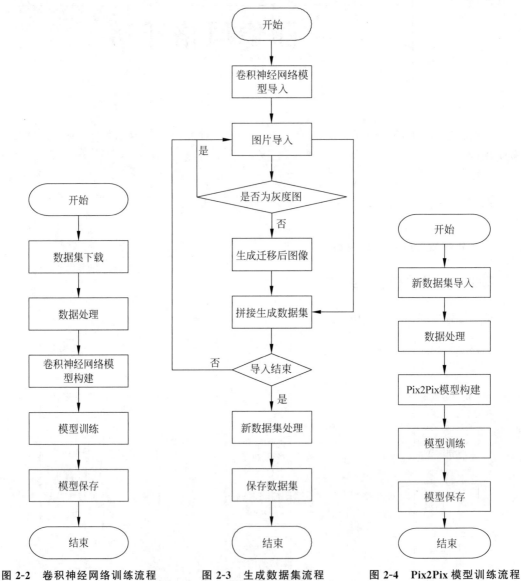

图 2-2　卷积神经网络训练流程　　　图 2-3　生成数据集流程　　　图 2-4　Pix2Pix 模型训练流程

2.2　运行环境

本部分包括 Python 环境、TensorFlow 环境、Flask 环境和微信小程序环境。

2.2.1　Python 环境

Python 环境下载地址为 https://www.python.org/downloads/ ，选择 Windows 系统 64 位，如图 2-5 所示。

Version	Operating System	Description
Gzipped source tarball	Source release	
XZ compressed source tarball	Source release	
Mac OS X 64-bit/32-bit installer	Mac OS X	for Mac OS X 10.6 and later
Windows help file	Windows	
Windows x86-64 embeddable zip file	Windows	for AMD64/EM64T/x64, not Itanium processors
Windows x86-64 executable installer	Windows	for AMD64/EM64T/x64, not Itanium processors
Windows x86-64 web-based installer	Windows	for AMD64/EM64T/x64, not Itanium processors
Windows x86 embeddable zip file	Windows	
Windows x86 executable installer	Windows	
Windows x86 web-based installer	Windows	

图 2-5　Python 安装包下载

运行安装包，如图 2-6 所示，选择自定义安装（Customize installation），勾选 Add Python 3.6 to PATH 复选框，自动添加环境变量，否则需要手动添加。

图 2-6　Python 安装配置

验证是否安装成功，通过系统的 CMD 命令：输入 python，输出 Python 3.6 式样，证明安装成功，如图 2-7 所示。

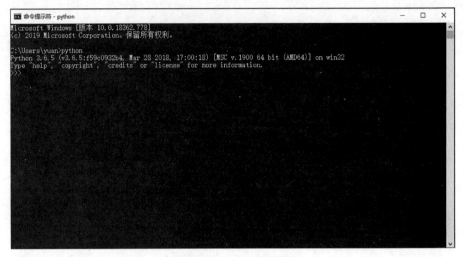

图 2-7　Python 验证

2.2.2　TensorFlow 环境

通过 Python 自带 pip 函数安装 TensorFlow 库，打开命令提示符，升级 pip，输入命令：

python－m pip install－upgrade pip

使用 pip 命令通过清华仓库镜像安装 TensorFlow，输入命令：

pip install tensorflow＝＝1.4.0－i https://pypi.tuna.tsinghua.edu.cn/simple

验证是否安装成功，可以在 CMD 中输入命令：

pip list

查看安装列表如图 2-8 所示。

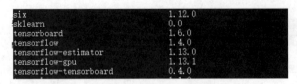

图 2-8　pip list 查看列表

列表中有 TensorFlow 的配置信息说明安装成功，在 Python 的 IDLE 中验证能否使用，搜索 IDLE，并运行，输入命令：

import tensorflow

如图 2-9 所示,未报错则说明可以正常运行。

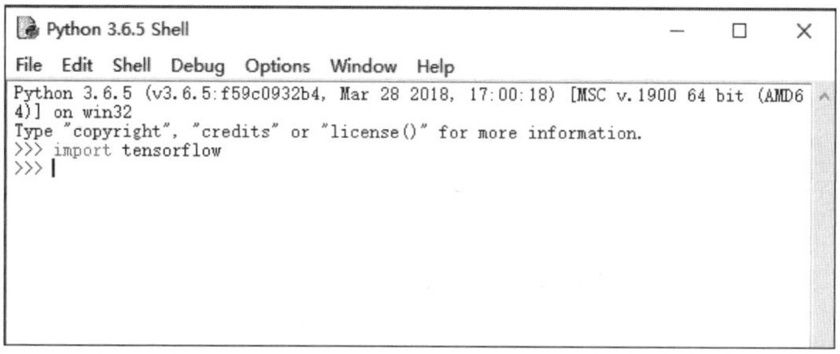

图 2-9　IDLE 验证

2.2.3　Flask 环境

使用 pip 安装 virtualEnv,输入命令:

pip install virtualenv

使用 virtualenv 命令创建名为 env 的虚拟环境,输入命令:

virtualenv – p /usr/bin/python3 env

进入 env 后,输入命令:

source ./bin/activate

激活虚拟环境,使用 pip 函数安装 Flask,使用 pip 通过清华镜像仓库安装 Flask,输入命令:

pip install flask – i https://pypi.tuna.tsinghua.edu.cn/simple

打开 CMD 并在 CMD 中运行 Python,输入命令:

import flask

如图 2-10 所示,未报错则说明成功安装。

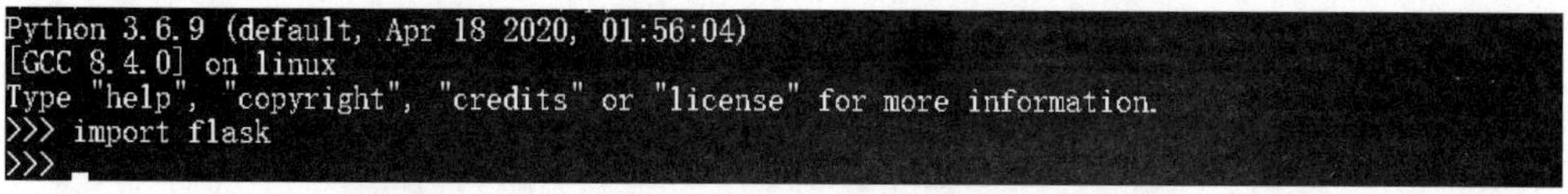

图 2-10　Flask 验证安装成功

2.2.4　微信小程序环境

进入微信公众平台(https://mp.weixin.qq.com/)注册微信小程序,登录后依次进入

"开发"→"开发设置",如图 2-11 所示,即可获得小程序的 APPID。

图 2-11　获取小程序的 APPID

登录微信小程序后,依次进入"开发"→"开发设置",修改服务器域名,将其中的 request、uploadFile、downloadFile 合法域名修改为自己备案后的域名,如图 2-12 所示。使得微信小程序能与指定服务器后台进行交互。

图 2-12　配置服务器域名

开发者工具下载地址为 https://developers. weixin. qq. com/miniprogram/dev/ devtools/stable. html,如图 2-13 所示,单击 Windows 64 即可下载微信开发者工具稳定版本。

图 2-13　开发者工具

双击打开微信开发者工具后,在 APPID 处输入微信小程序官网得到 APPID 后单击"新建",创建微信小程序实例。

2.3　模块实现

本项目包括 7 个模块:数据预处理、模型构建及编译、模型训练及保存、构建 Pix2Pix 数据集、Pix2Pix 模型构建、Pix2Pix 模型训练及保存、后端搭建,下面分别给出各模块的功能介绍及相关代码。

2.3.1　数据预处理

数据集下载地址为 http://images.cocodataset.org/zips/train2014.zip。COCO-train2014 数据集包含 12GB 大小不同的图片 8 万张,提取训练卷积神经网络 3 万张,使用 Numpy 将数据转为.npy 文件保存,相关代码如下:

```
#导入相应数据包
import tensorflow as tf
import numpy as np
import cv2
import glob
import scipy.io
import os
import matplotlib.pyplot as plt
from tqdm import tqdm
from imageio import imread,imsave
from PIL import ImageFile
ImageFile.LOAD_TRUNCATED_IMAGES = True
#定义 resize_and_crop 函数,将图片裁剪为长宽相等的尺寸
def resize_and_crop(image,image_size):
    #读取图片的长和宽
    h = image.shape[0]
    w = image.shape[1]
    if h > w:
    #长大于宽时纵向缩小
        image = image[h//2 - w//2:h//2 + w//2,:,:]
    else:
    #宽大于长时横向缩小
        image = image[:,w//2 - h//2:w//2 + h//2,:]
#使用 OpenCV 的 resize()函数将图片缩放为长宽相等的尺寸
    image = cv2.resize(image,(image_size,image_size))
    return image
#定义数据集数组
X_data = []
```

```
image_size = 256                                        #长宽缩放为 256 * 256
paths = glob.glob('train2014/ * .jpg') #使用 glob 函数读取对应目录下的所有图片
#循环处理 3 万张图片,使用 resize_and_crop 函数处理成 256 * 256
for i in tqdm(range(30000)):
    path = paths[i]
    image = imread(path)
    if len(image.shape)< 3:
        continue
#添加到数据集数组中
    X_data.append(resize_and_crop(image,image_size))
X_data = np.array(X_data)
print(X_data.shape)
#保存处理好的数据,方便下次使用
np.save('X_data.npy',X_data)
```

2.3.2　创建模型与编译

创建模型需要定义加载 VGG-19 各层输出函数、风格图 Gram 矩阵、转换网络、优化损失函数及模型。

1. 定义加载 VGG-19 各层输出函数

加载 VGG-19 模型,其中 imagenet-vgg-verydeep-19. ma'数据文件在 http://www. vlfeat.org/matconvnet/models/beta16/imagenet-vgg-verydeep-19. mat 中下载。定义一个函数对于给定输入,返回 VGG-19 各层输出值,可以根据索引得到 VGG-19 中的权重、偏置和名字,相关代码如下：

```
#加载 VGG - 19 模型
vgg = scipy.io.loadmat('imagenet - vgg - verydeep - 19.mat')
vgg_layers = vgg['layers']
#定义输出节点函数
def vgg_endpoints(inputs, reuse = None):
#使用 variable_scope 规范化输入
    with tf.variable_scope('endpoints', reuse = reuse):
        def _weights(layer, expected_layer_name):
#得到相对应的权重、偏置及命名输出
            W = vgg_layers[0][layer][0][0][0][0][0]
            b = vgg_layers[0][layer][0][0][0][0][1]
            layer_name = vgg_layers[0][layer][0][0][3][0]
#通过断言式鉴别输入/输出保持一致
            assert layer_name == expected_layer_name
            return W, b
        #定义卷积层
        def _conv2d_relu(prev_layer, layer, layer_name):
            W, b = _weights(layer, layer_name)
            W = tf.constant(W)
```

```
            b = tf.constant(np.reshape(b, (b.size)))
        return tf.nn.relu(tf.nn.conv2d(prev_layer, filter = W, strides = [1, 1, 1, 1], padding
= 'SAME') + b)
        #定义池化层
        def _avgpool(prev_layer):
        return tf.nn.avg_pool(prev_layer, ksize = [1, 2, 2, 1], strides = [1, 2, 2, 1], padding
= 'SAME')
    #将 VGG-19 的各层添加到图里面
    graph = {}
    graph['conv1_1'] = _conv2d_relu(inputs, 0, 'conv1_1')
    graph['conv1_2'] = _conv2d_relu(graph['conv1_1'], 2, 'conv1_2')
    graph['avgpool1'] = _avgpool(graph['conv1_2'])
    graph['conv2_1'] = _conv2d_relu(graph['avgpool1'], 5, 'conv2_1')
    graph['conv2_2'] = _conv2d_relu(graph['conv2_1'], 7, 'conv2_2')
    graph['avgpool2'] = _avgpool(graph['conv2_2'])
    graph['conv3_1'] = _conv2d_relu(graph['avgpool2'], 10, 'conv3_1')
    graph['conv3_2'] = _conv2d_relu(graph['conv3_1'], 12, 'conv3_2')
    graph['conv3_3'] = _conv2d_relu(graph['conv3_2'], 14, 'conv3_3')
    graph['conv3_4'] = _conv2d_relu(graph['conv3_3'], 16, 'conv3_4')
    graph['avgpool3'] = _avgpool(graph['conv3_4'])
    graph['conv4_1'] = _conv2d_relu(graph['avgpool3'], 19, 'conv4_1')
    graph['conv4_2'] = _conv2d_relu(graph['conv4_1'], 21, 'conv4_2')
    graph['conv4_3'] = _conv2d_relu(graph['conv4_2'], 23, 'conv4_3')
    graph['conv4_4'] = _conv2d_relu(graph['conv4_3'], 25, 'conv4_4')
    graph['avgpool4'] = _avgpool(graph['conv4_4'])
    graph['conv5_1'] = _conv2d_relu(graph['avgpool4'], 28, 'conv5_1')
    graph['conv5_2'] = _conv2d_relu(graph['conv5_1'], 30, 'conv5_2')
    graph['conv5_3'] = _conv2d_relu(graph['conv5_2'], 32, 'conv5_3')
    graph['conv5_4'] = _conv2d_relu(graph['conv5_3'], 34, 'conv5_4')
    graph['avgpool5'] = _avgpool(graph['conv5_4'])
    return graph
```

2. 定义风格图 Gram 矩阵

选择一张风格图,减去通道颜色均值后,得到图片在 VGG-19 各层输出值,计算 4 个风格层(relu1_2、relu2_2、relu3_3、relu4_3)对应的 Gram 矩阵,层数增高时,内容重构图可变化性增加,具有更大的风格变化能力。而风格使用的层数越多,迁移的稳定性越强。

```
#选择风格图片索引,在这里选用1,并将其大小规范化
style_index = 1
#改变风格图片的大小为 256 * 256
X_style_data = resize_and_crop(imread(style_image[style_index]), image_size)
X_style_data = np.expand_dims(X_style_data, 0)
print(X_style_data.shape)
#风格图通道颜色均值
MEAN_VALUES = np.array([123.68, 116.779, 103.939]).reshape((1, 1, 1, 3))
#使用占位符得到风格图片数组
```

```
X_style = tf.placeholder(dtype = tf.float32, shape = X_style_data.shape, name = 'X_style')
# 得到通过 VGG-19 风格图片的输出
style_endpoints = vgg_endpoints(X_style - MEAN_VALUES)
STYLE_LAYERS = ['conv1_2', 'conv2_2', 'conv3_3', 'conv4_3']
style_features = {}
sess = tf.Session()
# 得到风格图片对应 VGG-19 4 个风格层(relu1_2,relu2_2,relu3_3,relu4_3)的输出
for layer_name in STYLE_LAYERS:
    features = sess.run(style_endpoints[layer_name], feed_dict = {X_style: X_style_data})
    features = np.reshape(features, (-1, features.shape[3]))
    # 得到风格图对应的 Gram 矩阵
    gram = np.matmul(features.T, features) / features.size
    style_features[layer_name] = gram
```

3. 定义转换网络

定义转换网络中的典型卷积、残差、逆卷积结构，对定义好的函数输入图片（Content）进行处理后得到 relu3_3 层的输出，相关代码如下：

```
# 定义训练步长
batch_size = 4
# 定义网络的输入数据格式,使用占位符,要求输入的图片为 RGB 格式
X = tf.placeholder(dtype = tf.float32, shape = [None, None, None, 3], name = 'X')
# 使用截断正态分布随机数生成均值为 0,方差为 0.1 的随机数,用于初始化卷积核
k_initializer = tf.truncated_normal_initializer(0, 0.1)
# 定义激活函数
def relu(x):
    return tf.nn.relu(x)
# 定义卷积函数
# inputs: 输入图片
# filters: 输出空间维数
# kernel_size: 卷积核大小
# strides: 卷积步长
def conv2d(inputs, filters, kernel_size, strides):
    p = int(kernel_size / 2)
# 将输入图片填充,使用映射填充
  h0 = tf.pad(inputs, [[0, 0], [p, p], [p, p], [0, 0]], mode = 'reflect')
    return tf.layers.conv2d(inputs = h0, filters = filters, kernel_size = kernel_size, strides
= strides, padding = 'valid', kernel_initializer = k_initializer)
# 定义逆卷积函数
def deconv2d(inputs, filters, kernel_size, strides):
    shape = tf.shape(inputs)
    height, width = shape[1], shape[2]
    h0 = tf.image.resize_images(inputs, [height * strides * 2, width * strides * 2], tf.
image.ResizeMethod.NEAREST_NEIGHBOR)
    return conv2d(h0, filters, kernel_size, strides)
# 定义正则化函数
```

```
def instance_norm(inputs):
    return tf.contrib.layers.instance_norm(inputs)
#定义残差函数,防止出现梯度消失或梯度下降(X = F(X) + X)
def residual(inputs, filters, kernel_size):
    h0 = relu(conv2d(inputs, filters, kernel_size, 1))
    h0 = conv2d(h0, filters, kernel_size, 1)
    return tf.add(inputs, h0)
#使用类似U-Net网络处理输入图片,在处理之前需要减去通道颜色均值
with tf.variable_scope('transformer', reuse = None):
#输入为[1,256,256,3],输出为[1,276,276,3]
    h0 = tf.pad(X - MEAN_VALUES, [[0, 0], [10, 10], [10, 10], [0, 0]], mode = 'reflect')
#[1,276,276,3]->[1,268,268,32]
    h0 = relu(instance_norm(conv2d(h0, 32, 9, 1)))
#[1,268,268,32]->[1,134,134,64]
    h0 = relu(instance_norm(conv2d(h0, 64, 3, 2)))
#[1,134,134,64]->[1,67,67,128]
    h0 = relu(instance_norm(conv2d(h0, 128, 3, 2)))
#残差网络防止梯度消失
    for i in range(5):
        h0 = residual(h0, 128, 3)
#逆卷积,返回到[1,256,256,3]
    h0 = relu(instance_norm(deconv2d(h0, 64, 3, 2)))
    h0 = relu(instance_norm(deconv2d(h0, 32, 3, 2)))
    h0 = tf.nn.tanh(instance_norm(conv2d(h0, 3, 9, 1)))
    h0 = (h0 + 1) / 2 * 255.
    shape = tf.shape(h0)
    g = tf.slice(h0, [0, 10, 10, 0], [-1, shape[1] - 20, shape[2] - 20, -1], name = 'g')
```

4. 优化损失函数及模型

使用原始图片通过生成网络的输出,以及原始图片通过 VGG-19 网络得到的输出计算

内容损失函数,公式为:$L_{content}(\boldsymbol{p}, \boldsymbol{x}, l) = \dfrac{1}{2} \sum_{i,j} (F_{ij}^l - P_{ij}^l)^2$,相关代码如下:

```
#relu3_3层的输出
CONTENT_LAYER = 'conv3_3'
#得到模型对应层的输出
content_endpoints = vgg_endpoints(X - MEAN_VALUES, True)
g_endpoints = vgg_endpoints(g - MEAN_VALUES, True)
#tf.nn.l2,计算L2范式,即模的平方
def get_content_loss(endpoints_x, endpoints_y, layer_name):
    x = endpoints_x[layer_name]
    y = endpoints_y[layer_name]
    return 2 * tf.nn.l2_loss(x - y) / tf.to_float(tf.size(x))
#内容损失函数
content_loss = get_content_loss(content_endpoints, g_endpoints, CONTENT_LAYER)
```

根据迁移图片和风格图片在指定风格层的输出,计算风格损失函数,公式为:$L_{style}(\boldsymbol{p},\boldsymbol{x},l)=\dfrac{1}{4N_l^2M_l^2}\sum_{i,j}(A_{ij}^l-G_{ij}^l)^2$ 和 $L_{style}(\boldsymbol{p},\boldsymbol{x})=\sum_l w_l L_{style}(\boldsymbol{p},\boldsymbol{x},l)$,相关代码如下:

```python
style_loss = []
for layer_name in STYLE_LAYERS:
    # 得到相应层数的输出
    layer = g_endpoints[layer_name]
    shape = tf.shape(layer)
    bs, height, width, channel = shape[0], shape[1], shape[2], shape[3]
    features = tf.reshape(layer, (bs, height * width, channel))
    # 先得到gram矩阵,feature的转置与其相乘,将第二维度和第三维度进行调换
    gram = tf.matmul(tf.transpose(features, (0, 2, 1)), features) / tf.to_float(height *
width * channel)
    # 通过求和得到损失函数的维数为[4,256,256,3]

    style_gram = style_features[layer_name]style_loss.append(2 * tf.nn.l2_loss(gram - style_
gram)/ tf.to_float(tf.size(layer)))
    # 通过求和降维得到总风格损失的维数为[1,256,256,3]
    style_loss = tf.reduce_sum(style_loss)
    # 得到内容损失函数和风格损失函数后,定义全变差正则,计算总的损失函数
    # 定义全变差正则函数,作为偏置
    def get_total_variation_loss(inputs):
        h = inputs[:, :-1, :, :] - inputs[:, 1:, :, :]
        w = inputs[:, :, :-1, :] - inputs[:, :, 1:, :]
        return tf.nn.l2_loss(h) / tf.to_float(tf.size(h)) + tf.nn.l2_loss(w) / tf.to_float
(tf.size(w))
    total_variation_loss = get_total_variation_loss(g)
    # 定义内容图片和风格图片的权重,使训练偏向风格图片
    content_weight = 1
    style_weight = 250
    total_variation_weight = 0.01
    # 定义总的损失函数
    loss = content_weight * content_loss + style_weight * style_loss + total_variation_weight
* total_variation_loss
    # 定义优化器,通过调整转换网络中的参数降低总损失
    vars_t = [var for var in tf.trainable_variables() if var.name.startswith('transformer')]
    optimizer = tf.train.AdamOptimizer(learning_rate = 0.001).minimize(loss, var_list =
vars_t)
```

2.3.3 模型训练及保存

定义卷积神经网络模型架构和编译之后,使用训练集训练模型,使模型获得任意内容图片的风格迁移结果。这里,每次使用4张图片训练模型,训练后输出其中3张效果图保存到TensorBoard中。

1. 模型训练

模型训练相关代码如下:

```
style_name = style_image[style_index]
style_name = style_name[style_name.find('/') + 1:].rstrip('.jpg')
OUTPUT_DIR = 'samples_%s' % style_name  #参数及风格化图片输出目录
if not os.path.exists(OUTPUT_DIR):
    os.mkdir(OUTPUT_DIR)
#设置输出到tensorboard中的参数
#内容(输入图片)损失
tf.summary.scalar('losses/content_loss', content_loss)
#风格图片损失
tf.summary.scalar('losses/style_loss', style_loss)
#全变差正则损失
tf.summary.scalar('losses/total_variation_loss', total_variation_loss)
#总损失
tf.summary.scalar('losses/loss', loss)
#加权内容损失
tf.summary.scalar('weighted_losses/weighted_content_loss', content_weight * content_loss)
#加权风格损失
tf.summary.scalar('weighted_losses/weighted_style_loss', style_weight * style_loss)
#加权正则损失
tf.summary.scalar('weighted_losses/weighted_total_variation_loss', total_variation_weight *
total_variation_loss)
tf.summary.image('transformed', g)
tf.summary.image('origin', X)
summary = tf.summary.merge_all()
writer = tf.summary.FileWriter(OUTPUT_DIR)
#初始化参数
sess.run(tf.global_variables_initializer())
losses = []
#训练轮数
epochs = 2
#每轮训练结束后用一张图片进行测试,并输出
X_sample = imread('test.jpg')
h_sample = X_sample.shape[0]
w_sample = X_sample.shape[1]
#训练2次,每次需要迭代30000张图片,每个epoch使用3张图片训练
for e in range(epochs):
    data_index = np.arange(X_data.shape[0])
    np.random.shuffle(data_index)
    X_data = X_data[data_index]
        for i in tqdm(range(X_data.shape[0] // batch_size)):
        X_batch = X_data[i * batch_size: i * batch_size + batch_size]
        ls_, _ = sess.run([loss, optimizer], feed_dict = {X: X_batch})
        losses.append(ls_)
        #每训练20次更新一次TensorBoard中的参数
        if i > 0 and i % 20 == 0:
            writer.add_summary(sess.run(summary, feed_dict = {X: X_batch}), e * X_data.shape[0]
// batch_size + i)
```

```
                    writer.flush()
print('Epoch % d Loss % f' % (e, np.mean(losses)))
losses = []
#用样例图片进行测试
gen_img = sess.run(g, feed_dict = {X: [X_sample]})[0]
gen_img = np.clip(gen_img, 0, 255)
result = np.zeros((h_sample, w_sample * 2, 3))
result[:, :w_sample, :] = X_sample / 255.
result[:, w_sample:, :] = gen_img[:h_sample, :w_sample, :] / 255.
plt.axis('off').
plt.imshow(result)
plt.show()
imsave(os.path.join(OUTPUT_DIR, 'sample_ % d.jpg' % e), result)
```

其中，一个 batch 就是在一次前向/后向传播过程用到的训练样例数量，也就是一次用 4 张图片进行训练，共训练 30000 张图片，如图 2-14 所示。

图 2-14　训练结果

通过 TensorBoard 观察当前训练的情况,如图 2-15 和图 2-16 所示,可以查看当前的内容损失和风格损失情况呈梯度下降的状态。

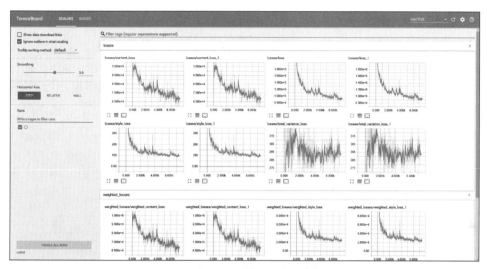

图 2-15　TensorBoard 参数(1)

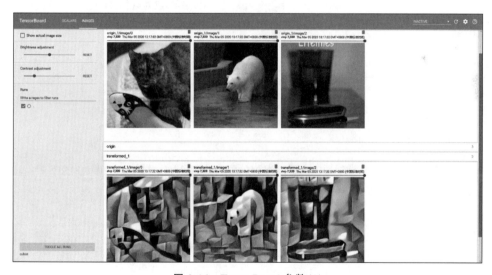

图 2-16　TensorBoard 参数(2)

2. 模型保存

为直接使用模型,需要将模型保存,使用 TensorFlow 中的 train 模块实现。

```
saver = tf.train.Saver()
saver.save(sess, os.path.join(OUTPUT_DIR, 'fast_style_transfer'))
```

模型保存后,可以在其他项目中直接使用。

2.3.4　构建 Pix2Pix 数据集

本部分包括卷积神经网络生成风格迁移图片和 Pix2Pix 数据集格式处理，用于制作适用于 Pix2Pix 模型训练的数据集。

1. 生成风格迁移图片

训练 Pix2Pix 所需图片较少，因此，使用已经训练好的卷积神经网络模型处理 COCO-train2014 数据集中的前 500 张图片，相关代码如下：

```python
#导入所需库
import tensorflow as tf
import numpy as np
import glob
import scipy.io
import os
from tqdm import tqdm
from imageio import imread,imsave
import time
#定义获取当前时间的函数,方便查看处理时间
def the_current_time():
    print(time.strftime("%Y-%m-%d %H:%M:%S",time.localtime(int(time.time()))))
#训练集路径,使用绝对路径
paths = glob.glob('train2014/*.jpg')
#模型的位置
model = 'samples_style/cubist'
#处理好的图片保存地址
result_image = 'test_style/'
#初始化进程
sess = tf.Session()
sess.run(tf.global_variables_initializer())
#读入模型
saver = tf.train.import_meta_graph(os.path.join(model,'fast_style_transfer.meta'))
saver.restore(sess,tf.train.latest_checkpoint(model))
#定义当前图为默认图,方便读取权值
graph = tf.get_default_graph()
X = graph.get_tensor_by_name('X:0')
g = graph.get_tensor_by_name('transformer/g:0')
#打印当前时间
the_current_time()
for i in range(500):
#获取一张图片的地址
    content_image = paths[i]
    X_image = imread(content_image)
    if len(X_image.shape)< 3:
        continue
#使用模型处理,结果为 gen_img
    gen_img = sess.run(g,feed_dict = {X:[X_image]})[0]
    gen_img = np.clip(gen_img,0,255)/255
```

```
#保存结果图片
    imsave(result_image + '% d.jpg'% i,gen_img)
    the_current_time()
```

输出结果如图 2-17 所示。

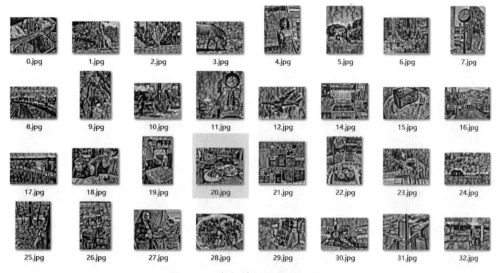

图 2-17 卷积神经网络处理结果

2. Pix2Pix 数据集格式处理

由于训练 Pix2Pix 模型需要使用大小固定的图片集,因此,对原图片和风格迁移后图片的大小需要进行修改,同时将原图片和翻译后的图片拼接。

1) 调整图片大小

使用 TensorFlow 自带的 image 函数分别处理内容图片和风格图片,相关代码如下:

```
#导入相应库
import tensorflow as tf
import glob
import matplotlib.pyplot as plt
from imageio import imread,imsave
#需要处理图片所在的 + * 位置,是风格图片所在位置,处理内容图片只需要修改为相应地址
paths = glob.glob('test_style/ * .jpg')
with tf.Session() as sess:
    for i in range(496):
        content_image = paths[i]
        X_image = imread(content_image)
#使用 TensorFlow 读取图片,编码方式为 rb(非 utf - 8 编码)
        image_raw_data = tf.gfile.FastGFile(paths[i],'rb').read()
#图像解码,此时输出一个 3 维矩阵
        img_data = tf.image.decode_jpeg(image_raw_data)
#改变图像的数据类型为 float32 型
```

```
    img_data = tf. image. convert_image_dtype(img_data, dtype = tf. float32)
＃改变图像大小为 256＊256
    resized = tf. image. resize_images(img_data, [256, 256], method = 0)
    resized = tf. image. convert_image_dtype(resized, dtype = tf. uint8)
＃将图片编码以保存为. jpg 文件
    encoded_image = tf. image. encode_jpeg(resized)
    withtf. gfile. GFile("resized_style/ % s. jpg" % content_image[11:]. rstrip('. jpg'), 'wb')
as f:
        f. write(encoded_image. eval())
```

处理结果如图 2-18 和图 2-19 所示。

图 2-18　风格处理结果

图 2-19　图片处理结果

2) 图片拼接

使用 OpenCV 和 Numpy 库实现图片拼接,相关代码如下:

```
# 导入库
import glob
import cv2
import numpy as np
import pandas as pd
import matplotlib.pyplot as plt
# 获得内容图片和风格图片的地址
paths_content = glob.glob('resized_content/*.jpg')
paths_style = glob.glob('resized_style/*.jpg')
# 共得到 496 张图片,在前 500 张中不满足格式的被剔除
for i in range(496):
    img1 = cv2.imread(paths_content[i])
    img2 = cv2.imread(paths_style[i])
# 使用 numpy 的 concatenate 函数可以是向图片的横向拼接
    image = np.concatenate((img2,img1),axis = 1)
    cv2.imwrite('combine/%s.jpg'% i,image)
```

数据集如图 2-20 所示。

0.jpg 1.jpg 2.jpg 3.jpg 4.jpg 5.jpg 6.jpg 7.jpg

8.jpg 9.jpg 10.jpg 11.jpg 12.jpg 13.jpg 14.jpg 15.jpg

16.jpg 17.jpg 18.jpg 19.jpg 20.jpg 21.jpg 22.jpg 23.jpg

24.jpg 25.jpg 26.jpg 27.jpg 28.jpg 29.jpg 30.jpg 31.jpg

图 2-20 Pix2Pix 数据集

2.3.5 Pix2Pix 模型构建

Pix2Pix 模型构建需要定义生成器和判别器的神经网络,生成器使用 U-Net 网络结构,提取特征;判别器则根据 PatchGAN 方法获得不同区域的得分。

1. Pix2Pix 数据集处理

当前制作出数据集的一张图片中包含两部分,可将图片左半部分设为 X 类,右半部分

设为 Y 类。Pix2Pix 图像翻译所要实现的功能将 Y 类样本翻译为 X 类,同样也可以用 X 类翻译为 Y 类样本,此时功能便是将风格图片还原为原图,如图 2-21 所示。

图 2-21 Pix2Pix 数据集样式

在导入模型前将图片分别保存到 X 数组和 Y 数组中,相关代码如下:

```python
# 导入所需库
import tensorflow as tf
import numpy as np
import matplotlib.pyplot as plt
% matplotlib inline
from imageio import imread, imsave, mimsave
import glob
import os
from tqdm import tqdm
from datetime import datetime
# 读取当前文件夹下的所有照片
images = glob.glob('combine/ * .jpg')
print(len(images))
# 将图片分成 X 类和 Y 类,根据图像顺序应为 Y 类翻译为 X 类
X_all = []
Y_all = []
WIDTH = 256
HEIGHT = 256
for image in images:
    img = imread(image)
    img = (img / 255. - 0.5) * 2
    X_all.append(img[:, WIDTH:, :])
    Y_all.append(img[:, :WIDTH, :])
X_all = np.array(X_all)
Y_all = np.array(Y_all)
print(X_all.shape, Y_all.shape)
```

2. 定义辅助函数

定义一些常量、网络张量、辅助函数,相关代码如下:

```python
# 这里的 batch_size 设为 1,因此每次训练都是一对一的图像翻译
batch_size = 1
LAMBDA = 100
# 设置样式图片输出文件位置
OUTPUT_DIR = 'samples'
if not os.path.exists(OUTPUT_DIR):
    os.mkdir(OUTPUT_DIR)
# 分别定义 X、Y 的数组大小为 256 * 256 * 3
X = tf.placeholder(dtype = tf.float32, shape = [None, HEIGHT, WIDTH, 3], name = 'X')
Y = tf.placeholder(dtype = tf.float32, shape = [None, HEIGHT, WIDTH, 3], name = 'Y')
k_initializer = tf.random_normal_initializer(0, 0.02)
g_initializer = tf.random_normal_initializer(1, 0.02)
# 定义激活函数为(leaky - ReLU)
# LReLU(xi) = xi if xi > 0 ; ai * xi if xi ≤ 0,其中 AI 是固定的
# 使用 LReLU 可以保留一些负轴的值避免数据丢失,加快收敛速度,避免梯度消失
# 不使用 sigmoid 或 tanh 会出现梯度消失问题
def lrelu(x, leak = 0.2):
    return tf.maximum(x, leak * x)
# 定义判别器的卷积函数,考虑到 PatchGAN 需要加入步长
# input:输入
# filters:输出空间维数(即卷积过滤器个数)
# strides:步长
# padding = "vaild",卷积不够就丢弃,输出形状为 L_new = ceil((L - F/S)) + 1
# padding = "same",卷积不够填充,输出形状为 L_new = ceil((L - F + 1)/S)
def d_conv(inputs, filters, strides):
    padded = tf.pad(inputs,[[0,0],[1,1],[1,1],[0,0]], mode = 'CONSTANT')
    return tf.layers.conv2d(padded, kernel_size = 4, filters = filters, strides = strides,
padding = 'valid', kernel_initializer = k_initializer)
# 定义生成器的卷积函数
def g_conv(inputs, filters):
    return tf.layers.conv2d(inputs, kernel_size = 4, filters = filters, strides = 2, padding =
'same', kernel_initializer = k_initializer)
# 定义生成器的反卷积函数
def g_deconv(inputs, filters):
    return tf.layers.conv2d_transpose(inputs, kernel_size = 4, filters = filters, strides = 2,
padding = 'same', kernel_initializer = k_initializer)
# BN 正则化
def batch_norm(inputs):
    return tf.layers.batch_normalization(inputs, axis = 3, epsilon = 1e - 5, momentum = 0.1,
training = True, gamma_initializer = g_initializer)
# 计算 X 类和 Y 类的交叉熵
def sigmoid_cross_entropy_with_logits(x, y):
    return tf.nn.sigmoid_cross_entropy_with_logits(logits = x, labels = y)
```

3. 定义生成器和判别器

判别器:将 X 和 Y 按通道拼接,经过多次卷积后得到 30 * 30 * 1 的判别图,即

PatchGAN 的思想。生成器：Unet 前后两部分各包含 8 层卷积，且后半部分的前 3 层卷积使用丢弃，它在训练过程中以一定概率随机去掉一些神经元，起到防止过拟合的作用，相关代码如下：

```python
# 定义判别器,根据 PatchGAN 最后输出的大小取为 30 * 30
def discriminator(x, y, reuse = None):
    with tf.variable_scope('discriminator', reuse = reuse):
        # 输入 X,Y 均为[1,256,256,3],因此取 axis = 3,拼接后为[256,256,6]
        x = tf.concat([x, y], axis = 3)
    # 填充后为[258,258,6],经过卷积核为[4,4],卷积核 64 个,卷积后的大小为[128,128,64]
        h0 = lrelu(d_conv(x, 64, 2))  # 128 128 64
        h0 = d_conv(h0, 128, 2)
        h0 = lrelu(batch_norm(h0))    # 64 64 128
        h0 = d_conv(h0, 256, 2)
        h0 = lrelu(batch_norm(h0))    # 32 32 256
        h0 = d_conv(h0, 512, 1)
        h0 = lrelu(batch_norm(h0))    # 31 31 512
        h0 = d_conv(h0, 1, 1)         # 30 30 1
        h0 = tf.nn.sigmoid(h0)
        return h0
# 定义生成器,8 次卷积,8 次反卷积,后 8 次中包括 3 次丢弃防止过拟合
def generator(x):
    with tf.variable_scope('generator', reuse = None):
        layers = []
        h0 = g_conv(x, 64)  # padding = "same"128 128 64
        layers.append(h0)
        # 生成器使用 U-Net 网络结构,需要先进行 8 次卷积
        for filters in [128, 256, 512, 512, 512, 512, 512]:
            h0 = lrelu(layers[-1])
            h0 = g_conv(h0, filters)
            h0 = batch_norm(h0)
            layers.append(h0)
        encode_layers_num = len(layers)  # 8 次
        # 先进行 7 次逆卷积,其中要包括 3 次丢弃防止过拟合
        for i, filters in enumerate([512, 512, 512, 512, 256, 128, 64]):
            skip_layer = encode_layers_num - i - 1
            if i == 0:
                inputs = layers[-1]
            else:
                inputs = tf.concat([layers[-1], layers[skip_layer]], axis = 3)
            h0 = tf.nn.relu(inputs)
            h0 = g_deconv(h0, filters)
            h0 = batch_norm(h0)
            # 前 3 次添加丢弃
            if i < 3:
                h0 = tf.nn.dropout(h0, keep_prob = 0.5)
```

```
        layers.append(h0)
    #经过第 8 次逆卷积,图片大小[1,256,256,3]与原始图片一样
    inputs = tf.concat([layers[-1], layers[0]], axis = 3)
    h0 = tf.nn.relu(inputs)
    h0 = g_deconv(h0, 3)
    h0 = tf.nn.tanh(h0, name = 'g')
    return h0
```

4. 定义损失函数和优化器

根据生成器和判别器的损失定义函数:

判别器 D 的参数 θ_d,损失关于参数的梯度为: $\nabla \dfrac{1}{m} \sum\limits_{i=1}^{m} \left[\ln D(x^{(i)}) + \ln(1 - D(G(z^{(i)}))) \right]$,生成器 G 的参数 θ_g,损失关于参数的梯度为: $\nabla \dfrac{1}{m} \sum\limits_{i=1}^{m} \left[\ln(1 - D(G(z^{(i)}))) \right]$,相应的总损失函数为: $V(D,G) = E_{x \sim P_{\text{data}(x)}} \left[\ln D(x \mid y) \right] + E_{z \sim p_z(z)} \left[\ln(1 - D(G(x))) \right]$。

```
#生成器输出
g = generator(X)
d_real = discriminator(X, Y) #判别器真实情况
d_fake = discriminator(X, g, reuse = True) #判别器错误情况
vars_g = [var for var in tf.trainable_variables() if var.name.startswith('generator')]
vars_d = [var for var in tf.trainable_variables() if var.name.startswith('discriminator')]
#根据判别器损失函数的定义得到 loss_d
#判别正确的损失
loss_d_real = tf.reduce_mean(sigmoid_cross_entropy_with_logits(d_real, tf.ones_like(d_real)))
判别错误的损失
loss_d_fake = tf.reduce_mean(sigmoid_cross_entropy_with_logits(d_fake, tf.zeros_like(d_fake)))
loss_d = loss_d_real + loss_d_fake
#生成器损失只有一项判别正确的损失
loss_g_gan = tf.reduce_mean(sigmoid_cross_entropy_with_logits(d_fake, tf.ones_like(d_fake)))
#加上 L1 损失,捕捉低频损失的值
loss_g_l1 = tf.reduce_mean(tf.abs(Y - g))
loss_g = loss_g_gan + loss_g_l1 * LAMBDA
#存在生成器和判别器两个神经网络,优化器包含两项,分别优化生成器和判别器
#定义优化器 ADAM
update_ops = tf.get_collection(tf.GraphKeys.UPDATE_OPS)
with tf.control_dependencies(update_ops):
    optimizer_d = tf.train.AdamOptimizer(learning_rate = 0.0002, beta1 = 0.5).minimize(loss_d, var_list = vars_d)
    optimizer_g = tf.train.AdamOptimizer(learning_rate = 0.0002, beta1 = 0.5).minimize(loss_g, var_list = vars_g)
```

2.3.6　Pix2Pix 模型训练及保存

Pix2Pix 模型需要分别训练生成器和判别器，按照 1∶1 的次数进行。

1. Pix2Pix 模型训练

模型训练相关代码如下：

```python
# 启动会话
sess = tf.Session()
sess.run(tf.global_variables_initializer())
loss = {'d': [], 'g': []}
saver = tf.train.Saver()
# 打印当前时间
current_time = datetime.now().strftime("%Y%m%d-%H%M")
checkpoints_dir = "checkpoints/{}".format(current_time)
for i in tqdm(range(10000)):
    k = i % X_all.shape[0]
    # 每次使用一张图片训练
    X_batch, Y_batch = X_all[k:k + batch_size, :, :, :], Y_all[k:k + batch_size, :, :, :]
    # 获得当前模型的判别器损失和生成器损失
    _, d_ls = sess.run([optimizer_d, loss_d], feed_dict = {X: X_batch, Y: Y_batch})
    _, g_ls = sess.run([optimizer_g, loss_g], feed_dict = {X: X_batch, Y: Y_batch})
    loss['d'].append(d_ls)
    loss['g'].append(g_ls)
    # 每 1000 次输出一次训练结果并且保存模型
    if i % 1000 == 0:
        print(i, d_ls, g_ls)
        gen_imgs = sess.run(g, feed_dict = {X: X_batch})
        result = np.zeros([HEIGHT, WIDTH * 3, 3])
        result[:, :WIDTH, :] = (X_batch[0] + 1) / 2
        result[:, WIDTH: 2 * WIDTH, :] = (Y_batch[0] + 1) / 2
        result[:, 2 * WIDTH:, :] = (gen_imgs[0] + 1) / 2
        plt.axis('off')
        plt.imshow(result)
    # 每 1000 次保存一张模型输出的图片
        imsave(os.path.join(OUTPUT_DIR, 'sample_%d.jpg' % i), result)
        plt.show()
    if i % 1000 == 0:
    # 为防止中途停止，每 1000 次保存一次权值，方便中断后继续从当前位置开始
        save_path = saver.save(sess, checkpoints_dir + "/model.ckpt", global_step = i)
plt.plot(loss['d'], label = 'Discriminator')
plt.plot(loss['g'], label = 'Generator')
plt.legend(loc = 'upper right')
plt.savefig('Loss.png')
plt.show()
```

训练结果如图 2-22 所示。

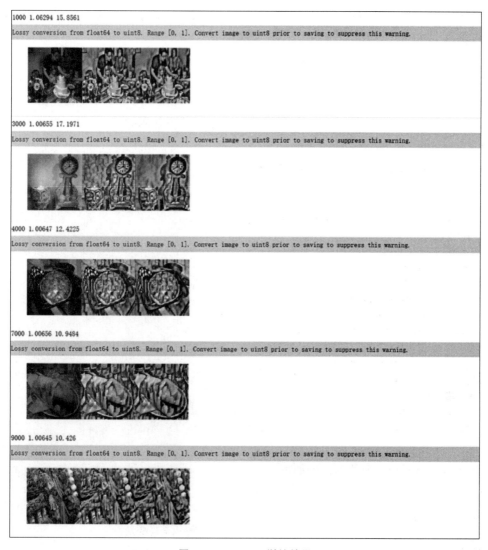

图 2-22 Pix2Pix 训练结果

2. Pix2Pix 模型保存

模型保存相关操作如下：

```
save_path = saver.save(sess,checkpoints_dir + "/model.ckpt",global_step = i)
```

2.3.7 后端搭建

本部分包括微信小程序界面设计和 Flask＋uWSGI＋Nginx 搭建后端。

1. 微信小程序界面设计

用户通过微信小程序将图片上传至服务器，服务器对图片进行处理后通过微信小程序返回给用户。

界面布局：微信小程序分为两个页面，用户通过第一个页面上传图片，第二个页面获得处理后的图片。

1）第一个页面

用户在第一个页面进行图片上传，界面布局和组件关系代码如下：

```
<!-- index.wxml -->
<text class = "big-title">1.上传图片</text>
<!-- 图片上传 -->
 <view class = "container">
   <button bindtap = "up1">选择图片</button>
</view>
.container {
  height: 100 % ;
  display: flex;
  flex-direction: column;
  align-items: center;
  justify-content: space-between;
  padding: 200rpx 0;
  box-sizing: border-box;
}
.big-title {
  color: #337ab7;
  font-size: 44rpx;
}
```

从本地选择图片并上传的代码如下：

```
//index.js
//获取应用实例
const app = getApp()                              //导入全局变量
Page({
  data: {
    motto: 'Hello World',
    userInfo: {},
    hasUserInfo: false,
    canIUse: wx.canIUse('button.open-type.getUserInfo'),
    result:"gg"
  },
  //事件处理函数
  bindViewTap: function() {
    wx.navigateTo({
      url: '../logs/logs'
```

```
    })
  },
  onLoad: function () {
    if (app.globalData.userInfo) {
      this.setData({
        userInfo: app.globalData.userInfo,
        hasUserInfo: true
      })
    } else if (this.data.canIUse){
      //getUserInfo 是网络请求,可能会在 Page.onLoad 之后才返回
      //此处加入 callback 以防止这种情况
      app.userInfoReadyCallback = res => {
        this.setData({
          userInfo: res.userInfo,
          hasUserInfo: true
        })
      }
    } else {
      //在没有 open-type = getUserInfo 版本的兼容处理
      wx.getUserInfo({
        success: res => {
          app.globalData.userInfo = res.userInfo
          this.setData({
            userInfo: res.userInfo,
            hasUserInfo: true
          })
        }
      })
    }
  },
  getUserInfo: function(e) {
    console.log(e)
    app.globalData.userInfo = e.detail.userInfo
    this.setData({
      userInfo: e.detail.userInfo,
      hasUserInfo: true
    })
  },
  up1: function(e){
    wx.chooseImage({
      success: function(res) {
        var tempPath = res.tempFilePaths[0];    //定义上传图片的路径
        wx.uploadFile({                          //wx 内置上传数据的函数
          url: 'http://localhost:5000/',
          filePath: tempPath,
          name: 'imgFile',
          success: function(e){
```

```
                 // console.log(e["data"])
                 var base64Data = e["data"];              //获得服务器返回 base64 编码的图片
                  base64Data = wx.arrayBufferToBase64(wx.base64ToArrayBuffer(base64Data));
        //将 base64 解码
         app.globalData.base64ImgUrl = 'data:image/jpg;base64,'+ base64Data;
                 wx.navigateTo({
                   url: '/pages/ll/ll',
                 })
                 console.log(app.globalData.base64ImgUrl);
               },
               fail: function(e){
                 console.log(e)
               }
             });
           },
         })
       }
    })
```

2）第二个页面

用户通过第二个页面获取处理后的图片，布局和组件代码如下：

```
<!-- pages/ll/ll.wxml -->
<view>
<text calss = "big-title">2.返回结果</text>
</view>
<view>
<image src = "{{base64ImgUrl}}" style = "width:100%"></image>
</view>
.big-title{
  color:♯337ab7;
  font-size: 44rpx;
}
//返回结果显示的代码
//pages/ll/ll.js
var app = getApp()
Page({
  /**
   * 页面的初始数据
   */
  data: {
    base64ImgUrl:null,
  },
  /**
   * 生命周期函数——监听页面加载
   */
  onLoad: function (options) {
```

```
    this.setData({
      base64ImgUrl:getApp().globalData.base64ImgUrl
    })
  },
  /**
   * 生命周期函数——监听页面初次渲染完成
   */
  onReady: function () {
  },
  /**
   * 生命周期函数——监听页面显示
   */
  onShow: function () {
  },
  /**
   * 生命周期函数——监听页面隐藏
   */
  onHide: function () {
  },
  /**
   * 生命周期函数——监听页面卸载
   */
  onUnload: function () {
  },
  /**
   * 页面相关事件处理函数——监听用户下拉动作
   */
  onPullDownRefresh: function () {
  },
  /**
   * 页面上拉触底事件的处理函数
   */
  onReachBottom: function () {
  },
  /**
   * 用户单击右上角分享
   */
  onShareAppMessage: function () {
  }
})
```

微信小程序配置代码：

app.js:

```
  App({
  globalData: {
    base64ImgUrl:null
  }
})
```

2. Flask＋uWSGI＋Nginx 搭建后端

Flask 是基于 Python 开发并且依赖 jinja2 模板和 Werkzeug WSGI 服务的一个微型框架,对于 Werkzeug 本质是 Socket 服务端,接收 HTTP 请求并进行预处理,开发人员基于 Flask 框架提供的功能对请求进行相应的处理,并返回给用户,如果返回给用户复杂的内容时,需要借助 jinja2 模板来实现,即：将模板和数据进行渲染,渲染后的字符串返回给用户浏览器。

Nginx 是轻量级的 Web 服务器、反向代理服务器及电子邮件(IMAP/POP3)代理服务器,并在 BSD-like 协议下发行。其特点是占有内存少、并发能力强。

uWSGI 项目为构建托管服务开发全栈,使用通用的 API 和配置风格实现应用服务器(对于各种编程语言和协议)、代理、进程管理器和监控器。由于可插拔架构,可以对其扩展以支持更多的平台和语言。

1) uWSGI 配置

uWSGI 配置文件如下:

```
config.ini
[uwsgi]
socket = 127.0.0.1:8001                      //套接字接口
# http = 127.0.0.1:5000
home = /home/ubuntu/web                       //Flask 项目根目录
wsgi - file = /home/ubuntu/web/server.py      //Flask 文件
callable = app                                //变量
maseter = true
stats = 127.0.0.1:5000
```

2) Nginx 配置

Nginx 主要配置 server 模块,相关操作如下:

```
default
# 参考 https://www.nginx.com/resources/wiki/start/
# https://wiki.debian.org/Nginx/DirectoryStructure
# 默认服务器配置
server {
        listen 80;                                    # 监听 80 端口
        # listen [::]:80 default_server;
        server_name buptyl.xyz;                       # 服务器绑定的域名
        # SSL 配置
        # 监听 443 默认服务器
        root /var/www/html;
        # 如果使用 PHP,添加 index.php 到列表
        index index.html index.htm index.nginx - debian.html;
        # server_name _;
        location / {
                # First attempt to serve request as file, then
```

```
            # as directory, then fall back to displaying a 404.
            # try_files $ uri $ uri/ = 404;
            include uwsgi_params;
      uwsgi_pass 127.0.0.1:8001;                    # 与 uWSGI 中 socket 地址对应
      }
      # 将 PHP 脚本传递给 FastCGI 服务器
      # location ~ \.php$ {
      # include snippets/fastcgi - php.conf;
      #  With php - fpm (or other unix sockets):
      # fastcgi_pass unix:/var/run/php/php7.0 - fpm.sock;
      #  With php - cgi (or other tcp sockets):
      # fastcgi_pass 127.0.0.1:9000;
      # }
      # location ~ /\.ht {
      # deny all;
      # }
}
# server {
# listen 80;
# listen [::]:80;
# server_name example.com;
# root /var/www/example.com;
# index index.html;
# location / {
# try_files $ uri $ uri/ = 404;
}
}
```

3）Flask

Flask 相关操作如下：

```python
import base64
from flask import request
from flask import Flask
import os
import tensorflow as tf
import numpy as np
import cv2
import glob
import scipy.io
import os
import matplotlib.pyplot as plt
from tqdm import tqdm
from imageio import imread, imsave, mimread, mimsave
import time
from PIL import Image
app = Flask(__name__)
```

```python
class ImportGraph():
    def __init__(self,model,flag = True):
        #创建一个图,并且将其应用到进程中
        self.graph = tf.Graph()
        self.sess = tf.Session(graph = self.graph)
        with self.graph.as_default():
            #从指定路径加载模型到局部图中
        saver = tf.train.import_meta_graph(os.path.join(model,'fast_style_transfer.meta'))
            saver.restore(self.sess,tf.train.latest_checkpoint(model))
            self.X = self.graph.get_tensor_by_name('X:0')
            print(self.X)
            if flag:
                self.g = self.graph.get_tensor_by_name('transformer/g:0')
            else:
                self.g = self.graph.get_tensor_by_name('generator/g:0')
    def run(self,data,flag = True):
        if flag:
            return self.sess.run(self.g,feed_dict = {self.X:[data[:,:,:3]]})[0]
        else:
            return self.sess.run(self.g,feed_dict = {self.X:data})
def transform_pix(content,model,result_name):
    #the_current_time()
    print("gg")
    model = './' + model
    result_image = './' + result_name + '.jpg'
    img_switch = Image.open(content)
    img_deal = img_switch.resize((256,256),Image.ANTIALIAS)    #转化图片
    img_deal = img_deal.convert('RGB')                    #保存为.jpg格式才需要
    img_deal.save("./" + content)
    img = imread("./" + content)
    X_all = []
    img = (img/255. - 0.5) * 2
    X_all.append(img[:,:256,:])
    X_all = np.array(X_all)
    print(X_all.shape)
    '''sess = tf.Session()
    sess.run(tf.global_variables_initializer())
    saver = tf.train.import_meta_graph(os.path.join(model,'style_transfer.meta'))
    saver.restore(sess, tf.train.latest_checkpoint(model))
    graph = tf.get_default_graph()
    g = graph.get_tensor_by_name('generator/g:0')
    X = graph.get_tensor_by_name('X:0')
    '''
    model = ImportGraph(model,flag = False)
    gen_img = model.run(X_all,flag = False)
    result = np.zeros([256,256,3])
    result[:,:,:] = (gen_img + 1) / 2
        imsave(result_image, result)
        #the_current_time()
#定义路由
```

```
@app.route("/", methods = ['POST'])
def get_frame():
    #接收图片
    files = request.files['imgFile']
    #获取图片名
    files.save(files.filename)
transform_pix(files.filename,'cubist','test_pix_3')
    #文件保存目录(桌面)
    res = ''
    with open('test_pix_3.jpg', 'rb') as f:
        res = base64.b64encode(f.read())
    os.remove(files.filename)
    os.remove('test_pix_3.jpg')
    return res
if name == '__main__':
app.run(debug = True)
```

2.4 系统测试

本部分包括训练效果、测试效果及模型应用。

2.4.1 训练效果

通过查看 Pix2Pix 训练过程中,生成器损失函数的变化如图 2-23 所示,生成器效果如图 2-24 所示,可以得到其效果与卷积神经网络的效果相似,在训练时间上 Pix2Pix 模型只用 6 小时,而训练卷积神经网络模型则是 96 小时,训练对抗生成网络的时间远远小于卷积神经网络。

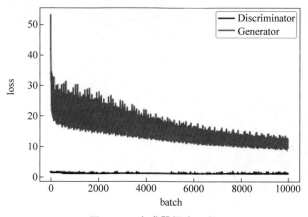

图 2-23 生成器损失函数

图 2-24　Pix2Pix 模型效果

2.4.2　测试效果

通过训练好的 Pix2Pix 模型和卷积神经网络模型对比，相同的测试图片验证，得到卷积神经网络效果如图 2-25 所示，Pix2Pix 效果如图 2-26 所示。

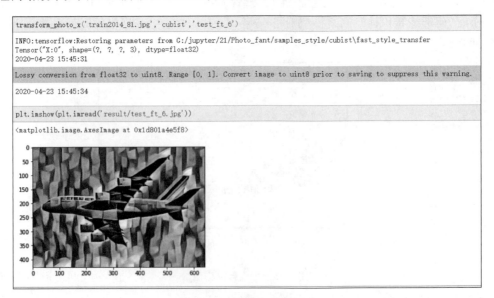

```
transform_photo_x('train2014_81.jpg','cubist','test_ft_6')
INFO:tensorflow:Restoring parameters from G:/jupyter/21/Photo_fant/samples_style/cubist\fast_style_transfer
Tensor("X:0", shape=(?, ?, ?, 3), dtype=float32)
2020-04-23 15:45:31
Lossy conversion from float32 to uint8. Range [0, 1]. Convert image to uint8 prior to saving to suppress this warning.
2020-04-23 15:45:34

plt.imshow(plt.imread('result/test_ft_6.jpg'))
<matplotlib.image.AxesImage at 0x1d801a4e5f8>
```

图 2-25　卷积神经网络测试

```
transform_pix('train2014_81.jpg','cubist','test_pix_4')
```

```
(1, 256, 256, 3)
INFO:tensorflow:Restoring parameters from G:/jupyter/21/Photo_fant/checkpoints/cubist\model.ckpt-9999
Tensor("X:0", shape=(?, 256, 256, 3), dtype=float32)
2020-04-23 15:45:04
```

```
Lossy conversion from float64 to uint8. Range [0, 1]. Convert image to uint8 prior to saving to suppress this warning.
```

```
2020-04-23 15:45:05
```

```
plt.imshow(plt.imread('result/test_pix_4.jpg'))
```

```
<matplotlib.image.AxesImage at 0x1d80c8b10b8>
```

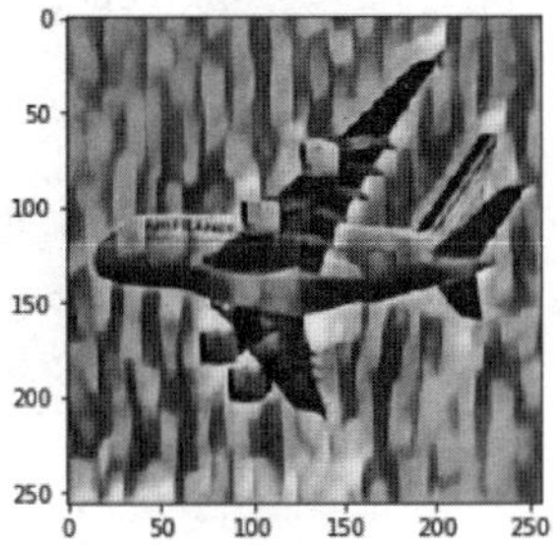

图 2-26　Pix2Pix 测试效果

使用卷积神经网络处理一张图片需要 3s 以上的时间,而 Pix2Pix 只需 1s 的时间,处理时间大大缩减。

2.4.3　模型应用

本部分包括小程序端、服务器端、应用使用说明和返回结果。

1. 小程序端

在微信开发者工具编译好后再到官网发布微信小程序就可以在手机上使用。

2. 服务器端

将 PC 端训练好的模型上传到服务器,激活虚拟环境,修改 uWSGI 和 Nginx 的配置,在服务器上运行 uwsgi config.ini,便可为微信小程序提供图像处理的 API。

3. 应用使用说明

打开小程序,初始界面如图 2-27 所示。

界面中有一个选择图片的按钮,单击选择本地图片并上传到服务器,跳转到返回界面,如图 2-28 所示。

4. 返回结果

在小程序端返回示例,如图 2-29 所示。

图 2-27　初始界面

图 2-28　返回界面

图 2-29　返回结果示例

常见花卉识别

本项目基于 TensorFlow 的 4 层卷积神经网络进行特征筛选、提取、分类等模型训练工作,对比不同的分类训练效果,选择准确率较高的方式在移动端实现 5 种花卉的准确识别。

3.1 总体设计

本部分包括系统整体结构和系统流程。

3.1.1 系统整体结构

系统整体结构如图 3-1 所示。

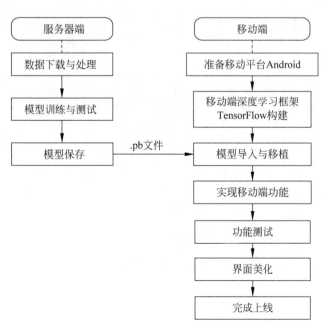

图 3-1 系统整体结构

3.1.2 系统流程

系统流程如图 3-2 所示。

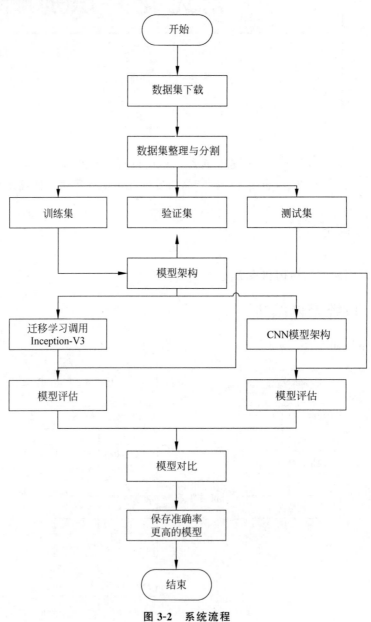

图 3-2 系统流程

3.2　运行环境

本部分包括 Python 环境、TensorFlow 环境和 Android 环境。

3.2.1　Python 环境

需要 Python3 配置,在 Windows 环境下进行如下操作:

(1) 下 载 Python 进 行 安 装,下 载 地 址 为 https://www. python. org/。单 击 Downloads,进入下载界面。选择版本号 Windows x86-64 executable installer 进行下载。 下载结束后,解压安装包,按照指示进行安装即可使用 Python。具体安装步骤可参考教程, 网址为 https://blog. csdn. net/qq_25814003/article/details/80609729。

(2) 直接下载 Anaconda 完成 Python 所需环境配置。Anaconda 下载地址为 https:// www. anaconda. com/,此方式下载较为缓慢,可以在清华开源软件镜像站中下载,下载网址 为 https://mirrors. tuna. tsinghua. edu. cn/anaconda/archive/,选择合适版本,安装步骤与 官网下载一致。在 Linux 环境下,直接下载虚拟机运行代码。

3.2.2　TensorFlow 环境

安装 Anaconda 后打开 Anaconda Prompt。

(1) 创建 TensorFlow 环境,与 Python 版本号进行匹配,输入命令:

```
conda create - n TensorFlow python = 3. x
```

x 的值根据实际情况决定,创建过程中有需要确认的地方,都输入 y。

(2) 激活 TensorFlow 的环境,输入命令:

```
activate tensorflow
```

光标前方出现(TensorFlow)则表示创建成功。

(3) 安装 TensorFlow:

```
CPU 版本安装,输入命令: pip install -- ignore - installed -- upgrade tensorflow
GPU 版本安装,输入命令: pip install -- ignore - installed -- upgrade tensorflow - gpu
```

不能同时安装 CPU 和 GPU 版本的 TensorFlow。

以上命令会安装最新版本的 TensorFlow,未必需要,建议在后面跟上版本号,安装指定 版本的 TensorFlow,输入命令:

```
pip install -- ignore - installed -- upgrade tensorflow == 1.4.0
```

(4) 如果安装错误版本,先卸载之前安装的 TensorFlow,输入命令:

```
pip uninstall tensorflow
pip uninstall tensorflow - gpu
```

（5）验证 TensorFlow 安装成功，输入 python 进入编程环境，输入命令：

```
import tensorflow as tf
hello = tf.constant('Hello, TensorFlow!')
sess = tf.Session()
print(sess.run(hello))
```

运行成功则证明安装正确。

为快速安装，在进行以上步骤前输入清华仓库镜像，在 Anaconda Prompt 中，输入命令：

```
conda config -- add channels https://mirrors.tuna.tsinghua.edu.cn/anaconda/pkgs/free/
conda config - set show_channel_urls yes
```

3.2.3 Android 环境

本项目使用 Android Studio 进行开发工作。

1. 安装 Android Studio

Android Studio 下载地址为 https://developer.android.google.cn/studio/

安装参考教程网址为 https://developer.android.google.cn/studio/install.html

安装成功如图 3-3 所示。

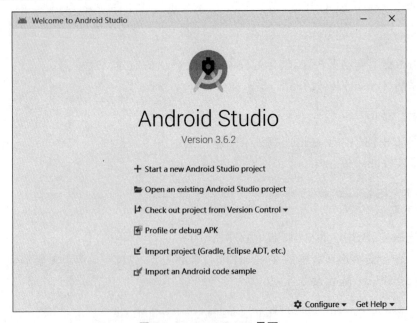

图 3-3　Android Studio 界面

2. 新建 Android 项目

如果是第一次安装使用,则单击图 3-3 中的 Start a new Android Studio project 新建项目。反之,打开 Android Studio,选择 File→New→New Project→Empty Activity→Next,进行新建项目,如图 3-4 所示。

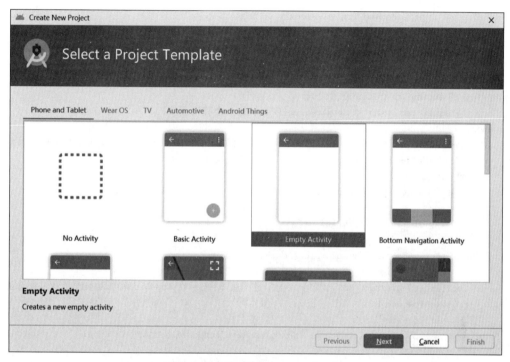

图 3-4 配置 Android 项目对话框

选择空项目 Empty Activity,单击 Next 按钮。

Name 可自行定义,Save location 为保存地址,也可自行定义,Language 为编码所使用的语言,选择 Java、Minimum SDK 为该项目能够兼容 Android 手机的最低版本,保持默认即可。单击 Finish 按钮,新建项目完成。

导入 TensorFlow 的 jar 包和 so 库:下载 libtensorflow_inference. so、libandroid_tensorflow_inference_java. jar,下载地址为 https://github. com/PanJinquan/Mnist-tensorFlow-AndroidDemo/tree/master/app/libs。

将 libtensorflow_inference. so 放在/app/libs 下新建 armeabi-v7a 文件夹中;libandroid_tensorflow_inference_java. jar 放在/app/libs 下,右击 add as Libary,如图 3-5 所示。

app/build. gradle 配置,在 defaultConfig 中添加:

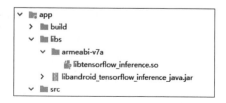

图 3-5 新建 armeabi-v7a 文件夹

```
ndk {
        abiFilters "armeabi-v7a"
}
//在 android 节点下添加 soureSets,用于指定 jniLibs 的路径
sourceSets {
        main {
            jniLibs.srcDirs = ['libs']
        }
}
//在 dependencies 中(若没有)则增加 TensorFlow 编译的 jar 文件:
implementation files('libs/libandroid_tensorflow_inference_java.jar')
//完整的 app/build.gradle 配置代码
apply plugin: 'com.android.application'//表示是一个应用程序的模块,可独立运行
android {
    compileSdkVersion 28           //指定项目的编译版本,真机调试时要与手机系统的版本号对应
    buildToolsVersion "29.0.3"        //指定项目构建工具的版本
    defaultConfig {
    //引用 libtensorflow_inference.so
        ndk {
            abiFilters "armeabi-v7a"
        }
        applicationId "com.example.flower" //指定包名
        minSdkVersion 16              //指定最低兼容的 Android 系统版本
        targetSdkVersion 28           //指定目标版本,表示在 Android 系统版本已经做过充分测试
        versionCode 1                 //版本号
        versionName "1.0"             //版本名称
        testInstrumentationRunner "androidx.test.runner.AndroidJUnitRunner"
    }
    buildTypes {                      //指定生成安装文件的配置
        release {                     //用于指定生成正式版安装文件的配置
            minifyEnabled false       //指定是否对代码进行混淆,true 表示混淆
//指定混淆时使用的规则文件,proguard-android-optimize.txt 指所有项目通用的混淆规则,
proguard-rules.pro 指当前项目特有的混淆规则
            proguardFiles getDefaultProguardFile('proguard-android-optimize.txt'),
'proguard-rules.pro'
        }
    }
    //在 Android 节点下添加 soureSets,用于指定 jniLibs 的路径
    sourceSets {
        main {
            jniLibs.srcDirs = ['libs']
        }
    }
}
    //指定当前项目的所有依赖关系:本地依赖、库依赖、远程依赖
dependencies {
    implementation fileTree(include: ['*.jar'], dir: 'libs')        //本地依赖
```

```
implementation 'androidx.appcompat:appcompat:1.1.0'
implementation 'androidx.constraintlayout:constraintlayout:1.1.3'
testImplementation 'junit:junit:4.12'                      //声明测试用例库
androidTestImplementation 'androidx.test.ext:junit:1.1.1'
androidTestImplementation 'androidx.test.espresso:espresso-core:3.2.0'
implementation files('libs/libandroid_tensorflow_inference_java.jar')// TensorFlow 编译
                                                              //的 jar 文件
implementation 'androidx.annotation:annotation:1.0.2'
implementation 'androidx.legacy:legacy-support-v4:1.0.0'
}
```

app/build.gradle 中的内容有任何改动后，Android Studio 会弹出如图 3-6 所示的提示。

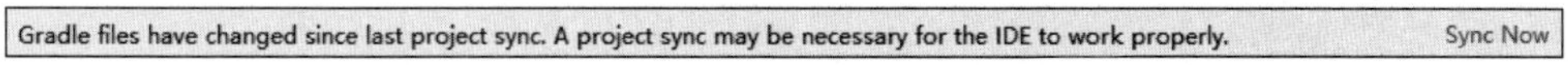

| Gradle files have changed since last project sync. A project sync may be necessary for the IDE to work properly. | Sync Now |

图 3-6　Android Studio 提示信息

单击 Sync Now 或 图标，即同步该配置，同步成功表示配置完成。

3.3　模块实现

本项目包括 4 个模块：数据预处理、创建模型并编译、模型训练及保存、模型生成，下面分别给出各模块的功能介绍及相关代码。

3.3.1　数据预处理

数据集链接为 http://download.tensorflow.org/example_images/flower_photos.tgz，文件夹包含 5 个子文件，每个子文件夹的名称为一种花，代表不同类别。平均每种花有 734 张图片，每张图片都是 RGB 色彩模式，大小不同，程序将直接处理未整理过的图像数据。通过本地导入加载数据集，相关代码如下：

```
# 读取图片
def read_img(path):
    cate = [path + x for x in os.listdir(path) if os.path.isdir(path + x)]
    imgs = []
    labels = []
    for idx, folder in enumerate(cate):
        for im in glob.glob(folder + '/*.jpg'):
            print('reading the images:%s'%(im))
            img = io.imread(im)
            img = transform.resize(img,(w,h))
            imgs.append(img)
            labels.append(idx)
```

```
        return np.asarray(imgs,np.float32),np.asarray(labels,np.int32)
data,label = read_img(path)
#打乱顺序
num_example = data.shape[0]
arr = np.arange(num_example)
np.random.shuffle(arr)
data = data[arr]
label = label[arr]
#将所有数据分为训练集和验证集
ratio = 0.8
s = np.int(num_example * ratio)
x_train = data[:s]
y_train = label[:s]
x_val = data[s:]
y_val = label[s:]
#Inception-v3 数据集处理
import glob
import os.path
import random
import numpy as np
from tensorflow.python.platform import gfile
input_data = "D:/College/Study/3_信息系统设计/flower_photos"
```

从数据文件夹中读取所有图片名并组织成列表的形式，按训练、验证和测试集分开。再将图片分开后，根据随机得到的一个分数值判断这个图片被分到哪一类数据。带有一定的偶然性，并不能确保有多少张图片属于某一个数据集。读取图片成功示意如图 3-7 所示。

```
reading the images:D:/College/Study/3_信息系统设计/
flower_photos/dandelion\10919961_0af657c4e8.jpg
reading the images:D:/College/Study/3_信息系统设计/
flower_photos/dandelion\10946896405_81d2d50941_m.jpg
reading the images:D:/College/Study/3_信息系统设计/
flower_photos/dandelion\11124381625_24b17662bd_n.jpg
reading the images:D:/College/Study/3_信息系统设计/
flower_photos/dandelion\1128626197_3f52424215_n.jpg
reading the images:D:/College/Study/3_信息系统设计/
flower_photos/dandelion\11296320473_1d9261ddcb.jpg
```

图 3-7　读取图片成功示意图

对图片进行预处理，例如，将图片名整理成一个字典、获得并返回图片的路径以及计算得到特征向量等。相关代码如下：

```
def create_image_dict():
    result = {}
    #path 是 flower_photos 文件夹的路径,同时也包含了子文件夹的路径
    #directory 的数据形式为一个列表
    #/flower_photos,/flower_photos/daisy,
    #/flower_photos/tulips, flower_photos/roses,
```

```
#/flower_photos/dandelion, /flower_photos/sunflowers
path_list = [x[0] for x in os.walk(input_data)]
is_root_dir = True
for sub_dirs in path_list:
    if is_root_dir:
        is_root_dir = False
        continue    # continue 会跳出当前循环执行下一轮的循环
    # extension_name 列出了图片文件可能的扩展名
    extension_name = ['jpg', 'jpeg', 'JPG', 'JPEG']
    # 创建保存图片文件名的列表
    images_list = []
    for extension in extension_name:
        # join()函数用于拼接路径,用 extension_name 列表中的元素作为后缀名
        #/flower_photos/daisy/*.jpg
        #/flower_photos/daisy/*.jpeg
        #/flower_photos/daisy/*.JPG
        #/flower_photos/daisy/*.JPEG
        file_glob = os.path.join(sub_dirs, '*.' + extension)
        # 使用 glob()函数获取满足正则表达式的文件名
        #/flower_photos/daisy/*.jpg,glob()函数会得到该路径下
        # 所有后缀名为.jpg 的文件
        #/flower_photos/daisy/7924174040_444d5bbb8a.jpg
        images_list.extend(glob.glob(file_glob))
    # basename()函数会舍弃一个文件名中保存的路径
    #/flower_photos/daisy,其结果是仅保留 daisy
    # flower_category 是图片的类别,通过子文件夹名获得
    dir_name = os.path.basename(sub_dirs)
    flower_category = dir_name
    # 初始化每个类别 flower photos 对应的训练集图片名列表、测试集图片名列表
    # 和验证集图片名列表
    training_images = []
    testing_images = []
    validation_images = []
    for image_name in images_list:
        # 对于 images_name 列表中的图片文件名,也包含了路径名
        # 使用 basename()函数获取文件名
        image_name = os.path.basename(image_name)
        # random.randint()函数产生均匀分布的整数
        score = np.random.randint(100)
        if score < 10:
            validation_images.append(image_name)
        elif score < 20:
            testing_images.append(image_name)
        else:
            training_images.append(image_name)
    # 每执行一次最外层的循环,都会刷新一次 result,result 是一个字典
    # 它的 key 为 flower_category,value 也是一个字典,以数据集分类的形式存储所有图片的
```

```
        # 名称,最后函数将结果返回
            result[flower_category] = {
                "dir": dir_name,
                "training": training_images,
                "testing": testing_images,
                "validation": validation_images,
            }
    return result
def get_image_path(image_lists, image_dir, flower_category, image_index, data_category):
    # 根据传递进来的参数返回一个带路径的图片名
    # category_list 用列表的形式保存了某一类花的某一个数据集内容
    # 其中参数 flower_category 从函数 get_random_bottlenecks()传递过来
    category_list = image_lists[flower_category][data_category]
    # actual_index 是一个图片在 category_list 列表中的位置序号
    # 其中参数 image_index 也是从函数 get_random_bottlenecks()传递过来
    actual_index = image_index % len(category_list)
    # image_name 就是图片的文件名
    image_name = category_list[actual_index]
    # sub_dir 得到 flower_photos 中某一类花所在的子文件夹名
    sub_dir = image_lists[flower_category]["dir"]
    # 拼接路径,这个路径包含了文件名,最终返回给 create_bottleneck()函数
    # 作为每一个图片对应的特征向量的文件
    full_path = os.path.join(image_dir, sub_dir, image_name)
    return full_path
def create_bottleneck(sess, image_lists,flower_category, image_index,
            data_category, jpeg_data_tensor, bottleneck_tensor):
    '''
```

　　获取一张图片经过 inception V3 模型处理之后的特征向量。在获取特征向量时,先在 CACHR_DIR 路径下寻找已经计算且保存下来的特征向量并读取。首先,将其内容作为列表返回,如果找不到该文件则通过 inception V3 模型计算特征向量;其次,计算得到的特征向量保存到文件(.txt),最后返回计算得到的特征向量列表。

```
    '''
    # sub_dir 得到的是 flower_photos 下某一类花的文件夹名
    # flower_photos 参数确定,花的文件夹名由 dir 参数确定
    sub_dir = image_lists[flower_category]["dir"]
    # 拼接路径,路径名就是在 CACHE_DIR 的基础上加 sub_dir
    sub_dir_path = os.path.join(CACHE_DIR, sub_dir)
    # 判断拼接出的路径是否存在,如果不存在,则在 CACHE_DIR 下创建相应的子文件夹
    if not os.path.exists(sub_dir_path):
        os.makedirs(sub_dir_path)
    # 获取一张图片对应特征向量的全名,全名包括路径名,而且会在图片.jpg 后面
    # 用.txt 作为后缀,获取没有.txt 后缀的文件名使用了 get_image_path()函数,该函
    # 数会返回带路径的图片名
    bottleneck_path = get_image_path(image_lists, CACHE_DIR, flower_category,image_index,
data_category) + ".txt"
    # 如果指定名称的特征向量文件不存在,则通过 InceptionV3 模型计算得到该特征向量
    # 计算的结果也会存入文件
```

```
        if not os.path.exists(bottleneck_path):
            #获取原始的图片名,这个图片名包含了原始图片的完整路径
        image_path = get_image_path(image_lists, input_data, flower_category, image_index, data
_category)
            #读取图片的内容
            image_data = gfile.FastGFile(image_path, "rb").read()
            #将当前图片输入 InceptionV3 模型,并计算瓶颈张量的值
            #所得瓶颈张量的值就是特征向量,但是得到的特征向量是四维的,所以还需要通过
            #squeeze()函数压缩成一维的,以方便作为全连层的输入
            bottleneck_values = sess.run(bottleneck_tensor, feed_dict = {jpeg_data_tensor:
image_data})
            bottleneck_values = np.squeeze(bottleneck_values)
            #将计算得到的特征向量存入文件,存之前需要在两个值之间加入逗号作为分隔,
            #方便从文件读取数据时的解析过程
            bottleneck_string = ','.join(str(x) for x in bottleneck_values)
            with open(bottleneck_path, "w") as bottleneck_file:
                bottleneck_file.write(bottleneck_string)
        else:
            #else 是特征向量文件已经存在的情况,会直接从 bottleneck_path 获取数据
            with open(bottleneck_path, "r") as bottleneck_file:
                bottleneck_string = bottleneck_file.read()
            #从文件读取的特征向量数据是字符串的形式,要以逗号为分隔将其转为列表的形式
        bottleneck_values = [float(x) for x in bottleneck_string.split(',')]
        return bottleneck_values
    def get_random_bottlenecks(sess, num_classes, image_lists, batch_size, data_category, jpeg_
data_tensor, bottleneck_tensor):
        #随机产生一个 batch 的特征向量及其对应的 labels
        #定义 bottlenecks 用于存储,得到 batch 的特征向量
        #定义 labels 用于存储 batch 的 label 标签
        bottlenecks = []
        labels = []
        for i in range(batch_size):
            #random_index 从五种花中随机抽取类别编号
            #image_lists.keys()值就是五种花的类别名称
            random_index = random.randrange(num_classes)
            flower_category = list(image_lists.keys())[random_index]
            #image_index 是随机抽取图片的编号,在 get_image_path()函数中
            #如何通过图片编号和 random_index 确定类别找到图片的文件名
            image_index = random.randrange(65536)
            #调用 get_or_create_bottleneck()函数获取或者创建图片的特征向量
            #调用 get_image_path()函数
            bottleneck = create_bottleneck(sess, image_lists, flower_category, image_index, data_
category, jpeg_data_tensor, bottleneck_tensor)
            #生成每一个标签的答案值,通过 append()函数组织成一个 batch 列表
            #函数将完整的列表返回
            label = np.zeros(num_classes, dtype = np.float32)
            label[random_index] = 1.0
```

```
            labels.append(label)
            bottlenecks.append(bottleneck)
        return bottlenecks, labels
def get_test_bottlenecks(sess, image_lists, num_classes, jpeg_data_tensor, bottleneck_
tensor):
        '''
        获取全部的测试数据.用两个for循环遍历所有用于测试的花名,并根据create_bottlenecks()
    函数获取特征向量数据
        '''
        bottlenecks = []
        labels = []
        # flower_category_list 是 image_lists 中键的列表
        # ['roses', 'sunflowers', 'daisy', 'dandelion', 'tulips']
        flower_category_list = list(image_lists.keys())
        data_category = "testing"
        # 枚举所有的类别和每个类别中的测试图片
        # 在外层的 for 循环中,label_index 是 flower_category_list 列表中的元素下标
        # flower_category 就是该列表中的值
for label_index, flower_category in enumerate(flower_category_list):
        # 在内层的 for 循环中,通过 flower_category 和 testing 枚举每一种花
        # 用于测试的花名,得到的名字就是 unused_base_name,但只需 image_index
    For image_index, unused_base_name in enumerate(image_lists[flower_category]
            ["testing"]):
            # 调用 create_bottleneck() 函数创建特征向量,在进行训练或验证的过程中
            # 用于测试的图片并没有生成相应的特征向量,所以要一次性全部生成
            bottleneck = create_bottleneck(sess, image_lists, flower_category, image_index,
data_category, jpeg_data_tensor, bottleneck_tensor)
                # 与 get_random_bottlenecks()函数相同
            label = np.zeros(num_classes, dtype = np.float32)
            label[label_index] = 1.0
            labels.append(label)
            bottlenecks.append(bottleneck)
        return bottlenecks, labels
x = tf.placeholder("float32", shape = [None, 784], name = 'x')
y_ = tf.placeholder("float32", shape = [None, 10], name = 'y_')
```

3.3.2　创建模型并编译

数据加载进模型后,需要定义模型结构并优化损失函数及模型。

1. 定义模型结构

定义的架构为 4 个卷积层,在每层卷积后都连接 1 个池化层,进行数据的降维,3 个全连接层和 1 个 Softmax 层。在每层卷积层上使用多个滤波器提取不同类型的特征。最大池化和全连接层之后,在模型中引入丢弃进行正则化,用以消除模型的过拟合问题。

```
x = tf.placeholder(tf.float32, shape = [None, w, h, c], name = 'x')
y_ = tf.placeholder(tf.int32, shape = [None, ], name = 'y_')
#定义函数 inference, 定义 CNN 网络结构
#卷积神经网络, 卷积加池化 * 4, 全连接 * 3, softmax 分类
#卷积层 1
def inference(input_tensor, train, regularizer):
    with tf.variable_scope('layer1 - conv1'):
        conv1_weights = tf.get_variable("weight", [5, 5, 3, 32], initializer = tf.truncated_
normal_initializer(stddev = 0.1))
        conv1_biases = tf.get_variable("bias", [32], initializer = tf.constant_initializer
(0.0))
        conv1 = tf.nn.conv2d(input_tensor, conv1_weights, strides = [1, 1, 1, 1], padding =
'SAME')
        relu1 = tf.nn.relu(tf.nn.bias_add(conv1, conv1_biases))
    #池化层 1
    #2 * 2 最大池化, 步长 strides 为 2, 池化后执行 lrn() 操作, 局部响应归一化, 对训练有利
with tf.name_scope("layer2 - pool1"):
        pool1 = tf.nn.max_pool(relu1, ksize = [1, 2, 2, 1], strides = [1, 2, 2, 1], padding =
"VALID")
    #卷积层 2
    #64 个 5 * 5 的卷积核(16 通道)
#padding = 'SAME', 表示 padding 后卷积的图与原图尺寸一致, 激活函数 relu()
with tf.variable_scope("layer3 - conv2"):
        conv2_weights = tf.get_variable("weight", [5, 5, 32, 64], initializer = tf.truncated_
normal_initializer(stddev = 0.1))
        conv2_biases = tf.get_variable("bias", [64], initializer = tf.constant_initializer
(0.0))
        conv2 = tf.nn.conv2d(pool1, conv2_weights, strides = [1, 1, 1, 1], padding = 'SAME')
        relu2 = tf.nn.relu(tf.nn.bias_add(conv2, conv2_biases))
    #池化层 2
    #2 * 2 最大池化, 步长 strides 为 2, 池化后执行 lrn() 操作
    with tf.name_scope("layer4 - pool2"):
        pool2 = tf.nn.max_pool(relu2, ksize = [1, 2, 2, 1], strides = [1, 2, 2, 1], padding =
'VALID')
#卷积层 3
#128 个 3 * 3 的卷积核(64 通道)
with tf.variable_scope("layer5 - conv3"):
        conv3_weights = tf.get_variable("weight", [3, 3, 64, 128], initializer = tf.truncated_
normal_initializer(stddev = 0.1))
        conv3_biases = tf.get_variable("bias", [128], initializer = tf.constant_initializer
(0.0))
        conv3 = tf.nn.conv2d(pool2, conv3_weights, strides = [1, 1, 1, 1], padding = 'SAME')
        relu3 = tf.nn.relu(tf.nn.bias_add(conv3, conv3_biases))
    #池化层 3
    #2 * 2 最大池化, 步长 strides 为 2, 池化后执行 lrn() 操作
with tf.name_scope("layer6 - pool3"):
        pool3 = tf.nn.max_pool(relu3, ksize = [1, 2, 2, 1], strides = [1, 2, 2, 1], padding =
```

```
'VALID')
    # 卷积层 4
    # 128 个 3 * 3 的卷积核(128 通道)
with tf.variable_scope("layer7 - conv4"):
        conv4_weights = tf.get_variable("weight", [3, 3, 128, 128], initializer = tf.truncated_
normal_initializer(stddev = 0.1))
    conv4_biases = tf.get_variable("bias", [128], initializer = tf.constant_initializer(0.0))
conv4 = tf.nn.conv2d(pool3, conv4_weights, strides = [1, 1, 1, 1], padding = 'SAME')
        relu4 = tf.nn.relu(tf.nn.bias_add(conv4, conv4_biases))
    # 池化层 4
    # 2 * 2 最大池化, 步长 strides 为 2, 池化后执行 lrn() 操作
with tf.name_scope("layer8 - pool4"):
        pool4 = tf.nn.max_pool(relu4, ksize = [1, 2, 2, 1], strides = [1, 2, 2, 1], padding =
'VALID')
        nodes = 6 * 6 * 128
        reshaped = tf.reshape(pool4, [-1, nodes])
    # 全连接层 1
    # 拥有 1024 个神经元
with tf.variable_scope('layer9 - fc1'):
        fc1_weights = tf.get_variable("weight", [nodes, 1024],
                    initializer = tf.truncated_normal_initializer(stddev = 0.1))
        if regularizer != None: tf.add_to_collection('losses', regularizer(fc1_weights))
        fc1_biases = tf.get_variable("bias", [1024], initializer = tf.constant_initializer
(0.1))
        fc1 = tf.nn.relu(tf.matmul(reshaped, fc1_weights) + fc1_biases)
        if train: fc1 = tf.nn.dropout(fc1, 0.5)
    # 全连接层 2
    # 拥有 512 个神经元
with tf.variable_scope('layer10 - fc2'):
        fc2_weights = tf.get_variable("weight", [1024, 512],
                    initializer = tf.truncated_normal_initializer(stddev = 0.1))
        if regularizer != None: tf.add_to_collection('losses', regularizer(fc2_weights))
        fc2_biases = tf.get_variable("bias", [512], initializer = tf.constant_initializer
(0.1))
        fc2 = tf.nn.relu(tf.matmul(fc1, fc2_weights) + fc2_biases)
        if train: fc2 = tf.nn.dropout(fc2, 0.5)
    # 全连接层 3
    # 拥有 5 个神经元
with tf.variable_scope('layer11 - fc3'):
        fc3_weights = tf.get_variable("weight", [512, 5],
                    initializer = tf.truncated_normal_initializer(stddev = 0.1))
        if regularizer != None: tf.add_to_collection('losses', regularizer(fc3_weights))
        fc3_biases = tf.get_variable("bias", [5], initializer = tf.constant_initializer(0.1))
        logit = tf.matmul(fc2, fc3_weights) + fc3_biases
    return logit
```

2. 优化损失函数及模型

确定模型架构后进行编译,这是多类别的分类问题,因此,需要使用交叉熵作为损失函数。由于所有的标签都带有相似的权重,经常使用精确度作为性能指标。Adam 是常用的梯度下降方法,使用它来优化模型参数。

```
#定义损失函数和优化器
loss = tf.nn.sparse_softmax_cross_entropy_with_logits(logits = logits, labels = y_)
train_op = tf.train.AdamOptimizer(learning_rate = 0.001).minimize(loss)
correct_prediction = tf.equal(tf.cast(tf.argmax(logits,1),tf.int32), y_)
acc = tf.reduce_mean(tf.cast(correct_prediction, tf.float32))
```

3.3.3　模型训练及保存

在定义模型架构和编译之后,通过训练集训练模型,识别花卉。这里,将使用训练集和测试集拟合、改进,并保存模型。

1. 模型训练

本部分包括 CNN 模型训练和 Inception-V3 模型训练。

1) CNN 模型训练

CNN 模型是本项目对于花卉分类的基本模型,相关代码如下:

```
n_epoch = 10
batch_size = 64
saver = tf.train.Saver()
#产生一个会话
sess = tf.Session()
#所有节点初始化
sess.run(tf.global_variables_initializer())
for epoch in range(n_epoch):
    start_time = time.time()
    #训练数据及标签
    train_loss, train_acc, n_batch = 0, 0, 0
    #打印准确率
for x_train_a, y_train_a in minibatches(x_train, y_train, batch_size, shuffle = True):
    _,err,ac = sess.run([train_op,loss,acc], feed_dict = {x: x_train_a, y_: y_train_a})
        train_loss += err; train_acc += ac; n_batch += 1
    print(" train loss: % f" % (np.sum(train_loss)/ n_batch))
    print(" train acc: % f" % (np.sum(train_acc)/ n_batch))
    #验证
    val_loss, val_acc, n_batch = 0, 0, 0
    for x_val_a, y_val_a in minibatches(x_val, y_val, batch_size, shuffle = False):
        err, ac = sess.run([loss,acc], feed_dict = {x: x_val_a, y_: y_val_a})
        val_loss += err; val_acc += ac; n_batch += 1
    print(" validation loss: % f" % (np.sum(val_loss)/ n_batch))
```

```
        print(" validation acc: % f" % (np. sum(val_acc)/ n_batch))
saver. save(sess,model_path)
sess. close()
```

训练输出结果如图 3-8 所示。

通过观察训练集和测试集的损失函数、准确率的大小评估模型的训练程度，进行模型训练的进一步决策。

2）Inception-V3 模型训练

CNN 模型对于花卉的分类准确率大概在 70% 左右。因此，得出的改进方法为，采用迁移学习调用 Inception-v3 模型实现对本文中的花卉数据集分类。

Inception 系列解决 CNN 分类模型的两个问题：①如何使网络深度增加的同时让模型的分类性能随之增加，而非像简单的 VGG 网络达到一定深度后就陷入了性能饱和的困惑。②如何在保证分类网络准确率提升或保持不降的同时，使模型的计算开销与内存开销降低。在这个模型中最后一层全连接层之前统称为瓶颈层。Inception-v3 模型下载地址为 https://storage. googleapis. com/download. tensorflow. org/models/inception_dec_2015. zip，相关代码如下：

```
train loss: 60.389079
train acc: 0.629514
validation loss: 65.278786
validation acc: 0.598011
train loss: 54.944493
train acc: 0.671875
validation loss: 68.406766
validation acc: 0.583807
train loss: 44.391146
train acc: 0.737153
validation loss: 67.641208
validation acc: 0.585227
train loss: 37.169629
train acc: 0.792014
validation loss: 66.630116
validation acc: 0.623580
train loss: 29.123169
train acc: 0.834375
validation loss: 67.751254
validation acc: 0.623580
train loss: 19.084744
train acc: 0.904514
validation loss: 80.273082
validation acc: 0.580966
train loss: 12.854305
train acc: 0.943750
validation loss: 84.423651
validation acc: 0.596591
train loss: 8.558156
train acc: 0.962500
validation loss: 100.984530
```

图 3-8　训练输出结果

```
import tensorflow as tf
import os
import flower_photos_dispose as fd
from tensorflow. python. platform import gfile
model_path = "D:/College/Study/3_信息系统设计/inception_dec_2015"
model_file = "tensorflow_inception_graph. pb"
num_steps = 4000
BATCH_SIZE = 100
bottleneck_size = 2048                    # InceptionV3 模型瓶颈层的节点个数
# 调用 create_image_lists()函数获得该函数返回的字典
image_lists = fd. create_image_dict()
num_classes = len(image_lists.keys())# num_classes = 5,因为有 5 类
# 读取已经训练好的 Inception - v3 模型
with gfile.FastGFile(os. path. join(model_path, model_file), 'rb') as f:
    graph_def = tf. GraphDef()
    graph_def. ParseFromString(f.read())
# 使用 import_graph_def()函数加载读取的 InceptionV3 模型
# 返回图像数据输入节点的张量名称以及计算瓶颈结果所对应的张量
bottleneck_tensor, jpeg_data_tensor = tf. import_graph_def(graph_def, return_elements =
["pool_3/_reshape:0", "DecodeJpeg/contents:0"])
x = tf. placeholder(tf. float32,[None,bottleneck_size], name = 'BottleneckInputPlaceholder')
y_ = tf. placeholder(tf. float32,[None, num_classes], name = 'GroundTruthInput')
# 定义一层全连接层
```

```
with tf.name_scope("final_training_ops"):
    weights = tf.Variable(tf.truncated_normal([bottleneck_size, num_classes], stddev = 0.001))
    biases  = tf.Variable(tf.zeros([num_classes]))
    logits  = tf.matmul(x, weights) + biases
    final_tensor = tf.nn.softmax(logits, name = 'prob')
```

定义交叉熵损失函数以及 train_step 使用的随机梯度下降优化器

```
cross_entropy = tf.nn.softmax_cross_entropy_with_logits(logits = logits, labels = y_)
cross_entropy_mean = tf.reduce_mean(cross_entropy)
train_step = tf.train.GradientDescentOptimizer(0.01).minimize(cross_entropy_mean)
#定义计算正确率的操作
correct_prediction = tf.equal(tf.argmax(final_tensor, 1), tf.argmax(y_, 1))
evaluation_step = tf.reduce_mean(tf.cast(correct_prediction, tf.float32))
with tf.Session() as sess:
    init = tf.global_variables_initializer()
    sess.run(init)
    for i in range(num_steps):
    #使用 get_random_bottlenecks()函数产生训练用的随机特征向量数据及其对应的标签
    #在 run()函数内开始训练的过程
        train_bottlenecks, train_labels = fd.get_random_bottlenecks(sess, num_classes,
        image_lists, BATCH_SIZE,
        "training",
        jpeg_data_tensor, bottleneck_tensor)
        sess.run(train_step,feed_dict = {x:train_bottlenecks,y_: train_labels})
        #进行验证,使用 get_random_bottlenecks()函数产生随机的特征向量及其对应标签
        if i % 100 == 0:
validation_bottlenecks, validation_labels = fd.get_random_bottlenecks(sess, num_classes,
image_lists,BATCH_SIZE,"validation",jpeg_data_tensor, bottleneck_tensor)
            validation_accuracy = sess.run(evaluation_step, feed_dict = {
                x: validation_bottlenecks,
                y_: validation_labels})
            print("Step % d:Validationaccuracy = % .1f % % " % (i,validation_accuracy * 100))
    #在最后的测试数据上测试正确率,这里调用的是 get_test_bottlenecks()函数
    #返回所有图片的特征向量作为特征数据
    test_bottlenecks,test_labels = fd.get_test_bottlenecks(sess, image_lists, num_classes,
    jpeg_data_tensor, bottleneck_tensor)
    test_accuracy = sess.run(evaluation_step, feed_dict = {x: test_bottlenecks, y_: test_
labels})
    print("Finally test accuracy = % .1f % % " % (test_accuracy * 100))
from tensorflow.python.fram
```

训练输出结果如图 3-9 所示。

使用 Inception-V3 模型的分类准确率在 95% 左右,准确率得到了较好的改善。经过对比,选择准确率更高的 Inception-V3 模型进行分类。

2. 模型保存

为能够被 Android 程序读取,需要将模型文件保存为 .pb 格式,利用 TensorFlow 中的

```
Step 0: Validation accuracy = 23.0%
Step 100: Validation accuracy = 84.0%
Step 200: Validation accuracy = 91.0%
Step 300: Validation accuracy = 93.0%
Step 400: Validation accuracy = 87.0%
Step 500: Validation accuracy = 92.0%
Step 600: Validation accuracy = 85.0%
Step 700: Validation accuracy = 94.0%
Step 800: Validation accuracy = 91.0%
Step 900: Validation accuracy = 97.0%
Step 1000: Validation accuracy = 91.0%
Step 1100: Validation accuracy = 96.0%
Step 1200: Validation accuracy = 93.0%
Step 1300: Validation accuracy = 92.0%
Step 1400: Validation accuracy = 93.0%
Step 1500: Validation accuracy = 96.0%
Step 1600: Validation accuracy = 94.0%
Step 1700: Validation accuracy = 95.0%
Step 1800: Validation accuracy = 96.0%
Step 1900: Validation accuracy = 90.0%
Step 2000: Validation accuracy = 95.0%
Step 2100: Validation accuracy = 97.0%
Step 2200: Validation accuracy = 96.0%
Step 2300: Validation accuracy = 92.0%
Step 2400: Validation accuracy = 89.0%
Step 2500: Validation accuracy = 96.0%
Step 2600: Validation accuracy = 92.0%
Step 2700: Validation accuracy = 96.0%
Step 2800: Validation accuracy = 93.0%
```

图 3-9   训练输出结果

graph_util 模块进行模型保存。

```
from tensorflow.python.framework import graph_util
# 保存为 .pb 文件
constant_graph = graph_util.convert_variables_to_constants(sess, sess.graph_def,[ " final_
training_ops /prob"])
with tf.gfile.FastGFile('grf.pb', mode = 'wb') as f:
    f.write(constant_graph.SerializeToString())
```

模型被保存后,可以被重用,也可以移植到其他环境中使用。

3.3.4   模型生成

该测试分两部分：一是移动端(以 Android 为例)调用摄像头和相册获取数字图片；二是将数字图片转换为数据,输入 TensorFlow 的模型中,并且获取输出。

1. 权限注册

权限注册相关操作步骤如下。

（1）调用摄像头需要注册内容提供器,对数据进行保护。在 Android Manifest. xml 中注册,相关代码如下：

```
< application
    android:allowBackup = "true"
    android:icon = "@mipmap/ic_launcher"
    android:label = "@string/app_name"
    android:roundIcon = "@mipmap/ic_launcher_round"
```

```
        android:supportsRtl = "true"
        android:theme = "@style/AppTheme">
        < activity android:name = ".MainActivity">
                < intent – filter >
                        < action android:name = "android.intent.action.MAIN" />
                        < category android:name = "android.intent.category.LAUNCHER" />
                </ intent – filter >
        </activity >
         < provider android:authorities = "com.example.Flower.fileprovider"
        android:grantUriPermissions = "true"
        android:exported = "false"
        android:name = "android.support.v4.content.FileProvider"//固定格式>
        < meta – data //用于指定具体的共享路径
            android:name = "android.support.FILE_PROVIDER_PATHS"
            android:resource = "@xml/file_paths" />
        </ provider >
</ application >
```

android：name 属性值是固定的（若 targetSDKversion 为 29，该属性应为"androidx. core.content.FileProvider"），android：authorities 属性的值必须和 FileProvider.getUriForFile() 方法中的第二个参数一致。

另外，< meta-data >的 resource 属性需自行创建，右击 res 目录→New→Directory，创建 xml 目录；右击 xml 目录→New→File，创建 file_paths.xml 文件。修改 file_paths.xml 文件中的内容，相关代码如下：

```
<?xml version = "1.0" encoding = "utf – 8"?>
< paths xmlns:android = "http://schemas.android.com/apk/res/android">
        < external – path name = "my_images" path = "/" > //若为空就共享整个 SD 卡,也可以写具
//体的新建文件路径
                </ external – path >
</ paths >
```

（2）调用摄像头需要访问 SD 卡的应用关联目录。在 Android 4.4 系统之前，访问 SD 卡的应用关联目录要声明权限。为了兼容旧版本系统，需要在 AndroidManifest.xml 中增加访问 SD 卡的权限。

```
< manifest xmlns:android = "http://schemas.android.com/apk/res/android"
    package = "com.example.flower">
    < uses – permission android:name = "android.permission.WRITE_EXTERNAL_STORAGE"/>   //关联
//目录的权限
```

（3）调用手机相册时需要动态申请 WRITE_EXTERNAL_STORAGE 这个危险权限，该权限表示同时授予程序对 SD 卡读和写的能力。

（4）不同版本的手机，在处理图片上方法不同。因为 Android 系统从 4.4 版本开始，选取相册中的图片不再返回真实的 Uri，而是封装过的，因此，如果是 4.4 版本以上的手机需要对 Uri

进行解析，调用 handleImageOnKitKat()方法处理图片，否则调用 handleImageBeforeKitKat()。

2. 模型导入及调用

模型导入相关操作步骤如下：

（1）把训练好的.pb 文件放入 Android 项目 app/src/main/assets 下，若不存在 assets 目录，右击 main→new→Directory，输入 assets。

（2）新建类 PredictionTF.java，在该类中加载 so 库，调用 TensorFlow 模型得到预测结果。

（3）在 MainActivity.java 中声明模型存放路径，调用 PredictionTF 类。

```
private static final String MODEL_FILE = "file:///android_asset/grf.pb";
//模型存放路径
preTF = new PredictionTF(getAssets(),MODEL_FILE);
//输入模型存放路径,并加载 TensorFlow 模型
    /**"单击输出结果"按钮的触发事件
     * 将 ImageView 中的图片转换为 Bitmap 数据
     * 该数据作为 preTF.getPredict()方法的输入参数
     * 得到预测结果,并在 TextView 中显示
     */
    public void clickResult(View v){
        String res = "预测结果为：";
bitmapTest = ((BitmapDrawable)((ImageView) imageView).getDrawable()).getBitmap();
        int result = preTF.getPredict(bitmapTest);
        res = res + String.valueOf(result) + " ";
        txt.setText(res);
    }
```

3. 相关代码

本部分包括布局文件、模型预测类和主活动类。

1) 布局文件

相关代码如下：

```
    /res/layout/activity_main.xml
    <?xml version = "1.0" encoding = "utf - 8"?>
    //线性布局,从上到下
< LinearLayout xmlns:android = "http://schemas.android.com/apk/res/android"
    android:layout_width = "match_parent"
    android:layout_height = "match_parent"
    android:orientation = "vertical"
    android:paddingBottom = "16dp"
    android:paddingLeft = "16dp"
    android:paddingRight = "16dp"
    android:paddingTop = "16dp">
    //设置第 1 个按钮,控制拍照上传功能
```

```
< Button
    android:id = "@ + id/take_photo"
    android:layout_width = "match_parent"
    android:layout_height = "60dp"
    android:text = "拍照上传" />
```
//设置第 2 个按钮,控制从相册获取照片功能
```
< Button
    android:id = "@ + id/from_album"
    android:layout_width = "match_parent"
    android:layout_height = "60dp"
    android:text = "从相册获取" />
```
//设置第 3 个按钮,控制调用模型进行花卉识别功能
```
< Button
    android:layout_width = "match_parent"
    android:layout_height = "60dp"
    android:onClick = "clickResult"
    android:text = "单击输出结果" />
```
//设置文本,显示预测结果
```
< TextView
    android:id = "@ + id/txt_id"
    android:layout_width = "match_parent"
    android:layout_height = "60dp"
    android:gravity = "center"
    android:text = "结果为: " />
```
//设置图片,显示预先设定好的图片、拍照的图片以及相册中导入的图片
```
< ImageView
    android:id = "@ + id/image"
    android:layout_width = "wrap_content"
    android:layout_height = "wrap_content"
    android:layout_gravity = "center_horizontal"
    android:src = "@drawable/test_image" />
</LinearLayout >
```

该布局文件提供 5 个控件,3 个 button,分别是"拍照上传""从相册获取""单击输出结果",1 个 TextView,显示预测结果,1 个 ImageView,展示数字图片。

上述代码中 android:src = "@drawable/test_image"负责设置初始界面的图片显示。将想要显示的名字为 test_image 的图片放入/res/drawable 文件夹中。

2) 模型预测类

相关代码如下:

```
PredictionTF. java
package com. example. flower;
import android. content. res. AssetManager;
    //添加图像处理所需要的头文件
import android. graphics. Bitmap;
import android. graphics. Color;
```

```java
import android.graphics.Matrix;
    //安卓的日志工具
import android.util.Log;
    //tensorflow需要的头文件
import org.tensorflow.contrib.android.TensorFlowInferenceInterface;
    //添加字典所需的头文件
import java.util.HashMap;
import java.util.Map;
    //预测函数
public class PredictionTF {
    private static final String TAG = "PredictionTF";
    //设置模型输入/输出节点的数据维度
    private static final int IN_COL = 1;
    private static final int IN_ROW = 32 * 64;
    //输入的图片类型有5种
    private static final int MAXL = 5 ;
    //模型中输入变量的名称,必须与训练时的输入变量名称相同
    private static final String inputName = "BottleneckInputPlaceholder";
    //模型中输出变量的名称,必须与训练时的输出变量名称相同
    private static final String outputName = "final_training_ops/prob";
    TensorFlowInferenceInterface inferenceInterface;
    static {
        //加载libtensorflow_inference.so库文件
        System.loadLibrary("tensorflow_inference");
        Log.e(TAG,"libtensorflow_inference.so库加载成功");
    }
    PredictionTF(AssetManager assetManager, String modePath) {
        //初始化TensorFlowInferenceInterface对象
        inferenceInterface = new TensorFlowInferenceInterface(assetManager,modePath);
        Log.e(TAG,"TensorFlow模型文件加载成功");
    }
    /**
     * 利用训练好的TensoFlow模型预测结果
     * 参数:bitmap输入被测试的bitmap图
     * 返回预测结果,int整数型
     */
    Object a;
    public Object getPredict(Bitmap bitmap) {
        //添加字典,实现输出花卉种类的目的
        Map params = new HashMap();
        params.put(0,"雏菊");
        params.put(1,"蒲公英");
        params.put(2,"玫瑰花");
        params.put(3,"向日葵");
        params.put(4,"郁金香");
        //需要将图片缩放到32*64
        float[] inputdata = bitmapToFloatArray(bitmap,32,64);
```

```java
        //将数据 feed 给 tensorflow 的输入节点
        inferenceInterface.feed(inputName, inputdata, IN_COL, IN_ROW);
        //运行 tensorflow
        String[] outputNames = new String[] {outputName};
        inferenceInterface.run(outputNames);
        //获取输出信息,数据均在 0~1,为浮点型
        float[] outputs = new float[MAXL];
        inferenceInterface.fetch(outputName, outputs);
        //查找字典,将 outputs 对应的花卉名称找到
        for (int i = 0;i < 5;i++) {
            a = params.get(argMax(outputs));
        }
        return a;
        //return argMax(outputs);
}
/**
 * 将 bitmap 转为(按行优先)float 数组,并且每个像素点都归一化到 0~1
 * 参数:bitmap 输入被测试的 bitmap 图片
 * 参数:rx 将图片缩放到指定的大小(列)->32
 * 参数:ry 将图片缩放到指定的大小(行)->64
 * 返回归一化后的一维 float 数组 ->32*64
 */
public static float[] bitmapToFloatArray(Bitmap bitmap, int rx, int ry){
    int height = bitmap.getHeight();
    int width = bitmap.getWidth();
    //计算缩放比例
    float scaleWidth = ((float) rx) / width;
    float scaleHeight = ((float) ry) / height;
    Matrix matrix = new Matrix();
    matrix.postScale(scaleWidth, scaleHeight);
    bitmap = Bitmap.createBitmap(bitmap,0, 0, width, height, matrix, true);
    Log.i(TAG,"bitmap width:" + bitmap.getWidth() + ",height:" + bitmap.getHeight());
    Log.i(TAG,"bitmap.getConfig():" + bitmap.getConfig());
    height = bitmap.getHeight();
    width = bitmap.getWidth();
    float[] result = new float[height * width];
    int k = 0;
    //行优先
    for(int j = 0;j < height;j++){
        for (int i = 0;i < width;i++){
            int argb = bitmap.getPixel(i,j);
            int r = Color.red(argb);
            int g = Color.green(argb);
            int b = Color.blue(argb);
            int a = Color.alpha(argb);
            //得到图像灰度
            int gray = (int)(r * 0.3 + g * 0.59 + b * 0.11);
```

```
                        result[k++] = gray / 255.0f;
                    }
                }
                return result;
            }
            / **
             * 返回数组中最大值的索引
             * 参数：output 是从 TensorFlow 模型中取出的 output[]，一组浮点型数组
             * 循环判断数组中的最大值
             * 返回最大值的索引，索引值为整型
             * /
            public int argMax(float[] output){
                int maxIndex = 0;
                for(int i = 1; i < MAXL; ++i){
                    maxIndex = output[i] > output[maxIndex]? i: maxIndex;
                }
                return maxIndex;
            }
        }
```

3）主活动类

相关代码如下：

```
    MainActivity.java
    package com.example.flower;
import android.Manifest; //引入 AndroidManifest.xml
import android.annotation.TargetApi;
    //引入 android content 命令
import android.content.ContentUris;
import android.content.Intent;
import android.content.pm.PackageManager;
import android.database.Cursor;              //数据存储功能
    //几何图形处理功能
import android.graphics.Bitmap;
import android.graphics.BitmapFactory;
import android.graphics.drawable.BitmapDrawable;
import android.net.Uri;                     //不可变的 URI 引用
import android.os.Build;                    //获取系统信息
    //为存储和获取数据提供统一的接口，可以在不同的应用程序之间共享数据
import android.provider.DocumentsContract;
import android.provider.MediaStore;
    //android 中必备的包
import androidx.core.app.ActivityCompat;
import androidx.core.content.ContextCompat;
import androidx.core.content.FileProvider;
import androidx.appcompat.app.AppCompatActivity;
import android.os.Bundle;
```

```java
import android.view.View;                    //描绘块状视图的基类
    //android 列表小部件
import android.widget.Button;
import android.widget.ImageView;
import android.widget.TextView;
import android.widget.Toast;
    //文件 & 路径
import java.io.File;
import java.io.FileNotFoundException;
import java.io.IOException;
public class MainActivity extends AppCompatActivity {
    //模型存放路径
    private static final String MODEL_FILE = "file:///android_asset/grf.pb";
    //设置函数别名
    TextView txt;
    ImageView imageView;
    Bitmap bitmapTest;
    PredictionTF preTF;
    //定义数据
    public static final int TAKE_PHOTO = 1;
    public static final int CHOOSE_PHOTO = 2;
    private Uri imageUri;
    @Override
    protected void onCreate(Bundle savedInstanceState) {
        super.onCreate(savedInstanceState);
        setContentView(R.layout.activity_main);
        //输入模型存放路径,并加载 TensorFlow 模型
        preTF = new PredictionTF(getAssets(),MODEL_FILE);
        //布局控件的 ID 绑定
        txt = (TextView) findViewById(R.id.txt_id);
        imageView = (ImageView) findViewById(R.id.image);
        Button takePhotoButton = (Button) findViewById(R.id.take_photo);
        Button choosePhotoButton = (Button) findViewById(R.id.from_album);
        //拍照按钮的触发事件
        takePhotoButton.setOnClickListener(new View.OnClickListener() {
            @Override
            public void onClick(View v) {
                //创建 file 对象,用于存储拍照后的照片,命名为 output_image.jpg
                //getExternalCacheDir()获取手机 SD 卡的应用关联缓存目录,图片放在该目录下
                File outputImage = new File(getExternalCacheDir(), "output_image.jpg");
                try {
                    if (outputImage.exists()) {
                        outputImage.delete();
                    }
                    outputImage.createNewFile();
                } catch (IOException e) {
                    e.printStackTrace();
```

```
                    }
                    if (Build.VERSION.SDK_INT >= 24) {
                        //如果手机系统版本高于Android7.0
//调用fileProvider的getUriForFile(),将file对象封装成Uri对象,保护数据
                        imageUri = FileProvider.getUriForFile(MainActivity.this, "com.example.
Flower.fileprovider", outputImage);
                    } else {
                        //如果手机系统版本低于Android7.0,则直接将File对象转换成Uri对象
//Uri对象就是"output_image.jpg"图片的真实路径
                        imageUri = Uri.fromFile(outputImage);
                    }
                    //启动相机程序
                    Intent intent = new Intent("android.media.action.IMAGE_CAPTURE");
                    intent.putExtra(MediaStore.EXTRA_OUTPUT, imageUri);
                    startActivityForResult(intent, TAKE_PHOTO);
                }
            });
            //相册按钮的触发事件
            choosePhotoButton.setOnClickListener(new View.OnClickListener() {
                @Override
                public void onClick(View v) {
                    //第一次单击按钮时,需要动态申请WRITE_EXTERNAL_STORAGE权限
//授予程序对SD卡读和写的能力
                    if (ContextCompat.checkSelfPermission(MainActivity.this, Manifest.
permission.WRITE_EXTERNAL_STORAGE) != PackageManager.PERMISSION_GRANTED){
                        ActivityCompat.requestPermissions(MainActivity.this, new String[]
{Manifest.permission.WRITE_EXTERNAL_STORAGE}, 1);
                    } else {
                        openAlbum();
                    }
                }
            });
        }
        /**"单击输出结果"按钮的触发事件
         * 将ImageView中的图片转换为Bitmap数据
         * 该数据作为preTF.getPredict()方法的输入参数
         * 得到预测结果,并在TextView中显示
         */
        public void clickResult(View v){
            String res = "预测结果为: ";
            bitmapTest = ((BitmapDrawable) ((ImageView) imageView).getDrawable()).getBitmap();
            Object result = preTF.getPredict(bitmapTest);
            res = res + String.valueOf(result) + " ";
            txt.setText(res);
        }
        private void openAlbum(){
            Intent intent = new Intent("android.intent.action.GET_CONTENT");
```

```java
            intent.setType("image/*"); //设置类型为图片
            startActivityForResult(intent, CHOOSE_PHOTO);
//调用该方法可以打开相册选择图片
    }
    @Override
    public void onRequestPermissionsResult(int requestCode, String[] permissions, int[]
grantResults) {
        switch (requestCode){
            case 1:
                if (grantResults.length > 0 && grantResults[0] == PackageManager.PERMISSION
_GRANTED){
                    openAlbum();
                } else {
                    Toast.makeText(this, "You denied the permission", Toast.LENGTH_SHORT).
show();
                }
                break;
            default:
        }
    }
    @Override
    protected void onActivityResult(int requestCode, int resultCode, Intent data) {
        super.onActivityResult(requestCode, resultCode, data);
        switch (requestCode) {
            case TAKE_PHOTO:
                if (resultCode == RESULT_OK) {
                //如果拍照成功,将照片转换为 Bitmap 对象,并在控件 ImageView 中显示
                    try {
                        Bitmap bitmap = BitmapFactory.decodeStream(getContentResolver().
openInputStream(imageUri));
                        imageView.setImageBitmap(bitmap);
                    } catch (FileNotFoundException e) {
                        e.printStackTrace();
                    }
                }
                break;
            case CHOOSE_PHOTO:
                if (resultCode == RESULT_OK){
                    //选取图片后,根据不同手机系统版本号用不同的方法处理图片
                    //判断手机系统版本号
                    if (Build.VERSION.SDK_INT >= 19){
                        //4.4 及以上系统使用此方法处理图片
                        handleImageOnKitKat(data);
                    } else{
                        //4.4 以下系统用这个方法处理图片
                        handleImageBeforeKitKat(data);
                    }
```

```
                }
            default:
                break;
        }
    }
    //针对4.4及以上系统，解析图片uri
    @TargetApi(19)
    private void handleImageOnKitKat(Intent data){
        String imagePath = null;
        Uri uri = data.getData();
        if (DocumentsContract.isDocumentUri(this,uri)){
            //如果是document类型的uri则通过ID进行解析处理
            String docId = DocumentsContract.getDocumentId(uri);
            if ("com.android.providers.media.documents".equals(uri.getAuthority())){
                //media格式，需要再次解析ID，通过分割字符串取出后半部分得到真正的数字ID
                String id = docId.split(":")[1];
                String selection = MediaStore.Images.Media._ID + " = " + id;
                //将新的Uri和条件语句作为参数传入getImagePath()，得到图片的真实路径
                imagePath = getImagePath(MediaStore.Images.Media.EXTERNAL_CONTENT_URI,
selection);
            }else if ("com.android.providers.downloads.documents".equals(uri.getAuthority()))
{
                Uri contentUri = ContentUris.withAppendedId(Uri.parse("" +
"content://downloads/public_downloads"),Long.valueOf(docId));
                imagePath = getImagePath(contentUri,null);
            }
        }else if ("content".equals(uri.getScheme())){
            //如果是content类型的uri，则使用普通的方式处理
            imagePath = getImagePath(uri,null);
        } else if ("file".equalsIgnoreCase(uri.getScheme())){
            //如果是file类的uri，直接获取图片路径即可
            imagePath = uri.getPath();
        }
        //图片路径传入后，调用displayImage()将图片显示到控件ImageView中
        displayImage(imagePath);
    }
    /**
     * 4.4版本以下直接获取uri进行图片处理
     * 参数：data
     */
    private void handleImageBeforeKitKat(Intent data){
        Uri uri = data.getData();
        String imagePath = getImagePath(uri,null);
        displayImage(imagePath);
    }
    /**
```

```
   * 通过 uri seletion 选择获取图片的真实 uri
   * 参数: uri
   * 参数: seletion
   * 返回图片的真实路径,String 形式
   */
  private String getImagePath(Uri uri, String seletion){
      String path = null;
      Cursor cursor = getContentResolver().query(uri,null,seletion,null,null);
      if (cursor != null){
          if (cursor.moveToFirst()) {
              path = cursor.getString(cursor.getColumnIndex(MediaStore.Images.Media.
DATA));
          }
          cursor.close();
      }
      return path;
  }
  /**
   * 通过 imagepath 绘制 immageview 图像
   * 参数: imagPath
   */
  private void displayImage(String imagPath){
      if (imagPath != null){
          Bitmap bitmap = BitmapFactory.decodeFile(imagPath);
          imageView.setImageBitmap(bitmap);
      }else{
          Toast.makeText(this,"图片获取失败",Toast.LENGTH_SHORT).show();
      }
  }
}
```

3.4　系统测试

本部分包括训练准确率、测试效果及模型应用。

3.4.1　训练准确率

CNN 模型训练准确率,如图 3-10 所示,准确率集中在 60% 左右。

Inception-V3 模型训练准确率达到 95%+,如图 3-11 所示。

对比两者的准确率,如图 3-12 所示,Inception-V3 模型训练准确率相对较高,意味着预测模型训练成功。

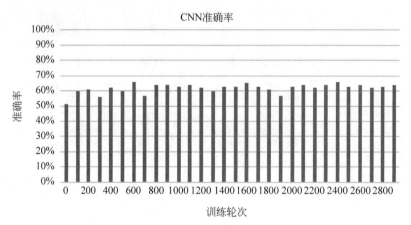

图 3-10　CNN 模型准确率

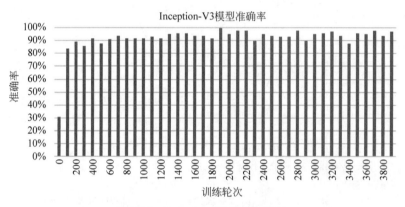

图 3-11　Inception-V3 模型准确率

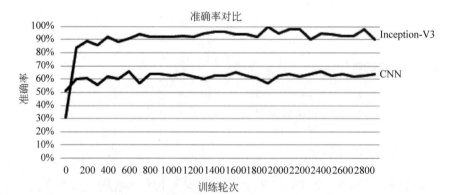

图 3-12　模型准确率对比

3.4.2　测试效果

将数据代入模型进行测试、分类的标签与原始数据进行显示和对比，如图 3-13 所示，可以得到验证：模型可以实现常见花卉的识别。

[0　1　2　3　4]
第 1 朵花预测：dasiy(雏菊)
第 2 朵花预测：dandelion(蒲公英)
第 3 朵花预测：roses(玫瑰)
第 4 朵花预测：sunflowers(向日葵)
第 5 朵花预测：tulips(郁金香)

图 3-13　模型训练效果

3.4.3　模型应用

本模块包括程序下载运行、应用使用说明和测试结果示例。

1. 程序下载运行

Android 项目编译成功后，建议将项目运行到真机上进行测试。模拟器运行较慢而且还要下载插件，不建议使用。运行到真机方法如下：

（1）USB 驱动准备。打开 AS 的 SDK Manager，在 SDK Tools 下勾选 Google USB Driver 复选框，单击 OK 按钮。AS 会自动下载 USB 驱动，保存的位置是 C：\Users\xxShirley\AppData\Local\Android\Sdk，如图 3-14 所示。

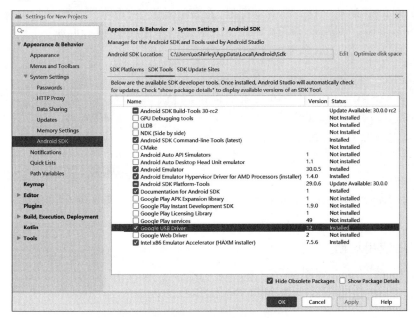

图 3-14　下载 USB 驱动

(2) 下载和真机一样版本的 SDK，如果是 Android 10.0 版本，如图 3-15 所示。

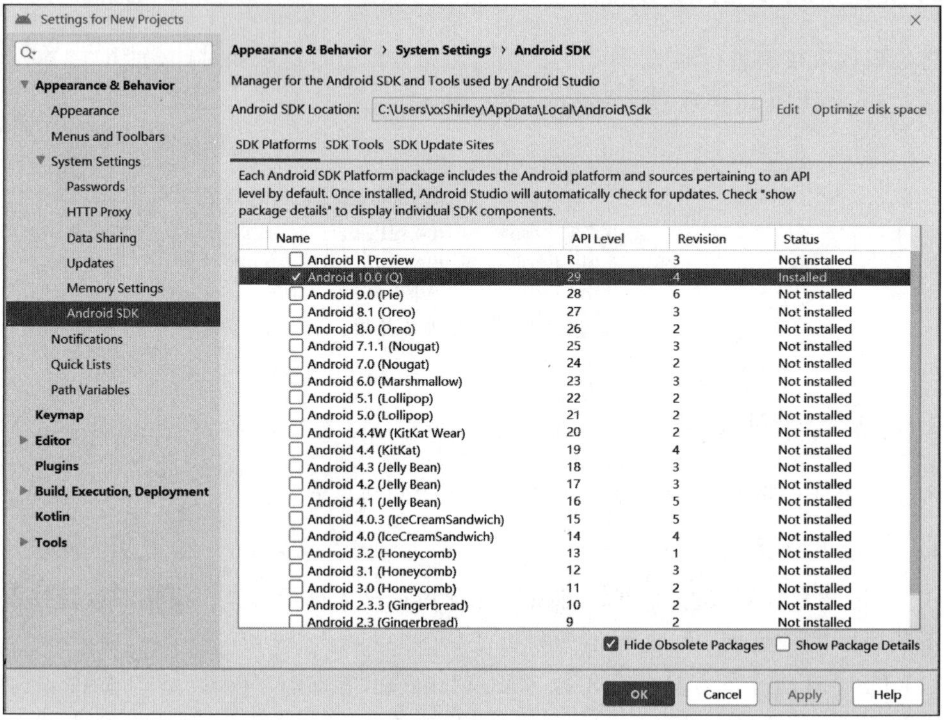

Name	API Level	Revision	Status
Android R Preview	R	3	Not installed
Android 10.0 (Q)	29	4	Installed
Android 9.0 (Pie)	28	6	Not installed
Android 8.1 (Oreo)	27	3	Not installed
Android 8.0 (Oreo)	26	2	Not installed
Android 7.1.1 (Nougat)	25	3	Not installed
Android 7.0 (Nougat)	24	2	Not installed
Android 6.0 (Marshmallow)	23	3	Not installed
Android 5.1 (Lollipop)	22	2	Not installed
Android 5.0 (Lollipop)	21	2	Not installed
Android 4.4W (KitKat Wear)	20	2	Not installed
Android 4.4 (KitKat)	19	4	Not installed
Android 4.3 (Jelly Bean)	18	3	Not installed
Android 4.2 (Jelly Bean)	17	3	Not installed
Android 4.1 (Jelly Bean)	16	5	Not installed
Android 4.0.3 (IceCreamSandwich)	15	5	Not installed
Android 4.0 (IceCreamSandwich)	14	4	Not installed
Android 3.2 (Honeycomb)	13	1	Not installed
Android 3.1 (Honeycomb)	12	3	Not installed
Android 3.0 (Honeycomb)	11	2	Not installed
Android 2.3.3 (Gingerbread)	10	2	Not installed
Android 2.3 (Gingerbread)	9	2	Not installed

图 3-15 下载 SDK

(3) 安装 USB 驱动。打开设备管理器，右击移动设备（数据线连接计算机才会有此选项），选择更新驱动。手动选择驱动，根据上述下载路径找到驱动，安装驱动。

(4) 打开手机的开发者模式、USB 调试、USB 安装。

(5) 打开 AS 状态栏如图 3-16 位置的按钮，选择 Troubleshoot Device Connections，寻找到自己的设备，将手机与 AS 相连，有显示手机型号即连接成功。

(6) 单击项目“运行”按钮，Android Studio 生成 apk，发送到手机，在手机上下载 apk，安装即可。

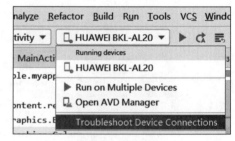

图 3-16 连接手机

2. 应用使用说明

打开 APP，初始界面如图 3-17 所示。

单击第三个按钮“输出结果”，可以看到文本框的内容变为“预测结果为：向日葵”，如图 3-18 所示。

图 3-17 应用初始界面

图 3-18 预测结果显示界面

要找更多的图片进行测试,可单击"拍照上传"或者"从相册获取"按钮。

3. 测试结果示例

移动端测试结果如图 3-19 所示。

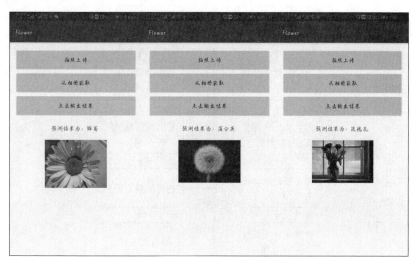

图 3-19 测试结果示例

项目 4

PROJECT 4

基于 Keras 的狗狗分类与

人脸相似检测器

本项目基于 ResNet-50 模型迁移学习训练方法，通过 PyQt5 搭建可视化界面，实现人脸特征和狗狗特征的相似比对。

4.1　总体设计

本部分包括系统整体结构和系统流程。

4.1.1　系统整体结构

系统整体结构如图 4-1 所示。

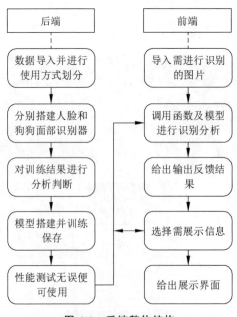

图 4-1　系统整体结构

4.1.2　系统流程

系统流程如图 4-2 所示。

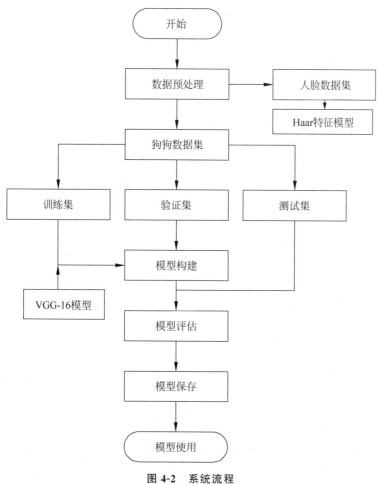

图 4-2　系统流程

4.2　运行环境

本部分包括 Python 环境、TensorFlow 环境、Keras 环境和安装库。

4.2.1　Python 环境

需要 Python 3.x 配置,在 Windows 环境推荐下载 Anaconda 完成 Python 所需的配置,
下载地址为 https://www.anaconda.com/,也可下载虚拟机在 Linux 环境下运行代码。

4.2.2　TensorFlow 环境

打开 Anaconda Prompt,输入清华仓库镜像,输入命令:

```
conda config -- add channels https://mirrors.tuna.tsinghua.edu.cn/anaconda/pkgs/free/
conda config -- set show_channel_urls yes
```

创建 Python3.7 环境,名称为 TensorFlow,此时 Python 版本和 TensorFlow 版本有匹配问题,此步选择 Python3.x,输入命令:

```
conda create - n TensorFlow python = 3.7
```

有需要确认的地方,都输入 y。

在 Anaconda Prompt 中激活 TensorFlow 环境,输入命令:

```
activate TensorFlow
```

安装 CPU 版本的 TensorFlow,输入命令:

```
pip install - upgrade -- ignore - installed TensorFlow
```

安装完毕。

4.2.3　Keras 环境

打开 Anaconda Prompt,激活 Keras 虚拟环境,输入命令:

```
activate Keras
```

安装 CPU 版本的 Keras,输入命令:

```
conda install Keras
```

其他相关依赖包,如 Re、Pandas、Numpy 等,直接在虚拟环境中输入命令:

```
pip install package_name
```

或者输入命令:

```
conda install package_name
```

即可完成安装。

4.2.4　安装库

本项目所要安装的库包括前端界面类、后端模型类和翻译数据类。

前端界面类包括 PyQt5、sys、qtawesome。

后端模型类包括 Sklearn、Keras、Numpy、glob、cv2、warnings、tqdm、Matplotlib。

翻译数据类包括 hashlib、json、random、requests。

4.3　模块实现

本项目包括 6 个模块：数据预处理、模型编译主体、图像检测、文本数据翻译与爬虫、模型训练评估和应用、前端界面，下面分别给出各模块的功能介绍及相关代码。

4.3.1　数据预处理

本部分包括数据获取和数据处理。

1. 数据获取

狗狗数据集下载地址为 https：//s3. cn-north-1. amazonaws. com. cn/static-documents/nd101/v4-dataset/dogImages. zip，该数据集共有 133 个品种，几乎涵盖了常见的 78 个种类及相应的类别标签，共 8351 张图片，可用于目的式的种类识别。人脸数据集下载地址为 https：//s3. cn-north-1. amazonaws. com. cn/static-documents/nd101/v4-dataset/lfw. zip，共有 13234 张图片。预训练模型来源：https：//s3. cn-north-1. amazonaws. com. cn/static-documents/nd101/v4-dataset/lfw. zip，导入基于 ImageNet 数据集的预训练权重。ImageNet 是目前非常流行的数据集，常被用来测试图像分类等计算机视觉任务相关的算法。包含 1000 万个 URL，每个都链接到 1000 categories（类别）中所对应的物体图像。输入一个图像，该 ResNet-50 模型会返回一个对图像中物体的预测结果。

```
#定义函数加载 train、test 和 validation 数据集
def load_dataset(path):
    data = load_files(path)
    dog_files = np.array(data['filenames'])
    dog_targets = np_utils.to_categorical(np.array(data['target']), 133)
    return dog_files, dog_targets
#加载 train、test 和 validation 数据集
train_files, train_targets = load_dataset('dogImages/train')
valid_files, valid_targets = load_dataset('dogImages/valid')
test_files, test_targets = load_dataset('dogImages/test')
#加载狗品种列表
dog_names = [item[20:-1] for item in sorted(glob("dogImages/train/*/"))]
人脸数据集来源: https://s3. cn-north-1. amazonaws. com. cn/static-documents/nd101/v4-
dataset/lfw. zip,共 13234 张人脸图片。
#加载打乱后的人脸数据集文件名
human_files = np.array(glob("lfw/*/*"))
random. shuffle(human_files)
```

以上数据需提前下载并和 *.py 文件保存在同一目录下。

2. 数据处理

在该项目中使用了迁移学习的方法,其中预训练模型是 VGG-16,输入图像的维度是 $224\times224\times3$,将狗狗图片传入模型之前,需要将图片的维度变为 $224\times224\times3$,其中第一个 224 代表图片对应的矩阵行数,第二个 224 代表矩阵列数,3 代表通道数,因为使用的图片是 RGB 格式的彩色图片,所以通道数默认为 3,无须修改。

```
def path_to_tensor(img_path):
    # 用 PIL 加载 RGB 图像为 PIL.Image.Image 类型
    img = image.load_img(img_path, target_size = (224, 224))
    # 将 PIL.Image.Image 类型转化格式为(224, 224, 3)的 3 维张量
x = image.img_to_array(img)
    # 将 3 维张量转化格式为(1, 224, 224, 3)的 4 维张量并返回
    return np.expand_dims(x, axis = 0)
def paths_to_tensor(img_paths):          # 张量路径
    list_of_tensors = [path_to_tensor(img_path) for img_path in tqdm(img_paths)]
    return np.vstack(list_of_tensors)    # 按垂直方向堆叠
```

4.3.2 模型编译主体

序贯模型是函数式模型的简略版,为最简单的线性、从头到尾的结构顺序,不分叉,是多个网络层的线性堆叠。Keras 实现了很多层,包括核心层、卷积层、池化层等非常丰富有趣的网络结构。本项目通过将层的列表传递给构造函数,创建序贯模型。在完成对下载数据集中的图像预处理后,用作该模型的训练集、测试集和验证集。鉴于目标域和源域中的数据特征相同,且源域中的数据比目标域中的数据更丰富,可以使用基于 ImageNet 训练出的 VGG-16 模型,并根据需要,对模型参数做适当修改。具体实现过程如下:

1. 定义模型结构

在搭建神经网络时,使用 VGG-16 模型的特征参数,将最后一层卷积层的输出直接输入该模型中,并在此模型上添加一个全局平均池化层和一个全连接层。其中,全连接层使用了 softmax 激活函数。本项目使用的神经网络模型共有 68229 个参数。获取链接为 https://s3-us-west-1.amazonaws.com/udacity-aind/dog-project/DogVGG16Data.npz,如图 4-3 所示。

在 VGG-16 模型后添加全局池化层和全连接层,并通过函数 VGG-16_model.summary() 输出结构信息,如图 4-4 所示。

```
# VGG - 16 模型的特征
bottleneck_features = np.load('bottleneck_features/DogVGG16Data.npz')
# 将瓶颈特征载入训练集、测试集、验证集
train_VGG16 = bottleneck_features['train']
valid_VGG16 = bottleneck_features['valid']
test_VGG16 = bottleneck_features['test']
```

```
INPUT: [224*224*3]          memory: 224*224*3=150K      weights: 0
CONV3-64: [224*224*3]       memory: 224*224*64=3.2M     weights: (3*3*3)*64=1728
CONV3-64: [224*224*3]       memory: 224*224*64=3.2M     weights: (3*3*64)*64=36864
POOL2: [112*112*64]         memory: 112*112*64=80K      weights: 0
CONV3-128: [112*112*128]    memory: 112*112*128=1.6M    weights: (3*3*64)*128=73728
CONV3-128: [112*112*128]    memory: 112*112*128=1.6M    weights: (3*3*128)*128=147456
POOL2: [56*56*128]          memory: 56*56*128=400K      weights: 0
CONV3-256: [56*56*256]      memory: 56*56*256=800K      weights: (3*3*128)*256=294912
CONV3-256: [56*56*256]      memory: 56*56*256=800K      weights: (3*3*256)*256=589824
CONV3-256: [56*56*256]      memory: 56*56*256=800K      weights: (3*3*256)*256=589824
POOL2: [28*28*256]          memory: 28*28*256=200K      weights: 0
CONV3-256: [28*28*512]      memory: 28*28*512=400K      weights: (3*3*256)*512=1179648
CONV3-256: [28*28*512]      memory: 28*28*512=400K      weights: (3*3*512)*512=2359296
CONV3-256: [28*28*512]      memory: 28*28*512=400K      weights: (3*3*512)*512=2359296
POOL2: [14*14*512]          memory: 14*14*512=100K      weights: 0
CONV3-256: [14*14*512]      memory: 14*14*512=100K      weights: (3*3*512)*512=2359296
CONV3-256: [14*14*512]      memory: 14*14*512=100K      weights: (3*3*512)*512=2359296
CONV3-256: [14*14*512]      memory: 14*14*512=100K      weights: (3*3*512)*512=2359296
POOL2: [7*7*512]            memory: 7*7*512=25K         weights: 0
FC: [1*1*4096]              memory:4096                 weights: 7*7*512*4096=102760448
FC: [1*1*4096]              memory:4096                 weights: 4096*4096=16777216
FC: [1*1*1000]              memory:1000                 weights: 4096*1000=4096000

TOTAL memory: 24M * 4 bytes ≅ 93MB / image   (only forward! ~*2 for bwd)
TOTAL params: 138M parameters
```

图 4-3　VGG-16 模型结构

```
Model: "sequential_3"

Layer (type)                    Output Shape          Param #
=================================================================
global_average_pooling2d_3 (    (None, 512)           0

dense_3 (Dense)                 (None, 133)           68229
=================================================================
Total params: 68,229
Trainable params: 68,229
Non-trainable params: 0
```

图 4-4　全局池化层和全连接层结构

```
VGG16_model = Sequential()
＃平均池化层
VGG16_model.add(GlobalAveragePooling2D(input_shape = train_VGG16.shape[1:]))
＃全连接层维度是 133,激活函数是 softmax
VGG16_model.add(Dense(133, activation = 'softmax'))
＃模型特征
VGG16_model.summary()
```

2. 损失函数及模型优化

相比 Flatten,GlobalAveragePooling2D 可以大量减少模型参数,降低过拟合的风险,同时降低计算成本,这也是现在主流的一些 CNN 架构做法。在此基础上为了防止过拟合现象的产生,全连接层之前加入 BatchNormalization 层。

```
VGG16_model = Sequential()
#平均池化层
VGG16_model.add(GlobalAveragePooling2D(input_shape = train_VGG16.shape[1:]))
VGG16_model.add(BatchNormalization())
#全连接层维度是133,激活函数是softmax
VGG16_model.add(Dense(133, activation = 'softmax'))
```

4.3.3　图像检测

本部分包括图片预处理、人脸检测和狗狗检测。

1. 图片预处理

使用 TensorFlow 作为后端时，在 Keras 中，CNN 的输入是一个 4 维数组（也被称作 4 维张量），它的各维度尺寸为（nb_samples、rows、columns、channels）。其中 nb_samples 表示图像（或者样本）的总数；rows、columns 和 channels 分别表示图像的行数、列数和通道数。

path_to_tensor()函数实现将彩色图像中字符串型的文件路径作为输入，返回一个 4 维张量，作为 Keras CNN 正确的输入格式。paths_to_tensor()函数将图像路径字符串组成的 Numpy 数组作为输入，将其缩放为 224×224 的图像。随后，该图像被调整为具有 4 个维度的张量。对于任一输入图像，最后返回的张量维度是（1，224，224，3）。

```
#加载狗品种列表
dog_names = [item[20:-1] for item in sorted(glob("dogImages/train/*/"))]
def path_to_tensor(img_path):
    #用 PIL 加载 RGB 图像为 PIL.Image.Image 类型
    img = image.load_img(img_path, target_size = (224, 224))
    #将 PIL.Image.Image 类型转化格式为(224, 224, 3)的 3 维张量
    x = image.img_to_array(img)
    #将 3 维张量转化格式为(1, 224, 224, 3)的 4 维张量并返回
    return np.expand_dims(x, axis = 0)
def paths_to_tensor(img_paths):
    list_of_tensors = [path_to_tensor(img_path) for img_path in tqdm(img_paths)]
    return np.vstack(list_of_tensors)    #按垂直方向堆叠
```

2. 人脸检测

使用 OpenCV 中基于 Haar 特征的级联分类器检测图像中的人脸，下载其中一个检测模型，存储在 haarcascades 目录中。模型下载地址为 https://github.com/udacity/cn-deep-learning/tree/master/dog-project/haarcascades。

```
#提取预训练的人脸检测模型
face_cascade = cv2.CascadeClassifier('haarcascades/haarcascade_frontalface_alt.xml')
def face_detector(img_path):
    img = cv2.imread(img_path)
```

```
gray = cv2.cvtColor(img, cv2.COLOR_BGR2GRAY)
faces = face_cascade.detectMultiScale(gray)
#获取每一个检测到的识别框
for (x,y,w,h) in faces:
#在人脸图像中绘制出识别框
    cv2.rectangle(img,(x,y),(x+w,y+h),(255,0,0),2)
#将BGR图像转变为RGB图像以打印
cv_rgb = cv2.cvtColor(img, cv2.COLOR_BGR2RGB)
#展示含有识别框的图像
plt.imshow(cv_rgb)
plt.show()
return len(faces) > 0
```

3. 狗狗检测

在检测模块中使用 ResNet 50 模型,得到对应图像的预测向量,标签值在 $151\sim268$ 时判定该图像中包含狗狗。

```
#定义ResNet50模型
ResNet50_model = ResNet50(weights = 'imagenet')
#返回img_path路径图像的预测向量
def ResNet50_predict_labels(img_path):
    img = preprocess_input(path_to_tensor(img_path))
    #重排通道顺序为BGR并减去像素均值
    return np.argmax(ResNet50_model.predict(img))
    #找到有最大概率值的下标序号
    #返回相关的标识符
def dog_detector(img_path):            #狗狗检测
    prediction = ResNet50_predict_labels(img_path)
    return ((prediction <= 268) & (prediction >= 151))
    #狗类别对应的序号为151~268
```

4.3.4　文本数据翻译与爬虫

本部分包括文本数据翻译和爬虫。

1. 文本数据翻译

数据集中类别名称为英文,需要将其转换为中文,在翻译过程中使用百度翻译 API。

```
url = "http://api.fanyi.baidu.com/api/trans/vip/translate"
appid = '20200326000406095'          #使用的APPID
secretKey = 'ZOmkXkg3hMANesdXkO_O'    #使用的密钥
salt = random.randint(32768, 65536)
#返回翻译的类别中文字符串
def get_tra_res(q, fromLang = 'en', toLang = 'zh'):
    #生成签名
    sign = appid + q + str(salt) + secretKey
```

```
    sign = hashlib.md5(sign.encode()).hexdigest()
    # post 请求参数
    data = { "appid": appid,"q": q,"from": fromLang,"to": toLang,"salt": str(salt),"sign":
sign,}
    # post 请求
    res = requests.post(url, data = data)
    # 返回时一个 json
trans_result = json.loads(res.content).get('trans_result')[0].get("dst")
    return(trans_result)
```

2. 爬虫

在实现输出狗狗百科和论坛网页的过程中，使用 beautifulsoup 和 lxml 的网络爬虫方法，将狗狗名称和对应的百科网站 url、论坛网站 url 格式化存储在 dogurls2.csv 文件中，参考地址为 http://www.boqii.com/pet-all/dog/? p=1。

```
import requests
from bs4 import BeautifulSoup
headers = {'user-agent':'Mozilla/5.0 (Macintosh; Intel Mac OS X 10_15_2) AppleWebKit/537.36
(KHTML, like Gecko) Chrome/80.0.3987.132 Safari/537.36'}
dog_url = "http://www.boqii.com/pet-all/dog/?p=1"
res = requests.get(dog_url)
res.encoding = 'utf-8'
Soup = BeautifulSoup(res.text, 'lxml')
data = Soup.find_all('dd')
for i in data:
    link = i.a['href']
df = pd.DataFrame(link)
df.to_csv('dogurls2.csv')
```

通过 Pandas 库中函数 data.head()查看 dogurls2.csv 前 5 行，信息输出如图 4-5 所示。

	Unnamed: 0	名称	百科	论坛
0	0	Affenpinscher	https://www.akc.org/dog-breeds/affenpinscher/	https://www.akc.org/dog-breeds/affenpinscher/
1	1	Afghan_hound	http://www.boqii.com/entry/detail/649.html	http://www.boqii.com/entry/answer/649.html
2	2	Airedale_terrier	https://www.akc.org/dog-breeds/airedale-terrier/	https://www.akc.org/dog-breeds/airedale-terrier/
3	3	Akita	https://www.akc.org/dog-breeds/akita/	https://www.akc.org/dog-breeds/akita/
4	4	Alaskan_malamute	http://www.boqii.com/entry/detail/609.html	http://www.boqii.com/entry/answer/609.html

图 4-5　dogurls2.csv 文件前 5 行信息

4.3.5　模型训练评估与生成

在定义模型架构和编译之后，通过训练集训练模型，对狗狗的种类加以区分。这里，使用训练集拟合模型并保存。之后加载模型参数，使用测试集检验其准确性。

1. 模型训练并保存

共训练 20 次，并且输出每一次训练结束后的正确率、损失率、训练过程以进度条形式表现。将训练好的模型保存为 weights. best. VGG16. hdf5 文件，方便后期调用。

```
#编译模型
VGG16_model. compile(loss = 'categorical_crossentropy', optimizer = 'rmsprop', metrics =
['accuracy'])
#训练模型
checkpointer = ModelCheckpoint(filepath = 'saved_models/weights.best.VGG16.hdf5', verbose =
1, save_best_only = True)
VGG16_model.fit(train_VGG16, train_targets,
            validation_data = (valid_VGG16, valid_targets),
            epochs = 20, batch_size = 20, callbacks = [checkpointer], verbose = 1)
```

2. 模型加载及测试

为测试训练模型效果，加载训练模型，并输入测试集数据，计算模型在测试集上的正确率。

```
#加载具有验证 loss 的模型
VGG16_model. load_weights('saved_models/weights.best.VGG16.hdf5')
#获取测试数据集中每一个图像所预测狗品种的 index
VGG16_predictions = [np.argmax(VGG16_model.predict(np.expand_dims(feature, axis = 0))) for
feature in test_VGG16]
#报告测试准确率
test_accuracy = 100 * np.sum(np.array(VGG16_predictions) == np.argmax(test_targets, axis =
1))/len(VGG16_predictions)
print('Test accuracy: %.4f % %' % test_accuracy)
```

在测试集上的正确率是 70.3349%。

3. 模型评估

在评估训练模型过程中，使用 TensorBoard 绘制出训练集和验证集上的正确率曲线和损失曲线，在迭代 20 次后，验证集上的正确率可以达到 72.39%，其中，横坐标迭代 20 次，纵坐标每次迭代后的正确率大小、曲线如图 4-6 所示；横坐标迭代 20 次，纵坐标每次迭代后的损失大小、损失曲线如图 4-7 所示。

绘制评估曲线代码如下：

```
VGG16_model.fit(train_VGG16, train_targets,
            validation_data = (valid_VGG16, valid_targets),
            epochs = 20, batch_size = 20, callbacks = [TensorBoard(log_dir = 'mytensorboard')],
verbose = 1)
(Keras) Macintosh: bin zi_heng $ tensorboard - - logdir = '/Users/zi_heng/狗狗分类/
mytensorboard'
Serving TensorBoard on localhost; to expose to the network, use a proxy or pass -- bind_all
TensorBoard 2.0.0 at http://localhost:6006/ (Press CTRL + C to quit)
```

轮次准确度

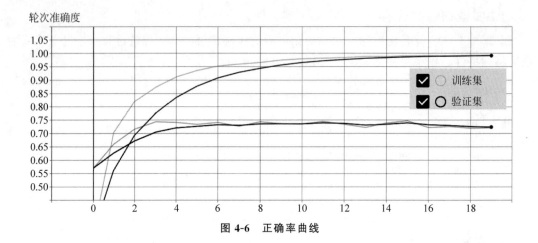

图 4-6　正确率曲线

轮次损失

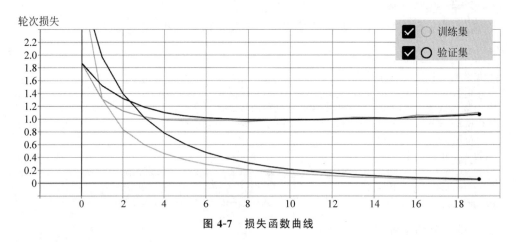

图 4-7　损失函数曲线

将网址 http://localhost:6006/复制在浏览器即可得到以上两个曲线图。

4. 模型生成

模型生成分为两部分:一是检测输入的图片中是否包含狗狗或者人脸;二是如果图中包含狗狗或者人脸,将依据训练出的模型判断狗狗所属种类,或与该人脸最相似的狗狗种类。

1) 人/狗检测

相关代码如下:

```python
def LastPredict(img_path):
    img = cv2.imread(img_path)
    #将 BGR 图像转变为 RGB 图像进行打印
    cv_rgb = cv2.cvtColor(img, cv2.COLOR_BGR2RGB)
    plt.imshow(cv_rgb)
    plt.show()
```

```
if face_detector(img_path) > 0:
    print("Hello, Human")
    print("You look like a ... in dog world")
    print(VGG16_predict_breed(img_path))
elif dog_detector(img_path) == True:
    print("Hello, Dog")
    print("You are a ... ")
    print(VGG16_predict_breed(img_path))
else:
    print("Error Input")
```

2）种类识别

首先，获得输入图片的预测向量；其次，通过该预测向量判断所属类别。为实现前端展示功能，构建图片路径，用于随机输出 3 张与输入狗狗同类别的图片。

```
def VGG16_predict_breed(img_path):
    # 提取 bottleneck 特征
    bottleneck_feature = extract_VGG16(path_to_tensor(img_path))
    # 获取预测向量
    predicted_vector = VGG16_model.predict(bottleneck_feature)
    # 返回此模型预测狗的品种
    # print('np.argmax(predicted_vector)', np.argmax(predicted_vector))
    print(dog_names[np.argmax(predicted_vector)])
    # 构建一个预测出狗的路径用于显示
    if np.argmax(predicted_vector) + 1 < 10:
        num = '00' + str(np.argmax(predicted_vector) + 1)
    elif np.argmax(predicted_vector) + 1 < 100:
        num = '0' + str(np.argmax(predicted_vector) + 1)
    else:
        num = str(np.argmax(predicted_vector) + 1)
    img3_path = 'dogImages/test/' + num + '.' + dog_names[np.argmax(predicted_vector)] + '/'
    # print('img3_path: ', img3_path)
    # 随机显示 3 张该类别狗的照片
    global names
    names = os.listdir(img3_path)
    # print(names)
    for i in range(len(names)):
        names[i] = img3_path + names[i]
    # 随机取 3 张图片
    for i in range(0, 3):
    a = random.randint(0, len(names) - 1)
        print('names[a]', names[a])
        # imgshow = names[a]
        imgshow = cv2.imread(names[a])
        # 将 BGR 图像转变为 RGB 图像以打印
        # cv_rgb = cv2.cvtColor(imgshow, cv2.COLOR_BGR2RGB)
        # plt.imshow(cv_rgb)
```

```
# plt.show()
    return get_tra_res(dog_names[np.argmax(predicted_vector)])
```

4.3.6　前端界面

该部分采用 PyQt5 搭建可视化界面。

```
# 构建一个界面窗口类
class MainUi(QtWidgets.QMainWindow):
    # 显示相关信息 - 宠物百科,使用 QwebEngineView 控件显示网页
    def information_1(self):
        self.browser.load(QUrl("https://www.jianshu.com/p/ec299af94f81"))
    # 显示相关信息 - 宠物论坛
    def information_2(self):
        self.browser.load(QUrl("https://www.baidu.com"))
    # 显示相关信息 - 宠物商店
    def information_3(self):
        self.browser.load(QUrl("https://www.baidu.com"))
    # 显示识别结果
    def result(self):
        try:
            image_path = imgName
            LastPredict(image_path)      # 将图片格式转换为彩色输出并显示预测类别结果
            self.line_1.setText(human_dog)
            self.line_2.setText(category)
        except:
            self.line_1.setText('No Input')
            self.line_2.setText('No Input')
    # 导入待测试图片,采用文件对话框方式
    def openimage(self):
        global imgName
        imgName, imgType = QFileDialog.getOpenFileName(self, "打开图片", "", " * .jpg;; * .
png;;All Files( * )")
    # 导入库中相似狗狗图片
    def recommend_picture(self):
        try:
            self.recommend_button_1.setIcon(QtGui.QIcon(similar_img[0]))
            self.recommend_button_2.setIcon(QtGui.QIcon(similar_img[1]))
            self.recommend_button_3.setIcon(QtGui.QIcon(similar_img[2]))
        except:
            print('No Input')
    # 初始化界面函数
    def __init__(self):
        super(MainUi, self).__init__()      # 避免基类显式调用,预先导入其他功能函数
        self.init_ui()
    # 总布局函数
```

```python
def init_ui(self):
    #可视化窗口大小
    self.setFixedSize(960, 700)
    self.main_widget = QtWidgets.QWidget()                    #创建窗口主部件
    self.main_layout = QtWidgets.QGridLayout()                #创建主部件的网格布局
    self.main_widget.setLayout(self.main_layout)              #设置窗口主部件为网格布局
    self.left_widget = QtWidgets.QWidget()                    #创建左侧部件
    self.left_widget.setObjectName('left_widget')
    self.left_layout = QtWidgets.QGridLayout()                #创建左侧部件的网格布局层
    self.left_widget.setLayout(self.left_layout)              #设置左侧部件布局为网格
    self.right_widget = QtWidgets.QWidget()                   #创建右侧部件
    self.right_widget.setObjectName('right_widget')
    self.right_layout = QtWidgets.QGridLayout()
    self.right_widget.setLayout(self.right_layout)            #设置右侧部件布局为网格
    self.main_layout.addWidget(self.left_widget, 0, 0, 13, 3)
    #左侧部件从第 0 行第 0 列起,占 13 行 3 列
    self.main_layout.addWidget(self.right_widget, 0, 5, 13, 7)
    #右侧部件从第 0 行第 5 列起,占 13 行 7 列
    self.setCentralWidget(self.main_widget)                   #设置窗口主部件
    #左侧布局
    self.left_label_1 = QtWidgets.QLabel("狗狗识别 1.0")
    self.left_label_1.setObjectName('left_label')
    self.left_label_2 = QtWidgets.QLabel("是否属于人类或者狗狗")
    self.left_label_2.setObjectName('left_label')
    self.left_label_3 = QtWidgets.QLabel("所属的狗狗类别")
    self.left_label_3.setObjectName('left_label')
    #创建单行文本输入框
    self.line_1 = QtWidgets.QLineEdit()
    self.line_1.setObjectName('left_button')
    self.line_2 = QtWidgets.QLineEdit()
    self.line_2.setObjectName('left_button')
    self.line_1.setReadOnly(True)
    self.line_2.setReadOnly(True)
    #创建按钮
    self.left_button_1 = QtWidgets.QPushButton(qtawesome.icon('fa.file-image-o',
color='white'), "导入文件")
    self.left_button_1.setObjectName('left_button')
    self.left_button_1.clicked.connect(self.openimage)     #事件绑定
    self.left_button_2 = QtWidgets.QPushButton(qtawesome.icon('fa.book', color='white'), "宠
物百科")
    self.left_button_2.setObjectName('left_button')
    self.left_button_2.clicked.connect(self.information_1)#事件绑定
    self.left_button_3 = QtWidgets.QPushButton(qtawesome.icon('fa.users', color='white'),
"宠物论坛")
    self.left_button_3.setObjectName('left_button')
    self.left_button_3.clicked.connect(self.information_2)#事件绑定
    self.left_button_4 = QtWidgets.QPushButton(qtawesome.icon('fa.shopping-cart',
```

```
color = 'white'), "宠物商店")
        self.left_button_4.setObjectName('left_button')
        self.left_button_4.clicked.connect(self.information_3)#事件绑定
        self.left_button_5 = QtWidgets.QPushButton(qtawesome.icon('fa.search', color =
'white'), "开始识别")
        self.left_button_5.setObjectName('left_button')
        self.left_button_5.clicked.connect(self.result)          #事件绑定
        self.left_button_5.clicked.connect(self.recommend_picture)
        #创建按钮用于显示图片
        self.left_button_6 = QtWidgets.QToolButton()
        self.left_button_6.setText("0")                          #设置按钮文本
        self.left_button_6.setIcon(QtGui.QIcon('./r1.jpg'))      #设置按钮图标
        self.left_button_6.setIconSize(QtCore.QSize(self.left_button_6.width(), self.left
_button_6.height()))                                            #设置图标大小
        self.left_button_6.setToolButtonStyle(QtCore.Qt.ToolButtonTextUnderIcon)
        #设置按钮形式为上图下文
        #界定控件摆放位置
        self.left_layout.addWidget(self.left_label_1, 0, 0, 1, 5)
        self.left_layout.addWidget(self.left_button_1, 1, 0, 1, 5)
        self.left_layout.addWidget(self.left_button_6, 2, 0, 3, 5)
        self.left_layout.addWidget(self.left_button_5, 5, 0, 1, 5)
        self.left_layout.addWidget(self.left_label_2, 6, 0, 1, 5)
        self.left_layout.addWidget(self.line_1, 7, 0, 1, 5)
        self.left_layout.addWidget(self.left_label_3, 8, 0, 1, 5)
        self.left_layout.addWidget(self.line_2, 9, 0, 1, 5)
        self.left_layout.addWidget(self.left_button_2, 10, 0, 1, 5)
        self.left_layout.addWidget(self.left_button_3, 11, 0, 1, 5)
        self.left_layout.addWidget(self.left_button_4, 12, 0, 1, 5)
        #右侧布局,有采用局部布局的方式,因为控件过多时摆放位置会很复杂
        self.textedit = QtWidgets.QTextEdit()
        #加载外部的 Web 界面
        self.browser = QWebEngineView()
        self.right_recommend_label = QtWidgets.QLabel("狗狗🐕")
        self.right_recommend_label.setObjectName('right_label')
        #定义控件所属类别
        self.right_recommend_label1 = QtWidgets.QLabel()
        self.right_recommend_label1.setOpenExternalLinks(True)
        address = "<style> a {text-decoration: none} </style><A style = 'color: gray;'href
= 'www.baidu.com'>更多请单击</a>"
        #设置无边框、灰色,链接百度网址的超链接
    self.right_recommend_label1.setText(address)
    self.right_recommend_label1.setObjectName('right_label')
    #在右侧布局基础上定义一个相对布局(因为控件相对较多)
    self.right_recommend_widget = QtWidgets.QWidget()          #推荐图片部件
    self.right_recommend_layout = QtWidgets.QGridLayout()      #图片为网格布局
    self.right_recommend_widget.setLayout(self.right_recommend_layout)
    self.recommend_button_1 = QtWidgets.QToolButton()
```

```
self.recommend_button_1.setText("1")                         #设置按钮文本
self.recommend_button_1.setIcon(QtGui.QIcon('./r1.jpg'))     #设置图标
self.recommend_button_1.setIconSize(QtCore.QSize(200,200)    #设置图标大小
self.recommend_button_1.setToolButtonStyle(QtCore.Qt.ToolButtonTextBesideIcon)
#onTextBesideIcon 文字在图标旁
    '''
    #5 张图片的相对布局
    self.right_recommend_layout.addWidget(self.recommend_button_1,0,0)
    '''
    #右侧部件的摆放
    self.right_layout.addWidget(self.right_recommend_label,0, 0, 1, 6)
    self.right_layout.addWidget(self.right_recommend_label1,5,0, 1, 6)
    self.right_layout.addWidget(self.right_recommend_widget,0,0, 4, 6)
    self.right_layout.addWidget(self.browser, 6, 0, 7, 6)
    #self.browser.setCentralWidget(self.browser)
    #美化
    #左侧菜单中的按钮和文字颜色设置为白色,并且将按钮的边框去掉
    self.left_widget.setStyleSheet('''
            QPushButton{
            border:1px solid gray;
            width:300px;
            border-radius:10px;
            padding:2px 4px;
            color:white;}
    #同样的方式设置 Qlabel, QLineEdit
            QLabel{...}
            QLineEdit{...}
            QPushButton#left_button:hover{border-left:4px solid red;font-weight:700;}
    ''')
    #右侧部件的右上角和右下角需要先行处理为圆角,同时背景设置为白色
    self.right_widget.setStyleSheet('''
            QWidget#right_widget{
                color:#232C51;
                background:white;
                border-top:1px solid darkGray;
                border-bottom:1px solid darkGray;
                border-right:1px solid darkGray;
                border-top-right-radius:10px;
                border-bottom-right-radius:10px;
            }
            QLabel{...}
            QTextEdit{...}
            QWebEngineView{...}
            QLabel#right_label{
                text-decoration: none;
                border:none;
                font-size:16px;
```

```
                              font-weight:700;
                              font-family: "Helvetica Neue", Helvetica, Arial, sans-serif;}''')
        self.right_recommend_widget.setStyleSheet(...)
        self.setWindowOpacity(1) #设置窗口透明度
        self.setAttribute(QtCore.Qt.WA_TranslucentBackground) #设置背景透明度
        self.setWindowFlag(QtCore.Qt.FramelessWindowHint) #隐藏边框
        #为了避免隐藏窗口边框后,左侧部件没有背景颜色和边框显示
        #再对左侧部件添加QSS属性: QSS全称为Qt StyleSheet,用来控制QT控件的样式表
        self.main_widget.setStyleSheet('''
            QWidget#left_widget{
            background:gray;
            border-top:1px solid white;
            border-bottom:1px solid white;
            border-left:1px solid white;
            border-top-left-radius:10px;
            border-bottom-left-radius:10px;
            }
            ''')
        #设置布局内部件的间隙把缝隙去掉
        self.main_layout.setSpacing(2)
#总体界面显示控制
def ShowUI():
    app = QtWidgets.QApplication(sys.argv)
    gui = MainUi()
    gui.setObjectName("MainWindow")
    gui.show()
    sys.exit(app.exec_())
```

4.4　系统测试

本部分包括前端界面展示、程序功能介绍、识别狗狗及人脸效果展示。

4.4.1　前端界面展示

打开 PyCharm 中相应的.py 文件并运行,运行成功后显示如图 4-8 所示的初始化界面。

4.4.2　程序功能介绍

单击"导入文件",选择图片类型文件,在区域 0 出现要识别图片后开始工作,将在下方第一个对话框的位置输出人或狗,第二个对话框输出相应的狗狗种类。右侧区域 1、2、3、4、5 输出与该狗狗同品种的其他 5 张图片,右下区域用于显示左侧选择的信息。单击"更多请单击"按钮可以将右下区域中的网页在浏览器中打开。

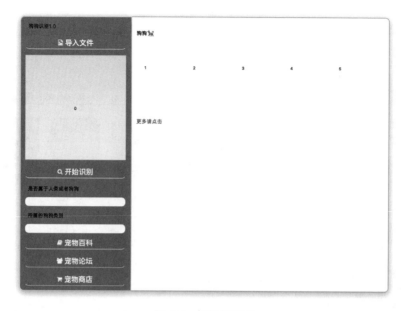

图 4-8　初始化界面

4.4.3　识别狗狗效果展示

选择狗狗图片之后单击"开始识别",显示界面如图 4-9 所示。

图 4-9　识别狗狗界面

4.4.4　识别人脸效果展示

选择人类图片之后单击"开始识别"，显示界面如图 4-10 所示。

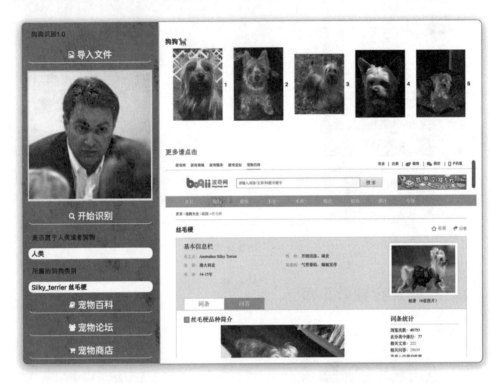

图 4-10　识别人脸界面

猫 猫 相 机

本项目采用 mxnet 框架,基于残差网络(Resnet)搭建模型,使用图像增广技术扩大数据集的同时提高模型的泛化能力,实现手动拍照和自动拍照两种模式。

5.1 总体设计

本部分包括系统整体结构和系统流程。

5.1.1 系统整体结构

系统整体结构如图 5-1 所示。

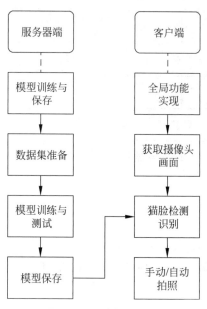

图 5-1 系统整体结构

5.1.2 系统流程

系统流程如图 5-2 所示,ResNet 流程如图 5-3 所示。

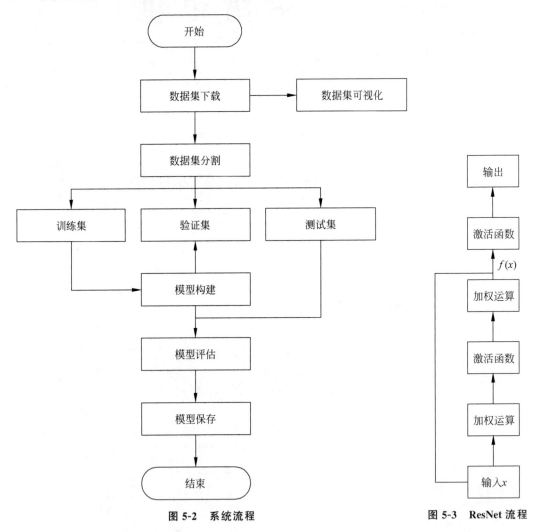

图 5-2　系统流程　　　　　　　　　　　　　图 5-3　ResNet 流程

5.2　运行环境

本部分包括 Python 环境、mxnet 环境和 OpenCV 环境。

5.2.1　Python 环境

本项目需要 Python 3.6 及以上配置，在 Windows 环境下推荐下载 Anaconda 完成
Python 所需的配置，下载地址为 https://www.anaconda.com/，也可下载虚拟机在 Linux
环境下运行代码。

5.2.2　mxnet 环境

打开 Anaconda Prompt，安装 mxnet 环境，输入命令：

```
pip install mxnet
```

安装完毕。

5.2.3　OpenCV 环境

打开 Anaconda Prompt，安装 OpenCV 环境，输入命令：

```
pip install opencv - python
```

安装完毕。

5.3　模块实现

本项目包括 4 个模块：数据预处理、创建模型并编译、模型训练及保存、模型测试，下面
分别给出各模块的功能介绍及相关代码。

5.3.1　数据预处理

数据集使用 github 上的开源猫、狗数据集，包含大小不一的猫、狗图片各 5000 张，其中
4000 张训练图片、1000 张测试图片。下载地址为 https://github.com/coolioasjulio/Cat-
Dog-CNN-Classifier/tree/master/dataset。

将压缩后的数据集下载到路径../data 并解压，得到 cat_dog/train_set 和 cat_dog/test
_set 两个文件夹，均有 cats 和 dogs 两个类别，每个类别里面是图像文件。

分类任务中需要将图像从文件夹中读入，并以迭代器的形式进行训练。gluon 的 API
提供了函数 gluon.data.vision.ImageFolderDataset()，将图像文件根据分类进行预处理后
读入数据。

创建两个 ImageFolderDataset 实例，分别读取训练数据集和测试数据集中的所有图像
文件。相关代码如下：

```
# 存放图片文件的根目录
```

```
data_dir = '../data'
# 分别就训练集和测试集读入数据
train_imgs = gdata.vision.ImageFolderDataset(
    os.path.join(data_dir, 'cat_dog1/test_set'))
test_imgs = gdata.vision.ImageFolderDataset(
    os.path.join(data_dir, 'cat_dog1/training_set'))
```

测试集文件夹的路径: data\cat_dog\test_set,子文件夹 cats 和 dogs,自动默认分类的类别 class。下面画出前 8 张正类图像和后 8 张负类图像,如图 5-4 所示,大小和高宽比各不相同。相关代码如下:

```
import matplotlib.pyplot as plt
cats = [train_imgs[i][0] for i in range(8)]
dogs = [train_imgs[-i - 1][0] for i in range(8)]
show_images(cats + dogs, 2, 8, scale = 1.4);
# 定义 show_images 函数查看图片
def show_images(imgs, num_rows, num_cols, scale = 2):
    # 绘制图像列表
    figsize = (num_cols * scale, num_rows * scale)
    _, axes = plt.subplots(num_rows, num_cols, figsize = figsize)
    for i in range(num_rows):
        for j in range(num_cols):
            axes[i][j].imshow(imgs[i * num_cols + j].asnumpy())
            axes[i][j].axes.get_xaxis().set_visible(False)
            axes[i][j].axes.get_yaxis().set_visible(False)
    return axes
```

图 5-4 正负类图像

在图像处理时,采用增广技术。通过对训练图像做一系列随机改变,产生相似但又不同的训练样本,扩大训练数据集的规模。具体做法: 一是对图像进行不同方式的裁剪,使感兴趣的物体出现在不同位置,减轻模型对物体出现位置的依赖性; 二是调整亮度、色彩等因素,降低模型对色彩的敏感度,如图 5-5 所示。

首先,从图像中裁剪出随机大小和高宽比的一块区域; 其次,将该区域缩放为高和宽均为 224 像素的输入并进行左右翻转。在测试过程中,将图像的高和宽均缩放为 256 像素,最后,从中裁剪出高和宽均为 224 像素的中心区域作为输入。此外,还需要对 RGB(红、绿、蓝)三个颜色通道的数值做标准化: 每个数值减去该通道所有数值的平均值,再除以该通道

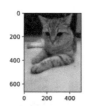

图 5-5 裁剪翻转效果

所有数值的标准差作为输出。相关代码如下：

```
#指定 RGB 三个通道的均值和方差将图像通道归一化
normalize = gdata.vision.transforms.Normalize(
    [0.485, 0.456, 0.406], [0.229, 0.224, 0.225])
train_augs = gdata.vision.transforms.Compose([    #训练数据
    gdata.vision.transforms.RandomResizedCrop(224),
    gdata.vision.transforms.RandomFlipLeftRight(),
    gdata.vision.transforms.ToTensor(),
    normalize])
test_augs = gdata.vision.transforms.Compose([    #测试数据
    gdata.vision.transforms.Resize(256),
    gdata.vision.transforms.CenterCrop(224),
    gdata.vision.transforms.ToTensor(),
    normalize])
```

5.3.2 创建模型并编译

数据加载进模型之后，需要定义模型结构，并优化损失函数。

1. 定义模型结构

使用 ImageNet 数据集上预训练的 ResNet-18 作为源模型。当目标数据集小于源数据集时，微调有助于提升模型的泛化能力。指定 pretrained＝True 自动下载并加载预训练的模型参数，在第一次使用时需要联网下载模型参数。

```
pretrained_net = model_zoo.vision.resnet18_v2(pretrained = True)
```

预训练的源模型实例含有两个成员变量，即 features 和 output。前者包含模型除输出层以外的所有层，后者为模型的输出层。这样划分主要是为了方便微调除输出层以外所有层的模型参数。下面打印源模型的成员变量输出。作为一个全连接层，它将 ResNet 最终的全局平均池化层输出变换成 ImageNet 数据集上 1000 类的输出。

```
pretrained_net.output
Dense(512 -> 1000, linear)
```

新建一个神经网络作为目标模型。它的定义与预训练的源模型一样，但最后的输出个数等于目标数据集的类别数。在下面的代码中，目标模型实例 finetune_net 成员变量 features 中的模型参数被初始化为源模型相应层的模型参数。由于 features 中的模型参数是在 ImageNet 数据集上预训练得到的，比较成熟，因此，只需使用较小的学习率微调参数。而成员变量 output 中的模型参数采用了随机初始化，需要更大的学习率从头训练。假设 Trainer 实例中的学习率为 η，设成员变量 output 中的模型参数在迭代中使用的学习率为 10η。相关代码如下：

```
finetune_net = model_zoo.vision.resnet18_v2(classes = 2)
finetune_net.features = pretrained_net.features
finetune_net.output.initialize(init.Xavier())
# output 中的模型参数将在迭代中使用 10 倍大的学习率
finetune_net.output.collect_params().setattr('lr_mult', 10)
```

2. 优化损失函数

确定模型架构并进行编译，这是多类别的分类问题，因此，需要使用交叉熵作为损失函数。由于所有的标签都带有相似的权重，经常使用精确度作为性能指标。Adam 是常用的梯度下降方法，使用它来优化模型参数。

```
# 定义损失函数和优化器
cross_entropy = -tf.reduce_sum(y_ * tf.log(y_conv))
train_step = tf.train.AdamOptimizer(1e-4).minimize(cross_entropy)
correct_predict = tf.equal(tf.argmax(y_conv, 1), tf.argmax(y_, 1))
accuracy = tf.reduce_mean(tf.cast(correct_predict, "float32"))
```

5.3.3 模型训练及保存

定义一个使用微调的训练函数 train_fine_tuning() 以便多次调用。创建 DataLoader 实例，该实例每次读取一个样本数为 batch_size 的小批量数据。这里的批量大小 batch_size 是一个超参数。Gluon 的 DataLoader 中一个很方便的功能是允许使用多进程来加速数据读取（暂不支持 Windows 操作系统）。此外，通过 ToTensor 实例将图像数据从 uint8 格式变换成 32 位浮点数格式，除以 255，使得所有像素的数值均在 0~1。ToTensor 实例还将图像通道从最后一维移到最前一维，方便卷积神经网络计算。通过数据集的 transform_first 函数，将 ToTensor 的变换应用在每个数据样本（图像和标签）的第一个元素，即图像之上。

1. 模型训练

训练模型中，一个 batch_size 是在一次前向/后向传播过程用到的训练样例数量，也就是一次用 128 张图片进行训练，直到所有的图片训练完成，共进行 5 轮。训练输出结果如图 5-6 所示。

```
train_fine_tuning(finetune_net, 0.01)

<mxnet.gluon.data.dataloader.DataLoader object at 0x000001B2CC632A58>
training on [cpu(0)]
epoch 1, loss 5.6564, train acc 0.517, test acc 0.509, time 221.4 sec
epoch 2, loss 5.4853, train acc 0.547, test acc 0.937, time 229.3 sec
epoch 3, loss 0.7023, train acc 0.843, test acc 0.969, time 229.1 sec
epoch 4, loss 0.3117, train acc 0.905, test acc 0.971, time 234.4 sec
epoch 5, loss 0.2714, train acc 0.920, test acc 0.968, time 231.2 sec
```

图 5-6　训练输出结果

通过观察训练集和测试集的损失函数、准确率的大小来评估模型的训练程度，进行模型训练的进一步决策。

```
# 每次使用 128 张图片训练,训练 5 轮
def train_fine_tuning(net, learning_rate, batch_size = 128, num_epochs = 5):
    # 加载训练集
    train_iter = gdata.DataLoader(
        train_imgs.transform_first(train_augs), batch_size, shuffle = True)
    # 加载测试集
    test_iter = gdata.DataLoader(
        test_imgs.transform_first(test_augs), batch_size)
    ctx = try_all_gpus()
    net.collect_params().reset_ctx(ctx)
    net.hybridize()
    # 损失函数
    loss = gloss.SoftmaxCrossEntropyLoss()
    # 设置学习率等相关参数
    trainer = gluon.Trainer(net.collect_params(), 'sgd', {
        'learning_rate': learning_rate, 'wd': 0.001})
    # 开始训练
    train(train_iter, test_iter, net, loss, trainer, ctx, num_epochs)
train_fine_tuning(finetune_net, 0.01)
# 这里面用到了以下几个函数
# 用于一轮中训练、测试数据集的分割
def _get_batch(batch, ctx):
    # 获取特征和标签
    features, labels = batch
    if labels.dtype != features.dtype:
        labels = labels.astype(features.dtype)
# 使用 split_and_load() 函数分割数据
    return (gutils.split_and_load(features, ctx),
            gutils.split_and_load(labels, ctx), features.shape[0])
# 用于判定是否有可用的 GPU
def try_all_gpus():
```

```
    """Return all available GPUs, or [mx.cpu()] if there is no GPU."""
    ctxes = []
    try:
        for i in range(16):
            ctx = mx.gpu(i)
            _ = nd.array([0], ctx = ctx)
            ctxes.append(ctx)
    except mx.base.MXNetError:
        pass
    if not ctxes:
        ctxes = [mx.cpu()]
    return ctxes
# 用于评估测试集的准确率
def evaluate_accuracy(data_iter, net, ctx = [mx.cpu()]):
    # 获取准确率
    if isinstance(ctx, mx.Context):
        ctx = [ctx]
    acc_sum, n = nd.array([0]), 0
    for batch in data_iter:
        features, labels, _ = _get_batch(batch, ctx)
        for X, y in zip(features, labels):
            y = y.astype('float32')
            # 记录输出值最大项的结果
            a = net(X).argmax(axis = 1)
            acc_sum += (a == y).sum().copyto(mx.cpu())
            n += y.size
        acc_sum.wait_to_read()
# 返回准确率
    return acc_sum.asscalar() / n
```

2. 模型保存

mxnet 支持将已训练的模型导出成网络和参数分离的 json 和 params 文件，方便离线加载进行预测和验证，同时由于 mxnet 支持 Python、C++、Scala 等多种编程语言，这一特性使得 mxnet 可以在生产系统上部署。

相关代码如下：

```
finetune_net.export("XYT", 4)
```

模型被保存后，可以被重用，也可以移植到其他环境中使用。

5.3.4   模型测试

该测试由两部分组成：一是调用摄像头获取实时图片；二是将图片转换为数据，输入已经训练好的卷积网络模型中，并且获取输出（逻辑判断）。

1. 读取模型及调用

相关代码如下：

```
# 调用相关的库
from mxnet import image
from mxnet.gluon import data as gdata
import numpy as np
import mxnet as mx
# 设置 batch_size 和 num_batch
batch_size = 1
num_batch = 5
# 加载模型
sym, arg_params, aux_params = mx.model.load_checkpoint("XYT", 4)
mod = mx.mod.Module(symbol = sym, context = mx.cpu(), data_names = ["data"], label_names = [])
# 设置参数形式
mod.bind(for_training = False, data_shapes = [("data", (1, 3, 224, 224))])
mod.set_params(arg_params, aux_params)
```

2. 模型导入及调用

定义 get_inputs() 和 cat_detect() 函数，调用模型对照片进行有猫与否的判断。对照片的图像进行处理，这里和模型在数据上的操作一致，以保证检测过程中拥有和模型测试阶段一样的高准确率。

```
def get_inputs(frame):
    # 数据标准化参数
    normalize = gdata.vision.transforms.Normalize(
        [0.485, 0.456, 0.406], [0.229, 0.224, 0.225])
test_augs = gdata.vision.transforms.Compose([
# 将原图片缩放为 256 像素
        gdata.vision.transforms.Resize(256),
        # 裁剪为 224 像素
        gdata.vision.transforms.CenterCrop(224),
        # 转换为 Tensor 形式
        gdata.vision.transforms.ToTensor(),
        normalize])
    # 设置训练相关参数
    batch_size = 1
num_batch = 5
    # 调整图片大小
    img = mx.nd.array(frame)
    img = test_augs(img)
    data = img.reshape([1, 3, 224, 224])
    # 设置评价值数据类型
    eval_data = data.astype('float32')
```

```
        eval_label = np.zeros(len(eval_data))
        eval_iter = mx.io.NDArrayIter(eval_data, eval_label, batch_size, huffle = False)
    return eval_iter
    def cat_detect(eval_iter):    # 猫猫检测
        prob = mod.predict(eval_iter, 5)
        return prob[0][0]
```

3. 拍照功能

本部分包括自动和手动拍照，以下代码用于 Pycharm 中实现拍照功能并进行测试。

1）自动拍照

自动拍照主要依靠 OpenCV 以及训练好的猫脸检测与识别模型实现。首先，通过 OpenCV 控制摄像头获取画面；其次，调用已经训练好的模型，对每一帧图像进行识别。如果识别到猫脸，则自动拍照，显示照片并保存在指定位置。

```
# - * - coding = utf - 8 - * -
import cv2
import numpy as np
from mxnet import image
from mxnet.gluon import data as gdata
import numpy as np
import mxnet as mx
import datetime
# 调用训练好的模型
sym, arg_params, aux_params = mx.model.load_checkpoint("D:/py - program/capture_cats/model/XYT", 4)
mod = mx.mod.Module(symbol = sym, context = mx.cpu(), data_names = ["data"], label_names = [])
mod.bind(for_training = False, data_shapes = [("data", (1, 3, 224, 224))])
mod.set_params(arg_params, aux_params)
capture = cv2.VideoCapture(0)
# 将每一帧图片转变为可以输入模型的格式
def get_inputs(frame):
    normalize = gdata.vision.transforms.Normalize(
        [0.485, 0.456, 0.406], [0.229, 0.224, 0.225])
    test_augs = gdata.vision.transforms.Compose([
        gdata.vision.transforms.Resize(256),
        gdata.vision.transforms.CenterCrop(224),
        gdata.vision.transforms.ToTensor(),
        normalize])
    batch_size = 1
    num_batch = 5
    img = mx.nd.array(frame)
    img = test_augs(img)
    data = img.reshape([1, 3, 224, 224])
    eval_data = data.astype('float32')
    eval_label = np.zeros(len(eval_data))
```

```
        eval_iter = mx.io.NDArrayIter(eval_data, eval_label, batch_size, shuffle = False)
        return eval_iter
#将转变后的图片送入模型,并返回判定为猫的预测值
def cat_detect(eval_iter):
        prob = mod.predict(eval_iter, 5)
        return prob[0][0]
while(1):
    #获取图片
    ret, frame = capture.read()
    #猫脸的检测
    if cat_detect(get_inputs(frame))> 13:
        cv2.putText(frame, 'cat_captured', (123, 456), 3, 1.2, (0, 255, 0), 2, cv2.LINE_AA)
        cv2.imshow('Image', frame)
        cv2.waitKey(0)
        time = datetime.datetime.now()
        #根据当前日期为文件名保存照片到指定路径
        time_str = datetime.datetime.strftime(time, '%Y%m%d%H%M%S')
        cv2.imwrite('D:/py - program/capture_cats/pictures/' + time_str + '.jpg', frame)
    #按q键退出应用
    if cv2.waitKey(1) & 0xFF == ord('q') or ret == False:
        break
    cv2.imshow('Image', frame)
    cv2.waitKey(1)
capture.release()
cv2.destroyAllWindows()
```

2) 手动拍照

手动拍照依靠 OpenCV 以及训练好的猫脸检测与识别模型实现。首先,通过 OpenCV 控制摄像头获取画面;其次,调用已经训练好的模型,对每一帧图像进行识别。

```
# - * - coding = utf - 8 - * -
import cv2
import numpy as np
from mxnet import image
from mxnet.gluon import data as gdata
import numpy as np
import mxnet as mx
import datetime
#调用训练好的模型
sym, arg_params, aux_params = mx.model.load_checkpoint("D:/py - program/capture_cats/model/XYT", 4)
mod = mx.mod.Module(symbol = sym, context = mx.cpu(), data_names = ["data"], label_names = [])
mod.bind(for_training = False, data_shapes = [("data", (1, 3, 224, 224))])
mod.set_params(arg_params, aux_params)
capture = cv2.VideoCapture(0)
#将每一帧图片转变为可以输入模型的格式
def get_inputs(frame):
```

```
        normalize = gdata.vision.transforms.Normalize(
            [0.485, 0.456, 0.406], [0.229, 0.224, 0.225])
        test_augs = gdata.vision.transforms.Compose([    #测试数据
            gdata.vision.transforms.Resize(256),
            gdata.vision.transforms.CenterCrop(224),
            gdata.vision.transforms.ToTensor(),
            normalize])
        batch_size = 1
        num_batch = 5
        img = mx.nd.array(frame)
        img = test_augs(img)
        data = img.reshape([1, 3, 224, 224])
        eval_data = data.astype('float32')
        eval_label = np.zeros(len(eval_data))
        eval_iter = mx.io.NDArrayIter(eval_data, eval_label, batch_size, shuffle = False)
        return eval_iter
#将转变后的图片送入模型,并返回判定为猫的预测值
def cat_detect(eval_iter):
        prob = mod.predict(eval_iter, 5)
        return prob[0][0]
while(1):
        #读取图片
        ret, frame = capture.read()
        cv2.imshow("Image", frame)
        #猫脸的检测
        if cat_detect(get_inputs(frame))> 13:
            cv2.putText(frame, 'cat_captured', (123, 456), 3, 1.2, (0, 255, 0), 2, cv2.LINE_AA)
            k = cv2.waitKey(1)
            if k == 27:
                #通过 Esc 键退出摄像
                cv2.destroyAllWindows()
                break
            elif k == ord("s"):
                #通过 s 键保存图片,并退出
                time = datetime.datetime.now()
                time_str = datetime.datetime.strftime(time, '%Y%m%d%H%M%S')
                 cv2.imwrite('D:/py - program/capture_cats/pictures/' + time_str + '.jpg',
frame)
                cv2.destroyAllWindows()
        else:
            k = cv2.waitKey(1)
            if k == 27:
                #通过 Esc 键退出摄像
                cv2.destroyAllWindows()
                break
            elif k == ord("s"):
                #通过 s 键保存图片,并退出
```

```
            time = datetime.datetime.now()
            #根据当前日期为文件名保存照片到指定路径
            time_str = datetime.datetime.strftime(time, '%Y%m%d%H%M%S')
            cv2.imwrite('D:/py-program/capture_cats/pictures/' + time_str + '.jpg', frame)
            cv2.destroyAllWindows()
    cv2.imshow('Image', frame)
    cv2.waitKey(1)
capture.release()
cv2.destroyAllWindows()
```

4. 前端代码

本部分包括图像增广、模型微调、自动拍照、手动拍照、界面设计和打包.exe文件。

1)图像增广

相关代码如下：

```
%matplotlib inline
import d2lzh as d2l
import mxnet as mx
from mxnet import autograd, gluon, image, init, nd
from mxnet.gluon import data as gdata, loss as gloss, utils as gutils
import sys
import time
d2l.set_figsize()
img = image.imread('../img/catcat.jpg')
d2l.plt.imshow(img.asnumpy())
#本函数已保存在d2lzh包中方便以后使用
#查看变换后的图片
def show_images(imgs, num_rows, num_cols, scale = 2):
    figsize = (num_cols * scale, num_rows * scale)
    _, axes = d2l.plt.subplots(num_rows, num_cols, figsize = figsize)
    for i in range(num_rows):
        for j in range(num_cols):
            axes[i][j].imshow(imgs[i * num_cols + j].asnumpy())
            axes[i][j].axes.get_xaxis().set_visible(False)
            axes[i][j].axes.get_yaxis().set_visible(False)
    return axes
#设置图像变换方式
def apply(img, aug, num_rows = 2, num_cols = 4, scale = 1.5):
    Y = [aug(img) for _ in range(num_rows * num_cols)]
    show_images(Y, num_rows, num_cols, scale)
#左右翻转
apply(img, gdata.vision.transforms.RandomFlipLeftRight())
#上下翻转
apply(img, gdata.vision.transforms.RandomFlipTopBottom())
#设置尺寸变换格式
shape_aug = gdata.vision.transforms.RandomResizedCrop(
```

```
(200, 200), scale = (0.1, 1), ratio = (0.5, 2))
#尺寸变换
apply(img, shape_aug)
#亮度调整
apply(img, gdata.vision.transforms.RandomBrightness(0.5))
#色彩调整
apply(img, gdata.vision.transforms.RandomHue(0.5))
color_aug = gdata.vision.transforms.RandomColorJitter(
    brightness = 0.5, contrast = 0.5, saturation = 0.5, hue = 0.5)
apply(img, color_aug)
#图像反转
augs = gdata.vision.transforms.Compose([
    gdata.vision.transforms.RandomFlipLeftRight(), color_aug, shape_aug])
apply(img, augs)
```

2）模型微调

相关代码如下：

```
% matplotlib inline
from mxnet import gluon, init, nd,autograd
import d2lzh as d2l
from mxnet.gluon import data as gdata, loss as gloss, model_zoo
from mxnet.gluon import utils as gutils
import mxnet as mx
import time
import os
import zipfile
#用于一轮中训练、测试数据集的分割
def _get_batch(batch, ctx):
    #获取特征与标签
    features, labels = batch
    if labels.dtype != features.dtype:
        labels = labels.astype(features.dtype)
    return (gutils.split_and_load(features, ctx),
            gutils.split_and_load(labels, ctx), features.shape[0])
#调用可用的 GPU
def try_all_gpus():
    """Return all available GPUs, or [mx.cpu()] if there is no GPU."""
    ctxes = []
    try:
        for i in range(16):
            ctx = mx.gpu(i)
            _ = nd.array([0], ctx = ctx)
            ctxes.append(ctx)
    except mx.base.MXNetError:
        pass
    if not ctxes:
```

```python
        ctxes = [mx.cpu()]
    return ctxes
# 用于评估测试集的准确率
def evaluate_accuracy(data_iter, net, ctx=[mx.cpu()]):
    """Evaluate accuracy of a model on the given data set."""
    if isinstance(ctx, mx.Context):
        ctx = [ctx]
    acc_sum, n = nd.array([0]), 0
    for batch in data_iter:
        features, labels, _ = _get_batch(batch, ctx)
        for X, y in zip(features, labels):
            y = y.astype('float32')
            # print(y)
            a = net(X).argmax(axis=1)
            # print(a)
            acc_sum += (a == y).sum().copyto(mx.cpu())
            n += y.size
        # print(acc_sum.asscalar())
        # print(acc_sum.asscalar() / n)
        acc_sum.wait_to_read()
    return acc_sum.asscalar() / n
def train(train_iter, test_iter, net, loss, trainer, ctx, num_epochs):
    # 训练模型并评估结果
    print('training on', ctx)
    if isinstance(ctx, mx.Context):
        ctx = [ctx]
    for epoch in range(num_epochs):
        train_l_sum, train_acc_sum, n, m, start = 0.0, 0.0, 0, 0, time.time()
        for i, batch in enumerate(train_iter):
            Xs, ys, batch_size = _get_batch(batch, ctx)
            ls = []
            with autograd.record():
                y_hats = [net(X) for X in Xs]
                ls = [loss(y_hat, y) for y_hat, y in zip(y_hats, ys)]
            for l in ls:
                l.backward()
            trainer.step(batch_size)
            # 输出模型
            net.export('XYT')
            # 记录损失的和
            train_l_sum += sum([l.sum().asscalar() for l in ls])
            n += sum([l.size for l in ls])
            # 记录准确率
            train_acc_sum += sum([(y_hat.argmax(axis=1) == y).sum().asscalar()
                            for y_hat, y in zip(y_hats, ys)])
            m += sum([y.size for y in ys])
        # 调用 evaluate_accuracy 函数得到测试集准确率
```

```
            test_acc = evaluate_accuracy(test_iter, net, ctx)
            #打印结果
            print('epoch %d, loss %.4f, train acc %.3f, test acc %.3f, '
                  'time %.1f sec'
                  % (epoch + 1, train_l_sum / n, train_acc_sum / m, test_acc,
                     time.time() - start))
#定义打印函数
def show_images(imgs, num_rows, num_cols, scale = 2):
    """Plot a list of images."""
    figsize = (num_cols * scale, num_rows * scale)
    _, axes = plt.subplots(num_rows, num_cols, figsize = figsize)
    for i in range(num_rows):
        for j in range(num_cols):
            axes[i][j].imshow(imgs[i * num_cols + j].asnumpy())
            axes[i][j].axes.get_xaxis().set_visible(False)
            axes[i][j].axes.get_yaxis().set_visible(False)
return axes
#定义数据集目录
data_dir = '../data'
train_imgs = gdata.vision.ImageFolderDataset(
    os.path.join(data_dir, 'cat_dog/test_set'))
test_imgs = gdata.vision.ImageFolderDataset(
os.path.join(data_dir, 'cat_dog/training_set'))
import matplotlib.pyplot as plt
cats = [train_imgs[i][0] for i in range(8)]
dogs = [train_imgs[-i - 1][0] for i in range(8)]
show_images(cats + dogs, 2, 8, scale = 1.4)
#指定 RGB 三个通道的均值和方差,将图像通道归一化
normalize = gdata.vision.transforms.Normalize(
    [0.485, 0.456, 0.406], [0.229, 0.224, 0.225])
train_augs = gdata.vision.transforms.Compose([
    gdata.vision.transforms.RandomResizedCrop(224),
    gdata.vision.transforms.RandomFlipLeftRight(),
    gdata.vision.transforms.ToTensor(),
    normalize])
test_augs = gdata.vision.transforms.Compose([
    gdata.vision.transforms.Resize(256),
    gdata.vision.transforms.CenterCrop(224),
    gdata.vision.transforms.ToTensor(),
normalize])
pretrained_net = model_zoo.vision.resnet18_v2(pretrained = True)
pretrained_net.output
finetune_net = model_zoo.vision.resnet18_v2(classes = 2)
finetune_net.features = pretrained_net.features
finetune_net.output.initialize(init.Xavier())
#output 中的模型参数将在迭代中使用 10 倍大的学习率
finetune_net.output.collect_params().setattr('lr_mult', 10)
```

```
def train_fine_tuning(net, learning_rate, batch_size = 128, num_epochs = 5):
    #加载训练集
    train_iter = gdata.DataLoader(
        train_imgs.transform_first(train_augs), batch_size, shuffle = True)
    #加载测试集
    test_iter = gdata.DataLoader(
        test_imgs.transform_first(test_augs), batch_size)
    ctx = try_all_gpus()
    net.collect_params().reset_ctx(ctx)
    net.hybridize()
    #损失函数
    loss = gloss.SoftmaxCrossEntropyLoss()
    #设置学习率等相关参数
    trainer = gluon.Trainer(net.collect_params(), 'sgd', {
        'learning_rate': learning_rate, 'wd': 0.001})
    #开始训练
    train(train_iter, test_iter, net, loss, trainer, ctx, num_epochs)
train_fine_tuning(finetune_net, 0.01)
finetune_net
finetune_net(data.astype('float32'))
finetune_net.export("XYT", 5)
```

3）自动拍照

相关代码如下：

```
# - * - coding = utf - 8 - * -
import cv2
import numpy as np
from mxnet import image
from mxnet.gluon import data as gdata
import numpy as np
import mxnet as mx
import datetime
#调用训练好的模型
sym, arg_params, aux_params = mx.model.load_checkpoint("D:/py - program/capture_cats/model/
XYT", 4)
mod = mx.mod.Module(symbol = sym, context = mx.cpu(), data_names = ["data"], label_names = [])
mod.bind(for_training = False, data_shapes = [("data", (1, 3, 224, 224))])
mod.set_params(arg_params, aux_params)
capture = cv2.VideoCapture(0)
#将每一帧图片转变为可以输入模型的格式
def get_inputs(frame):
    normalize = gdata.vision.transforms.Normalize(
        [0.485, 0.456, 0.406], [0.229, 0.224, 0.225])
    test_augs = gdata.vision.transforms.Compose([
        gdata.vision.transforms.Resize(256),
        gdata.vision.transforms.CenterCrop(224),
```

```
            gdata.vision.transforms.ToTensor(),
            normalize])
    batch_size = 1
    num_batch = 5
    img = mx.nd.array(frame)
    img = test_augs(img)
    data = img.reshape([1, 3, 224, 224])
    eval_data = data.astype('float32')
    eval_label = np.zeros(len(eval_data))
    eval_iter = mx.io.NDArrayIter(eval_data, eval_label, batch_size, shuffle=False)
    return eval_iter
# 将转变后的图片送入模型，并返回判定为猫的预测值
def cat_detect(eval_iter):
    prob = mod.predict(eval_iter, 5)
    return prob[0][0]
while(1):
    # 获取图片
    ret, frame = capture.read()
    # 猫脸的检测
    if cat_detect(get_inputs(frame)) > 13:
        cv2.putText(frame, 'cat_captured', (123, 456), 3, 1.2, (0, 255, 0), 2, cv2.LINE_AA)
        cv2.imshow('Image', frame)
        cv2.waitKey(0)
        time = datetime.datetime.now()
        # 根据当前日期为文件名保存照片到指定路径
        time_str = datetime.datetime.strftime(time, '%Y%m%d%H%M%S')
        cv2.imwrite('D:/py-program/capture_cats/pictures/' + time_str + '.jpg', frame)
    # 按 q 键退出应用
    if cv2.waitKey(1) & 0xFF == ord('q') or ret == False:
        break
    cv2.imshow('Image', frame)
    cv2.waitKey(1)
capture.release()
cv2.destroyAllWindows()
```

4）手动拍照

相关代码如下：

```
# -*- coding=utf-8 -*-
import cv2
import numpy as np
from mxnet import image
from mxnet.gluon import data as gdata
import numpy as np
import mxnet as mx
import datetime
# 调用训练好的模型
```

```
sym, arg_params, aux_params = mx.model.load_checkpoint("D:/py-program/capture_cats/model/
    XYT", 4)
mod = mx.mod.Module(symbol = sym, context = mx.cpu(), data_names = ["data"], label_names = [])
mod.bind(for_training = False, data_shapes = [("data", (1, 3, 224, 224))])
mod.set_params(arg_params, aux_params)
capture = cv2.VideoCapture(0)
#将每一帧图片转变为可以输入模型的格式
def get_inputs(frame):
    normalize = gdata.vision.transforms.Normalize(
        [0.485, 0.456, 0.406], [0.229, 0.224, 0.225])
    test_augs = gdata.vision.transforms.Compose([
        gdata.vision.transforms.Resize(256),
        gdata.vision.transforms.CenterCrop(224),
        gdata.vision.transforms.ToTensor(),
        normalize])
    batch_size = 1
    num_batch = 5
    img = mx.nd.array(frame)
    img = test_augs(img)
    data = img.reshape([1, 3, 224, 224])
    eval_data = data.astype('float32')
    eval_label = np.zeros(len(eval_data))
    eval_iter = mx.io.NDArrayIter(eval_data, eval_label, batch_size, shuffle = False)
    return eval_iter
#将转变后的图片送入模型,并返回判定为猫的预测值
def cat_detect(eval_iter):
    prob = mod.predict(eval_iter, 5)
    return prob[0][0]
while(1):
    #读取图片
    ret, frame = capture.read()
    cv2.imshow("Image", frame)
    #猫脸的检测
    if cat_detect(get_inputs(frame))> 13:
        cv2.putText(frame, 'cat_captured', (123, 456), 3, 1.2, (0, 255, 0), 2, cv2.LINE_AA)
        k = cv2.waitKey(1)
        if k == 27:
            #通过 Esc 键退出摄像
            cv2.destroyAllWindows()
            break
        elif k == ord("s"):
            #通过 s 键保存图片,并退出
            time = datetime.datetime.now()
            time_str = datetime.datetime.strftime(time, '%Y%m%d%H%M%S')
            cv2.imwrite('D:/py-program/capture_cats/pictures/' + time_str + '.jpg', frame)
            cv2.destroyAllWindows()
    else:
```

```
        k = cv2.waitKey(1)
        if k == 27:
            #通过 Esc 键退出摄像
            cv2.destroyAllWindows()
            break
        elif k == ord("s"):
            #通过 s 键保存图片,并退出
            time = datetime.datetime.now()
            #根据当前日期为文件名保存照片到指定路径
            time_str = datetime.datetime.strftime(time, '%Y%m%d%H%M%S')
            cv2.imwrite('D:/py-program/capture_cats/pictures/' + time_str + '.jpg', frame)
            cv2.destroyAllWindows()
    cv2.imshow('Image', frame)
    cv2.waitKey(1)
capture.release()
cv2.destroyAllWindows()
```

5）界面设计
相关代码如下：

```
import sys    #导入使用的库和模块
import os
import cv2
import time
from PyQt5.QtCore import *
from PyQt5.QtGui import *
from PyQt5.QtWidgets import *
import numpy as np
from mxnet import image
from mxnet.gluon import data as gdata
import numpy as np
import mxnet as mx
import datetime
class Example(QWidget):
    def __init__(self):   #初始化
        super().__init__()
        self.initUI()
    def initUI(self):   #初始化界面
        sym, arg_params, aux_params = mx.model.load_checkpoint("D:\py-program\capture_cats\model\XYT", 4)
        self.mod = mx.mod.Module(symbol=sym,context=mx.cpu(), ata_names=["data"], label_names=[])
        self.mod.bind(for_training=False, data_shapes=[("data", (1, 3, 224, 224))])
        self.mod.set_params(arg_params, aux_params)         #设置参数
        self.r = 0
        self.l = 0
        self.path = r'D:'
```

```
name = 'cat_photo'
self.catPath = 'D:\\haarcascade_frontalcatface.xml'
self.catface_cascade = cv2.CascadeClassifier(self.catPath)
if os.path.exists('D:\\cat_photo') == False:                    #图片路径设置
os.makedirs(self.path + './cat_photo')
self.Timer0 = QTimer(self)
self.Timer = QTimer(self)
self.Timer0.timeout.connect(self.TimerOutFun0)
self.Timer.timeout.connect(self.TimerOutFun)
self.cap = cv2.VideoCapture(0)
success, self.frame = self.cap.read()
self.setGeometry(300, 300, 800, 800)
self.setWindowTitle('Cat Photo')                                #设置窗口标题
self.pix = QPixmap('cat.jpg')
self.pix2 = QPixmap('cat1.jpg')
self.img = cv2.imread('cat1.jpg')
self.label = QLabel(self)
self.label.setGeometry(50,400,600,350.4)                        #标签几何尺寸
self.label.setStyleSheet("border: 2px solid black")            #表单风格
self.label.setPixmap(self.pix2)
self.label.setScaledContents(True)
self.lb1 = QLabel(self)
self.lb1.setGeometry(50,50,500,275.4)
self.lb1.setStyleSheet("border: 2px solid black")
self.lb1.setPixmap(self.pix)
self.lb1.setScaledContents(True)
#设置按钮 0,并绑定事件
self.btn0 = QPushButton(self)
self.btn0.setCheckable(True)
self.btn0.setAutoDefault(False)
self.btn0.setText("open?")
self.btn0.clicked.connect(self.StartCamera0)
self.btn0.setGeometry(600,50,100,50)
self.btn0.show()
#设置按钮 1,并绑定事件
self.btn1 = QPushButton(self)
#setChenkable():设置按钮是否被选中,true 表示按钮将被保持已单击和释放状态
self.btn1.setCheckable(True)
self.btn0.setAutoDefault(False)
self.btn1.setText("auto?")
self.btn1.toggle()
#toggle():在按钮之间进行切换
#self.btn1.toggle()
#通过 lambda 方式来传递额外参数 btn1,将 clicked 信号发送给槽函数 whichbtn()
self.btn1.clicked.connect(self.StartCamera)
self.btn1.setGeometry(600,100,100,50)
self.btn1.show()
```

```python
    #设置按钮 2,并绑定事件
    self.btn2 = QPushButton(self)
    self.btn2.setCheckable(True)
    self.btn0.setAutoDefault(False)
    self.btn2.setText("manual?")
    self.btn2.clicked.connect(self.StartCamera1)
    self.btn2.setGeometry(600,150,100,50)
    self.btn2.show()
    #设置按钮 3,并绑定事件
    self.btn3 = QPushButton(self)
    self.btn3.setCheckable(True)
    self.btn3.setAutoDefault(False)
    self.btn3.setText("close?")
    self.btn3.clicked.connect(self.Close)
    self.btn3.setGeometry(600,200,100,50)
    self.btn3.show()
    self.DispLb = QLabel(self)
    self.DispLb.setGeometry(50,450,300,185.4)
    #self.show()
    #将每一帧图片转变为可以输入模型的格式
def get_inputs(frame):
    normalize = gdata.vision.transforms.Normalize(
        [0.485, 0.456, 0.406], [0.229, 0.224, 0.225])
        test_augs = gdata.vision.transforms.Compose([
        gdata.vision.transforms.Resize(256),
        gdata.vision.transforms.CenterCrop(224),
        gdata.vision.transforms.ToTensor(),
        normalize])
    batch_size = 1
    num_batch = 5   #批次
    img = mx.nd.array(frame)
    img = test_augs(img)
    data = img.reshape([1, 3, 224, 224])                #图片变形
    eval_data = data.astype('float32')
    eval_label = np.zeros(len(eval_data)) eval_iter = mx.io.NDArrayIter(eval_data,eval_
label,batch_size,shuffle = False)
    return eval_iter
    #将转变后的图片送入模型,并返回判定为猫的预测值
    def cat_detect(eval_iter):
    sym,arg_params,aux_params = mx.model.load_checkpoint("D:\pyprogram\capture_cats\
model\XYT", 4)
    mod = mx.mod.Module(symbol = sym, context = mx.cpu(), data_names = ["data"], label_
names = [])
    mod.bind(for_training = False, data_shapes = [("data", (1, 3, 224, 224))])
    mod.set_params(arg_params, aux_params)
    prob = mod.predict(eval_iter, 5)
    return prob[0][0]
```

```python
#关闭摄像头
def Close(self):
    self.cap.release()
    self.label.setPixmap(self.pix2)
    self.label.setScaledContents(True)
def StartCamera1(self):
    self.r = 1
    self.Timer0.stop()
    self.Timer.start(1)
    self.timelb = time.clock()
def StartCamera(self):
    self.Timer0.stop()
    self.Timer.start(1)
    self.timelb = time.clock()
#开启摄像头
def StartCamera0(self):
    self.cap = cv2.VideoCapture(0)
    self.Timer.stop()
    self.Timer0.start(1)
    self.timelb = time.clock()
def TimerOutFun0(self):
    success, self.frame = self.cap.read()
    if success:
        self.Image = self.frame
        self.DispImg()
#猫脸检测事件与拍照事件
def TimerOutFun(self):
    success, self.frame = self.cap.read()
    if success:
    # if cat_detect(get_inputs(frame)) > 13:
        weight, height, channel = self.frame.shape
        new_weight = 500
        aspect_ratio = (new_weight * 1.0) / height
        new_height = int(weight * aspect_ratio)
        resize = (new_weight, new_height)               #尺寸大小
self.frame = cv2.resize(self.frame, resize, interpolation = cv2.INTER_AREA)
        gray = cv2.cvtColor(self.frame, cv2.COLOR_BGR2GRAY)
        catfaces = self.catface_cascade.detectMultiScale( #图片参数
            gray,
            scaleFactor = 1.15,
            minNeighbors = 4,
            minSize = (50, 50),
            flags = cv2.CASCADE_SCALE_IMAGE
        )
        for (x, y, w, h) in catfaces:
        # cv2.rectangle(self.frame, (x, y), (x + w, y + h), (0, 0, 255), 2)
        # cv2.putText(self.frame, 'cat', (x, y - 7), 3, 1.2, (0, 255, 0), 2, cv2.LINE_AA)
            cv2.putText(self.frame, 'cat_captured', (x, y - 7), 3, 1.2, (0, 255, 0), 2,
```

```
cv2.LINE_AA)
                    time = datetime.datetime.now()
                    ♯根据当前日期为文件名保存照片到指定路径
                    time_str = datetime.datetime.strftime(time, '%Y%m%d%H%M%S')
                    if self.btn1.isChecked() == True:
                cv2.imwrite('D:/cat_photo/' + time_str + '.jpg', self.frame)
                    if self.r == 1:
                        self.r = 0
                cv2.imwrite('D:/cat_photo/' + time_str + '.jpg', self.frame)
            self.Image = self.frame
            self.DispImg()
            def DispImg(self):
            height, width, bytesPerComponent = self.Image.shape
        bytesPerLine = bytesPerComponent * width
            ♯变换彩色空间顺序
        cv2.cvtColor(self.Image, cv2.COLOR_BGR2RGB, self.Image)
            ♯转为 QImage 对象
image11 = QImage(self.Image.data, width, height, bytesPerLine, QImage.Format_RGB888) self.
label.setPixmap(QPixmap.fromImage(image11).scaled(self.label.width(), self.label.height()))
    if __name__ == '__main__':  ♯主函数
        app = QApplication(sys.argv)
    ex = Example()
    ex.show()
sys.exit(app.exec_())
```

6）打包.exe 文件

相关代码如下：

```
pyinstaller -F -w cat_photo.py ♯去除黑窗口打包为.exe 文件
```

5.4　系统测试

本部分包括训练准确率、测试效果及模型应用。

5.4.1　训练准确率

测试准确率达到 95%＋，意味着预测模型训练比较成功。分析其原因：一方面是使用较为成熟的预训练模型；另一方面在数据集规模相当的情况下使用图像增广技术，结合微调模型增加泛化能力。

5.4.2　测试效果

为测试模型在实际场景下的使用效果，在网络上随机选取一些宠物猫的照片进行测试。图 5-7 可以看出，在实际场景中，该模型对于猫的检测效果较好，准确率较高。

图 5-7　模型训练效果

5.4.3　模型应用

前端界面如图 5-8 所示。

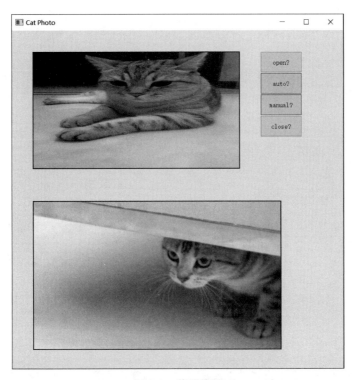

图 5-8　前端界面

　　初始界面中共有 4 个按钮和 2 个文本框，文本框中显示两张初始图片。单击 open 按钮打开摄像头，下方的文本框显示摄像头捕获的实时画面。单击 auto 按钮，使用自动拍照功能。单击 manual 按钮，使用手动拍照功能。拍摄的照片会被自动保存在 D 盘 cat_photo 的文件夹中，单击 close 按钮关闭。

<table>
<tr><td>项目 6
PROJECT 6</td><td># 基于 Mask R-CNN 的动物
识别分割及渲染</td></tr>
</table>

本项目基于 Mask R-CNN 算法，通过 MS COCO 和 Animal 10 选取猫和狗数据集，将模型输出结果可视化，验证有效性和可靠性，实现单目标、多目标检测以及实例分割，对检测结果进行渲染，达到灰度滤镜的效果。

6.1　总体设计

本部分包括系统整体结构和系统流程。

6.1.1　系统整体结构

系统整体结构如图 6-1 所示。

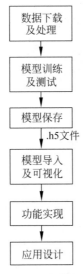

图 6-1　系统整体结构

6.1.2 系统流程

系统流程如图 6-2 所示。

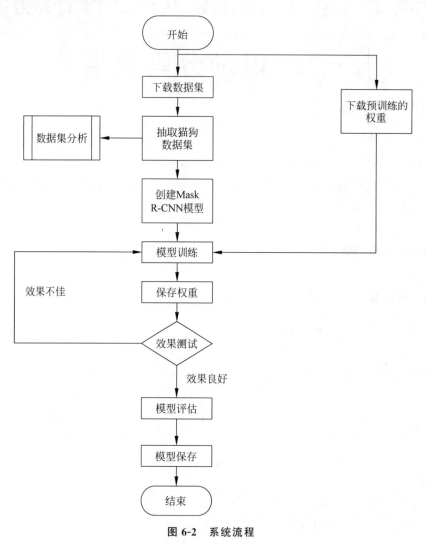

图 6-2 系统流程

6.2 运行环境

总体运行环境为 TensorFlow 下的 Keras 框架,使用 MS COCO 数据集处理设计的依赖库 pycocotools 以及用于实现不同功能的一些其他 Python 依赖库。

6.2.1　Python 环境

需要 Python 3.6 及以上配置,在 Windows 环境下推荐下载 Anaconda 完成 Python 所需的配置,下载地址为:https://www.anaconda.com/,也可下载虚拟机在 Linux 环境下运行代码。

6.2.2　TensorFlow-GPU 环境

创建 TensorFlow 环境,输入命令:

```
conda create - n tensorflow - GPU python = 3.6
```

有需要确认的地方,都输入 y。

在 Anaconda Prompt 中激活 TensorFlow 环境,输入命令:

```
activate tensorflow
```

安装 GPU 版本的 TensorFlow,输入命令:

```
pip install tensorflow - gpu == 1.5.0
```

GPU 版本的 TensorFlow 需要安装 CUDA 和 cuDNN(不同的 GPU 版本对应不同的 CUDA 和 cuDNN 版本),在该地址选择对应的计算机配置下载 CUDA9.0,下载地址为:https://developer.nvidia.com/cuda-90-download-archive,运行下载得到的.exe 文件完成安装,在该地址中下载对应的 cuDNN 版本 7.0.4,下载地址为:https://developer.nvidia.com/cudnn,将下载得到的压缩包解压得到如图 6-3 所示的三个文件夹和一个纯文本文件。

打开 CUDA 的安装目录 C:\Program Files\NVIDIA GPU Computing Toolkit\CUDA\v9.0,如图 6-4 所示。

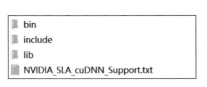

图 6-3　cuDNN 文件夹内容

图 6-4　CUDA 安装文件夹

将 cuDNN 对应文件夹中的文件复制到该目录下同名文件夹中,安装完成。

6.2.3 Keras 环境

在 TensorFlow-GPU 环境下,输入命令:

```
pip install keras
```

6.2.4 pycocotools 2.0 环境

针对 MS COCO 库,内置很多用于处理该数据集的函数。Linux 操作系统下安装 pycocotools 需要运行如下命令:

```
pip install git + https://github.com/philferriere/cocoapi.git♯subdirectory = PythonAPI
```

Windows 操作系统下需要先安装 Visual C++编译环境,例如,Build Tools for Visual Studio 2015（2015 版本之后皆可）,https://visualstudio.microsoft.com/zh-hans/downloads/,再使用命令:

```
pip install git + https://github.com/philferriere/cocoapi.git♯subdirectory = PythonAPI
```

安装完成。

6.2.5 其他依赖库

本项目使用的其他依赖库包括 h5py 库和 OpenCV 库。
h5py 库安装运行如下命令:

```
pip install h5py
```

OpenCV 库安装运行如下命令行:

```
pip install opencv - python
```

6.3 模块实现

本项目包括 5 个模块:数据预处理、数据集处理、模型训练及保存、渲染效果实现和 GUI 设计,下面分别给出各模块的功能介绍及相关代码。

6.3.1 数据预处理

该部分包括 Mask R-CNN 算法下载、MS COCO 预训练权重下载、Animals 10 数据集下载、MS COCO 数据集下载。

1. Mask R-CNN 算法下载

直接使用实例分割 Mask R-CNN 算法,GitHub 上由开源的 Mask R-CNN 算法实现,下载地址为 https://github.com/matterport/Mask_RCNN。

2. MS COCO 预训练权重下载

模型训练使用 MS COCO 数据集训练的 Mask R-CNN 进行,需要使用 MS COCO 数据集的预训练权重。下载地址为 https://github.com/matterport/Mask_RCNN/releases/download/v2.0/mask_rcnn_coco.h5。

3. Animal 10 数据集下载

前期的数据集来自 Animal 10 中经过挑选的部分图像,下载地址为 https://www.kaggle.com/alessiocorrado99/animals10/download。

4. MS COCO 数据集下载

选择从 MS COCO 数据集分离数据的方式得到数据集,MS COCO2017 的下载地址为:

(1) http://images.cocodataset.org/zips/train2017.zip。

(2) http://images.cocodataset.org/zips/val2017.zip。

(3) http://images.cocodataset.org/annotations/annotations_trainval2017.zip。

分别为训练集、测试集和标注信息。

6.3.2　数据集处理

本部分包括数据集标注、分离、可视化和预处理 4 部分。

1. Animal 10 数据集标注

使用 labelme 软件进行标注工作,该软件可以直接运行命令行 pip install labelme 进行安装,打开方法:在命令行中输入 labelme,软件界面如图 6-5 所示,创建 Polygons 将实例进行定位,如果存在多个实例,则分别进行标注,并且通过 dog_1、dog_2、dog_3……加以区别。

单张图片完成后得到对应的.json 标注文件,放到同一个文件夹 json 中,从中得到 Mask 用于模型训练。

labelme 中的转换操作是针对单个.json 文件进行的,相关代码如下:

```
import os
path = ''                        # json 文件夹所在路径
json_file = os.listdir(path)     # 读取文件名
os.system("activate labelme")    # 激活 labelme
for file in json_file:
    os.system("labelme_json_to_dataset.exe % s" % (path + '/' + file))
```

创建如图 6-6 所示的 4 个文件夹。

cv2_mask 文件夹存储如图 6-7 所示的二进制掩码文件。

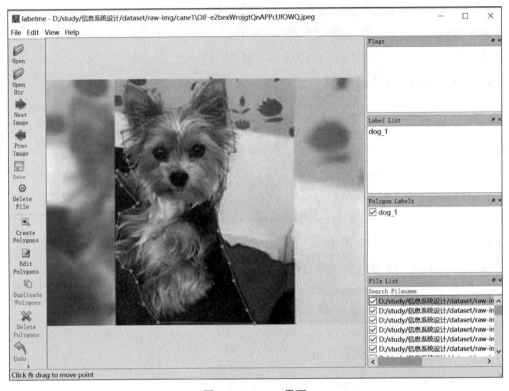

图 6-5　labelme 界面

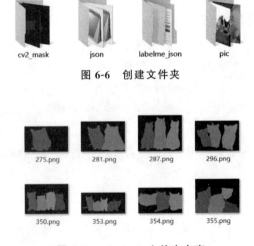

图 6-6　创建文件夹

图 6-7　cv2_mask 文件夹内容

　　.json 文件夹中存放 labelme 生成的所有.json 文件。labelme_json 存放转换生成的 XXX_json 文件夹。pic 文件夹存放原始图像，Animals 10 数据集预处理完成。

2. MS COCO 分离数据

本项目使用 MS COCO 数据集中的猫、狗类别，重写了源项目中用于加载 COCO 数据集的代码，在数据加载过程中只选择加载所选类别的图片。相关代码如下：

```
def load_coco(self, dataset_dir, subset, year = DEFAULT_DATASET_YEAR, class_ids = [17,18],
class_map = None, return_coco = False, auto_download = False):
    """加载 COCO 数据集
    dataset_dir: 数据集路径
    subset: train or val 选择加载训练集或者测试集
    year: 加载数据集的年份,本项目中采用 2017
    class_ids: 从 coco 中加载数据集的类别,选择猫、狗数据集,对应值为[17,18]
    auto_download: 选择是否下载数据集
    """
    if auto_download is True:
        self.auto_download(dataset_dir, subset, year)
    if subset == "minival" or subset == "valminusminival":
        subset = "val"
    # 读取标注文件
    coco = COCO("{}/annotations/instances_{}{}.json".format(dataset_dir, subset, year))
    image_dir = "{}/{}{}".format(dataset_dir, subset, year)
    # 加载对应类别或者所有类别
    if not class_ids:
        # 所有类别
        class_ids = sorted(coco.getCatIds())
    if class_ids:
        image_ids = []
        for id in class_ids:
            image_ids.extend(list(coco.getImgIds(catIds = [id])))
        # 去除重复图片
        image_ids = list(set(image_ids))
    else:
        image_ids = list(coco.imgs.keys())
    # 根据类别 ID 加载图片
    for i in class_ids:
        self.add_class("coco", i, coco.loadCats(i)[0]["name"])
    for i in image_ids:
        self.add_image(
            "coco", image_id = i,
            path = os.path.join(image_dir, coco.imgs[i]['file_name']),
            width = coco.imgs[i]["width"],
            height = coco.imgs[i]["height"],
            annotations = coco.loadAnns(coco.getAnnIds(
                imgIds = [i], catIds = class_ids, iscrowd = None)))
    if return_coco:
        return coco
# 在 jupyter notebook 中调用该函数得到对应数据集
# 加载数据集
# 从 MS COCO 数据集加载猫、狗类
dataset = cat_dog.CocoDataset()
```

```
dataset.load_coco(COCO_DIR, "train","2017",[17,18])
dataset.prepare()
print("Images: {}\nClasses: {}".format(len(dataset.image_ids), dataset.class_names))
```

结果如图 6-8 所示。从训练集中共得到 8291 张图片及对应
标注，所有图片标注中共包含 3 个类别：BG 背景、cat 猫、dog 狗。

```
loading annotations into memory...
Done (t=17.00s)
creating index...
index created!
Images: 8291
Classes: ['BG', 'cat', 'dog']
```

图 6-8　数据集加载

3. 数据集可视化

数据集可视化包括 Mask 和边框的可视化。

1）Mask

根据训练集中的标注信息计算，加载二值掩码 Mask 并显示。这里调用了 Mask R-CNN
模型中的 display_top_masks()函数进行可视化处理。

```
# 从已加载的数据集中随机选择 4 张图
% matplotlib inline
image_ids = np.random.choice(dataset.image_ids, 4)
for image_id in image_ids:
    image = dataset.load_image(image_id)
    mask, class_ids = dataset.load_mask(image_id)
    visualize.display_top_masks(image, mask, class_ids, dataset.class_names)
```

不同类别标注信息下生成的 Mask 是按类别进行分类的，如图 6-9 所示。

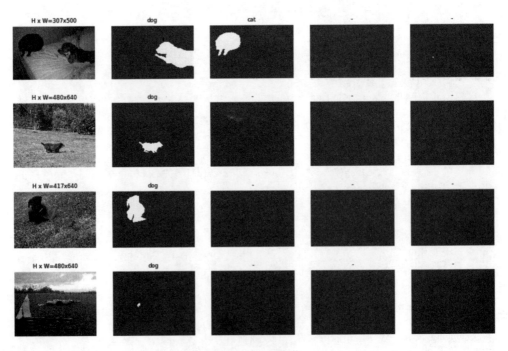

图 6-9　Mask 加载

2）边框

此处的边框未使用标注信息 annotations 字段中 bbox 获取，而是根据 Mask 的大小计算得到，目的是为处理边框数据缺失数据时提供方便，如图 6-10 所示。

```
# 随机抽取图片
image_id = random.choice(dataset.image_ids)
image = dataset.load_image(image_id)
mask, class_ids = dataset.load_mask(image_id)
# 通过 Mask 计算边框
bbox = utils.extract_bboxes(mask)
# 显示图片和图片信息
print("image_id ", image_id, dataset.image_reference(image_id))
log("image", image)
log("mask", mask)
log("class_ids", class_ids)
log("bbox", bbox)
# 显示图像和实例分割
visualize.display_instances(image, bbox, mask, class_ids, dataset.class_names)
```

图 6-10　边框加载

4. 数据集预处理

数据集预处理包含统一大小和减小 Mask 存储两部分。

1）统一大小

从数据集中分离得到的图片尺寸大小不一，给模型训练带来了很大的困扰，解决办法：在图片的周围进行扩展，将所有的图片统一处理成 1024×1024 大小。

```
def resize_image(image, min_dim = None, max_dim = None, min_scale = None, mode = "square"):
    """变换原图像的大小
    mode: 变换模式
```

none: 无变化

square: 将图像处理成一张正方形图像, 大小为 [max_dim, max_dim],
max_dim 在 condig.py 中定义

pad64: 扩展图片的高和宽变为 64 的倍数

crop: 从图像中随机选择区域. 首先, 根据 min_dim 和 min_scale 缩放图像, 其次, 选择大小
为 min_dim x min_dim 的随机裁剪. 仅可用于训练, 在此模式下不使用 max_dim.

返回 image: 变换后图片
"""
```python
# 获取图像 dtype 并以相同的 dtype 返回结果
image_dtype = image.dtype
h, w = image.shape[:2]
window = (0, 0, h, w)
scale = 1
padding = [(0, 0), (0, 0), (0, 0)]
crop = None
if mode == "none":
    return image, window, scale, padding, crop
# 是否定义最小尺寸
if min_dim:
    # 放大
    scale = max(1, min_dim / min(h, w))
if min_scale and scale < min_scale:
    scale = min_scale
# 是否使用 max_dim 扩展
if max_dim and mode == "square":
    image_max = max(h, w)
    if round(image_max * scale) > max_dim:
        scale = max_dim / image_max
# 使用双线性插值进行图像变换
if scale != 1:
    image = resize(image, (round(h * scale), round(w * scale)),
                   preserve_range = True)
# 是否需要扩展或裁剪
if mode == "square":
    # 获取新的高度和宽度
    h, w = image.shape[:2]
    top_pad = (max_dim - h) // 2
    bottom_pad = max_dim - h - top_pad
    left_pad = (max_dim - w) // 2
    right_pad = max_dim - w - left_pad
    padding = [(top_pad, bottom_pad), (left_pad, right_pad), (0, 0)]
    image = np.pad(image, padding, mode = 'constant', constant_values = 0)
    window = (top_pad, left_pad, h + top_pad, w + left_pad)
elif mode == "pad64":
    h, w = image.shape[:2]
    # 各边能被 64 整除
    assert min_dim % 64 == 0, "Minimum dimension must be a multiple of 64"
```

```
        #高度
        if h % 64 > 0:
            max_h = h - (h % 64) + 64
            top_pad = (max_h - h) // 2
            bottom_pad = max_h - h - top_pad
        else:
            top_pad = bottom_pad = 0
        #宽度
        if w % 64 > 0:
            max_w = w - (w % 64) + 64
            left_pad = (max_w - w) // 2
            right_pad = max_w - w - left_pad
        else:
            left_pad = right_pad = 0
        padding = [(top_pad, bottom_pad), (left_pad, right_pad), (0, 0)]
        image = np.pad(image, padding, mode = 'constant', constant_values = 0)
        window = (top_pad, left_pad, h + top_pad, w + left_pad)
    elif mode == "crop":        #剪辑模式
        h, w = image.shape[:2]
        y = random.randint(0, (h - min_dim))
        x = random.randint(0, (w - min_dim))
        crop = (y, x, min_dim, min_dim)
        image = image[y:y + min_dim, x:x + min_dim]
        window = (0, 0, min_dim, min_dim)
    else:                       #异常处理
        raise Exception("Mode {} not supported".format(mode))
    return image.astype(image_dtype), window, scale, padding, crop
#在 jupyter notebook 中调用该函数
#随机选择图片
image_id = np.random.choice(dataset.image_ids, 1)[0]
image = dataset.load_image(image_id)
mask, class_ids = dataset.load_mask(image_id)
original_shape = image.shape
#通过调用 Mask_RCNN 模型 utils.py 文件中的 resize_image 函数进行格式化
image, window, scale, padding, _ = utils.resize_image(
    image,
    min_dim = config.IMAGE_MIN_DIM,
    max_dim = config.IMAGE_MAX_DIM,
    mode = config.IMAGE_RESIZE_MODE)
mask = utils.resize_mask(mask, scale, padding)
#通过 Mask 计算边框 Box
bbox = utils.extract_bboxes(mask)
#格式化图片展示,此时图片尺寸均为 1024 * 1024
print("image_id: ", image_id, dataset.image_reference(image_id))
print("Original shape: ", original_shape)
log("image", image)
log("mask", mask)
```

```
log("class_ids", class_ids)
log("bbox", bbox)
# 显示图像和实例
visualize.display_instances(image, bbox, mask, class_ids, dataset.class_names)
```

2）减小 Mask 存储

Mask 加载过程为生成一个与图片大小相当的二值掩码，在 Python 中使用 Numpy 数组存放信息，数组的尺寸与图像大小相同。在图像统一后 Mask 数组进一步变大，会造成内存不足。训练过程中，特别是当图片存在多个实例时，加载多个 Mask 非常耗费内存。处理办法：只存储边框范围内的 Mask 信息，由于边框是根据 Mask 计算而得，则必然在 box 内部，同时设定了每个 Mask 数组的大小为 56×56，不足会造成一定程度的失真。图 6-11 和图 6-12 分别显示了处理前/后的 Mask 大小。

```
# 调用 load_image_ge 调整 Mask 的尺寸
image, image_meta, class_ids, bbox, mask = modellib.load_image_gt(
    dataset, config, image_id, augment = True, use_mini_mask = True)
log("mask", mask)
display_images([image] + [mask[:,:,i] for i in range(min(mask.shape[-1], 7))])
```

```
image          shape: (1024, 1024, 3)    min:  0.00000  max:  255.00000  uint8
image_meta     shape: (15,)              min:  0.00000  max:  2058.00000 float64
class_ids      shape: (1,)               min:  1.00000  max:  1.00000    int32
bbox           shape: (1, 4)             min:  6.00000  max:  784.00000  int32
mask           shape: (1024, 1024, 1)    min:  0.00000  max:  1.00000    bool
```

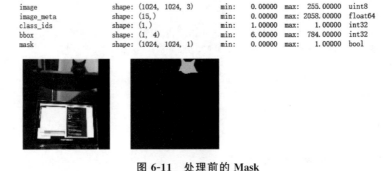

图 6-11　处理前的 Mask

```
mask                 shape: (56, 56, 1)       min:  0.00000  max:  1.00000  bool
```

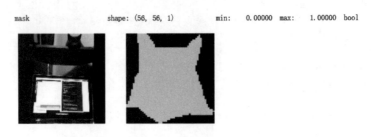

图 6-12　处理后的 Mask

6.3.3　模型训练及保存

由于 Mask R-CNN 中包含多个深度网络，同时该项目涉及大量的图像处理，需要使用

GPU 进行训练,该项目使用 Ubuntu18.01 服务器搭载的双线 GPU。训练完成后保存网络权重为.h5 文件,使用权重可以进行模型后续的测试和评估。

```
#参数
if args.command == "train":
    config = CocoConfig()
else:
    class InferenceConfig(CocoConfig):
        #由于每次只检测一张图片,将 Batch size 设为 1
        #Batch size = GPU_COUNT * IMAGES_PER_GPU
        GPU_COUNT = 1
        IMAGES_PER_GPU = 1
        DETECTION_MIN_CONFIDENCE = 0
    config = InferenceConfig()
config.display()
#创建模型
if args.command == "train":
    model = modellib.MaskRCNN(mode = "training", config = config,
                              model_dir = args.logs)
else:
    model = modellib.MaskRCNN(mode = "inference", config = config,
                              model_dir = args.logs)
#选择与预训练的权重文件
if args.model.lower() == "coco":
    model_path = COCO_MODEL_PATH
elif args.model.lower() == "last":
    #上一次训练结果
    model_path = model.find_last()
elif args.model.lower() == "imagenet":
    #从 ImageNet 训练模型开始训练
    model_path = model.get_imagenet_weights()
else:
    model_path = args.model
#加载权重
print("Loading weights ", model_path)
model.load_weights(model_path, by_name = True)
#训练或评估
if args.command == "train":
    #训练集
    dataset_train = CocoDataset()
    dataset_train.load_coco(args.dataset, "train", year = args.year, auto_download = args.download)
    if args.year in '2014':
        dataset_train.load_coco(args.dataset, "valminusminival", year = args.year, auto_download = args.download)
    dataset_train.prepare()
    #验证集
```

```
    dataset_val = CocoDataset()
    val_type = "val" if args.year in '2017' else "minival"
    dataset_val.load_coco(args.dataset, val_type, year = args.year, auto_download = args.
download)
    dataset_val.prepare()
    augmentation = imgaug.augmenters.Fliplr(0.5)
    # 训练过程
    # 第一阶段
    print("Training network heads")
    model.train(dataset_train, dataset_val,
                learning_rate = config.LEARNING_RATE,
                epochs = 40,
                layers = 'heads',
                augmentation = augmentation)
    # 第二阶段
    # 从 ResNet 阶段 4 开始微调层
    print("Fine tune Resnet stage 4 and up")
    model.train(dataset_train, dataset_val,
                learning_rate = config.LEARNING_RATE,
                epochs = 120,
                layers = '4 + ',
                augmentation = augmentation)
    # 第三阶段
    # 微调所有层
    print("Fine tune all layers")
    model.train(dataset_train, dataset_val,
                learning_rate = config.LEARNING_RATE / 10,
                epochs = 160,
                layers = 'all',
                augmentation = augmentation)
elif args.command == "evaluate":
    # 验证集
    dataset_val = CocoDataset()
    val_type = "val" if args.year in '2017' else "minival"
    coco = dataset_val.load_coco(args.dataset, val_type, year = args.year, return_coco =
True, auto_download = args.download)
    dataset_val.prepare()
    print("Running COCO evaluation on {} images.".format(args.limit))
    evaluate_coco(model, dataset_val, coco, "bbox", limit = int(args.limit))
else:
    print("'{}' is not recognized. "
        "Use 'train' or 'evaluate'".format(args.command))
```

模型训练完成后在 logs 生成 mask_rcnn_animals. h5 以及用于 TensorBoard 显示的文件。

6.3.4　渲染效果实现

使用从 COCO 数据集分离得到的数据训练模型测试效果较好,实现了类似于灰度滤镜的渲染效果。在此过程中,模型已经将图片中的实例和背景分开,转换为灰度图,同时保留实例。实现静态图片和动态图片的处理,关于动态图片的处理本质与图像相同,仅需对每一帧通过模型进行处理就可得到相应的输出。

```python
def color_splash(image, mask):
    #实现色彩渲染效果
    #生成图片的灰度复制图
    #灰度图仍然保留 RGB 三通道
    gray = skimage.color.gray2rgb(skimage.color.rgb2gray(image)) * 255
    #复制原始图片中掩码所在区域的彩色像素
    if mask.shape[-1] > 0:
        #把所有实例视为一个,这样掩码也会合为一层
        mask = (np.sum(mask, -1, keepdims=True) >= 1)
        splash = np.where(mask, image, gray).astype(np.uint8)
    else:
        splash = gray.astype(np.uint8)
    return splash
def detect_and_color_splash(model, image_path=None, gif_path=None):
    assert image_path or gif_path
    #判断是静态图片还是动态图片
    if image_path:
        imgname = image_path.split("\\")[-1]
        file_name = imgname.split(".")[0]
        #运行模型检测并实现 color splash 效果
        print("Running on {}".format(image_path))
        #读取图片
        image = skimage.io.imread(image_path)
        #目标检测
        r = model.detect([image], verbose=1)[0]
        #色彩渲染
        splash = color_splash(image, r['masks'])
        #保存输出
        result = "splash_%s.png" % (file_name)
        skimage.io.imsave(result, splash)
        display(IMG(image_path))
    elif gif_path:
        import cv2
        import imageio
        gifname = gif_path.split("\\")[-1]
        file_name = gifname.split(".")[0]
        #动态图片截取
        vcapture = cv2.VideoCapture(gif_path)
```

```
        fps = vcapture.get(cv2.CAP_PROP_FPS)
        frames = []
        count = 0
        success = True
        while success:
            print("\r" + "frame: %d" % (count), end = '')
            #读取下一张图片
            success, image = vcapture.read()
            if success:
                #OpenCV读取图片返回的是BGR, 将其转变为RGB
                image = image[..., ::-1]
                #目标检测
                r = model.detect([image], verbose = 0)[0]
                #色彩渲染
                splash = color_splash(image, r['masks'])
                #保存
                frames.append(splash)
                count += 1
        result = "splash_%s.gif" % (file_name)
        #制作成GIF
        imageio.mimsave(result, frames, duration = 1/fps)
        display(IMG(gif_path))
    display(IMG(result))
    print("Color Splash Done")
```

6.3.5　GUI 设计

GUI 设计使用到了 PyQT5，实现图片的读取和渲染效果。

```
#该代码根据设计界面自动生成
from PyQt5 import QtCore, QtGui, QtWidgets
class Ui_MainWindow(object):                            #设置 Ui_MainWindow类
    def setupUi(self, MainWindow):
        MainWindow.setObjectName("MainWindow")          #窗口名称
        MainWindow.resize(800, 600)                     #窗口大小
        self.centralwidget = QtWidgets.QWidget(MainWindow)
        self.centralwidget.setObjectName("centralwidget")
        #标签1和标签2的参数设置，用于说明图片
        self.label = QtWidgets.QLabel(self.centralwidget)
        self.label.setGeometry(QtCore.QRect(150, 450, 101, 41))
        font = QtGui.QFont()
        font.setFamily("微软雅黑")
        font.setPointSize(13)
        self.label.setFont(font)
        self.label.setObjectName("label")
        self.label_2 = QtWidgets.QLabel(self.centralwidget)
```

```python
self.label_2.setGeometry(QtCore.QRect(530, 450, 71, 41))
font = QtGui.QFont()
font.setFamily("微软雅黑")
font.setPointSize(13)
self.label_2.setFont(font)
self.label_2.setObjectName("label_2")
# 按钮 1 和按钮 2 参数设置用于连接函数实现功能
self.pushButton = QtWidgets.QPushButton(self.centralwidget)
self.pushButton.setGeometry(QtCore.QRect(340, 60, 93, 28))
self.pushButton.setObjectName("pushButton")
self.pushButton_2 = QtWidgets.QPushButton(self.centralwidget)
self.pushButton_2.setGeometry(QtCore.QRect(350, 450, 93, 28))
self.pushButton_2.setObjectName("pushButton_2")
# 标签 3 和标签 4 的参数设置,用于展示图片
self.label_3 = QtWidgets.QLabel(self.centralwidget)
self.label_3.setGeometry(QtCore.QRect(20, 180, 350, 250))
font = QtGui.QFont()
font.setBold(False)
font.setWeight(50)
self.label_3.setFont(font)
self.label_3.setText("")
self.label_3.setObjectName("label_3")
self.label_4 = QtWidgets.QLabel(self.centralwidget)
self.label_4.setGeometry(QtCore.QRect(420, 180, 350, 250))
self.label_4.setText("")
self.label_4.setObjectName("label_4")
# 标签 5 的参数设置,用于说明进程
self.label_5 = QtWidgets.QLabel(self.centralwidget)
self.label_5.setGeometry(QtCore.QRect(320, 490, 161, 41))
font = QtGui.QFont()
font.setFamily("04b_21")
font.setPointSize(12)
font.setBold(True)
font.setItalic(True)
font.setWeight(75)
self.label_5.setFont(font)
self.label_5.setText("")
self.label_5.setObjectName("label_5")
MainWindow.setCentralWidget(self.centralwidget)
self.menubar = QtWidgets.QMenuBar(MainWindow)
self.menubar.setGeometry(QtCore.QRect(0, 0, 800, 26))
self.menubar.setObjectName("menubar")
MainWindow.setMenuBar(self.menubar)
self.statusbar = QtWidgets.QStatusBar(MainWindow)
self.statusbar.setObjectName("statusbar")
MainWindow.setStatusBar(self.statusbar)
self.retranslateUi(MainWindow)
```

```
                QtCore.QMetaObject.connectSlotsByName(MainWindow)
                def retranslateUi(self, MainWindow):
                _translate = QtCore.QCoreApplication.translate
                MainWindow.setWindowTitle(_translate("MainWindow", "MainWindow"))
                #标签和按钮的内容
                self.label.setText(_translate("MainWindow", "原始图片"))
                self.pushButton.setText(_translate("MainWindow", "导入图片"))
                self.label_2.setText(_translate("MainWindow", "渲染后"))
                self.pushButton_2.setText(_translate("MainWindow", "开始渲染"))
#主函数文件(命名为 Color.py)
import sys
from ColorSplash import Ui_MainWindow
from PyQt5.QtGui import *
from PyQt5.QtWidgets import *
from PyQt5.QtCore import *
import Core
picName = ""
picType = ""
class MyWindow(QMainWindow, Ui_MainWindow):
    def __init__(self, parent = None):
        super(MyWindow, self).__init__(parent)
        self.setupUi(self)
            #两个按钮分别对应打开图片和渲染图片的功能
        self.pushButton.clicked.connect(self.openpic)
        self.pushButton_2.clicked.connect(self.Show)
    #选择图片并展示
    def openpic(self):
        global picName, picType
        picName, picType = QFileDialog.getOpenFileName(self, "打开图片", "", "All
Files(*)")#用户自主选择图片
        picType = picName.split("/")[-1]
        #获取图片类型
        picType = picType.split(".")[1]
        if picType == "gif":
        #使用 QMovie 函数加载动态图片
            gif = QMovie(picName)
        #调整动态图片大小
            gif.setScaledSize(QSize(self.label_3.width(), self.label_3.height()))
        #设置 cacheMode 为 CacheAll 时表示 GIF 环
            gif.setCacheMode(QMovie.CacheAll)
            self.label_3.setMovie(gif)
        #开始播放
            gif.start()
        else:
        #使用 QPixmap 加载图片并调整大小
```

```
            img = QPixmap(picName).scaled(self.label_3.width(), self.label_3.height())
            self.label_3.setPixmap(img)
        #渲染图片并展示
    def Show(self):
        if picType == "gif":
        #检测所选图片并渲染
            a = Core.detect_and_color_splash(gif_path = picName)
            gif = QMovie(a)
        gif.setScaledSize(QSize(self.label_4.width(),self.label_4.height()))
            gif.setCacheMode(QMovie.CacheAll)
            self.label_4.setMovie(gif)
            gif.start()
        else:
            a = Core.detect_and_color_splash(image_path = picName)
        img = QPixmap(a).scaled(self.label_4.width(), self.label_4.height())
            self.label_4.setPixmap(img)
        self.label_5.setText("转换完成!!!")
if __name__ == '__main__':
    app = QApplication(sys.argv)
    mywin = MyWindow()
    mywin.show()
    sys.exit(app.exec_())
```

6.4　系统测试

本部分包括模型评估、测试效果及模型应用。

6.4.1　模型评估

模型评估方式为损失曲线和COCO官方评估。

1. 损失曲线

Mask RCNN中共有5个损失函数,分别是RPN网络的两个损失、mrcnn的两个损失,以及Mask分支的损失函数。

前4个损失函数与Faster R-CNN一样,最后的Mask损失函数采用Mask分支,对于每个RoI(Region of Interest)有$K \times m^2$维度的输出。K个(类别数)分辨率为$m \times m$的二值Mask。L_{mask}为平均二值交叉熵损失。对于一个属于第K个类别的RoI,L_{mask}仅考虑第K个Mask(其他的掩膜输入不会贡献到损失函数中)。这样的定义只允许在已知类别的基础上生成掩膜,从而解决类间竞争问题。

使用TensorBoard得到各个损失函数的曲线,其中总体损失函数如图6-13所示。

各子损失函数的下降曲线如图6-14所示。

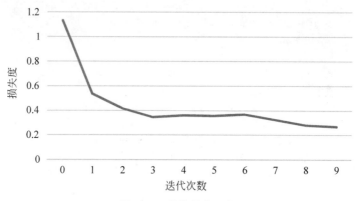

图 6-13　总体损失函数

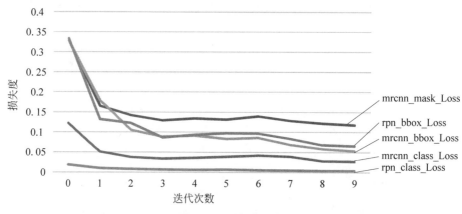

图 6-14　子损失函数

2. COCO 官方评估

使用 COCO 数据集官方给出的 tool 评估模型参数，结果如图 6-15 所示。各评估结果基于一定的 IoU 和置信度阈值，度量参数为 AP（平均精度 Average Precision）和 AR（平均召回率 Average Recall）。从评估效果可以看出在置信度阈值为 0.50 时得到的模型平均精准率最高，达到了 0.867，说明模型效果良好。

```
Average Precision  (AP) @[ IoU=0.50:0.95 | area=   all | maxDets=100 ] = 0.678
Average Precision  (AP) @[ IoU=0.50      | area=   all | maxDets=100 ] = 0.867
Average Precision  (AP) @[ IoU=0.75      | area=   all | maxDets=100 ] = 0.750
Average Precision  (AP) @[ IoU=0.50:0.95 | area= small | maxDets=100 ] = 0.544
Average Precision  (AP) @[ IoU=0.50:0.95 | area=medium | maxDets=100 ] = 0.647
Average Precision  (AP) @[ IoU=0.50:0.95 | area= large | maxDets=100 ] = 0.711
Average Recall     (AR) @[ IoU=0.50:0.95 | area=   all | maxDets=  1 ] = 0.670
Average Recall     (AR) @[ IoU=0.50:0.95 | area=   all | maxDets= 10 ] = 0.737
Average Recall     (AR) @[ IoU=0.50:0.95 | area=   all | maxDets=100 ] = 0.737
Average Recall     (AR) @[ IoU=0.50:0.95 | area= small | maxDets=100 ] = 0.554
Average Recall     (AR) @[ IoU=0.50:0.95 | area=medium | maxDets=100 ] = 0.686
Average Recall     (AR) @[ IoU=0.50:0.95 | area= large | maxDets=100 ] = 0.775
Prediction time: 133.9424967765808, Average 0.38378938904464416/image
Total time:  138.91072297096252
```

图 6-15　COCO 官方评估

6.4.2　测试效果

载入训练好的网络权重,随机选择一张图片进行检测,结果如图 6-16 所示。对不同的实例用不同颜色的边框和 Mask 框定,并且在边框的左上角给出实例的类别以及边框的 IoU 值。运行渲染效果如图 6-17 所示。

图 6-16　模型检测效果

图 6-17　渲染后图像

6.4.3　模型应用

在项目文件夹下使用命令行 python Color.py 加载 GUI 界面,从文件夹中选择一张包含猫或狗的图片,单击"开始渲染"按钮,检测结果如图 6-18 所示。对于图片文件,第一次检测时间的长短取决于帧数的多少。

图 6-18　GUI 界面展示

新冠肺炎辅助诊断系统

本项目通过建立肺炎 CT 影像分析模型,完成病灶检测识别及轮廓勾画,分析输出肺部病灶的数量、体积、占比等定量指标,从而减少医务人员的阅片工作量,实现新冠肺炎的辅助诊断。

7.1　总体设计

本部分包括系统整体结构和系统流程。

7.1.1　系统整体结构

系统整体结构如图 7-1 所示。

图 7-1　系统整体结构

7.1.2　系统流程

系统流程如图 7-2 所示,U-Net 神经网络如图 7-3 所示。

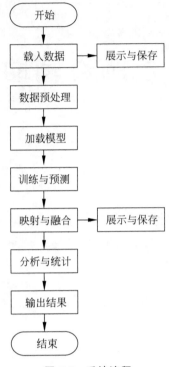

图 7-2　系统流程

在本系统中，预训练模型选用的卷积神经网络是 U-Net，整体结构如图 7-3 所示。

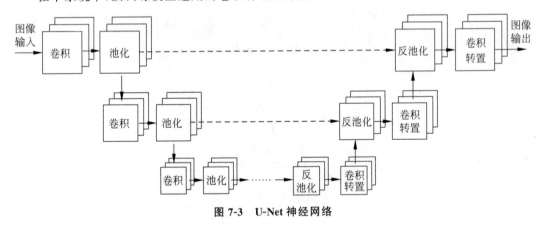

图 7-3　U-Net 神经网络

7.2　运行环境

本部分包括 Python 环境、PaddlePaddle 环境和在线运行。

7.2.1　Python 环境

支持 Python 2 的版本是 2.7.15 及以上，支持 Python 3 的版本是 3.5.1＋/3.6＋/3.7＋及以上，所有支持 Python 版本操作系统要求是 64 位。推荐安装 Anaconda 辅助管理 Python 环境。

7.2.2　PaddlePaddle 环境

根据不同环境，选择不同的 PaddlePaddle 安装指令，这里以 Windows 系统下 Python 3.7 的 CPU 版本，使用 Anaconda 的安装方式为例。下载地址为 https://www.paddlepaddle.org.cn/install/quick。

PaddleHub 提供了 Fine-tune API，调用该 API，只需要少量代码即可完成深度学习模型在自然语言处理和计算机视觉场景下的迁移学习，可以在更短的时间完成模型的训练，同时模型将具备更好的泛化能力。具体操作如下：

（1）确认 Windows7/8/10 是 64 位操作系统。

（2）支持 CUDA 的 nVidia 显卡，且正确安装 CUDA 10。注意：Windows 仅支持 CUDA 9.0/10.0 的单卡模式，不支持 CUDA 9.1/9.2/10.1。

（3）使用 cuDNN 7.3＋。

（4）Windows 暂不支持 NCCL。

（5）确认安装 PaddlePaddle 的 Python 版本是 3.5.1＋/3.6＋/3.7＋，因为计算机可能有多个 Python。

PaddlePaddle 有很多种安装方式可供选择。在安装前，对环境进行检查，确保安装了正确版本的 PaddlePaddle。同时按下 Win＋R 键打开运行窗口，在窗口中，输入 cmd 即可进入控制台。在控制台中输入如下命令：

```
python -- version
python - c "import platform;print(platform.architecture()[0]);print(platform.machine())"
```

此步骤确认 Python 和 pip 是否是 64 位，并且处理器架构是 x86_64（或称作 x64、Intel 64、AMD64）架构，目前 PaddlePaddle 不支持 arm64 架构；如图 7-3 所示第一行输出 64bit，第二行输出 x86_64、x64 或 AMD64 即可。

根据图 7-4 可以判断出计算机环境是否适合安装 PaddlePaddle。此时输入如下命令用 pip 的方式完成安装：

```
python - m pip install paddlepaddle - gpu == 1.7.1.post107 - i https://mirror.baidu.com/pypi/simple
```

也可以进入 Anaconda 的命令行终端添加 Paddle 的 conda 清华源，使用 Anaconda 辅助完成安装：

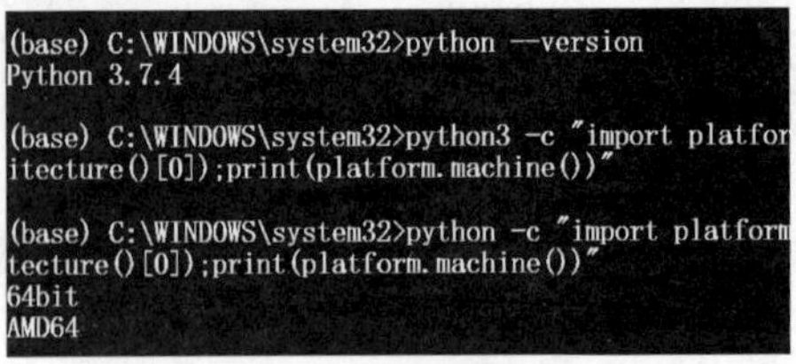

```
(base) C:\WINDOWS\system32>python --version
Python 3.7.4

(base) C:\WINDOWS\system32>python3 -c "import platfor
itecture()[0]);print(platform.machine())"

(base) C:\WINDOWS\system32>python -c "import platform
tecture()[0]);print(platform.machine())"
64bit
AMD64
```

图 7-4　配置环境

```
conda config --add channels https://mirrors.tuna.tsinghua.edu.cn/anaconda/pkgs/free/
conda config --add channels https://mirrors.tuna.tsinghua.edu.cn/anaconda/pkgs/main/
conda config --add channels https://mirrors.tuna.tsinghua.edu.cn/anaconda/cloud/Paddle/
conda config --set show_channel_urls yes
```

推荐使用大于 1.4.0 版本的 PaddlePaddle。除了上述安装方法外，如需安装其他版本或 64 位操作系统的 PaddlePaddle，参考地址为：https://www.paddlepaddle.org.cn/install/quick。

完成安装后，需要验证环境是否配置成功，在控制台输入命令：

```
python3
```

即可进入 Python 解释器，再输入命令：

```
import paddle.fluid
paddle.fluid.install_check.run_check()
```

如果出现提示：

```
Your Paddle Fluid is installed successfully!
```

说明 PaddlePaddle 安装完成，如图 7-5 所示。

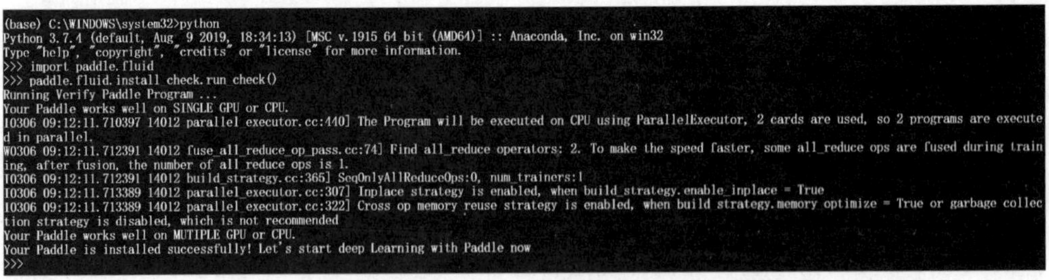

```
(base) C:\WINDOWS\system32>python
Python 3.7.4 (default, Aug  9 2019, 18:34:13) [MSC v.1915 64 bit (AMD64)] :: Anaconda, Inc. on win32
Type "help", "copyright", "credits" or "license" for more information.
>>> import paddle.fluid
>>> paddle.fluid.install_check.run_check()
Running Verify Paddle Program ...
Your Paddle works well on SINGLE GPU or CPU.
I0306 09:12:11.710397 14012 parallel_executor.cc:440] The Program will be executed on CPU using ParallelExecutor, 2 cards are used, so 2 programs are execute
d in parallel.
W0306 09:12:11.712391 14012 fuse_all_reduce_op_pass.cc:74] Find all_reduce operators: 2. To make the speed faster, some all_reduce ops are fused during train
ing, after fusion, the number of all_reduce ops is 1.
I0306 09:12:11.712391 14012 build_strategy.cc:365] SeqOnlyAllReduceOps:0, num_trainers:1
I0306 09:12:11.713389 14012 parallel_executor.cc:307] Inplace strategy is enabled, when build_strategy.enable_inplace = True
I0306 09:12:11.713389 14012 parallel_executor.cc:322] Cross op memory reuse strategy is enabled, when build_strategy.memory_optimize = True or garbage collec
tion strategy is disabled, which is not recommended
Your Paddle works well on MUTIPLE GPU or CPU.
Your Paddle is installed successfully! Let's start deep Learning with Paddle now
>>>
```

图 7-5　验证环境

具体安装时，根据配置环境的不同，有时要把教程中命令行中的 python3 换为 python 才能正确执行。

7.2.3　在线运行

除本地运行外,也可以访问 PaddlePaddle 平台,地址为:https://aistudio.baidu.com/aistudio/projectdetail/401210。通过将待测的图像上传到 dcm_data 文件夹下,即可完成 CT 图像的病灶分割工作。

7.3　模块实现

本部分包括 4 个模块:定义待测数据、加载预训练模型、预测和后处理。下面分别给出各模块的功能介绍及相关代码。

7.3.1　定义待测数据

使用自定义函数和 Python 库函数完成读取、格式转化、预处理和可视化操作。在具体运行模型之前,先从云端下载需要的数据集,首次运行结果如图 7-6 所示。相关代码如下:

```
!pip install paddlehub == 1.6.0 - i https://pypi.tuna.tsinghua.edu.cn/simple
!pip install pydicom - i https://pypi.tuna.tsinghua.edu.cn/simple
!pip install nibabel - i https://pypi.tuna.tsinghua.edu.cn/simple
!pip install scikit - image == 0.15.0 - i https://pypi.tuna.tsinghua.edu.cn/simple
```

```
Installing collected packages: paddlehub
  Found existing installation: paddlehub 1.5.0
    Uninstalling paddlehub-1.5.0:
      Successfully uninstalled paddlehub-1.5.0
Successfully installed paddlehub-1.6.0
Looking in indexes: https://pypi.tuna.tsinghua.edu.cn/simple
Collecting pydicom
  Downloading https://pypi.tuna.tsinghua.edu.cn/packages/53/e6/4cae2b4b2
  |███████████████████████████| 35.3MB 493kB/s eta 0:00:01
Installing collected packages: pydicom
Successfully installed pydicom-1.4.2
Looking in indexes: https://pypi.tuna.tsinghua.edu.cn/simple
```

图 7-6　运行结果

1. 读取数据

定义函数 mate.load_input_data,完成数据的读取操作。相关代码如下:

```
from lib.info_dict_module import InfoDict
from lib.load_data_module import load_data
from lib.resize_module import judge_resize_512
# 定义读取 dcm 数据的函数
def load_input_data(input_dir_path):
    # 读取 dcm 数据
```

```
    info_dict = InfoDict()
#参数表
    info_dict.data_path = input_dir_path
#逐行读取 dcm 数据
    image_raw, info_dict = load_data(info_dict)
#保证图像为 512×512 大小
    image_raw = judge_resize_512(image_raw, 'linear')
    info_dict.image_shape_raw = image_raw.shape
    classes_value = [7] * len(image_raw)
    info_dict.classes_value = classes_value
    return image_raw, info_dict
#返回读取的数据和参数表
```

2. 数据预处理

定义函数 mate.preprocess_module，用于对模型进行预处理，在预处理模型中，定义裁剪的 crop_by_size_and_shift 函数、用于插值的 image_interp 函数（默认为线性插值）。完成体位校正、大图判定、裁剪和网络输入的制作，相关代码如下：

```
import numpy as np    #导入相关的库和模块
import cv2
from skimage.measure import label as label_function
from skimage.measure import regionprops
import math
from lib.error import Error, ErrorCode
from lib.rotate_module import rotate_3D
from lib.large_image_checker_module import check_large_image_zyx
from lib.interpolation_module import interp_3d_zyx, CV2_interp_type
```

1）裁剪函数

相关代码如下：

```
#定义裁剪函数
def crop_by_size_and_shift(imgs, image_size, center = None, pixely = 0, pixelx = 0):
    '''
    裁剪函数,相当于原来的 cutting(),pixelx、pixely 移动值是相对图像中心
    参数次序和原来的 cutting()函数不同,shift 参数不用传入
    参数 imgs: 需要裁剪的数据
    参数 image_size: 需要的图像大小
    参数 pixely: 偏移 y
    参数 pixelx: 偏移 x
    '''
    if len(imgs.shape) == 2:                        #2D 图像
        imgs = imgs.copy()
        image_sizeY = image_size[0]
        image_sizeX = image_size[1]
#判断图像中心(默认值为 None)
```

```
        if center is None:
            center = [imgs.shape[0] // 2, imgs.shape[1] // 2]
# 如果图像中心未定义,则取几何中心作为图像中心
        pixely = int(center[0] - imgs.shape[0] // 2) + pixely
        pixelx = int(center[1] - imgs.shape[1] // 2) + pixelx
# 相对于图像中心的移动值(默认值为 0)
        # z, x, y = np.shape(imgs)
        y, x = np.shape(imgs)
        shift = np.max([abs(pixely), abs(pixelx), np.max((abs(y - image_sizeY), abs(x -
image_sizeX)))])
        judge = sum([y > (image_sizeY + abs(pixely) * 2), x > (image_sizeX + abs(pixelx)
* 2)])
        imgs_new = []
        image_std = imgs
        # for i, image_std in enumerate(imgs):
        if judge == 2:
            image_std = image_std[int((y - image_sizeY) / 2 + pixely):int((y + image_
sizeY) / 2 + pixely),
        int((x - image_sizeX)/2 + pixelx):int((x + image_sizeX) / 2) + pixelx]
        # imgs_new.append(image_std)
        else:
            image_new = np.min(image_std) * np.ones([image_sizeY + shift * 2, image_
sizeX + shift * 2], dtype = np.int32)
            image_new[int((image_sizeY + shift * 2 - y) / 2):int((image_sizeY + shift *
2 - y) / 2) + y,
        int((image_sizeX + shift * 2 - x) / 2):int((image_sizeX + shift * 2 - x) / 2)
+ x] = image_std
            y1, x1 = np.shape(image_new)
            image_std = image_new[int((y1 - image_sizeY) / 2 + pixely):int((y1 + image_
sizeY) / 2 + pixely),
        int((x1 - image_sizeX)/2 + pixelx):int((x1 + image_sizeX)/2) + pixelx]
        # imgs_new = np.array(imgs_new, np.float32)
        imgs_new = image_std
# 对 3D 图像的处理
    elif len(imgs.shape) == 3:                        # 3D 图像
        imgs = imgs.copy()
        image_sizeY = image_size[0]
        image_sizeX = image_size[1]
# 判断图像中心(默认值为 None)
        if center is None:
            center = [imgs.shape[1] // 2, imgs.shape[2] // 2]
        pixely = int(center[0] - imgs.shape[1] // 2) + pixely
        pixelx = int(center[1] - imgs.shape[2] // 2) + pixelx
        z, y, x = np.shape(imgs)
        # x, y = np.shape(imgs)
        shift = np.max([abs(pixely), abs(pixelx), np.max((abs(y - image_sizeY), abs(x -
image_sizeX)))])
```

```
            judge = sum([y > (image_sizeY + abs(pixely) * 2), x > (image_sizeX + abs(pixelx)
    * 2)])
        imgs_new = []
        image_std = imgs
        if judge == 2:
            for i, image_std in enumerate(imgs):
                image_std = image_std[int((y - image_sizeY) / 2 + pixely):int((y + image
_sizeY) / 2 + pixely),
        int((x - image_sizeX) / 2 + pixelx):int((x + image_sizeX) / 2) + pixelx]
                imgs_new.append(image_std)
        else:
            for i, image_std in enumerate(imgs):
                # 按最小值填补 imgs 外的不足部分
                image_new = np.min(image_std) * np.ones([image_sizeY + shift * 2, image_
sizeX + shift * 2],
                                                        dtype = np.int32)
                image_new[int((image_sizeY + shift * 2 - y) / 2):int((image_sizeY +
shift * 2 - y) / 2) + y,
                    int((image_sizeX + shift * 2 - x) / 2):int((image_sizeX + shift * 2 - x)
/ 2) + x] = image_std
                y1, x1 = np.shape(image_new)
                image_std = image_new[int((y1 - image_sizeY) / 2 + pixely):int((y1 +
image_sizeY) / 2 + pixely),
int((x1 - image_sizeX) / 2 + pixelx):int((x1 + image_sizeX) / 2) + pixelx]
                imgs_new.append(image_std)
        imgs_new = np.array(imgs_new)
    else:
        Error.exit(ErrorCode.process_input_shape_error)
# 错误处理
    return imgs_new
```

2）插值函数
相关代码如下：

```
def image_interp(data, target_size, interpolation):
    """插值函数(默认线性插值)
    参数 data: 待插值图像, 三维数组
    参数 target_size: 插值后 x、y 的大小
    返回 img_new: 插值后的图像
    """
# 判断图像是否为三维图像
    if len(np.shape(data)) != 3:
        print('DataError: the channel of data is not equal to 3')
        Error.exit(ErrorCode.process_input_shape_error)
# 提示信息
    print('start interpolation......')
# z_old, rows_old, cols_old 分别表示原图像三个维度数组大小
```

```
    z_old, rows_old, cols_old = np.shape(data)
    if len(target_size) == 2:
        rows_new = target_size[0]
        cols_new = target_size[1]
    elif len(target_size) == 1:
        rows_new = target_size[0]
        cols_new = target_size[0]
    else:
        rows_new = rows_old
        cols_new = cols_old
#扩展图像rows和cols的置为初始值: 0
    img_new = np.zeros([z_old, rows_new, cols_new], dtype = np.float32)
    for i in range(z_old):
        #note: cv2.resize函数的size输入为 宽(cols_new) * 高(rows_new)
        img_new[i, :, :] = cv2.resize(data[i, :, :], (cols_new, rows_new), interpolation =
interpolation)
#提示信息
    print('complete interpolation......')
    return img_new
#返回插值后的图像
```

3) 提取函数

相关代码如下:

```
#定义提取最大连通区域的函数
def judge_center(image, kind):
    """提取最大连通区域,在CT图像中将body提取出来
    参数image: 图像
    参数kind: 类型
    返回:
        center: 最大连通区域的中心坐标
        box或r: 最大连通区域的box, 两个角坐标
    """
    if kind == 'image':
        bb = image > -500
        cc = np.array(bb, dtype = np.uint8)
#skimage.measure中的label()函数用于对二值图像进行连通区域标记
#它的返回值就是标记
#不对图像进行改变
        d = label_function(cc, connectivity = 2) # skimage.mearsure.label
#当图像类型为image时,调用regionprops
#regionprops是skimage中measure子模块的函数,返回所有连通区块属性列表
        e = regionprops(d)
        x, y = np.shape(d)
        length = x * 0.2
        f = []
        for i in range(len(e)):
```

```
                  ee = e[i].centroid
#centroid 是获取图像的质心坐标,类型为 array
                      if ee[0] > length and ee[0] < x - length and ee[1] > length and ee[1] < x - length:
                          f.append(e[i].area)
#area 是区域内像素总点数
                      else:
                          f.append(0)
              ind = np.argmax(f)
              center = e[ind].centroid
              box = e[ind].bbox
#bbox 是图像的边界外接框,返回一个元组(tuple)
#其返回元组的格式为(min_row, min_col, max_row, max_col)
              return center, box
#返回判断的中心和边界信息
          if kind == 'label':
              cc = np.array(image, dtype = np.uint8)
              d = label_function(cc, connectivity = 2)
#如果 image 的类型为 label
              e = regionprops(d)
#分别对每个连通区域进行操作,获取属性列表
              x, y = np.shape(d)
              length = x * 0.2
              f = []
              for i in range(len(e)):
                  ee = e[i].centroid
#centroid 是获取图像的质心坐标,类型为 array
                      if ee[0] > length and ee[0] < x - length and ee[1] > length and ee[1] < x - length:
                          f.append(e[i].area)
#area 是区域内像素总点数
                      else:
                          f.append(0)
              ind = np.argmax(f)
              center = e[ind].centroid
              r = e[ind].equivalent_diameter
#equivalent_diameter 是指与区域面积相同圆的直径,float 类型
              return center, r
#返回判断的中心与区域面积相同圆的直径
```

4) 3D 图像的切块函数
相关代码如下:

```
#定义 3D 图像的切块函数
def Crop_3D(imgs, target_size, step, imgs_train):
    """
    对 img 和 label 按 x 轴为主轴 self.slice_size 和 self.step 切块
    参数 imgs: 需要切块的 image
    参数 labels: image 对应的 label
```

```
        参数 target_size: 3D 块 Z 大小
        参数 step: 步进
        参数 imgs_train: 堆叠的图像块
        参数 labels_train: 堆叠的 label 块
        """
        print('---------- begin crop2.5D -------- ')
        voxel_x = imgs.shape[0]
        target_gen_size = target_size
        #计算切块需要循环的次数
        range_val = int(math.ceil((voxel_x - target_gen_size) / step) + 1)
#循环计算
        for i in range(range_val):
            start_num = i * step
            end_num = start_num + target_gen_size
            if end_num <= voxel_x:
                #数据块长度没有超出 x 轴的范围,正常取块
                slice_img = imgs[np.newaxis, start_num:end_num, :, :]
            else:
#数据块长度超出 x 轴的范围,从最后一层往前取一个 batch_gen_size 大小的块作为本次获取的数
#据块
  slice_img = imgs[np.newaxis, (voxel_x - target_gen_size):voxel_x, :, :]
            slice_img = np.transpose(slice_img, [0, 2, 3, 1])
#np.transpose(a, axis = None)默认情况下反转输入数组的维度
# 在 axis 有定义的情况下,按照该参数值进行数组变换
            imgs_train = np.concatenate((imgs_train, slice_img), axis = 0)
#np.concatenate((a1,a2,…),axis = 0): 按轴 axis 连接 array 组成一个新的数组
        print('---------- end crop2.5D -------- ')
        return imgs_train
#返回处理好用于训练的图像
```

5) 转行格式函数

相关代码如下：

```
#定义用于判断是否需要裁剪/扩大,并进行格式转换的函数
def im_train_crop(imgs, img_centre, crop_height, crop_width):
    #判断原图的 x 与 y 是否大于裁剪后图像的大小
    z, height, width = np.shape(imgs)
#height 代表二维矩阵的行数 width 代表二维矩阵的列数
    judge = sum([height > crop_height, width > crop_width])
    imgs_new = []
    if judge == 2:   #当原图大于裁剪后图像大小,执行如下操作:
        width_center = int(img_centre[1])
        height_center = int(img_centre[0])
        half_crop_width = int(crop_width / 2)
        half_crop_height_u = int(crop_height * 4 / 5)
        half_crop_height_d = int(crop_height * 1 / 5)
        width_l = width_center - half_crop_width
```

```python
            width_r = width_center + half_crop_width
            height_u = height_center - half_crop_height_u
            height_b = height_center + half_crop_height_d
            if (width_l < 0):
                width_l = 0
                width_r = crop_width
            if (width_r > width):
                width_l = width - crop_width
                width_r = width
            if (height_u < 0):
                height_u = 0
                height_b = crop_height
            if (height_b > height):
                height_u = height - crop_height
                height_b = height
            four_corner = [height_u, height_b, width_l, width_r]
            for i, imgs_slice in enumerate(imgs):
                imgs_slice = imgs_slice[height_u:height_b, width_l:width_r]
                imgs_new.append(imgs_slice)
        elif judge == 0:
# 当原图小于裁剪后图像大小，则扩张
            image_std_new = np.ones([crop_height, crop_width], dtype = np.int32)
# 初始化为 img 的最小值，即背景
            if img_centre[0] - height / 2 < 0 or img_centre[0] + height / 2 > crop_height:
                if img_centre[0] - height / 2 < 0:
                    height_u = 0
                    height_b = int(height)
                else:
                    height_u = int(crop_height - height)
                    height_b = int(crop_height)
            else:
                height_u = int(img_centre[0] - height/ 2)
                height_b = int(img_centre[0] + height / 2)
            if img_centre[1] - width/2 < 0 orimg_centre[1] + width / 2 > crop_width:
                if img_centre[1] - width / 2 < 0:
                    width_l = 0
                    width_r = int(width)
                else:
                    width_l = int(crop_width - width)
                    width_r = int(crop_width)
            else:
                width_l = int(img_centre[1] - width / 2)
                width_r = int(img_centre[1] + width / 2)
            four_corner = [height_u, height_b, width_l, width_r]
            for i, imgs_slice in enumerate(imgs):
                image_std_new = np.min(imgs_slice) * image_std_new
                image_std_new[height_u:height_b, width_l:width_r] = imgs_slice
```

```
                imgs_new.append(image_std_new)
        else:
            Error.exit(ErrorCode.process_clips_out_of_range)
    # imgs_new 与 labels_new 转换格式
    imgs_new = np.array(imgs_new, np.float32)
    return imgs_new, four_corner
# 返回转换后的图像和四个边角的坐标
```

6) 预处理模型

相关代码如下：

```
# 定义预处理函数,集成上述定义函数,完成预处理模型的定义
def preprocess(image_raw, info_dict):
# 提示信息
    print('\nBegin to preprocess')
    # 体位校正
    orig_data = rotate_3D(image_raw, info_dict.head_adjust_angle, info_dict.head_adjust_
center,
                            use_adjust = info_dict.use_head_adjust)
    # 大图判定
    orig_data, info_dict = check_large_image_zyx(orig_data, info_dict)
    # 获取原图像的 x、y、z 信息
    z_orig_data, rows_orig_data, cols_orig_data = np.shape(orig_data)
    info_dict.image_shape_raw = [z_orig_data, rows_orig_data, cols_orig_data]
    classes_value = np.array(info_dict.classes_value, np.int8)
    index = []
    classe_orgen = info_dict.organ_classify_pos
    # 器官名称
    for i, value in enumerate(classes_value):
        if value in classe_orgen:
            index.append(i)
    if len(index) == 0:
        print('there is no 3rd classification')
        Error.exit(ErrorCode.ld_no_target_layer)
    # 提示信息
    # 该模型适用于全身的 CT 影像分析,对于头部的 CT 可能需要特殊处理
    # 眼球、晶状体、视神经、视交叉、垂体,考虑到头部角度(仰头或低头)需向两侧各扩充 3 层
    if index[0] - 3 > 0:
        index_floor = index[0] - 3
    elif index[0] - 2 > 0:
        index_floor = index[0] - 2
    elif index[0] - 1 > 0:
        index_floor = index[0] - 1
    else:
        index_floor = index[0]
    if index[-1] + 2 < len(classes_value):
        index_ceil = index[-1] + 3
```

```python
    elif index[-1] + 1 < len(classes_value):
        index_ceil = index[-1] + 2
    else:
        index_ceil = index[-1] + 1
    data2D = orig_data[index_floor:index_ceil + 2, :, :]
    # 调用预定义的全身分类网络取出待分割器官所在层号的图像
    data2D[data2D > 2000] = 2000
    data2D[data2D < -1024] = -1024
    print('data.min(), data.max()', data2D.min(), data2D.max())
    data2D = (data2D - (-1024)) / (2000 - (-1024))
    data2D = np.array(data2D, np.float32)
    print('data.min(), data.max()', data2D.min(), data2D.max())
    data2D = (data2D - data2D.min()) / (data2D.max() - data2D.min())
    data2D = np.array(data2D, np.float32)
    # 改变格式为 float32
    info_dict.orig_images = data2D
    original_space = info_dict.spacing_list[1]
    if original_space <= 0.8 or original_space > 1.2:
        # rows_target_size = int(rows_orig_data * original_space / info_dict.target_
spacing[0])    # 2D 模型是插值到 1.0
        # cols_target_size = int(cols_orig_data * original_space / info_dict.target_
spacing[1])    # 2D 模型是插值到 1.0
        # data2D = image_interp(data2D, [rows_target_size, cols_target_size], cv2.INTER_
LINEAR)
        data2D = interp_3d_zyx(data2D, info_dict.spacing_list[1:], info_dict.target_
spacing, kind=CV2_interp_type.linear)
    size_2D = np.shape(data2D)
    # 插值后的尺寸
    # 裁剪
    img_judge = data2D[int((index_ceil - index_floor) / 2), :, :]
    img_centre, img_box = judge_center(img_judge, 'image')
    img_centre = list(np.array(img_centre, np.int16))
    # 裁剪成模型输入的大小 IMAGE_CROP_HEIGHT * IMAGE_CROP_WIDTH
    # data2D, four_corner = im_train_crop(data2D, img_centre, info_dict.model_input_size[0],
info_dict.model_input_size[1])
    data2D = crop_by_size_and_shift(data2D, [320, 320], img_centre)
    # 调用定义裁剪函数对图像进行处理
    info_dict.images = data2D
    # 标准化操作, 减均值除方差
    # 制作网络的输入, shape 为 [z, x, y, 1], 2.5D
    imgs_train = np.zeros((1, 320, 320, 3))
    imgs_train = Crop_3D(data2D, 3, 1, imgs_train)
    imgs_train = imgs_train[1:, ...]
    # data2D = data2D.reshape(data2D.shape[0], data2D.shape[1], data2D.shape[2], 1)
    info_dict.size_2D = size_2D
    # info_dict.four_corner = four_corner
    info_dict.img_centre = img_centre
```

```
        info_dict.index_floor = index_floor
        info_dict.index_ceil = index_ceil
        return imgs_train, info_dict
        ♯返回训练数据和参数表
```

在插值函数中,使用 OpenCV2 中的函数:cv2. resize(pic、dsize、dst、fx、fy、interpolation)
完成操作,除了默认以外可以采用如下方法:

INTER_NEAREST:最近邻插值。

INTER_LINEAR:双线性插值(默认设置)。

INTER_AREA:使用像素区域关系进行重采样。

INTER_CUBIC:4 * 4 像素邻域的双三次插值。

INTER_LANCZOS4:8 * 8 像素邻域的 Lanczos 插值。

3. 肺部图像预处理

定义函数 mate. preprocess_lung_part 完成肺部区域预处理,在该函数中:定义参数表、
读取数据、做分类、调用先前定义的 preprocess()对肺部图像进行操作,完成数据的预处理。
相关代码如下:

```
from lib. store_info_dict_module import store_info_dict
from mate. preprocess_module import preprocess
import numpy as np
para_dict = {
        'organ_names': ['Lung_L', 'Lung_R'],
    ♯器官名称
        'organ_version': '1.0.0',
    ♯是否输出 logo
        'is_print_logo': True,
    ♯是否输出 csv 文件
        'is_save_csv': False,
    ♯器官分类位置
        'organ_classify_pos': [7, 8],
    ♯输入模型的大小
        'model_input_size': [320, 320],
        'target_spacing': [1.0, 1.0],
}
♯定义的参数表
♯函数的定义
def preprocess_lung_part(image_raw, info_dict):
        ♯进行肺部预处理
        info_dict = store_info_dict(info_dict, para_dict)
        ♯读取数据
        info_dict['loaded_image_shape'] = image_raw.shape
        ♯分类
        info_dict.head2feet = False
```

```
info_dict.head_adjust_angle = 0.0
info_dict.head_adjust_center = (256.0, 256.0)
info_dict.body_adjust_angle = 0.0
info_dict.body_adjust_center = (256.0, 256.0)
if image_raw.shape[0] < 3:
    image_raw = np.repeat(image_raw, 3, 0)
# 数据预处理
data2D, info_dict = preprocess(image_raw, info_dict)
del info_dict['orig_images']
del info_dict['images']
info_dict['img_centre'] = [int(i) for i in info_dict['img_centre']]
return data2D, info_dict
# 返回预处理后的数据和参数表
```

4. 展示和图像展示

使用 Matplotlib 库中的函数，对 DCOM 进行格式转换和展示。

```
# 展示医学图像
import matplotlib.pyplot as plt
import matplotlib.image as mpimg
image = windowlize_image(image_raw, 1500, -500)[0]
image = npy_to_png(image)
image = (image - float(np.min(image))) / float(np.max(image)) * 255.
image = image[np.newaxis, :, :]
image = image.transpose((1, 2, 0)).astype('float32')
# 改变数组的形状
image = cv2.cvtColor(image, cv2.COLOR_GRAY2BGR)
# cv2.cvtColor(p1, p2)是颜色空间转换函数
# p1 是需要转换的图片，p2 是转化的格式
# 这里的 cv2.COLOR_GRAY2BGR 表示将灰度图片转换为 BGR 格式
cv2.imwrite('demo.png', image)
img = mpimg.imread('demo.png')
plt.figure(figsize=(10,10))
plt.imshow(img)
plt.axis('off')
plt.show()
```

数据可视化运行结果如图 7-7 所示。

```
# 进行肺部分割需要预处理
lung_part, info_dict = preprocess_lung_part(image_raw, info_dict)
```

肺部分割预处理运行结果如图 7-8 所示。

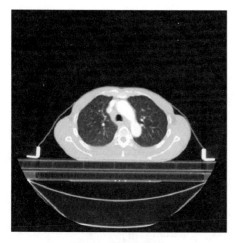

图 7-7　数据可视化

```
[→
    Begin to preprocess
    data.min(), data.max() -1024 250
    data.min(), data.max() 0.0 0.4212963
    ----------        begin crop2.5D      --------
    ----------        end crop2.5D        --------
```

图 7-8　肺部分割预处理

使用 numpy 库中的 squeeze 函数,完成病灶分割预处理,运行结果如图 7-9 所示。

```
♯进行病灶分割预处理
ww, wc = (1500, -500)
lesion_part = windowlize_image(image_raw.copy(), ww, wc)
lesion_part = np.squeeze(lesion_part, 0)
lesion_np_path = "lesion_part.npy"
lung_np_path = "lung_part.npy"
np.save(lung_np_path, lung_part)
np.save(lesion_np_path, lesion_part)
print('肺部分割输入: ', lung_part.shape)
print('病灶分割输入: ', lesion_part.shape)
```

```
[→ 肺部分割输入:  (1, 320, 320, 3)
   病灶分割输入:  (512, 512)
```

图 7-9　病灶分割预处理

7.3.2　加载预训练模型

通过直接调用 PaddleHub 所提供的 API,完成迁移学习。PaddleHub 提供了病灶分割和肺部分割模型,即 Pneumonia_CT_LKM_PP,包含病灶分割和肺部分割 2 个模块,建立基于 U-Net 算法的神经网络完成深度学习,如图 7-10 所示,相关代码如下:

```
import paddlehub as hub
pneumonia = hub.Module(name = "Pneumonia_CT_LKM_PP")
```

```
[2020-04-08 10:41:34,894] [    INFO] - Installing Pneumonia_CT_LKM_PP module
Downloading Pneumonia_CT_LKM_PP
[======================================================] 100.00%
Uncompress /home/aistudio/.paddlehub/tmp/tmpqlq15omh/Pneumonia_CT_LKM_PP
[======================================================] 100.00%
[2020-04-08 10:41:39,754] [    INFO] - Successfully installed Pneumonia_CT_LKM_PP-1.0.0
```

图 7-10　加载预训练模型

7.3.3　数据预处理

PaddleHub 对于支持一键预测的 module，可以调用 module、module 的相应预测 API，在 PaddlePaddle 环境下运行，完成预测，如图 7-11 所示，相关代码如下：

```
input_dict = {"image_np_path": [[lesion_np_path, lung_np_path]] }
results = pneumonia.segmentation(data = input_dict)
#输出结果包含 input_lesion_np_path 与 output_lesion_np
print(results[0])
```

```
[2020-04-08 10:41:45,992] [    INFO] - 0 pretrained paramaters loaded by PaddleHub
[2020-04-08 10:41:45,998] [    INFO] - Installing Pneumonia_CT_LKM_PP_lung module
Downloading Pneumonia_CT_LKM_PP_lung
[======================================================] 100.00%
Uncompress /home/aistudio/.paddlehub/tmp/tmpis231fv9/Pneumonia_CT_LKM_PP_lung
[======================================================] 100.00%
[2020-04-08 10:41:53,716] [    INFO] - Successfully installed Pneumonia_CT_LKM_PP_lung-1.0.0
[2020-04-08 10:41:53,924] [    INFO] - 0 pretrained paramaters loaded by PaddleHub
```

图 7-11　预测过程

预测输出如图 7-12 所示，运行结果如下：

input_lesion_np_path: 存放用于病灶分析的 Numpy 数组路径
output_lesion_np: 存放病灶分析结果
input_lesion_np_path: 存放用于肺部分割的 Numpy 数组路径
output_lung_np: 存放肺部分割结果

```
{'input_lesion_np_path': 'lesion_part.npy', 'output_lesion_np': array([[0, 0, 0, ..., 0, 0, 0],
       [0, 0, 0, ..., 0, 0, 0],
       [0, 0, 0, ..., 0, 0, 0],
       ...,
       [0, 0, 0, ..., 0, 0, 0],
       [0, 0, 0, ..., 0, 0, 0],
       [0, 0, 0, ..., 0, 0, 0]], dtype=int64), 'output_lung_np': array([[0, 0, 0, ..., 0, 0, 0],
       [0, 0, 0, ..., 0, 0, 0],
       [0, 0, 0, ..., 0, 0, 0],
       ...,
       [0, 0, 0, ..., 0, 0, 0],
       [0, 0, 0, ..., 0, 0, 0],
       [0, 0, 0, ..., 0, 0, 0]]), 'input_lung_np_path': 'lung_part.npy'}
```

图 7-12　预测输出

7.3.4　可视化操作

首先,将肺部分割结果映射到原图上;其次,病灶分割和肺部分割融合到一张图上可视化。

1. 后处理模型

后处理模型和后处理过程是预处理模型和预处理过程的反过程。在预处理模型中完成了体位校正、大图判定、裁剪和网络输入的制作。因此,在后处理过程中需要完成的工作为反裁剪、反插值、反大图矫正和反体位校正。定义后处理模型的相关代码如下:

```
import cv2      #导入相关的库和模块
import numpy as np
from skimage.measure import label as label_function
from skimage.measure import regionprops
from skimage import morphology
from lib.error import Error, ErrorCode
from lib.info_dict_module import InfoDict
from lib.anti_interprolation_module import anti_interp_3d_zyx
from lib.large_image_checker_module import anti_check_large_image_zyx
from lib.rotate_module import rotate_label_3D
```

1) 逆格式转换

相关代码如下:

```
def im_train_anticrop(imgs, four_corner, size_interpolate):
#建立新的标签
    label_new = np.zeros(size_interpolate)
    for i, imgs_slice in enumerate(imgs):
        label_new[i, four_corner[0]:four_corner[1], four_corner[2]:four_corner[3]] = imgs
_slice
    return label_new
#返回新的标签
def conneted_area_2D(pre_2D):
    #每层保留最大两个连通域
    pre_2D = np.array(pre_2D, np.uint8)
    pre_2D = cv2.GaussianBlur(pre_2D, (3, 3), 1)
    for idx, pre in enumerate(pre_2D):
        pre_2D[idx, :, :] = morphology.remove_small_holes(pre_2D[idx, :, :] > 0, min_size =
1000, in_place = False)
        pre_2D[idx, :, :] = morphology.remove_small_objects(pre_2D[idx, :, :] > 0, min_size
= 35, in_place = False)
        if np.max(pre_2D[idx, :, :]) > 0:
pre_2D[idx, :, :] = morphology.dilation(pre_2D[idx, :,:], morphology.disk(2))
            pre_2D[idx, :, :] = label_function(pre_2D[idx, :, :])
            return_property = regionprops(pre_2D[idx, :, :])
```

```
return_ordered = sorted(return_property, key = lambda s: s.area, reverse = True)
            if len(return_ordered) >= 2 and (return_ordered[1].area > 1):
                    pre_2D[idx, :, :] = morphology.remove_small_objects(pre_2D[idx, :, :] > 0,
min_size = int(return_ordered[1].area - 1),connectivity = 1, in_place = True)
pre_2D[idx, :, :] = morphology.erosion(pre_2D[idx, :, :],morphology.disk(3))
            else:
    pre_2D[idx, :, :] = morphology.remove_small_objects(pre_2D[idx, :, :] > 0,
                                min_size = int(return_ordered[0].area - 1),
                                connectivity = 1, in_place = True)
pre_2D[idx, :, :] = morphology.erosion(pre_2D[idx, :, :], morphology.disk(3))
        pre_2D[pre_2D > 0] = 1
        pre_2D = np.array(pre_2D, np.uint8)
        return pre_2D
```

2）去除小的连通区域
相关代码如下：

```
# 将区域重新连通
def conneted_area_3D(pre_2D):
    pre_2D = np.array(pre_2D, np.uint8)
    if np.max(pre_2D) > 0:
        pre_2D_label = label_function(pre_2D)
        return_property = regionprops(pre_2D_label)
        return_ordered = sorted(return_property, key = lambda s: s.area, reverse = True)
        if len(return_ordered) > 1 and (return_ordered[0].area > 1):
                pre_2D = morphology.remove_small_objects(pre_2D_label, min_size = int(return_
ordered[0].area - 1),connectivity = 1, in_place = True)
# skimage.morphology.remove_small_objects()用于去除小的连通区域
# 在此处，只需要一些大块的区域，小块、零散的区域将被删除
        pre_2D[pre_2D > 0] = 1
        pre_2D = np.array(pre_2D, np.uint8)
    return pre_2D
# 返回处理好的图像
```

3）高斯滤波函数
相关代码如下：

```
# 定义 3D 的高斯滤波函数
def GaussianBlur_3D(pre_2D, ksize, sigmaX):
    idx = []
    for i, label_slice in enumerate(pre_2D):
        if np.max(label_slice) > 0:
            idx.append(i)
    if idx:
    pre_2D[idx, :, :] = cv2.GaussianBlur(pre_2D[idx, :, :], ksize, sigmaX)
# OpenCV2 中的高斯滤波函数 cv2.GaussianBlur()
# 高斯滤波是一种线性平滑滤波，对于去除高斯噪声有很好的效果
```

```
        return pre_2D
```

4) 去除小的对象
相关代码如下：

```
def remove_small_label(pre_2D, min_size, redetermine = False):
    """
    去除小 objects，因为 spacing 归到 1，所以此 min_size 有意义
    redetermine 是指重新确定，当以 min_size 为大小去除后，整个 label 为空，则减小 min_size 为
原来的一半，再次对原数据进行去除，如果整个 label 仍为空，则不进行去除操作
    参数 pre_2D: 预测后已经裁剪过的 label
    参数 min_size: 删除最小 objects 的点数
    参数 redetermine: 是否进行重新判定
    返回：
        pre_2D: 去除小 label 后的预测矩阵
    """
    # 去除小 objects，因为 spacing 归到 1，所以此 min_size 有意义
    if redetermine:
        tmp_pre_2D = np.zeros(pre_2D.shape)
        for i, pre in enumerate(pre_2D):
            if np.max(pre) > 0:
                # print(np.count_nonzero(pre))
                tmp_pre_2D[i, :, :] = morphology.remove_small_objects(pre > 0, min_size =
min_size)
        if np.max(np.max(tmp_pre_2D)) > 0:
            pre_2D = tmp_pre_2D
        else:
            tmp_pre_2D = np.zeros(pre_2D.shape)
            for i, pre in enumerate(pre_2D):
                if np.max(pre) > 0:
                    # print(np.count_nonzero(pre))
                    tmp_pre_2D[i, :, :] = morphology.remove_small_objects(pre > 0, min_
size = int(min_size/2))
# 取较大部分作为 tmp
            if np.max(np.max(tmp_pre_2D)) > 0:
                pre_2D = tmp_pre_2D
    else:
        for i, pre in enumerate(pre_2D):
            if np.max(pre) > 0:
                # print(np.count_nonzero(pre))
                pre_2D[i, :, :] = morphology.remove_small_objects(pre > 0, min_size = min_
size)
# 取出小的对象
    return pre_2D
```

5) 裁剪函数
相关代码如下：

```python
# 和预处理模型中定义的裁剪函数一致
Def crop_by_size_and_shift(imgs, image_size, center = None, pixely = 0, pixelx = 0):
    '''
    裁剪函数，相当于原来 cutting()，pixelx、pixely 的移动值是相对图像中心
    参数次序和原来的 cutting() 函数不同，shift 参数不用传入
    参数 imgs: 需要裁剪的数据
    参数 image_size: 需要的图像大小
    参数 pixely: 偏移 y
    参数 pixelx: 偏移 x
    '''
    if len(imgs.shape) == 2:                          # 2D 图像
        imgs = imgs.copy()
        image_sizeY = image_size[0]
        image_sizeX = image_size[1]
        if center is None:                            # 居中处理
            center = [imgs.shape[0] // 2, imgs.shape[1] // 2]
        pixely = int(center[0] - imgs.shape[0] // 2) + pixely
        pixelx = int(center[1] - imgs.shape[1] // 2) + pixelx
        # z, x, y = np.shape(imgs)
        y, x = np.shape(imgs)
        shift = np.max([abs(pixely), abs(pixelx), np.max((abs(y - image_sizeY), abs(x -
image_sizeX)))])                                      # 偏移设置
        judge = sum([y > (image_sizeY + abs(pixely) * 2), x > (image_sizeX + abs(pixelx) *
2)])                                                  # 判断标志
        imgs_new = []
        image_std = imgs
        # for i, image_std in enumerate(imgs):
        if judge == 2:
            image_std = image_std[int((y - image_sizeY) / 2 + pixely):int((y + image_
sizeY) / 2 + pixely),
int((x - image_sizeX) / 2 + pixelx):int((x + image_sizeX) / 2) + pixelx]
            # imgs_new.append(image_std)
        else:
            image_new = np.min(image_std) * np.ones([image_sizeY + shift * 2, image_
sizeX + shift * 2], dtype = np.int32)
            image_new[int((image_sizeY + shift * 2 - y) / 2):int((image_sizeY + shift *
2 - y) / 2) + y,
                int((image_sizeX + shift * 2 - x) / 2):int((image_sizeX + shift * 2 - x) / 2)
+ x] = image_std
            y1, x1 = np.shape(image_new)
            image_std = image_new[int((y1 - image_sizeY) / 2 + pixely):int((y1 + image_
sizeY) / 2 + pixely),
                        int((x1 - image_sizeX) / 2 + pixelx):int((x1 + image_sizeX) / 2)
+ pixelx]
        # imgs_new = np.array(imgs_new, np.float32)
        imgs_new = image_std
    elif len(imgs.shape) == 3:                        # 3D 图像
```

```
        imgs = imgs.copy()
        image_sizeY = image_size[0]
        image_sizeX = image_size[1]
        if center is None:                        #居中处理
            center = [imgs.shape[1] // 2, imgs.shape[2] // 2]
        pixely = int(center[0] - imgs.shape[1] // 2) + pixely
        pixelx = int(center[1] - imgs.shape[2] // 2) + pixelx
        z, y, x = np.shape(imgs)
        #x, y = np.shape(imgs)
        shift = np.max([abs(pixely), abs(pixelx), np.max((abs(y - image_sizeY), abs(x -
image_sizeX)))])                                  #偏移设置
        judge = sum([y > (image_sizeY + abs(pixely) * 2), x > (image_sizeX + abs(pixelx)
* 2)])
        imgs_new = []
        image_std = imgs
        if judge == 2:
            for i, image_std in enumerate(imgs):
                image_std = image_std[int((y - image_sizeY) / 2 + pixely):int((y + image
_sizeY) / 2 + pixely),
    int((x - image_sizeX) / 2 + pixelx):int((x + image_sizeX) / 2) + pixelx]
                imgs_new.append(image_std)
        else:
            for i, image_std in enumerate(imgs):
                #按最小值填补 imgs 外的不足部分
                image_new = np.min(image_std) * np.ones([image_sizeY + shift * 2, image_
sizeX + shift * 2],
                                                        dtype = np.int32)
                image_new[int((image_sizeY + shift * 2 - y) / 2):int((image_sizeY +
shift * 2 - y) / 2) + y,
                        int((image_sizeX + shift * 2 - x) / 2):int((image_sizeX + shift * 2 - x)
/ 2) + x] = image_std
                y1, x1 = np.shape(image_new)
                image_std = image_new[int((y1 - image_sizeY) / 2 + pixely):int((y1 +
image_sizeY) / 2 + pixely),
                            int((x1 - image_sizeX) / 2 + pixelx):int((x1 + image_sizeX)
/ 2) + pixelx]
                imgs_new.append(image_std)          #输出图像
        imgs_new = np.array(imgs_new)
    else:
        Error.exit(ErrorCode.process_input_shape_error)
    return imgs_new
```

6）填充

相关代码如下：

```
def refill_by_size_and_shift(label_array: np.ndarray, image_raw_size, center, pixely = 0,
pixelx = 0):
```

```
    """
    根据图像大小以及 pixelx,pixely 的偏移量来填充
    整体流程：调用 crop_by_size_and_shift
    """
    if center is None:                              # 居中处理
        center = [image_raw_size[0] // 2, image_raw_size[1] // 2]
    pixely = int(center[0] - image_raw_size[0] // 2) + pixely
    pixelx = int(center[1] - image_raw_size[1] // 2) + pixelx
    # 调用 crop_by_size_and_shift
    if len(label_array.shape) == 3:
        rst_array = crop_by_size_and_shift(label_array, image_raw_size, None, - pixely,
 - pixelx)
    elif len(label_array.shape) == 4:
        rst_array = np.zeros((label_array.shape[0], image_raw_size[0], image_raw_size[1],
label_array.shape[3]),
                            np.float32)
        for i in range(label_array.shape[3]):
            rst_array[:, :, :, i] = crop_by_size_and_shift(label_array[:, :, :, i], image_
raw_size,
    None, - pixely, - pixelx)
    return rst_array
# 返回填充后的数组
```

7）反裁剪

相关代码如下：

```
def pre_recover(pre_2D, interpolation, thresh, info_dict: InfoDict):
    """
    反裁剪,恢复到原 CT 尺寸
    参数 pre_2D: 预测后已经裁剪过的 label
    参数 interpolation: 插值方法
    参数 thresh: 插值后保留大于 thresh 的 label
    参数 info_dict: 字典
    返回 new_labels: 恢复到原 CT 尺寸的 label
    """
    # 反裁剪
    # new_labels = im_train_anticrop(pre_2D, info_dict.four_corner, info_dict.size_2D)
    new_labels = refill_by_size_and_shift(pre_2D, info_dict.size_2D[ - 2:], info_dict.img_
centre)
    # 反插值
    rows_orig_imgs = info_dict.image_shape_raw[1]
    cols_orig_imgs = info_dict.image_shape_raw[2]
    # 对于 spacing 处于[0.8,1.2]之间不进行归 1,除此以外均插值到 1.0
    original_space = info_dict.spacing_list[1]
    if (original_space <= 0.8 or original_space > 1.2):
        # new_labels = image_interp(new_labels, [rows_orig_imgs, cols_orig_imgs],
interpolation)
```

```
        new_labels = anti_interp_3d_zyx(new_labels, info_dict.spacing_list[1:], info_dict.
target_spacing, ori_shape = (rows_orig_imgs, cols_orig_imgs), kind = interpolation)
        new_labels = np.where(new_labels > thresh, 1, 0)
# np.where(condition[ ,x, y]): 满足条件 condition 输出 x,不满足则输出 y
# 如果是一维数组,相当于[xv if c else yv for (c,xv,yv) in zip(condition,x,y)]
    new_labels = np.array(new_labels, np.uint8)
    return new_labels
# 返回处理后的 label
```

8）模型处理

调用后处理模型中定义的各子函数,对完成预测的图像进行后处理。如反裁剪、反大图矫正、反体位矫正等。

```
def postprocess(pre_2D, info_dict: InfoDict):
    """后处理程序
        参数 imgs: 原图
        参数 pre: 预测后 label
        参数 loc_start: 分类号第一张的位置
        参数 num_z, num_rows, num_cols: 预处理后裁剪的 size
        参数 original_space: 原图的 spacing
        参数 target_space: 插值目标的 spacing
        参数 img_centre: 身体中心点
        参数 para: 是否保存中间变量 (默认情况 False)
        返回 label_stem: 后处理完的 label
    """
    print('\nBegin to postprocess')
# 提示信息
    pre_labels = pre_2D[np.newaxis, :, :]
# 初始化格式
    pre_2D = np.array(pre_labels, np.uint8)
    pre_2D_l = pre_2D.copy()
    pre_2D_l[pre_2D_l != 1] = 0
    pre_2D_r = pre_2D.copy()
    pre_2D_r[pre_2D_r != 2] = 0
    # 反裁剪、反插值
    pre_2D_l = pre_recover(pre_2D_l, cv2.INTER_LINEAR, 0, info_dict)
    pre_2D_r = pre_recover(pre_2D_r, cv2.INTER_LINEAR, 0, info_dict)
    pre_2D_r[pre_2D_r == 1] = 2
    pre_2D = pre_2D_l + pre_2D_r
    # label_all = np.zeros(info_dict.image_shape_raw)
    label_all = np.zeros([1] + info_dict.image_shape_raw[1:])
    label_all[info_dict.index_floor:info_dict.index_ceil, :, :] = pre_2D
    # 反大图矫正
  label_all, info_dict = anti_check_large_image_zyx(label_all, info_dict)
    # 反体位矫正
    label_all = rotate_label_3D(label_all, info_dict.head_adjust_angle, info_dict.head_
adjust_center,
```

```
                                                use_adjust = info_dict.use_head_adjust)
    # 根据训练的维度将其复原
    # label_all = label_all.swapaxes(0, 2)
    label_all = np.array(label_all, np.uint8)
    print('Done to postprocess\n')
    # 提示信息
    return label_all, info_dict
    # 完成后处理操作
```

2. 融合

将肺部分割和病灶分割的结果融合，可以有效去除误检区域，完成病灶分割。调用 process_lung_part()分开左右肺、进行闭操作、去除空洞并保留最大的连通区域。为了裁剪越界的病灶，定义函数 cut_out_range()，相关代码如下：

```
lung_sum = np.sum(lung_part[..., 1:], axis = -1)
lesion_part = lesion_part * lung_sum
# 完成误检的去除相关代码
import tqdm
import numpy as np
from lib.opening_module import opening
from lib.remove_small_holes_module import remove_small_holes
from lib.keep_largest_connection_module import keep_largest_connection
from lib.threshold_function_module import remove_metal_artifact
def process_lung_part(lung_part):
    """
    处理肺部区域
    (1)分开左右肺
    (2)进行闭操作
    (3)进行去除空洞
    (4)保留最大连通区域
    """
    # 分开左右肺
    lung_l = lung_part[..., 1]
    lung_r = lung_part[..., 2]
    tq = tqdm.tqdm(range(len(lung_part)), 'process lung part post process')
    for i in tq:
        tmp_l = lung_l[i]
        tmp_r = lung_r[i]
    # 进行闭操作
        tmp_l = opening(tmp_l, 2)
        tmp_r = opening(tmp_r, 2)
    # 进行去除空洞
        tmp_l = remove_small_holes(tmp_l)
        tmp_r = remove_small_holes(tmp_r)
        lung_l[i] = tmp_l
        lung_r[i] = tmp_r
```

```
    # 保留最大连通区域
    lung_l = keep_largest_connection(lung_l)
    lung_r = keep_largest_connection(lung_r)
    lung_part[...,1] = lung_l
    lung_part[...,2] = lung_r
    return lung_part
    # 返回处理后的肺部区域
def cut_out_range(lung_part, lesion_part):
    # 裁剪掉越界的病灶
    lung_sum = np.sum(lung_part[...,1:], axis = -1)
    lesion_part = lesion_part * lung_sum
    lesion_part.astype(np.uint8)
    # 通过相乘,去除在肺部分割结果中为0部分的病灶,完成误检的去除
    return lesion_part
def merge_process(image_raw, lung_part, lesion_part):
    """
    对原图、肺以及病灶分割进行后处理
    整体流程:
    (1)对肺部进行闭操作、去空洞,保留最大连通区域处理
    (2)把病灶分割越界的部分去除
    """
    # image_raw = remove_metal_artifact(image_raw)
    # 对肺部进行闭操作、去空洞,保留最大连通区域处理
    lung_part = process_lung_part(lung_part)
    # 把病灶分割越界的部分去除
    lesion_part = cut_out_range(lung_part, lesion_part)
    return lung_part, lesion_part
```

3. 完成后处理

数据加载进模型并完成预测之后,通过函数 mate.postprocess_lung_part(),完成后处理、重设尺寸和改变通道,调用 mate.save_png_cv2()函数,将结果输出为 merged.png 图像。其中,postprocess_lung_part()的相关代码如下:

```
import numpy as np
from mate.postprocess_module import postprocess
from lib.resize_module import judge_resize_512
from lib.mul_val_to_mul_chan import mul_val_to_mul_chan
def postprocess_lung_part(lung_part, info_dict):
    # 肺部分割结果的后处理
    # 数据后处理
    label_post, info_dict = postprocess(lung_part, info_dict)
    # 保证图像为 512 * 512 大小
    rst_label = judge_resize_512(label_post, 'near')
    # 变为三通道
    rst_label = mul_val_to_mul_chan(rst_label, is_save_background = True).astype(np.uint8)
    return rst_label
```

4. 展示和保存

本部分包括保存图像、结果可视化和指标计算。

1）保存为 png 图像

用于保存结果 mate.save_png_cv2 的相关代码如下：

```python
import os
import numpy as np                                          # 导入相关的库和模块
import tqdm
from lib.threshold_function_module import windowlize_image
from lib.judge_mkdir import judge_mkdir
import cv2
def judge_mkdir(path):
    path = path.strip()
    if not os.path.exists(path):
        os.makedirs(path)
# os.path 模块主要用于文件的属性获取
# os.path.exists(path)判断 path 文件是否存在，path 可以是文件也可以是路径
def dcm2uint16Param(img_min, img_max, upper_limit = 2 ** 16 - 16):
    a = upper_limit / (img_max - img_min)
    b = upper_limit * img_min / (img_min - img_max)
    return a, b
def npy_to_png(input_array):
    a, b = dcm2uint16Param(np.min(input_array), np.max(input_array))
    rst_array = np.array(input_array * a + b, dtype = np.int32)
    return rst_array
# 格式转换
def save_merged_png_cv2(image_raw, lung_part, lesion_part, save_dir, merge_name = 'merge'):
    if merge_name is not None:
        merge_dir = os.path.join(save_dir, merge_name)
    else:
        merge_dir = save_dir
    judge_mkdir(merge_dir)
# 保存融合后的图像为 png 格式
    image_raw = windowlize_image(image_raw, 1500, -500)
    tq = tqdm.tqdm(range(len(image_raw)), 'creating the merge png images')
    for i in tq:
        image = image_raw[i]
        image = npy_to_png(image)
        image = (image - float(np.min(image)))/float(np.max(image)) * 255.
        lung = lung_part[i,..., 1] + lung_part[i,..., 2]
        binary = lung * 255
        binary = binary.astype(np.uint8)
        try:
            _, lung_contours, hierarchy = cv2.findContours(binary, cv2.RETR_TREE, cv2.
```

```
CHAIN_APPROX_SIMPLE)
#cv2.findContours()轮廓检测函数
#该函数接收的参数为二值图像
#先转换为灰度图、再转换为二值图像,才能作为该函数的输入
        except:
            lung_contours, hierarchy = cv2.findContours(binary, cv2.RETR_TREE, cv2.CHAIN_
APPROX_SIMPLE)
        binary = lesion_part[i] * 255
        binary = binary.astype(np.uint8)
        try:
            _, lesion_contours, hierarchy = cv2.findContours(binary, cv2.RETR_TREE, cv2.
CHAIN_APPROX_SIMPLE)
        except:
            lesion_contours, hierarchy = cv2.findContours(binary, cv2.RETR_TREE, cv2.CHAIN
_APPROX_SIMPLE)
#cv2.findContours()轮廓检测函数
#该函数接收的参数为二值图像
#需要先转换为灰度图、再转换为二值图像,才能作为该函数的输入
        image = image[np.newaxis, :, :]
        image = image.transpose((1, 2, 0)).astype('float32')
        image = cv2.cvtColor(image, cv2.COLOR_GRAY2BGR)
        cv2.drawContours(image, lesion_contours, -1, (0, 0, 255), 2)
        cv2.drawContours(image, lung_contours, -1, (0, 255, 0), 2)
        #cv2.drawContours(image, contours, contourIdx, color, thichness=None,..)
    #image:绘制轮廓的图像,image 为三通道时才能显示轮廓
    #contours 是轮廓本身,在 Python 中为 list 列表
    #contourIdx 是指定绘制 list 中那条轮廓的,如果是-1,则绘制 list 中所有轮廓
        cv2.imwrite(os.path.join(merge_dir, 'layer%d.png' % i), image)
```

2) 结果可视化

在 notebook 主函数中,通过后处理,将肺部分割结果映射到原图上,再将病灶分割和肺部分割融合到一张图上可视化操作。运行后得到输出结果,其中,图 7-13～图 7-16 分别代表后处理输出、肺部分割、发生误检的图像、去除误检后的输出图像。相关代码如下:

```
from PIL import Image as PILImage
from mate.postprocess_lung_part import postprocess_lung_part
from mate.merge_process import merge_process
from lib.remove_small_obj_module import remove_small_obj
#将类别转换为可视化的像素点值
def get_color_map_list(num_classes):
#返回颜色图以可视化分割蒙版,该分割蒙版可以支持任意数量的类
color_map = num_classes * [0, 0, 0]
for i in range(0, num_classes):
j = 0
lab = i
```

```
while lab:
color_map[i * 3] |= (((lab >> 0) & 1) << (7 - j))
color_map[i * 3 + 1] |= (((lab >> 1) & 1) << (7 - j))
color_map[i * 3 + 2] |= (((lab >> 2) & 1) << (7 - j))
j += 1
lab >>= 3
return color_map
# 返回颜色映射
color_map_lesion = get_color_map_list(num_classes = 2)
color_map_lung = get_color_map_list(num_classes = 3)
lung_part = postprocess_lung_part(results[0]['output_lung_np'], info_dict) lesion_part =
results[0]['output_lesion_np'].astype(np.uint8)
for i in range(len(lesion_part)):
lesion_part[i] = remove_small_obj(lesion_part[i], 10)
# 对肺部分割结果和病灶分割结果进行后处理
lung_part, lesion_part = merge_process(image_raw, lung_part, lesion_part)
# 展示肺部分割的图片,红色表示右肺,绿色表示左肺
pred_mask = PILImage.fromarray(np.argmax(lung_part, -1)[0].astype(np.uint8),mode = 'P')
# PIL image 转换为数组使用: img = np.array(img)
# 数组转换为 image: image.fromarray(up,uint8(img))
pred_mask.putpalette(color_map_lung)
pred_mask = pred_mask.convert('RGB')
# convert 函数有 3 种形式的定义
# image.convert(mode)
# image.convert("P", ** options)
# image.convert(mode, matrix)
# 使用不同的参数以完成不同模式图像之间的转换,产生新的图像作为返回值
lung_merge_img = np.where(pred_mask, pred_mask, img)
fig, axarr = plt.subplots(1, 1, figsize = (10, 10))
# 在子窗口中展示结果
axarr.axis('off')
axarr.imshow(lung_merge_img)
```

```
process lung part post process:   0%|          | 0/1 [00:00<?, ?it/s]/opt/conda/envs/python35-paddle120-env/lib/
ment is deprecated and will be removed in 0.16. Use area_threshold instead.
  warn("the min_size argument is deprecated and will be removed in " +
process lung part post process: 100%|██████████| 1/1 [00:00<00:00, 71.27it/s]

Begin to postprocess
Done to postprocess
```

图 7-13　后处理输出

肺部分割输出结果如图 7-14 所示。

展示病灶分割的图片,可以看到左下角非肺部部分存在误检
后续通过与肺部分割相结合的方式,达到去除误检的效果

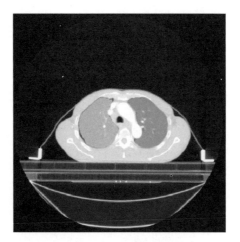

图 7-14　肺部分割输出结果

```
resmap = results[0]['output_lesion_np']
pred_mask = PILImage.fromarray(resmap.astype(np.uint8), mode = 'P')
pred_mask.putpalette(color_map_lesion)
pred_mask = pred_mask.convert('RGB')
lesion_merge_img = np.where(pred_mask, pred_mask, img)
#np.where(condition[ ,x, y]): 满足条件 condition 输出 x,不满足则输出 y
fig, axarr = plt.subplots(1, 1, figsize = (10, 10))
#在子窗口中展示分割结果
axarr.axis('off')
axarr.imshow(lesion_merge_img)
```

病灶分割输出误检结果如图 7-15 所示。

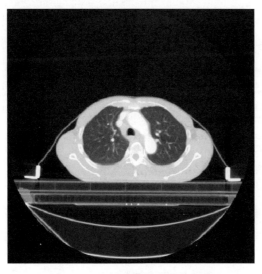

图 7-15　病灶分割输出误检结果

```python
# 将两个结果合并,排除非肺部的病灶分割
import json
import numpy as np
from lib.info_dict_module import InfoDict
from mate.save_merged_png_cv2 import save_merged_png_cv2
from lib.judge_mkdir import judge_mkdir
# 融合肺部分割结果和病灶分割结果
image = windowlize_image(image_raw, 1500, -500)[0]
image = npy_to_png(image)
image = (image - float(np.min(image))) / float(np.max(image)) * 255.
lung = lung_part[0,..., 1] + lung_part[0,..., 2]
binary = lung * 255
binary = binary.astype(np.uint8)
try:
_, lung_contours, hierarchy = cv2.findContours(binary, cv2.RETR_TREE, cv2.CHAIN_APPROX_
SIMPLE)
# cv2.findContours()轮廓检测函数
# 该函数接收的参数为二值图像
# 先转换为灰度图、再转换为二值图像,才能作为该函数的输入
except:
    lung_contours, hierarchy = cv2.findContours(binary, cv2.RETR_TREE, cv2.CHAIN_APPROX_
SIMPLE)
binary = lesion_part[0] * 255
binary = binary.astype(np.uint8)
try:
_, lesion_contours, hierarchy = cv2.findContours(binary, cv2.RETR_TREE, cv2.CHAIN_APPROX_
SIMPLE)
except:
    lesion_contours, hierarchy = cv2.findContours(binary, cv2.RETR_TREE, cv2.CHAIN_APPROX_
SIMPLE)
# cv2.findContours()轮廓检测函数
image = image[np.newaxis, :, :]
image = image.transpose((1, 2, 0)).astype('float32')
image = cv2.cvtColor(image, cv2.COLOR_GRAY2BGR)
cv2.drawContours(image, lesion_contours, -1, (0, 0, 255), 2)
cv2.drawContours(image, lung_contours, -1, (0, 255, 0), 2)
cv2.imwrite('merged.png', image)
# 可以看到此时误检的非肺部分已经被去除
img = mpimg.imread('merged.png')
plt.figure(figsize = (10,10))
plt.imshow(img)
plt.axis('off')
plt.show()
```

通过 merge 模块去除误检结果如图 7-16 所示。

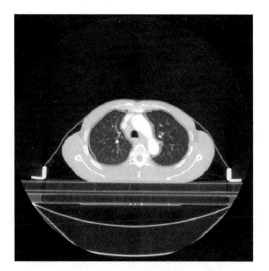

图 7-16 误检解决结果

3) 指标计算

```
#最后根据预测结果计算病灶占比、体积和个数
from lib.c1_cal_lesion_percent import cal_lesion_percent
from lib.c2_cal_lesion_volume import cal_lesion_volume
from lib.c3_cal_lesion_num import cal_lesion_num
from lib.c4_cal_histogram import cal_histogram
from lib.c5_normal_statistics import normal_statistics
#定义指标计算函数
def cal_metrics(image_raw, lung_part, lesion_part, spacing_list):
    """
    进行指标计算
    整体流程:
    (1)分别得到左右肺和左右病灶
    (2)计算病灶占比
    (3)计算病灶体积
    (4)计算病灶个数
    (5)计算直方图
    """
    print('cal the statistics metrics')
    #分别得到左右肺和左右病灶
    lung_l = lung_part[..., 1]
    lung_r = lung_part[..., 2]
    lesion_l = lesion_part.copy() * lung_l
    lesion_r = lesion_part.copy() * lung_r
    lung_tuple = (lung_l, lung_r, lung_part)
    lesion_tuple = (lesion_l, lesion_r, lesion_part)
    #计算病灶占比
    lesion_percent_dict = cal_lesion_percent(lung_tuple, lesion_tuple)
    #计算病灶体积
```

```
        lesion_volume_dict = cal_lesion_volume(lesion_tuple, spacing_list)
        #计算病灶个数
        lesion_num_dict = cal_lesion_num(lesion_tuple)
        #计算直方图
        hu_statistics_dict = cal_histogram(image_raw, lung_tuple)
        metrics_dict = {
            'lesion_num': lesion_num_dict,
            #病灶数目
            'lesion_volume': lesion_volume_dict,
            #病灶体积
            'lesion_percent': lesion_percent_dict,
            #病灶占比
            'hu_statistics': hu_statistics_dict,
            'normal_statistics': normal_statistics
        }
        return metrics_dict
        #进行指标计算
metrics_dict = cal_metrics(image_raw, lung_part, lesion_part, info_dict.spacing_list)
```

指标计算输出提示信息如图 7-17 所示。

cal the statistics metrics

图 7-17 输出提示信息

完成各项指标的统计和计算后，使用 print()将其打印：

```
#打印各项指标, 'lung_l'为左肺, 'lung_r'为右肺, 'lung_all'为两个肺
print('病灶个数', metrics_dict['lesion_num'])
print('病灶体积', metrics_dict['lesion_volume'])
print('病灶占比', metrics_dict['lesion_percent'])
```

完成统计后输出的指标结果如图 7-18 所示。

病灶个数 {'lung_l': 0, 'lung_r': 0, 'lung_all': 0}
病灶体积 {'lung_l': 0.0, 'lung_r': 0.0, 'lung_all': 0.0}
病灶占比 {'lung_l': 0.0, 'lung_r': 0.0, 'lung_all': 0.0}

图 7-18 打印指标结果

7.4 系统测试

将数据集中经过筛选的一组图像代入模型进行测试。

7.4.1 DICOM 图像

现有 6 张 CT 切片，编号为(a)、(b)、(c)、(d)、(e)、(f)，将这些 DICOM 格式的图像复制

到 dcm_data 目录下,然后输入模型中进行处理,同时对其原图像,使用 DICOM 浏览器读取 CT 图像,结果如图 7-19 所示。

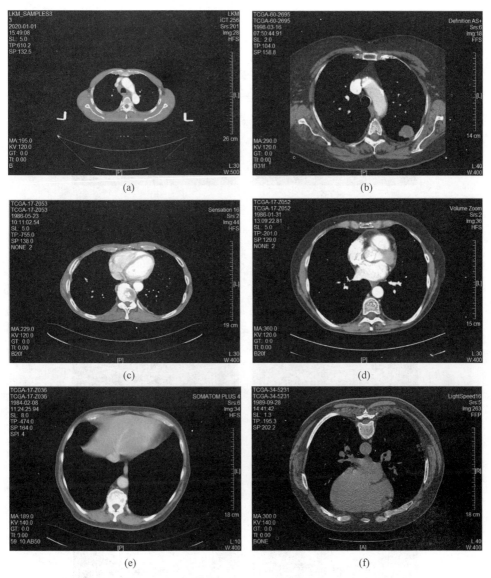

图 7-19　DICOM 原图

7.4.2　预处理后的图像

在预处理模型中,会对 CT 图像进行格式转化、裁剪、插值等操作,将尺寸不同、清晰度不同的图像处理成格式统一、清晰度较高的图像。经过处理后,图像可读性明显增强,同时

CT中各征象的表现也更加突出，可以方便医务人员的诊断与筛查。（a）～（f）的 DICOM 图像预处理后效果如图 7-20 所示。

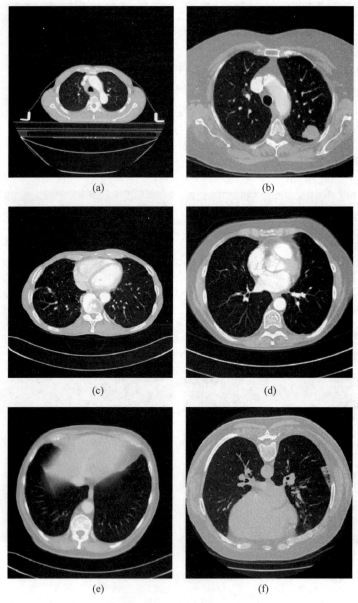

（a）

（b）

（c）

（d）

（e）

（f）

图 7-20   预处理后效果

7.4.3   肺部分割

调用肺部分割的预训练模型，完成肺部分割，如图 7-21 所示。

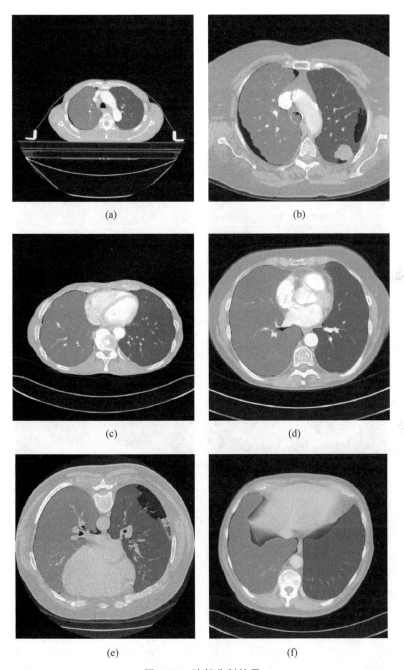

图 7-21　肺部分割结果

7.4.4　病灶分割

和肺部分割同理,使用相同方式,直接调用神经网络对病灶进行分割,结果如图 7-21

所示。

图 7-22 中的（b）、（e）、（f）实现了较好的病灶检测；（a）中存在误检的情况，需要使用融合模块进行去除；（c）、（d）中无病灶识别，因此没有标记。

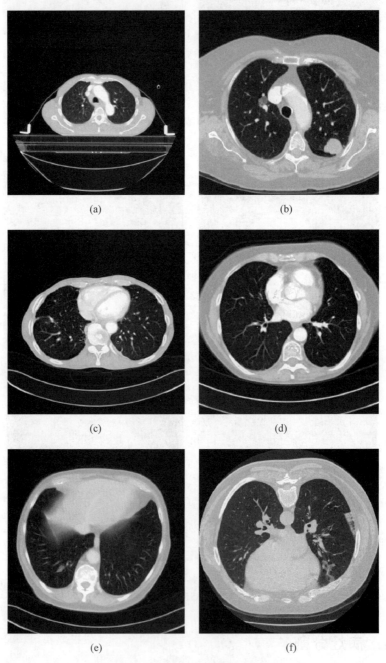

图 7-22 经过预处理后的图像

7.4.5　分割结果

为了去除直接分割病灶会存在误检的问题,定义 mate.merge 模块,将肺部分割结果和病灶分割结果合并,去除大部分误检问题,如图 7-23 所示,(a)病灶分割存在的误检情况已被去除。

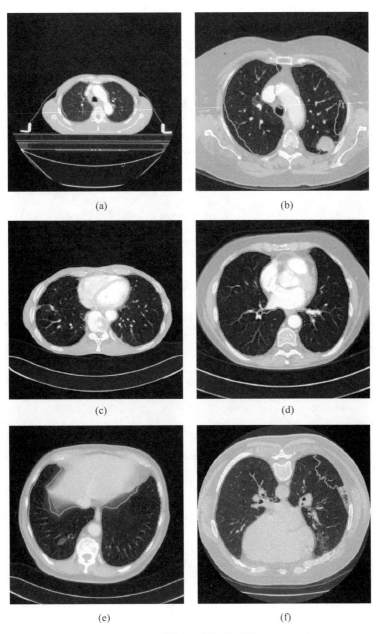

图 7-23　经过预处理后的图像

7.4.6 统计输出结果

在后处理模型中,对病灶部位定义统计和输出模块,该模块实现将左肺和右肺病灶进行统计的功能,通过 print 的方式输出结果,方便医务人员筛查,完成辅助诊断工作,如图 7-24 所示。

```
병 病灶个数 {'lung_l': 0, 'lung_r': 0, 'lung_all': 0}
  病灶体积 {'lung_l': 0.0, 'lung_r': 0.0, 'lung_all': 0.0}
  病灶占比 {'lung_L': 0.0, 'lung_r': 0.0, 'lung_all': 0.0}
```

(a)

```
병 病灶个数 {'lung_l': 0, 'lung_r': 1, 'lung_all': 1}
  病灶体积 {'lung_l': 0.0, 'lung_r': 330.773926, 'lung_all': 330.773926}
  病灶占比 {'lung_l': 0.0, 'lung_r': 0.016888, 'lung_all': 0.00214}
```

(b)

```
병 病灶个数 {'lung_l': 0, 'lung_r': 0, 'lung_all': 0}
  病灶体积 {'lung_l': 0.0, 'lung_r': 0.0, 'lung_all': 0.0}
  病灶占比 {'lung_l': 0.0, 'lung_r': 0.0, 'lung_all': 0.0}
```

(c)

```
병 病灶个数 {'lung_l': 0, 'lung_r': 0, 'lung_all': 0}
  病灶体积 {'lung_l': 0.0, 'lung_r': 0.0, 'lung_all': 0.0}
  病灶占比 {'lung_l': 0.0, 'lung_r': 0.0, 'lung_all': 0.0}
```

(d)

```
病灶个数 {'lung_l': 0, 'lung_r': 1, 'lung_all': 1}
病灶体积 {'lung_l': 0.0, 'lung_r': 879.012205, 'lung_all': 879.012205}
病灶占比 {'lung_l': 0.0, 'lung_r': 0.008274, 'lung_all': 0.000862}
```

(e)

```
병 病灶个数 {'lung_l': 4, 'lung_r': 0, 'lung_all': 4}
  病灶体积 {'lung_l': 465.339661, 'lung_r': 0.0, 'lung_all': 465.339661}
  病灶占比 {'lung_l': 0.026816, 'lung_r': 0.0, 'lung_all': 0.00292}
```

(f)

图 7-24 完成分割后的统计输出结果

Stroke-Controllable 快速

风格迁移在网页端应用

本项目以 TensorFlow 为主要框架,采用训练好的 VGG 神经网络,通过改进算法对模型进行训练和保存,实现在网页端的实时风格迁移。

8.1　总体设计

本部分包括系统整体结构和系统流程。

8.1.1　系统整体结构

系统整体结构如图 8-1 所示。

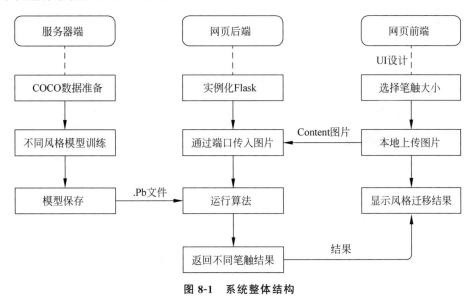

图 8-1　系统整体结构

8.1.2　系统流程

系统流程如图 8-2 所示。

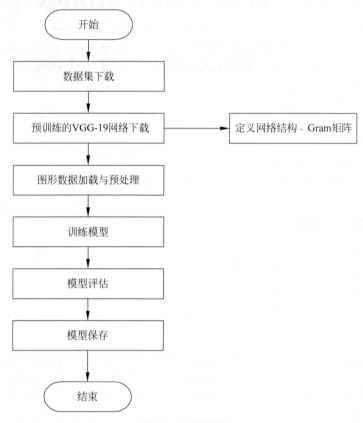

图 8-2　系统流程

8.2　运行环境

本部分包括 Python 环境、TensorFlow 环境、Linux 环境和网页配置环境。

8.2.1　Python 环境

Python 2.7 或者 3.6 环境均可,在 Windows 环境下载 Anaconda 完成 Python 所需的配置,下载地址为 https://www.anaconda.com/,也可以下载虚拟机在 Linux 环境下运行。

8.2.2　TensorFlow 环境

搭建 TensorFlow 1.4.1 环境。打开 Anaconda Prompt,使用清华仓库镜像,输入命令:

conda config -- add channels https://mirrors.tuna.tsinghua.edu.cn/anaconda/pkgs/free/。

输入命令:

conda config -- set show_channel_urls yes。

在 Anaconda Prompt 中,用 Anaconda 3 创建 Python 3.6 环境,名称为 TensorFlow,输入命令:

conda create - n TensorFlow python = 3.6

打开 anaconda navigator,并单击左侧 Environments,看到 TensorFlow 环境已创建完成。在 Anaconda Prompt 中启动 TensorFlow 环境,输入命令:activate TensorFlow。

进入 TensorFlow 环境中,其他依赖库都需要在 TensorFlow 环境中进行安装。除 TensorFlow 外,还需要安装 Numpy、Pillow、Scipy 等依赖库。

方法一:在 Anaconda 中直接安装。Scipy 版本可能会出现与 Python 不匹配的问题,若出现则采用方法二。

方法二:在 https://www.lfd.uci.edu/~gohlke/pythonlibs/#scikit-learn 中找到对应包,下载到 Python 目录下的 Scritps 中,通过命令 cmd 进入所在目录,使用 pip install <所下载的包名.whl> 进行安装(版本 cp36 对应 python3.6.x)。

方法三:在 PyCharm 的 File→Setting→Project Interpreter 中进行搜索和安装。

8.2.3　Linux 环境

在笔触可控风格迁移算法的模型训练以及模型保存过程中,需要 Ubuntu 14.04 环境,为提高模型训练的速度,采用远程控制服务器的方式进行 Linux 环境搭建。通过 FileZilla 软件进行文件传输,以及 Xshell 软件进行远程服务器的控制。

8.2.4　网页配置环境

使用 dreamviewer 进行网页 CSS 配置。

8.3　模块实现

本项目包括 4 个模块:数据预处理、模型构建、模型训练及保存、模型生成,下面分别给出各部分的功能介绍及相关代码。

8.3.1　数据预处理

MSCOCO 数据集共有 20GB 左右的图片，为了让训练过程更加快速，随机选取了 MSCOCO 数据集中的 2000 张照片。下载地址为：https://drive. google. com/file/d/ 1ph85_1YgApUMD0YkGKZ8EOU4xyNoTJYo/view? usp＝sharing，数据集下载后，保存到 MSCOCO_train2k 的子文件夹中。

VGG 是 Oxford 的 Visual Geometry Group 组提出深度神经网络，对比 VGG-16 没有本质上的区别，只是网络的深度不同。

8.3.2　模型构建

本部分包括定义模型结构和优化损失函数。

1. 定义模型结构

模型架构前进行基本参数的定义，在 VGG-19 神经网络的基础上，为适应笔触可控的功能加入新的映射，本部分包含在 netdef. py 文件中。

```
＃导入相关数据包和常量定义
import tensorflow as tf
WEIGHTS_INIT_STDEV = .1
＃定义网络结构主函数
def shortcut_interpolation( image, sc, factor) :
＃要把 factor 的变化范围 [0.0, 2.0]映射到 stroke 的变化范围[256,768]
＃(1)当 factor 在[0.0, 1.0],stroke 公式为(1－factor) * 256 + factor * 512
＃(2)当 factor 在[1.0, 2.0],stroke 公式为(2－factor) * 512 + (factor－1) * 768
＃为实现上述功能,设计 alpha、beta、gamma 3 个参数,在残差层 5 时使用
alpha = tf.cond(sc[0],     ＃alpha 参数
        lambda: tf.cond(sc[1],
            lambda: tf.maximum(0.0, 1.0 － factor),
            lambda: tf.constant(1.0)
        ),
        lambda: tf.constant(0.0)
    beta = tf.cond(sc[0],  ＃beta 参数
        lambda: tf.cond(sc[1],
            lambda: 1.0 － tf.sign(factor － 1.0) * (factor － 1.0),
            lambda: tf.constant(0.0)
        ),
        lambda: tf.cond(sc[1],
            lambda: tf.constant(1.0),
            lambda: tf.constant(0.0)
        )
    )
    gamma = tf.cond(sc[0],   ＃gamma 参数
        lambda: tf.cond(sc[1],
```

```
        lambda: tf.maximum(factor - 1.0, 0.0),
        lambda: tf.constant(0.0)
    ),
    lambda: tf.cond(sc[1],
        lambda: tf.constant(0.0),
        lambda: tf.constant(1.0)
    )
)
 #卷积层(调用_conv_layer函数)
conv1 = _conv_layer(image, 16, 3, 1)
conv2 = _conv_layer(conv1, 32, 3, 2)
conv3 = _conv_layer(conv2, 48, 3, 2)
 #残差块(调用_residual_block函数)
resid1 = _residual_block(conv3, 3)
resid2 = _residual_block(resid1, 3)
resid3 = _residual_block(resid2, 3)
resid4 = _residual_block(resid3, 3)
resid4_1 = _residual_block(resid4, 3)
resid5 = alpha * resid3 + beta * resid4 + gamma * resid4_1
 #反卷积(调用_conv_tranpose_layer函数)
conv_t1 = _conv_tranpose_layer(resid5, 32, 3, 2)
conv_t2 = _conv_tranpose_layer(conv_t1, 16, 3, 2)
conv_t3 = _conv_layer(conv_t2, 3, 9, 1, relu = False)
 #激活函数选择tanh
preds = tf.nn.tanh(conv_t3) * 150 + 255./2
return preds
 #定义卷积层函数
def _conv_layer(net, num_filters, filter_size, strides, relu = True):
weights_init = _conv_init_vars(net, num_filters, filter_size)
strides_shape = [1, strides, strides, 1]
net = tf.nn.conv2d(net, weights_init, strides_shape, padding = 'SAME')
net = _instance_norm(net)          #标准化函数(下方有定义)
if relu:
    net = tf.nn.relu(net)
return net
 #定义残差块函数
def _residual_block(net, filter_size = 3):
tmp = _conv_layer(net, 48, filter_size, 1)
return net + _conv_layer(tmp, 48, filter_size, 1, relu = False)
 #定义标准化函数,将输入在深度方向上减去均值除以标准差,加快网络的训练速度
 #为了增加非线性拟合能力,再乘以scale
def _instance_norm(net, train = True):
in_channels = net.get_shape().as_list()[3]
var_shape = [in_channels]
mu, sigma_sq = tf.nn.moments(net, [1, 2], keep_dims = True)
shift = tf.Variable(tf.zeros(var_shape))
scale = tf.Variable(tf.ones(var_shape))
```

```
epsilon = 1e - 3
normalized = (net - mu) / (sigma_sq + epsilon) ** (.5)
return scale * normalized + shift
#定义反卷积层
def _conv_tranpose_layer(net, num_filters, filter_size, strides):
weights_init = _conv_init_vars(net, num_filters, filter_size, transpose = True)
batch_size = net.get_shape().as_list()[0]
channels = net.get_shape().as_list()[3]
net_shape = tf.shape(net)
rows, cols = net_shape[1], net_shape[2]
new_rows, new_cols = rows * strides, cols * strides
# new_shape = #tf.pack([tf.shape(net)[0], new_rows, new_cols, num_filters])
new_shape = [batch_size, new_rows, new_cols, num_filters] #改变形状
strides_shape = [1, strides, strides, 1]    #步长
net = tf.nn.conv2d_transpose(net, weights_init, new_shape, strides_shape, padding = 'SAME')
                        #反卷积(转置卷积)
net = tf.reshape(net, [batch_size, new_rows, new_cols, num_filters])
net = _instance_norm(net)
return tf.nn.relu(net)
#定义卷积初始化函数
def _conv_init_vars(net, out_channels, filter_size, transpose = False):
in_channels = net.get_shape().as_list()[3]
if not transpose:
    weights_shape = [filter_size, filter_size, in_channels, out_channels]
else:
    weights_shape = [filter_size, filter_size, out_channels, in_channels]
weights_init = tf.Variable(tf.truncated_normal(weights_shape, stddev = WEIGHTS_INIT_
STDEV, seed = 1), dtype = tf.float32)
return weights_init
    #定义 Gram 矩阵函数. 要度量两个图像风格的差异，只需比较 Gram Matrix 的差异即可
def gram_matrix(activations):
height = tf.shape(activations)[1]
width = tf.shape(activations)[2]
num_channels = tf.shape(activations)[3]
gram_matrix = tf.transpose(activations, [0, 3, 1, 2])
gram_matrix = tf.reshape(gram_matrix, [num_channels, width * height])
gram_matrix = tf.matmul(gram_matrix, gram_matrix, transpose_b = True)
return gram_matrix
```

2. 优化损失函数

确定模型架构之后进行编译，在总损失函数中包含内容损失及风格损失。Adam 是常用的梯度下降方法，能够使目标函数在训练之初获得较高的准确率。

```
#计算内容损失
self.content_loss = args.content_weight * (2 * tf.nn.l2_loss(
    preds_content_fv - content_fv) / (tf.to_float(tf.size(content_fv)) * args.batch_size)
```

```
)
# 计算风格损失
self.style_losses = []
for style_layer in STYLE_LAYERS:
    fv = net.net[style_layer]
    bs, height, width, filters = tf.shape(fv)[0], tf.shape(fv)[1], tf.shape(fv)[2], tf.
shape(fv)[3]
    size = height * width * filters
    feats = tf.reshape(fv, (bs, height * width, filters))
    feats_T = tf.transpose(feats, perm = [0, 2, 1])
    grams = tf.matmul(feats_T, feats) / tf.to_float(size)
    style_gram = tf.to_float(tf.cond(self.shortcut[0],
        lambda: self.style_features_pyramid[2][style_layer],
        lambda: tf.cond(self.shortcut[1],
            lambda: self.style_features_pyramid[1][style_layer],
            lambda: self.style_features_pyramid[0][style_layer]
        )
    ))
    self.style_losses.append(args.style_weight * (2 * tf.nn.l2_loss(grams - style_gram) /
tf.to_float(tf.size(style_gram))) / args.batch_size)
self.style_loss = functools.reduce(tf.add, self.style_losses)
# 计算总的损失
tv_y_size = tf.to_float(tf.size(self.preds[:, 1:, :, :]))
tv_x_size = tf.to_float(tf.size(self.preds[:, :, 1:, :]))
y_tv = tf.nn.l2_loss(self.preds[:, 1:, :, :] - self.preds[:, :-1, :, :])
x_tv = tf.nn.l2_loss(self.preds[:, :, 1:, :] - self.preds[:, :, :-1, :])
self.tv_loss = 2 * args.tv_weight * (x_tv / tv_x_size + y_tv / tv_y_size) / args.batch_size
self.loss = tf.add_n([self.content_loss, self.style_loss, self.tv_loss], name = "loss")
# 使用 tf 的 Adam 优化算法
self.optimizer = tf.train.AdamOptimizer(args.learning_rate).minimize(self.loss)
self.sess.run(tf.global_variables_initializer())
```

8.3.3　模型训练及保存

本部分包括模型训练和模型保存。

1. 模型训练

本部分由 train.py、model.py、utils.py 中的相关代码构成。

1) 主函数部分(train.py)

相关代码如下:

```
# 导入相关数据包
import argparse # 命令行选项
import os
```

```python
import shutil  # 文件夹处理模块
import tensorflow as tf
from model import Model
from utils import mkdir_if_not_exists
# 对系统环境进行设置
os.environ["CUDA_DEVICE_ORDER"] = "PCI_BUS_ID"
os.environ["CUDA_VISIBLE_DEVICES"] = "0"
# 定义传入参数的函数
def build_parser():
    parser = argparse.ArgumentParser()
    # 输入选项
    parser.add_argument('--style', type = str, dest = 'style', help = 'style image path',
default = './examples/style/01.png')
    parser.add_argument('--batch_size', type = int, dest = 'batch_size', help = 'batch size',
default = 2)
    parser.add_argument('--max_iter', type = int, dest = 'max_iter', help = 'max iterations',
default = 2e4)
    parser.add_argument('--learning_rate', type = float, dest = 'learning_rate', default =
1e-3)
    parser.add_argument('--iter_print', type = int, dest = 'iter_print', default = 5e2)
    parser.add_argument('--checkpoint_iterations', type = int, dest = 'checkpoint_
iterations', help = 'checkpoint frequency', default = 1e3)
    parser.add_argument('--train_path', type = str, dest = 'train_path', help = 'path to
training content images folder', default = "./data/MSCOCO")
    # 加权选项
    parser.add_argument('--content_weight', type = float, dest = "content_weight", help =
'content weight (default %(default)s)', default = 80)
    parser.add_argument('--style_weight', type = float, dest = "style_weight", help = 'style
weight (default %(default)s)', default = 1e2)
    parser.add_argument('--tv_weight', type = float, dest = "tv_weight", help = "total
variation regularization weight (default %(default)s)", default = 2e2)
    # 微调选项
    parser.add_argument('--continue_train', type = bool, dest = 'continue_train', default =
False)
    # 其他
    parser.add_argument('--sample_path', type = str, dest = "sample_path", default = './
examples/content/01.jpg')
    return parser
    # 定义主函数
    def main():
    parser = build_parser()
    args = parser.parse_args()
    # 创建 session 并进行参数配置
    config = tf.ConfigProto()
    # 使用 GPU 时,设置内存使用最大比例
    config.gpu_options.per_process_gpu_memory_fraction = 0.4
    # 定义网络流
```

```
    sess = tf.Session(config = config)
    train_model = Model(sess, args)
    # basename 返回 style 图片 path 中的最后一个文件名,并且只取到.jpg 之前的内容
    style_image_basename = os.path.basename(args.style)
style_image_basename = style_image_basename[:style_image_basename.find(".")]
    # 传入 checkpoint 文件夹路径和 serial 路径(输出路径)
    args.checkpoint_dir = os.path.join("./examples/checkpoint", style_image_basename)
    args.serial = os.path.join("./examples/serial", style_image_basename)
    print("[ * ] Checkpoint Directory: {}".format(args.checkpoint_dir))
    print("[ * ] Serial Directory: {}".format(args.serial))
    # 如果路径不存在,则调用 utils.py 文件创建
    mkdir_if_not_exists(args.serial, args.checkpoint_dir)
    # 根据输入选择模型训练的模式
    if args.continue_train:
        train_model.finetune_model(args)
    else:
        train_model.train(args)
    if __name__ == "__main__":
    main()
```

2) 模型训练函数部分(model.py)

相关代码如下:

```
# 导入相关数据包
# - * - coding:gbk - * -
from __future__ import division
import os
from os import listdir
from os.path import isfile, join
import time
import tensorflow as tf
import numpy as np
import sys
from scipy.misc import imresize
import functools
import netdef
# 导入系统的其他函数
import vgg19.vgg as vgg
from utils import *
# 进行基本参数定义
STROKE_SHORTCUT_DICT = {"768": [False, False], "512": [False, True], "256": [True, False],
"interp": [True, True]}
STYLE_LAYERS = ('conv1_1', 'conv2_1', 'conv3_1', 'conv4_1', 'conv5_1')
CONTENT_LAYERS = ('conv4_2')
DEFAULT_RESOLUTIONS = ((768, 768), (512, 512), (256, 256))
# 定义数据载入和预处理函数 DataLoader
class DataLoader(object):
```

```python
def __init__(self, args)  #初始化各种参数
    file_names = [join(args.train_path, f) for f in listdir(args.train_path) if isfile
(join(args.train_path,f)) and ".jpg" in f]
        self.mscoco_fnames = file_names
        self.train_size = len(file_names)
        self.batch_size = args.batch_size
        self.epochs = 0
        self.nbatches = int(self.train_size / args.batch_size)
        self.batch_idx = 0
        self.perm = np.random.permutation(self.train_size)
        print ("[ * ] Training dataset size: {}".format(self.train_size))
        print ("[ * ] Batch size: {}".format(self.batch_size))
        print ("[ * ] {} #Batches per epoch".format(self.nbatches))
        def fill_feed_dict(self, content_pl, img_size = None):   #以训练给定步骤填充
        content_images = np.zeros((self.batch_size, ) + img_size, dtype = np.float32)
        for i in xrange(self.batch_size):
            img = #图像加载 np.array(load_image(self.mscoco_fnames[self.perm[self.batch_
idx * self.batch_size + i]], shape = img_size), dtype = np.float32)
            content_images[i] = img
        self.batch_idx += 1
        if self.batch_idx == self.nbatches:   #批次索引
            self.batch_idx = 0
            self.epochs += 1
            self.perm = np.random.permutation(self.train_size)
        return {content_pl: content_images}
    #定义模型训练类 Model
    class Model(object):
    #初始化函数
     def __init__(self, sess, args):
        self.sess = sess
        self.batch_size = args.batch_size
        self._build_model(args)
        self.saver = tf.train.Saver(max_to_keep = None)
        self.data_loader = DataLoader(args)
    #建立模型函数
    def _build_model(self, args):
    #加载原始图像
    style_highres_img = load_image(args.style, shape = DEFAULT_RESOLUTIONS[1])
    self.style_targets = [np.array(style_highres_img.resize((shape[0], shape[1]), resample
= Image.BILINEAR), dtype = np.float32)
                          for shape in DEFAULT_RESOLUTIONS]
    #通过 tf.placeholde 作为一种占位符定义过程(类似于形参)
    self.content_input = tf.placeholder(tf.float32, shape = (args.batch_size, None, None,
3), name = 'content_input')
    self.shortcut = tf.placeholder_with_default([False, False], shape = [2], name =
"shortcut")
    self.interpolation_factor = tf.placeholder_with_default(0.0, shape = [ ], name =
```

```
"interpolation_factor")
    # 预计算风格特征
    self.style_features_pyramid = []
    with tf.name_scope("pre-style-features"), tf.Session() as sess:
        style_image = tf.placeholder(tf.float32, shape=(1, None, None, 3), name=
'precompute_style')
        style_image_pre = vgg.preprocess(vgg.rgb2bgr(style_image))
        net = vgg.Vgg19()
        net.build(style_image_pre)
        for style_target in self.style_targets:    # 目标风格
            style_target = np.expand_dims(style_target, 0)
            style_features = {}
            for layer in STYLE_LAYERS:
fv = sess.run(net.net[layer], feed_dict={style_image:style_target})
                fv = np.reshape(fv, (-1, fv.shape[3]))
                gram = np.matmul(fv.T, fv) / fv.size
                style_features[layer] = gram
            self.style_features_pyramid.append(style_features)
    # Content 图像从 RGB 到 BGR 转化、预训练、加载和调用 VGG-19 模型
    content_bgr = vgg.rgb2bgr(self.content_input)
    content_pre = vgg.preprocess(content_bgr)
    content_net = vgg.Vgg19()
    content_net.build(content_pre)
    content_fv = content_net.net[CONTENT_LAYERS]
    # predict 图像从 RGB 到 BGR 转化、预训练、加载和调用 VGG-19 模型
    self.preds = netdef.shortcut_interpolation(self.content_input / 255., self.shortcut,
self.interpolation_factor)
    preds_bgr = vgg.rgb2bgr(self.preds)
    preds_pre = vgg.preprocess(preds_bgr)
    net = vgg.Vgg19()
    net.build(preds_pre)
    preds_content_fv = net.net[CONTENT_LAYERS]
    # 计算内容损失
    self.content_loss = args.content_weight * (2 * tf.nn.l2_loss(
        preds_content_fv - content_fv) / (tf.to_float(tf.size(content_fv)) * args.batch_
size)
    )
    # 计算风格损失
    self.style_losses = []
    for style_layer in STYLE_LAYERS:
        fv = net.net[style_layer]
        bs, height, width, filters = tf.shape(fv)[0], tf.shape(fv)[1], tf.shape(fv)[2], tf.
shape(fv)[3]
        size = height * width * filters
        feats = tf.reshape(fv, (bs, height * width, filters))
        feats_T = tf.transpose(feats, perm=[0, 2, 1])
        grams = tf.matmul(feats_T, feats) / tf.to_float(size)
```

```
        style_gram = tf.to_float(tf.cond(self.shortcut[0],
            lambda: self.style_features_pyramid[2][style_layer],
            lambda: tf.cond(self.shortcut[1],
                lambda: self.style_features_pyramid[1][style_layer],
                lambda: self.style_features_pyramid[0][style_layer]
            )
        ))
        self.style_losses.append(args.style_weight * (2 * tf.nn.l2_loss(grams - style_
gram) / tf.to_float(tf.size(style_gram))) / args.batch_size)
    self.style_loss = functools.reduce(tf.add, self.style_losses)
    #计算总损失
    tv_y_size = tf.to_float(tf.size(self.preds[:, 1:, :, :]))
    tv_x_size = tf.to_float(tf.size(self.preds[:, :, 1:, :]))
    y_tv = tf.nn.l2_loss(self.preds[:, 1:, :, :] - self.preds[:, :-1, :, :])
    x_tv = tf.nn.l2_loss(self.preds[:, :, 1:, :] - self.preds[:, :, :-1, :])
    self.tv_loss = 2 * args.tv_weight * (x_tv / tv_x_size + y_tv / tv_y_size) / args.batch
_size
    self.loss = tf.add_n([self.content_loss, self.style_loss, self.tv_loss], name = "loss")
    #建立训练函数
def train(self, args):
        #使用 tf 的 Adam 优化算法
    self.optimizer = tf.train.AdamOptimizer(args.learning_rate).minimize(self.loss)
    self.sess.run(tf.global_variables_initializer())
    for iter_count in xrange(1, int(args.max_iter) + 1):
        feed_dict = self.data_loader.fill_feed_dict(
            self.content_input,
            #增加一个通道
            img_size = DEFAULT_RESOLUTIONS[1] + (3,)
        )
        feed_dict[self.shortcut] = [iter_count % 3 == 2, iter_count % 3 == 1]
        feed_dict[self.interpolation_factor] = 0.0
        #开始训练
        _,content_loss,tv_loss,total_loss, style_losses_list = self.sess.run([
            self.optimizer,
            self.content_loss,
            self.tv_loss,
            self.loss,
            self.style_losses
        ], feed_dict = feed_dict)
        #每隔 iteration 个训练次数会输出各项损失
        if iter_count % args.iter_print == 0 and iter_count != 0:
            print ('Iteration {} / {}\n\tContent loss: {}'.format(iter_count, args.max_iter,
content_loss))
            for idx, sloss in enumerate(style_losses_list):
                print ('\tStyle {} loss: {}'.format(idx, sloss))
            print ('\tTV loss: {}'.format(tv_loss))
            print ('\tTotal loss: {}'.format(total_loss))
```

```
        #每隔输入 iteration 个训练次数会输出图像并且保存
        if iter_count % args.checkpoint_iterations == 0 and iter_count != 0:
            self.save(args.checkpoint_dir, iter_count)
            self.save_sample_train(args, join(args.serial, "out_{}_768px.jpg".format(iter_
count)), shortcut = STROKE_SHORTCUT_DICT["768"])
            self.save_sample_train(args, join(args.serial, "out_{}_512px.jpg".format(iter_
count)), shortcut = STROKE_SHORTCUT_DICT["512"])
            self.save_sample_train(args, join(args.serial, "out_{}_256px.jpg".format(iter_
count)), shortcut = STROKE_SHORTCUT_DICT["256"])
    #定义载入函数通过 checkpoint 文件夹对模型进行恢复
    def load(self, checkpoint_dir):
    print (" [ * ] Reading checkpoint...")
    ckpt = tf.train.get_checkpoint_state(checkpoint_dir)
    if ckpt and ckpt.model_checkpoint_path:
        ckpt_name = os.path.basename(ckpt.model_checkpoint_path)
        self.saver.restore(self.sess, os.path.join(checkpoint_dir, ckpt_name))
        return True
    else:
        try:
            self.saver.restore(self.sess, checkpoint_dir)
            return True
        except:
            return False
    #定义保存训练样本函数
    def save_sample_train(self, args, output_path, shortcut):
    img = np.array(load_image(args.sample_path, 1024), dtype = np.float32)
    border = np.ceil(np.shape(img)[0]/20/4).astype(int) * 5
    #container = np.ones((args.batch_size, np.shape(img)[0] + 2 * border, np.shape(img)
[1] + 2 * border, 3), dtype = np.float32)
    container = [imresize(img, (np.shape(img)[0] + 2 * border, np.shape(img)[1] + 2 *
border, 3))]
    container[0][border : np.shape(img)[0] + border, border : np.shape(img)[1] + border, :]
= img
    container = np.repeat(container, args.batch_size, 0)
    #训练并形成 predict 图像
    preds = self.sess.run(self.preds, feed_dict = {self.content_input: container, self.
shortcut: shortcut, self.interpolation_factor: 0.0})
    #通过 save_image 函数(在第三部分 utils.py 定义)保存图像
    save_image(output_path, np.squeeze(preds[0][border : np.shape(img)[0] + border, border
: np.shape(img)[1] + border, :]))
    print ("[ * ] Save to {}".format(output_path))
```

3) 模型附加部分(utils.py)

```
#导入相关数据包
from PIL import Image
import numpy as np
```

```python
import os
import functools
    #定义加载图片函数
    def load_image(path, shape = None, crop = 'center'):
     img = Image.open(path).convert("RGB")
     if isinstance(shape, (list, tuple)):
        #裁剪以获得相同的长宽比形状
        width, height = img.size
        target_width, target_height = shape[0], shape[1]
        aspect_ratio = width / float(height)
        target_aspect = target_width / float(target_height)
        if aspect_ratio > target_aspect:  #如果宽,就裁剪宽度
            new_width = int(height * target_aspect)
            if crop == 'right':
                img = img.crop((width - new_width, 0, width, height))
            elif crop == 'left':
                img = img.crop((0, 0, new_width, height))
            else:
                img = img.crop(((width - new_width) / 2, 0, (width + new_width) / 2,
height))
        else:  #否则就裁剪高度
            new_height = int(width / target_aspect)
            if crop == 'top':
                img = img.crop((0, 0, width, new_height))
            elif crop == 'bottom':
                img = img.crop((0, height - new_height, width, height))
            else:
                img = img.crop((0, (height - new_height) / 2, width, (height + new_height)
/ 2))
        #调整尺寸到目标大小,使其具有正确的宽高比
        img = img.resize((target_width, target_height))
     elif isinstance(shape, (int, float)):
        width, height = img.size
        large = max(width, height)
        ratio = shape / float(large)
        width_n, height_n = ratio * width, ratio * height
        img = img.resize((int(width_n), int(height_n)))
    return img
    #定义保存图像函数 save_image
    def save_image(path, image):
     res = Image.fromarray(np.uint8(np.clip(image, 0, 255.0)))
     res.save(path)
#定义创建路径函数(以防路径不存在的情况)
def mkdir_if_not_exists( * args):
    for arg in args:
        if not os.path.exists(arg):
            os.makedirs(arg)
```

2. 模型保存

本部分包括 pack_model.py 中的相关代码。

```
♯导入相关数据包
import os
import tensorflow as tf
from tensorflow import graph_util
import argparse
    ♯将 checkpoint 文件夹以及输出路径传入
    parser = argparse.ArgumentParser()
parser.add_argument('-- checkpoint_dir', dest = 'checkpoint_dir', required = True)
parser.add_argument('-- output', dest = 'output', required = True)
args = parser.parse_args()
    ♯将 checkpoint 文件夹中的内容进行存储
    ♯由于 TensorFlow 变量只在 session 中存在,因此调用 save 方法将模型保存在 session 中
    meta_graph = [meta for meta in os.listdir(args.checkpoint_dir) if '.meta'in meta]
    assert (len(meta_graph) > 0)
sess = tf.Session()
```

通过 tf.train.import_meta_graph()进行模型结构的加载,将训练好的模型参数保存,saver.Restore()是提取训练好的参数、tf.get_default_graph()用于查看默认计算图、as_graph_def()返回该图序列化的 GraphDef 表示。

```
saver = tf.train.import_meta_graph(os.path.join(args.checkpoint_dir, meta_graph[0]))
saver.restore(sess, tf.train.latest_checkpoint(args.checkpoint_dir))
graph = tf.get_default_graph()
input_graph_def = graph.as_graph_def()
```

最终用 tf.graph_util.convert_variables_to_constants()函数保存 TensorFlow 模型的.pb 文件,用 tf.gfile()函数打开 output 的路径,并用 output_graph_def.serializetostring()的方式将固化的模型写入文件。

```
output_node_names = 'add_39'
output_graph_def = graph_util.convert_variables_to_constants(sess, input_graph_def,output_
node_names.split(","))
with tf.gfile.GFile(args.output, "wb") as f:
f.write(output_graph_def.SerializeToString())
sess.close()
```

8.3.4 模型测试

该测试主要有两部分:一是生成风格迁移功能执行文件;二是网页端进行前、后端配合,调用风格迁移功能。

1. 风格迁移功能实现

功能:将参数传入进行风格迁移。参数包括:model(.pb 模型文件的路径)、serial(输

出结果图片的路径）、content（输入内容图片的路径）、interp（从 256～768 笔触大小中的间隔值，默认时表示笔触大小分为 3 挡：256、512、768）。

```python
# 将参数传入
parser = argparse.ArgumentParser()
parser.add_argument('-- model', dest = 'model', required = True)
parser.add_argument('-- serial', dest = 'serial', default = './examples/serial/default')
parser.add_argument('-- content', dest = 'content', required = True)
parser.add_argument('-- interp', dest = 'interp', type = int, default = - 1)
args = parser.parse_args()
 # 构建字典 STROKE_SHORTCUT_DICT 对于 3 种笔触大小进行值的映射
 STROKE_SHORTCUT_DICT = {"768": [False, False], "512": [False, True], "256": [True, False],
"interp": [True, True]}
 # 加载模型中的图并且调用，最终使用 tf.graph.finalize()结束当前的计算图并使之成为只读
with open(args.model, 'rb') as f:
style_graph_def = tf.GraphDef()
style_graph_def.ParseFromString(f.read())
style_graph = tf.Graph()
with style_graph.as_default():
tf.import_graph_def(style_graph_def, name = '')
style_graph.finalize()
```

2. 网页配置

本部分包括前端配置和后端配置。

1）前端配置

主界面 website.html 布局设计：3 个按键实现对应笔触页面跳转。

```html
< div class = "buttons">//定义按键类
  < form id = "forms" method = "post" action = "1.html"> //定义表单
    < a href = "javascript:;" class = "a - upload mr10">< input type = "submit" name = "m" value
= "m" onClick = "page2()" required id = "">小笔刷</a>
//定义按键样式及功能
</form >
< form id = "forms2" method = "post" action = "2.html">
    < a href = "javascript:;" class = "a - upload mr10">< input type = "submit" name = "s" value
= "s" onClick = "page1()" required id = "">中笔刷</a>
  </form >
  < form id = "forms3" method = "post" action = "3.html">
    < a href = "javascript:;" class = "a - upload mr10">< input type = "submit" name = "l" value
= "l" onClick = "page3()" required id = "">大笔刷</a>
</form >
</div >
function page3(){
form3 = document.getElemenById("forms");
form3.action = "3.html"                                    //单击事件绑定界面跳转
  }
```

子界面布局设计(以小笔刷对应 1.html 为例)：单击"上传图片"按钮实现本地图片上传,通过"小笔刷渲染"实现风格迁移生成输出

```
< form enctype = "multipart/form - data" method = "post" name = "fileinfo" class = "fm">
//采用 multipart/form - data 格式表单进行图片传输,根据 post 方法,表单名称为 fileinfo
  < div class = "clear"></div >
  < a href = "javascript:;" class = "a - upload mr10">< input type = "file" accept = "image/ * "
name = "file" onChange = "uploadImg(this,'preview')" required id = "">上传图片</a>
//定义 file 格式按键及单击触发事件 uploadImg
  < a href = "javascript:;" class = "a - upload mr10">< input type = "submit" accept = "image/ * "
name = "file" onClick = "recover('img2')" required id = "">小笔刷渲染</a>
//定义 submit 格式按键及单击触发事件 recover
</form >
//图片上传
function uploadImg(file,imgNum){
  var widthImg = 200;                          //显示图片的 width
  var heightImg = 200;                         //显示图片的 height
  var div = document.getElementById(imgNum);
  if (file.files && file.files[0]){
  div.innerHTML = '< img id = "upImg">';        //生成图片
  var img = document.getElementById('upImg');  //获得用户上传的图片节点
  img.onload = function(){
  img.width = widthImg;
  img.height = heightImg;
  }
  var reader = new FileReader();               //判断图片是否加载完毕
  reader.onload = function(evt){
  if(reader.readyState === 2){                 //加载完毕后赋值
  img.src = evt.target.result;
  }
  }
  reader.readAsDataURL(file.files[0]);
  }
  }
//前端数据传入后端
var form = document.forms.namedItem("fileinfo");   //定义表单变量
form.addEventListener('submit', function(ev) {
//定义 submit 类按键单击事件监听
  var oOutput = document.querySelector("div"),
    oData = new FormData(form);                //实例化表单对象
  // oData.append("CustomField", "This is some extra data");(添加额外数据)
  var oReq = new XMLHttpRequest();             //建立 http 请求
  oReq.open("POST", "http://127.0.0.1:5009/test/", true);     //请求类型为 POST
//oReq.setRequestHeader('Content - Type','multipart/form - data'); //设置请求头
  oReq.send(oData);                            //发送表单数据
  oReq.onload = function(oEvent) {             //检查传输状态
    if (oReq.status == 200) {
      // oOutput.innerHTML = "upload!";
```

```
            var img = document.getElementById('img2');   //传输成功,后端生成图返回前端表单
             img.src = oReq.responseText + '?' + Math.random();
           } else {
             oOutput.innerHTML = "Error " + oReq.status + " occurred when trying to upload your
file.< br \/>";                            //输出错误警告
           }
       };
       ev.preventDefault();
}, false);
//生成图显示: 获取表单中得到的最新数据,即后端返回值
       function recover(imgNum){
         var imgNum2 = document.getElementById(imgNum);    //获取表单中得到的数据
         imgNum2.src = "";
       }
```

2）后端配置

加载用户上传的图片到后端,调用模型进行风格迁移,并返回输出的生成图。

```
# 导入相关包
import os, sys
from flask import request
from flask import Flask
from flask_cors import *
from flask import render_template
# 实例化 Flask 对象
app = Flask(__name__)
CORS(app, resources = r'/*')
# Flask 定义路由,并且把修饰的函数 get_data()注册为路由
@app.route("/test/", methods = ['POST'])
def get_data():
    # 如果存放结果的文件夹内已经有 style_256.jpg,则先清空
    path = "./examples/serial/default/style_256.jpg"
    if(os.path.exists('style_256.jpg')):
        os.remove(path)
    # 将前端传入图片文件存入本地文件夹
    f = request.files['file']
    f.save('C:/Users/dengxiao/Desktop/stroke - controllable - fast - style - transfer - master/
examples/content/content.jpg')
    # 通过 os 运行算法
    os.system("python inference_style_transfer.py -- model ./examples/model/pre - trained/
style_1.pb -- serial ./examples/serial/default -- content ./examples/content/content.jpg")
    # 返回结果图片的地址
    address = "C:/Users/dengxiao/Desktop/stroke - controllable - fast - style - transfer -
master/examples/serial/default/style_256.jpg"
    return address
# 程序实例用 run()方法启动 Flask 集成的开发 Web 服务器
if __name__ == '__main__':
    app.run(host = '0.0.0.0', port = 5009)
```

3. 网页前端和后端代码

本部分包括网页前端主界面 website.html 文件,分界面 1.html、2.html、3.html 文件、网页后端 hou.py 文件和风格迁移执行文件。

1)前端主界面 website.html 文件

相关代码如下:

```html
<!doctype html>
<html>
<head>
<meta charset = "utf - 8">
<title>front</title>
<!-- <link href = "style.css" rel = "style"> -->
<style>
  .fm{margin:30px;background:#fff}
  .trans{width:1080px;margin:0 auto;vertical - align:middle;}
  .d1{width:48%;float:left;margin:0 1%;background:#eee}
  .d2 {text - align:Center; height: 250px; line - height:250px; width: 90%; float: left;
    margin: 4%;
    border: 2px  #7c1823 dashed;
    border - radius: 5px;
    background:#fff;
}
.btstyle{border - radius:15px;margin - bottom:30px;line - height:30px}
.d2 img{ width: auto;
    height: auto;
    max - width: 100%;
    max - height: 100%;
}
/* { max - width: 100%; border - radius:10px; display: inline - block; vertical - align:
middle;} */
.clear{clear:both}
.a - upload{
                padding: 10px 30px;
                /* height: 34px; */
                line - height: 28px;
                position: relative;
                cursor: pointer;
                color: #fff;
                background - color: #fac123;
                border - color:rgb(107, 14, 25);
                border - radius: 4px;
                overflow: hidden;
                display: inline - block;
                *display: inline;
                *zoom: 1;
```

```
                    margin:0 30px;
                    text - decoration: none;
              }
          .a - upload input{
                    position: absolute;
                    font - size: 100px;
                    right: 0;
                    top: 0;
                    opacity: 0;
                    filter: alpha(opacity = 0);
                    cursor: pointer
          }
          .a - upload:hover{
                    color: #FFFFFF;
                    background: #faae20;
                    border - color: #ddbc89;
                    text - decoration: none;
          }
              .ptitle{float: left; width: 50%; line - height: 20px; font - size: 30px; text -
    indent:30px;}
       </style>
    </head>
    < body >
    < body background = "web _ images/design7. png" style = " background - repeat: no - repeat ;
    background - size:100% 100%;background - attachment: fixed;">
    < div class = "trans">
    < p class = "ptitle"> </p>
    < div class = "clear"></div>
    < p class = "ptitle"> </p>
    < div class = "clear"></div>
       < div class = "clear"></div>
       < div class = "buttons">
       < form id = "forms" method = "post" action = "1. html">
          < a href = "javascript:;" class = "a - upload mr10">< input type = "submit" name = "m" value
    = "m" onClick = "page2()" required id = "">小笔刷</a>
          </form >
          < form id = "forms2" method = "post" action = "2. html">
       < a href = "javascript:;" class = "a - upload mr10">< input type = "submit" name = "s" value =
    "s" onClick = "page1()" required id = "">中笔刷</a>
       </form >
       < form id = "forms3" method = "post" action = "3. html">
           < a href = "javascript:;" class = "a - upload mr10">< input type = "submit" name = "l" value
    = "l" onClick = "page3()" required id = "">大笔刷</a>
    </form >
    </div >
    </div >
    < script >
```

```
function page1(){
form1 = document.getElemenByld("forms");
form1.action = "file:///C:/Users/86138/Anaconda3/style/transfer/1.html"
}
function page2(){
form2 = document.getElemenByld("forms2");
form2.action = "2.html"
}
function page3(){
form3 = document.getElemenByld("forms3");
form3.action = "3.html"
}
</script>
</body>
</html>
```

2）小笔刷分界面1.html

相关代码如下：

```
<!doctype html>
<html>
<head>
<meta charset = "utf-8">
<title>front</title>
<!-- <link href = "style.css" rel = "style"> -->
<style>
  .fm{margin:30px;background:#fff}
  .trans{width:1080px;margin:0 auto;vertical-align:middle;}
  .d1{width:48%;float:left;margin:0 1%;background:#eee}
  .d2 {text-align:Center; height: 250px; line-height:250px; width: 90%; float: left;
    margin: 4%;
    border: 2px#4d8227 dashed;
    border-radius: 5px;
    background:#fff;
}
.btstyle{border-radius:15px;margin-bottom:30px;line-height:30px}
.d2 img{ width: auto;
    height: auto;
    max-width: 100%;
    max-height: 100%;
}
/* { max-width: 100%; border-radius:10px; display: inline-block; vertical-align:
middle;} */
.clear{clear:both}
.a-upload{
                padding: 10px 30px;
                /* height: 34px; */
```

```
                         line - height: 28px;
                         position: relative;
                         cursor: pointer;
                         color: #fff;
                         background - color: #fac123;
                         border - color:rgb(107, 14, 25);
                         border - radius: 4px;
                         overflow: hidden;
                         display: inline - block;
                        * display: inline;
                        * zoom: 1;
                         margin:0 30px;
                         text - decoration: none;
                }
             .a - upload input{
                         position: absolute;
                         font - size: 100px;
                         right: 0;
                         top: 0;
                         opacity: 0;
                         filter: alpha(opacity = 0);
                         cursor: pointer
                }
             .a - upload:hover{
                         color: #FFFFFF;
                         background: #faae20;
                         border - color: #ddbc89;
                         text - decoration: none;
                }
              . ptitle{float: left; width: 50 % ; line - height: 20px; font - size:30px; text -
      indent:30px;}
         </style>
     </head>
     < body>
     < div class = "trans">
     < p class = "ptitle"> PHOTO </p>< p class = "ptitle"> STYLE </p>
     < div class = "d1">
     < div class = "clear"></div>
     < div class = "d2" id = "preview">
       < img src = "" alt = "上传你想要渲染的图片" id = "imghead5" />
     </div>
     </div>
     < div class = "d1">
     < div class = "clear"></div>
     < div class = "d2" id = "preview2">
       < img src = "" alt = "等待几秒 会有惊喜!" id = "img2" />
     </div>
```

```
</div>
<div class = "clear"></div>
<form enctype = "multipart/form-data" method = "post" name = "fileinfo" class = "fm">
   <div class = "clear"></div>
   <a href = "javascript:;" class = "a-upload mr10"><input type = "file" accept = "image/*"
name = "file" onChange = "uploadImg(this,'preview')" required id = "">上传图片</a>
   <a href = "javascript:;" class = "a-upload mr10"><input type = "submit" accept = "image/*"
name = "file" onClick = "recover('img2')" required id = "">小笔刷渲染</a>
</form>
   <form id = "forms" method = "post" action = "website.html" class = "fm">
   <div class = "clear"></div>
   <a href = "javascript:;" class = "a-upload mr10"><input type = "submit" name = "m" value =
"m" onClick = "return1()" required id = "">重新选择</a>
   </form>
</div>
<script>
var form = document.forms.namedItem("fileinfo");
form.addEventListener('submit', function(ev) {
   var oOutput = document.querySelector("div"),
       oData = new FormData(form);
   //oData.append("CustomField", "This is some extra data");
   var oReq = new XMLHttpRequest();
   oReq.open("POST", "http://127.0.0.1:5009/test/", true);
   //oReq.setRequestHeader('Content-Type', 'multipart/form-data');
   oReq.send(oData);
   oReq.onload = function(oEvent) {
     if (oReq.status == 200) {
       //oOutput.innerHTML = "upload!";
       var img = document.getElementById('img2');   //传输成功,显示生成图
       img.src = oReq.responseText + '?' + Math.random();
     } else {
       oOutput.innerHTML = "Error " + oReq.status + " occurred when trying to upload your
file.<br \/>";
     }
   };
   ev.preventDefault();
}, false);
</script>
<script>
   function recover(imgNum){
    var imgNum2 = document.getElementById(imgNum);
    imgNum2.src = "";
   }
</script>
   <script>
function return1(){
form1 = document.getElementById("forms");
```

```
form1.action = "website.html"
}
</script>
  <script>
  function uploadImg(file,imgNum){
  var widthImg = 200;                              //显示图片的宽度
  var heightImg = 200;                             //显示图片的高度
  var div = document.getElementById(imgNum);
  if (file.files && file.files[0]){
  div.innerHTML = '<img id = "upImg">';            //生成图片
  var img = document.getElementById('upImg');      //获得用户上传的图片节点
  img.onload = function(){
  img.width = widthImg;
  img.height = heightImg;
  }
  var reader = new FileReader();                    //判断图片是否加载完毕
  reader.onload = function(evt){
  if(reader.readyState === 2){                      //加载完毕后赋值
  img.src = evt.target.result;
  }
  }
  reader.readAsDataURL(file.files[0]);
  }
  }
  </script>
</body>
</html>
```

3) 中笔刷分界面 2.html

相关代码如下：

```
<!doctype html>
<html>
<head>
<meta charset = "utf-8">
<title>front</title>
<!-- <link href = "style.css" rel = "style"> -->
<style>
  .fm{margin:30px;background:#fff}
  .trans{width:1080px;margin:0 auto;vertical-align:middle;}
  .d1{width:48%;float:left;margin:0 1%;background:#eee}
  .d2 {text-align:Center; height: 250px; line-height:250px; width: 90%; float: left;
    margin: 4%;
    border: 2px  #4d8227 dashed;
    border-radius: 5px;
    background:#fff;
  }
```

```
.btstyle{border-radius:15px;margin-bottom:30px;line-height:30px}
.d2 img{ width: auto;
    height: auto;
    max-width: 100%;
    max-height: 100%;
}
/* { max-width: 100%; border-radius:10px; display: inline-block; vertical-align:
middle;} */
.clear{clear:both}
.a-upload{
                padding: 10px 30px;
                /* height: 34px; */
                line-height: 28px;
                position: relative;
                cursor: pointer;
                color: #fff;
                background-color: #fac123;
                border-color:rgb(107, 14, 25);
                border-radius: 4px;
                overflow: hidden;
                display: inline-block;
                *display: inline;
                *zoom: 1;
                margin:0 30px;
                text-decoration: none;
            }
            .a-upload input{
                position: absolute;
                font-size: 100px;
                right: 0;
                top: 0;
                opacity: 0;
                filter: alpha(opacity=0);
                cursor: pointer
            }
            .a-upload:hover{
                color: #FFFFFF;
                background: #faae20;
                border-color: #ddbc89;
                text-decoration: none;
            }
            .ptitle{float: left; width: 50%; line-height: 20px; font-size: 30px; text-
indent:30px;}
    </style>
</head>
<body>
<div class="trans">
```

```html
<p class="ptitle">PHOTO</p><p class="ptitle">STYLE</p>
<div class="d1">
<div class="clear"></div>
<div class="d2" id="preview">
  <img src="" alt="上传你想要渲染的图片" id="imghead5" />
</div>
</div>
<div class="d1">
<div class="clear"></div>
<div class="d2" id="preview2">
  <img src="" alt="等待几秒 会有惊喜!" id="img2" />
</div>
</div>
<div class="clear"></div>
<form enctype="multipart/form-data" method="post" name="fileinfo" class="fm">
  <div class="clear"></div>
  <a href="javascript:;" class="a-upload mr10"><input type="file" accept="image/*"
name="file" onChange="uploadImg(this,'preview')" required id="">上传图片</a>
  <a href="javascript:;" class="a-upload mr10"><input type="submit" accept="image/*"
name="file" onClick="recover('img2')" required id="">中笔刷渲染</a>
</form>
  <form id="forms" method="post" action="website.html" class="fm">
  <div class="clear"></div>
    <a href="javascript:;" class="a-upload mr10"><input type="submit" name="m" value
="m" onClick="return1()" required id="">重新选择</a>
</form>
</div>
<script>
var form = document.forms.namedItem("fileinfo");
form.addEventListener('submit', function(ev) {
  var oOutput = document.querySelector("div"),
      oData = new FormData(form);
    //oData.append("CustomField", "This is some extra data");
  var oReq = new XMLHttpRequest();
  oReq.open("POST", "http://127.0.0.1:5009/test2/", true);
  //oReq.setRequestHeader('Content-Type', 'multipart/form-data');
  oReq.send(oData);
  oReq.onload = function(oEvent) {
    if (oReq.status == 200) {
      //oOutput.innerHTML = "upload!";
      var img = document.getElementById('img2');
      img.src = oReq.responseText + '?' + Math.random();
    } else {
      oOutput.innerHTML = "Error " + oReq.status + " occurred when trying to upload your
file.<br \/>";
    }
  };
```

```
        ev.preventDefault();
}, false);
</script>
<script>
    function recover(imgNum){
     var imgNum2 = document.getElementById(imgNum);
     imgNum2.src = "";
    }
</script>
   <script>
function return1(){
form1 = document.getElemenById("forms");
form1.action = "website.html"
}
</script>
  <script>
  function uploadImg(file,imgNum){
  var widthImg = 200;                      //显示图片的宽度
  var heightImg = 200;                     //显示图片的高度
  var div = document.getElementById(imgNum);
  if (file.files && file.files[0]){
  div.innerHTML = '< img id = "upImg">';   //生成图片
  var img = document.getElementById('upImg');  //获得用户上传的图片节点
  img.onload = function(){
  img.width = widthImg;
  img.height = heightImg;
  }
  var reader = new FileReader();           //判断图片是否加载完毕
  reader.onload = function(evt){
  if(reader.readyState === 2){             //加载完毕后赋值
  img.src = evt.target.result;
  }
  }
  reader.readAsDataURL(file.files[0]);
  }
  }
  </script>
</body>
</html>
```

4）大笔刷分界面3.html

相关代码如下：

```
  <!doctype html>
< html >
< head >
< meta charset = "utf - 8">
```

```
<title> front </title>
<!-- <link href = "style.css" rel = "style"> -->
<style>
  .fm{margin:30px;background:#fff}
  .trans{width:1080px;margin:0 auto;vertical-align:middle;}
  .d1{width:48%;float:left;margin:0 1%;background:#eee}
  .d2 {text-align:Center; height: 250px; line-height:250px; width: 90%; float: left;
    margin: 4%;
    border: 2px  #4d8227 dashed;
    border-radius: 5px;
    background:#fff;
}
.btstyle{border-radius:15px;margin-bottom:30px;line-height:30px}
.d2 img{ width: auto;
    height: auto;
    max-width: 100%;
    max-height: 100%;
}
/* { max-width: 100%; border-radius: 10px; display: inline-block; vertical-align:
middle;} */
.clear{clear:both}
.a-upload{
                padding: 10px 30px;
                /* height: 34px; */
                line-height: 28px;
                position: relative;
                cursor: pointer;
                color: #fff;
                background-color: #fac123;
                border-color:rgb(107, 14, 25);
                border-radius: 4px;
                overflow: hidden;
                display: inline-block;
                *display: inline;
                *zoom: 1;
                margin:0 30px;
                text-decoration: none;
            }
            .a-upload input{
                position: absolute;
                font-size: 100px;
                right: 0;
                top: 0;
                opacity: 0;
                filter: alpha(opacity = 0);
                cursor: pointer
            }
```

```
            .a-upload:hover{
                color: #FFFFFF;
                background: #faae20;
                border-color: #ddbc89;
                text-decoration: none;
            }
            .ptitle{float:left;width:50%;line-height: 20px;font-size: 30px;text-
indent:30px;}
    </style>
</head>
<body>
<div class = "trans">
<p class = "ptitle">PHOTO</p><p class = "ptitle">STYLE</p>
<div class = "d1">
<div class = "clear"></div>
<div class = "d2" id = "preview">
    <img src = "" alt = "上传你想要渲染的图片" id = "imghead5" />
</div>
</div>
<div class = "d1">
<div class = "clear"></div>
<div class = "d2" id = "preview2">
    <img src = "" alt = "等待几秒 会有惊喜!" id = "img2" />
</div>
</div>
<div class = "clear"></div>
<form enctype = "multipart/form-data" method = "post" name = "fileinfo" class = "fm">
    <div class = "clear"></div>
    <a href = "javascript:;" class = "a-upload mr10"><input type = "file" accept = "image/*"
name = "file" onChange = "uploadImg(this,'preview')" required id = "">上传图片</a>
    <a href = "javascript:;" class = "a-upload mr10"><input type = "submit" accept = "image/*"
name = "file" onClick = "recover('img2')" required id = "">大笔刷渲染</a>
</form>
    <form id = "forms" method = "post" action = "website.html" class = "fm">
    <div class = "clear"></div>
        <a href = "javascript:;" class = "a-upload mr10"><input type = "submit" name = "m" value
= "m" onClick = "return1()" required id = "">重新选择</a>
    </form>
</div>
<script>
var form = document.forms.namedItem("fileinfo");
form.addEventListener('submit', function(ev) {
    var oOutput = document.querySelector("div"),
        oData = new FormData(form);
    //oData.append("CustomField", "This is some extra data");
    var oReq = new XMLHttpRequest();
    oReq.open("POST", "http://127.0.0.1:5009/test3/", true);
```

```javascript
    //oReq.setRequestHeader('Content - Type', 'multipart/form - data');
    oReq.send(oData);
    oReq.onload = function(oEvent) {
      if (oReq.status == 200) {
        //oOutput.innerHTML = "upload!";
        var img = document.getElementById('img2');
        img.src = oReq.responseText + '?' + Math.random();
      } else {
        oOutput.innerHTML = "Error " + oReq.status + " occurred when trying to upload your
file.< br \/>";
      }
    };
    ev.preventDefault();
}, false);
</script>
< script >
    function recover(imgNum){
      var imgNum2 = document.getElementById(imgNum);
      imgNum2.src = "";
    }
</script>
 < script >
function return1(){
form1 = document.getElemenById("forms");
form1.action = "website.html"
}
</script>
< script >
  function uploadImg(file, imgNum){
  var widthImg = 200;                          //显示图片的宽度
  var heightImg = 200;                         //显示图片的高度
  var div = document.getElementById(imgNum);
  if (file.files && file.files[0]){
  div.innerHTML = '< img id = "upImg">';       //生成图片
  var img = document.getElementById('upImg');  //获得用户上传的图片节点
  img.onload = function(){
  img.width = widthImg;
  img.height = heightImg;
  }
  var reader = new FileReader();               //判断图片是否加载完毕
  reader.onload = function(evt){
  if(reader.readyState === 2){                 //加载完毕后赋值
  img.src = evt.target.result;
  }
  }
  reader.readAsDataURL(file.files[0]);
  }
```

```
        }
    </script>
</body>
</html>
```

5）网页后端 hou.py 文件

相关代码如下：

```
# coding = utf - 8
# 导入相关包
import os, sys
from flask import request
from flask import Flask
from flask_cors import *
from flask import render_template
# 实例化 Flask 对象
app = Flask(__name__)
CORS(app, resources = r'/ * ')
# Flask 定义路由, 并且把修饰的函数 get_data 注册为路由
@app.route("/test/", methods = ['POST'])
def get_data():
    # 如果存放结果的文件夹内已经有 style_256.jpg, 则先清空
    path = "./examples/serial/default/style_256.jpg"
    if(os.path.exists('style_256.jpg')):
        os.remove(path)
    # 将前端传入图片文件存入本地文件夹
    f = request.files['file']
    f.save('C:/Users/dengxiao/Desktop/stroke - controllable - fast - style - transfer - master/
examples/content/content.jpg')
    # 通过 os 运行算法
    os.system("python inference_style_transfer.py -- model ./examples/model/pre - trained/
style_1.pb -- serial ./examples/serial/default -- content ./examples/content/content.jpg" )
    # 返回结果图片的地址
    address = "C:/Users/dengxiao/Desktop/stroke - controllable - fast - style - transfer -
master/examples/serial/default/style_256.jpg"
    return address
# get_data2 和 get_data 类似, 仅在返回图片时返回了 512 笔触结果
@app.route("/test2/", methods = ['POST'])
def get_data2():
    path = "./examples/serial/default/style_512.jpg"
    if(os.path.exists('style_512.jpg')):
        os.remove(path)
    f = request.files['file']
    f.save('C:/Users/dengxiao/Desktop/stroke - controllable - fast - style - transfer - master/
examples/content/content.jpg')
    os.system("python inference_style_transfer.py -- model ./examples/model/pre - trained/
tk.pb -- serial ./examples/serial/default -- content ./examples/content/content.jpg" )
```

```
        address = "C:/Users/dengxiao/Desktop/stroke - controllable - fast - style - transfer -
    master/examples/serial/default/style_512.jpg"
        return address
    # get_data3 和 get_data 类似, 仅在返回图片时返回了 768 笔触结果
    @app.route("/test3/", methods = ['POST'])
    def get_data3():
        path = "./examples/serial/default/style_768.jpg"
        if(os.path.exists('style_768.jpg')):
            os.remove(path)
        f = request.files['file']
        f.save('C:/Users/dengxiao/Desktop/stroke - controllable - fast - style - transfer - master/
    examples/content/content.jpg')
        os.system("python inference_style_transfer.py -- model ./examples/model/pre - trained/
    tk.pb -- serial ./examples/serial/default -- content ./examples/content/content.jpg" )
        address = "C:/Users/dengxiao/Desktop/stroke - controllable - fast - style - transfer -
    master/examples/serial/default/style_768.jpg"
        return address
    # 程序实例用 run()方法启动 Flask 集成的开发 Web 服务器
    if __name__ == '__main__':
        app.run(host = '0.0.0.0', port = 5009)
```

6) 风格迁移执行文件

相关代码如下：

```
# inference_style_transfer.py
from __future__ import division                    # 导入各种包和模块
import os
from os import listdir
from os.path import isfile, join
import time
import tensorflow as tf
import numpy as np
import sys
import functools
from PIL import Image
from scipy.misc import imresize
from utils import *
import argparse
os.environ["CUDA_DEVICE_ORDER"] = "PCI_BUS_ID"
os.environ["CUDA_VISIBLE_DEVICES"] = ""
os.environ['TF_CPP_MIN_LOG_LEVEL'] = '2'
parser = argparse.ArgumentParser()                 # 参数解析
parser.add_argument('-- model', dest = 'model', required = True)
parser.add_argument('-- serial', dest = 'serial', default = './examples/serial/default')
parser.add_argument('-- content', dest = 'content', required = True)
parser.add_argument('-- interp', dest = 'interp', type = int, default = - 1)
args = parser.parse_args()
```

```
STROKE_SHORTCUT_DICT = {"768": [False, False], "512": [False, True], "256": [True, False],
"interp": [True, True]}                          #风格类型字典
with open(args.model, 'rb') as f:
    style_graph_def = tf.GraphDef()
    style_graph_def.ParseFromString(f.read())
style_graph = tf.Graph()
with style_graph.as_default():                   #默认风格
    tf.import_graph_def(style_graph_def, name = '')
style_graph.finalize()
sess_style = tf.Session(graph = style_graph)
content_tensor = style_graph.get_tensor_by_name('content_input:0')
shortcut_options = style_graph.get_tensor_by_name('shortcut:0')  #选项处理
interp_options = style_graph.get_tensor_by_name('interpolation_factor:0')
style_output_tensor = style_graph.get_tensor_by_name('add_39:0')
train_batch_size = content_tensor.get_shape().as_list()[0]   #训练批次大小
img = np.array(load_image(args.content, 1024), dtype = np.float32)
border = np.ceil(np.shape(img)[0]/20/4).astype(int) * 5
container = [imresize(img, (np.shape(img)[0] + 2 * border, np.shape(img)[1] + 2 * border,
3))]
container[0][border : np.shape(img)[0] + border, border : np.shape(img)[1] + border, :]
 = img
container = np.repeat(container, train_batch_size, 0)
mkdir_if_not_exists(args.serial)
if args.interp < 0:                              #不同风格处理
    style_768 = sess_style.run(style_output_tensor, feed_dict = {content_tensor:container,
shortcut_options:STROKE_SHORTCUT_DICT["768"],interp_options: 0})
    style_512 = sess_style.run(style_output_tensor, feed_dict = {content_tensor: container,
shortcut_options: STROKE_SHORTCUT_DICT["512"], interp_options: 0})
    style_256 = sess_style.run(style_output_tensor, feed_dict = {content_tensor: container,
shortcut_options: STROKE_SHORTCUT_DICT["256"], interp_options: 0})
    save_image(os.path.join(args.serial, "style_768.jpg"),  #图片存储
np.squeeze(style_768[0][border : np.shape(img)[0] + border, border : np.shape(img)[1] +
border, :]))
    save_image(os.path.join(args.serial, "style_512.jpg"), np.squeeze(style_512[0][border
: np.shape(img)[0] + border, border : np.shape(img)[1] + border, :]))
    save_image(os.path.join(args.serial, "style_256.jpg"), np.squeeze(style_256[0][border
: np.shape(img)[0] + border, border : np.shape(img)[1] + border, :]))
else:
    for i in xrange(args.interp):
        style_img = sess_style.run(
            style_output_tensor,
            feed_dict = {
                content_tensor: container,
                shortcut_options: STROKE_SHORTCUT_DICT["interp"],
                interp_options: i / args.interp * 2
            })
        save_image(                              #存储路径及格式
            os.path.join(args.serial, "style_interp_{}_{}.jpg".format(i, args.interp)),
            np.squeeze(style_img[0][border : np.shape(img)[0] + border, border : np.shape
(img)[1] + border, :])
```

```
                )
        sess_style.close()
```

8.4 系统测试

本部分包括训练准确率、测试效果及模型应用。

8.4.1 训练准确率

训练过程：选取 MSCOCO 数据集中的 2000 张图片进行训练（为了加快训练速度），每500 次训练显示一次损失值，每 1000 次将训练过程数据存入 checkpoint 文件夹内。

模型训练如图 8-3 所示，模型训练 20000 次所得损失如图 8-4 所示，模型训练损失变化趋势如图 8-5 所示。

图 8-3 模型训练 图 8-4 模型训练 20000 次所得损失

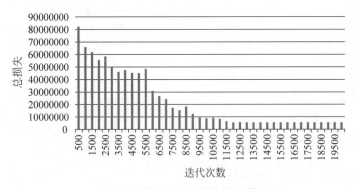

图 8-5 模型训练损失变化趋势

随着 epoch 次数的增多，模型在 content、style 以及总损失逐渐收敛，大概在迭代 12000次左右时收敛，最终稳定。

8.4.2 测试效果

示例内容如图 8-6 所示，示例风格如图 8-7 所示，3 种不同笔触渲染生成如图 8-8 所示。

图 8-6　示例内容图片　　　　　　　　　图 8-7　示例风格图片

输出：（分别对应三种笔触大小：256、512、768）。

图 8-8　3 种不同笔触渲染生成

8.4.3　模型应用

本部分包括打开网页、上传图片和测试结果。

1. 打开网页

为在不同环境运行，打开后端文件 hou. py，修改 get_data() 函数中的第 20 行 f. save() 和 24 行 address 指向的地址，get_data2() 和 get_data3() 同理。运行后端文件 hou. py，出现 如图 8-9 所示界面即运行成功。

```
(tensorflow) C:\Users\86138\Anaconda3\style\transfer>python hou.py
* Serving Flask app "hou" (lazy loading)
* Environment: production
  WARNING: This is a development server. Do not use it in a production deployment.
  Use a production WSGI server instead.
* Debug mode: off
* Running on http://0.0.0.0:5009/ (Press CTRL+C to quit)
```

图 8-9　后端运行成功示例

用 Google Chrome 浏览器打开 website.html 文件，进入网页界面，如图 8-10 所示。

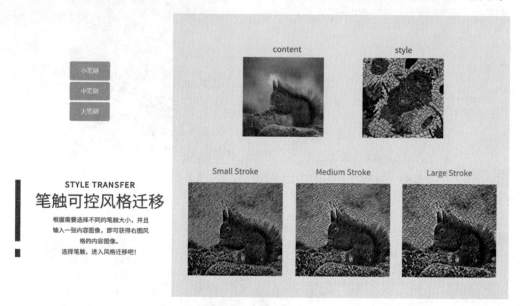

图 8-10　网页主界面

主界面包含项目介绍及笔刷选择按钮。单击"小笔刷"按钮，则进入风格迁移界面。

2. 上传图片

上传页面如图 8-11 所示。

图 8-11　上传页面

单击网页左下角"上传图片"按钮，选择本地图片文件，单击"小笔刷渲染"按钮进行上传。

3．测试结果

在网页端的测试结果，如图 8-12 所示。展示经过风格迁移生成的图片。由于选择小笔刷，从生成图中可以看到细腻丰富的笔触。如果重新选择，则单击"重新选择"按钮即可。

图 8-12　渲染完成界面

SRGAN 网络在网站默认

头像生成中的应用

本项目基于 SRGAN 网络并搭配新的损失函数设计,使用现有二次元用户头像训练模型,实现开发二次元头像站,提高模型训练过程中的稳定性和收敛速度。

9.1 总体设计

本部分包括系统整体结构和系统流程。

9.1.1 系统整体结构

系统整体结构如图 9-1 所示。

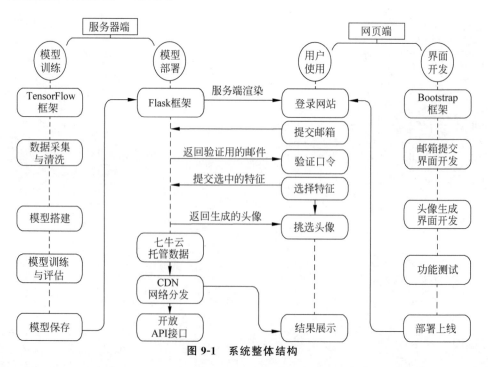

图 9-1 系统整体结构

9.1.2　系统流程

系统流程如图 9-2 所示。

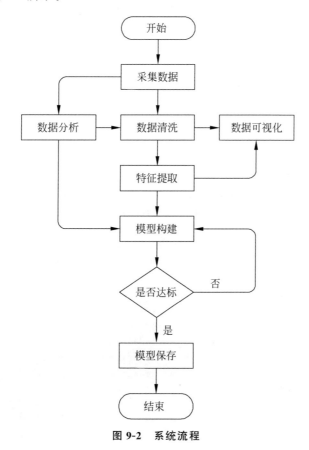

图 9-2　系统流程

9.2　运行环境

本部分包括 TensorFlow 环境和网页服务器开发环境。

9.2.1　TensorFlow 环境

使用 Anaconda 4.8.2 搭建 Python 3.7.6 环境和 TensorFlow-gpu 2.0 作为训练框架。

1. Anaconda 安装

打开 Anaconda 安装包目录 https://mirrors.tuna.tsinghua.edu.cn/anaconda/archive/，下载得到可运行文件,双击运行文件后,再单击"下一步"按钮使用默认配置完成安装。

Anaconda 作为一款包管理器,安装时需要下载大量的依赖文件,因此,为保证更好的使用体验,需要配置 Anaconda,清华的 TUNA 镜像站作为华北高校中全而快的软件镜像站,为 Anaconda 提供镜像服务。

在用户目录下创建并编辑.condarc。Windows 用户无法直接创建名为.condarc 的文件,可先执行如下命令:

```
conda config -- set show_channel_urls yes
```

生成之后再修改。填写如下内容:

```
channels:
  - defaults
show_channel_urls: true
channel_alias: https://mirrors.tuna.tsinghua.edu.cn/anaconda
default_channels:
  - https://mirrors.tuna.tsinghua.edu.cn/anaconda/pkgs/main
  - https://mirrors.tuna.tsinghua.edu.cn/anaconda/pkgs/free
  - https://mirrors.tuna.tsinghua.edu.cn/anaconda/pkgs/r
  - https://mirrors.tuna.tsinghua.edu.cn/anaconda/pkgs/pro
  - https://mirrors.tuna.tsinghua.edu.cn/anaconda/pkgs/msys2
custom_channels:
  conda-forge: https://mirrors.tuna.tsinghua.edu.cn/anaconda/cloud
  msys2: https://mirrors.tuna.tsinghua.edu.cn/anaconda/cloud
  bioconda: https://mirrors.tuna.tsinghua.edu.cn/anaconda/cloud
  menpo: https://mirrors.tuna.tsinghua.edu.cn/anaconda/cloud
  pytorch: https://mirrors.tuna.tsinghua.edu.cn/anaconda/cloud
  simpleitk: https://mirrors.tuna.tsinghua.edu.cn/anaconda/cloud
```

运行如下命令:

```
conda clean - i
```

清除索引缓存,保证使用的是镜像站提供的索引。

2. Nvidia CUDA cuDNN 安装

CUDA 是 Nvidia 开发的图像计算库,用于 GPU 加速的科学计算方法。NVIDIA CUDA®深度神经网络库(cuDNN)是 GPU 加速用于深度神经网络的原语库。cuDNN 为标准例程提供了高度优化的实现,例如,向前和向后卷积、池化、规范化和激活层。

更新 Windows 到最新版本,使用 Nvidia 的管理器更新驱动。前往 CUDA Toolkit 10.2 https://developer.nvidia.com/cuda-downloads 按照版本下载 CUDA,双击安装包,单击"下一步"按钮,使用默认配置完成安装。注册 Nvidia 的用户,并勾选"同意服务协议"复选框后下载。得到安装包,解压后覆盖在 CUDA 的路径上完成安装。

3. TensorFlow 安装

Anaconda 作为包管理器,在 Windows 上使用可视化图形界面对环境进行管理,创建一个新的环境,并在依赖包管理器列表中,寻找到需要的依赖,在复选框中打钩后单击"执行"按钮,系统则会自动完成依赖链的补全,安装所有需要的包。

9.2.2　网页服务器开发环境

使用 Python 3.7.3 环境,搭配 VScode 进行开发。

1. VScode 安装

VScode 全称 Visual Studio Code 是开源编辑器,也可以借助丰富的插件实现 IDE 的相关调试功能。

安装方式:微软 Visual Studio Code 网站 https://code.visualstudio.com/会根据来访者的浏览器 UA 推荐合适的 VScode 安装包,单击下载安装即可。为方便进行 Flask 开发调试工作,使用 Python 插件提供脚本的调试功能。

2. Python 网页服务器部署环境

服务器部署由于需要考虑进程守护、HTTPS 加密等,不能直接使用开发环境。而是在GUN/Linux 环境中,配置方式也不同。使用 virtualenv 搭建 Python 3 的 Flask 虚拟环境,由于服务器中通常运行各种不同的 Python 程序,它们的依赖可能产生冲突,因此,需要使用 virtualenv 创建一个拥有自己安装目录的环境,这个环境不与其他虚拟环境共享库,能够方便管理 Python 版本和 Python 库。

使用 Python 自带的包管理器 pip 安装,输入命令:

```
pip install virtualenv
```

使用 virtualenv 创建名为 flask 的虚拟环境,输入命令:

```
virtualenv - p python3 flask
```

当前目录下会出现 flask 文件夹,用以存放虚拟环境需要的相关文件,使用如下命令激活虚拟环境,输入命令:

```
source ./flask/bin/activate
```

使用 pip 安装依赖,输入命令:

```
pip install qiniu werkzeug flask gunicorn
```

使用 gunicorn 和 systemd 作为 Flask 服务器的守护进程,gunicorn 是 UNIX 上被广泛使用、高性能的 Python WSGI UNIX HTTP Server。和大多数的 Web 框架兼容,并具有实现简单、轻量级等特点。systemd 是 Linux 系统基础组件的集合,提供了一个系统和服务管理器,运行为 PID 1,并负责启动其他程序。

创建/etc/systemd/system/avaters.service 文件,填写如下配置信息:

```
[Unit]
```

```
Description = avaters
Requires = avaters.socket
After = network.target
[Service]
PIDFile = /run/avaters/pid
User = www-data
Group = www-data
WorkingDirectory = /opt/web/avaters
ExecStart = /opt/web/avaters/flask/bin/gunicorn -- pid /run/avaters/pid -- bind unix:/run/
avaters/socket 'webServer:app'
ExecReload = /bin/kill - s HUP $ MAINPID
ExecStop = /bin/kill - s TERM $ MAINPID
PrivateTmp = true
[Install]
WantedBy = multi-user.target
```

配置文件的描述：avater 服务，依赖名为 avaters 的 Unix 套接字，需要在网络被初始化之后执行。服务的 PID 以文件形式存储在/run/avaters/pid，使用 www-data 的身份和用户组运行，该服务的工作路径在/opt/web/avaters，启动应该执行命令/opt/web/avaters/flask/bin/gunicorn --pid /run/avaters/pid --bind unix：/run/avaters/socket 'webServer：app'，这个命令的作用为使用虚拟环境中的 gunicorn 运行服务，服务监听 Unix 套接字/run/avaters/socket，保存 PID 到文件/run/avaters/pid，服务处理为 webServer：app，webServer 为主程序的文件名，APP 在这个文件中，Flask 对象的变量名，重载和停止分别对应着向 pid 所指进程发送 HUP 和 TEMP 信号。创建/etc/systemd/system/avaters.socket 文件，填写如下配置信息：

```
[Unit]
Description = avaters socket
[Socket]
ListenStream = /run/avaters/socket
[Install]
WantedBy = sockets.target
```

这是 Unix 套接字的监听配置，监听文件/run/avaters/socket，保证该套接字处于可用状态。使用 Unix 套接字而不使用本地端口监听，其原因有两点：一是本地端口监听无法做到权限控制，任何本机用户都可以通过端口访问该服务；二是使用经过内核网络层进行数据交接，产生效率以及数据传输不稳定问题。

使用自编译带 HTTP/3（QUIC）补丁的 Nginx1.16.1 作为反代服务器，Nginx 作为一个高效的反代服务器，以其出色的并发性能著称。QUIC 作为 HTTP/3 的最新版本，在 TLS 握手和数据传输方面有重大更新，是值得尝试的新技术。但是 Nginx 官方并没用将 QUIC 并入主分支，通过补丁的方式添加 QUIC 模块实现这一功能。下载最新的 Nginx 代码并解压：

```
% curl − O https://nginx.org/download/nginx − 1.16.1.tar.gz
% tar xvzf nginx − 1.16.1.tar.gz
```

下载 QUIC 模块补丁：

```
% git clone −− recursive https://github.com/cloudflare/quiche
```

将补丁应用于 Nginx：

```
% cd nginx − 1.16.1
% patch − p01 < ../quiche/extras/nginx/nginx − 1.16.patch
```

配置 Nginx 开关并开始编译：

```
% ./configure \
−− with − cc − opt = '− g  − O2  − fdebug − prefix − map = /build/nginx − dvyH9w/nginx − 1.16.1 =
. − fstack − protector − strong  − Wformat  − Werror = format − security  − fPIC − Wdate − time  −
D_FORTIFY_SOURCE = 2' \
−− with − ld − opt = '− Wl, − Bsymbolic − functions  − Wl, − z, relro  − Wl, − z, now  − fPIC' \
−− http − log − path = /var/log/nginx/access.log \
−− error − log − path = /var/log/nginx/error.log \
−− lock − path = /var/lock/nginx.lock \
−− pid − path = /run/nginx.pid \
−− with − openssl = ../quiche/deps/boringssl \
−− with − quiche = ../quiche \
−− with − debug \
−− with − compat \
−− with − pcre − jit \
−− with − http_ssl_module \
−− with − http_stub_status_module \
−− with − http_realip_module \
−− with − http_auth_request_module \
−− with − http_v2_module \
−− with − http_v3_module \
−− with − http_dav_module \
−− with − http_slice_module \
−− with − threads \
−− with − http_addition_module \
−− with − http_geoip_module = dynamic \
−− with − http_gunzip_module \
−− with − http_gzip_static_module \
−− with − http_image_filter_module = dynamic \
−− with − http_sub_module \
−− with − http_xslt_module = dynamic \
−− with − stream = dynamic \
−− with − stream_ssl_module \
−− with − mail = dynamic \
−− with − mail_ssl_module
```

```
% make && sudo make install
```

随着大量的编译信息闪过屏幕，最终编译结束。在/usr/local/nginx 得到了自己编译的 Nginx。创建 Nginx 的配置文件/usr/local/nginx/conf/sites-available/avaters. xice. wang. conf：

```
server {
        listen 80;
        server_name avaters.xice.wang;
        #add_header Strict-Transport-Security max-age=15768000;
        return 301 https://$server_name$request_uri;
}
server {
    listen 443 ssl http2;
    server_name avaters.xice.wang;
    add_header Strict-Transport-Security "max-age=63072000; includeSubdomains;
preload";
    listen 443 quic;
    add_header alt-svc 'h3-25=":443"; ma=86400';
    resolver 223.5.5.5 223.6.6.6 valid=300s;
    ssl_certificate /root/.acme.sh/xice.wang_ecc/fullchain.cer;
    ssl_certificate_key /root/.acme.sh/xice.wang_ecc/xice.wang.key;
    ssl_protocols TLSv1.2;
    ssl_prefer_server_ciphers on;
    ssl_session_cache shared:SSL:10m;
    ssl_verify_depth 3;
    ssl_session_timeout 60m;
    client_max_body_size 10M;
    index               index.html index.htm index.php;
    root                /opt/web/avaters;
    access_log          /var/log/nginx/avaters.xice.wang.access.log combined;
    error_log           /var/log/nginx/avaters.xice.wang.error.log;
    client_body_buffer_size         128k;
    proxy_redirect                  off;
    proxy_connect_timeout           90;
    proxy_send_timeout              90;
    proxy_read_timeout              90;
    proxy_buffers                   32 4k;
    proxy_buffer_size               8k;
    proxy_set_header                Host $host;
    proxy_set_header                X-Real-IP $remote_addr;
    proxy_set_header                X-Forwarded-For $proxy_add_x_forwarded_for;
    proxy_headers_hash_bucket_size  64;
    location ~ ^/static/ {
      include  /etc/nginx/mime.types;
      root /opt/web/avaters;
      location ~ * \.(jpg|jpeg|png|gif)$ {
```

```
      expires 365d;
    }
    location ~ * ^. + .(css|js) $ {
      expires 7d;
    }
  }
  location / {
    proxy_pass                http://unix:/run/avaters/socket;
    proxy_read_timeout     1200;
    proxy_connect_timeout  1200;
    proxy_redirect            off;
  }
}
```

其中设置启用 QUIC 模块以及反向代理的内容。

9.3　模块实现

本部分包括 4 个模块：数据预处理、模型构建、模型训练及保存、网站搭建,下面分别给出各模块的功能介绍及相关代码。

9.3.1　数据预处理

本部分包括采集数据、数据清洗和生成标签。

1. 采集数据

编写 Python 爬虫,爬取 Bilibili 用户头像和 getchu.com 动漫人物立绘。二者方法类似,因此,这里只给出爬取 Bilibili 用户头像的相关代码:

```
# 导入依赖
import requests, time
from contextlib import closing
 apiUrl = "https://api.bilibili.com/x/space/app/index?mid = % d"
# bilibili 提供的用户信息 API
imgSize = "_128 * 128.jpg"                    # 头像图片后缀
beginWith = 1                                 # 起始值
if __name__ == '__main__':
    i = beginWith
    while True:
        r = requests.get(apiUrl % i)          # 请求 API 网址
        j = r.json()                          # 把请求返回的内容(json 字符串)解析成字典
        if j["code"] == 0:
            faceurl = j["data"]["info"]["face"] # 找出用户头像图片的 URL
            # 删除默认头像、GIF 头像
            if faceurl.find("noface") == - 1 and faceurl.find("gif") == - 1:
```

```
            print('正在下载第%d张图片' % (i))
        #下载规定尺寸的图片(128 * 128)
            with closing(requests.get(url = faceurl + imgSize, stream = True, verify =
False)) as r:
                #把图片内容分块写入文件中保存
                with open('face/%d.jpg' % i, 'ab + ') as f:
                    for chunk in r.iter_content(chunk_size = 1024):
                        if chunk:
                            f.write(chunk)
                            f.flush()
        time.sleep(0.1)        #暂停 0.1s,降低网站压力
        i += 1                 #更新 mid
```

2. 数据清洗

上述代码在爬取图片的同时,完成了基本数据的清洗操作,包括:

(1) 删除默认头像、GIF 图片(默认头像会干扰模型训练的结果;GIF 图片无法被模型处理)。

(2) 把图片尺寸统一成 128×128(因为模型的输入是固定尺寸的)。

(3) 删除大小为 0KB 的图片(文件 I/O 异常、用户注销等有可能导致这一问题)。

(4) 并不是所有的头像图片都包含人脸,因此,需对图片进行人脸检测,如果未检测到人脸或检测到多个人脸,则说明该图片不是理想的训练样本,需删除,实际上这两步可以合并为一步,因为 0KB 的图片显然检测不出人脸,相关代码如下:

```
#导入依赖
import cv2
import glob
from tqdm import tqdm

cascade = cv2.CascadeClassifier('lbpcascade_animeface.xml')#导入分类器文件
images = glob.glob('.\\face\\ * .jpg')           #获取待检测图片的地址列表
    haveOneFace = []                             #用于存储通过检测图片的地址
    print(len(images))                           #打印待处理的图片总数
pbar = tqdm(range(len(images)))                  #增加进度条
for i in pbar:
        image = cv2.imread(images[i])            #读取图片内容
        gray = cv2.cvtColor(image, cv2.COLOR_BGR2GRAY)
                                                 #生成灰度图,提高检测效率
        gray = cv2.equalizeHist(gray)            #直方图均衡化
        faces = cascade.detectMultiScale(gray)
                                                 #人脸检测,返回人脸的坐标及尺寸
        if len(faces) == 1:                      #如果图片中含一个人脸
            haveOneFace.append(images[i])
            cv2.imwrite(".\\oneface\\ %d.jpg" % i, image)
                                                 #把符合要求的图片写入文件保存
```

```
            pbar.set_postfix_str("OneFace: %d" % len(haveOneFace))
print("%d/%d" % (len(haveOneFace), len(images)))
                                            #最后打印符合要求的图片
```

共爬取 57380 张图片,其中默认头像及 GIF 图片有 19508 张,未通过人脸检测的图片有 17421 张,可以作为训练样本的图片有 20451 张,具体占比如图 9-3 所示。

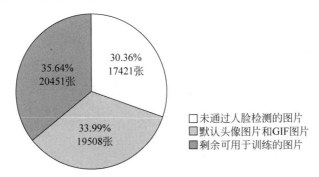

图 9-3　数据采集结果统计

3. 生成标签

本项目要求最终训练好的模型能够"生成指定特征图片",属于监督学习,所以训练样本必须要有标签。

采用开源项目 illustration2vec 提取图片的特征作为标签,筛选出常见的 34 个特征进行分析,包括 13 种发色、5 种发型、10 种瞳色、6 种其他特征(具体名称不一一列举)。相关代码如下:

```
#导入依赖
import i2v
from imageio import imread
#获取待提取特征图片的地址列表
images = glob.glob("./faces/*.jpg")
#导入模型文件和包含所有 JSON 文件
illust2vec = i2v.make_i2v_with_chainer('illust2vec_tag_ver200.caffemodel', 'tag_list.json')
#需要提取的 34 个特征
tags = ['blonde hair', 'brown hair', 'black hair', 'blue hair',
'pink hair', 'purple hair', 'green hair', 'red hair','silver hair',
'white hair', 'orange hair', 'aqua hair', 'grey hair',
'long hair', 'short hair', 'twintails', 'drill hair', 'ponytail',
'blue eyes', 'red eyes', 'brown eyes', 'green eyes', 'purple eyes',
'yellow eyes', 'pink eyes', 'aqua eyes', 'black eyes', 'orange eyes',
'blush', 'smile', 'open mouth', 'hat', 'ribbon', 'glasses']
with open('tags.txt', 'w') as fw:
    for i in tqdm(range(len(images))):
        #读取目标图片
        image = cv2.imread(images[i])
```

```
＃提取图片特征
result = illust2vec.estimate_specific_tags([image], tags)[0]
fw.write(img_path + ',' + result + '\n')      ＃把提取到的结果写入文件
```

执行上述代码，存储结果的文件内容为（以第一行为例）：

{"blonde hair": 0.01334136724472049, "brown hair": 0.0722727179527227, … } …

其中，字典 Key 为特征，Value 为图片含有该特征的概率，相当于多输出的分类。为方便后续模型的处理，需要把上面得到"图片拥有该特征概率"形式的数据，翻译成 0～1 形式的 34 维向量，步骤如下：

（1）前 28 种特征：分别选取概率最大的一种发色、发型、瞳色，对应位设为 1，其余为 0。

（2）其他 6 种特征：设置一个阈值（0.25），若某一特征的概率高于这一阈值，则该特征对应位设为 1，反之则设为 0。

下面是把标签翻译成 0～1 形式的代码（直接在前面代码的最后两行之间增加下述内容即可）：

```
hair_colors = [[h, result[h]] for h in tags[0:13]]
＃获取分类输出中关于发色的部分
hair_colors.sort(key = lambda x:x[1], reverse = True)
＃根据概率降序排序
        for h in tags[0:13]:
            if h == hair_colors[0][0]:      ＃排序后第一项即为概率最大的发色,设为 1
                result[h] = 1
             else:
                result[h] = 0                ＃其余位置设为 0
            hair_styles = [[h, result[h]] for h in tags[13:18]]
＃获取分类输出中关于发型的部分
        hair_styles.sort(key = lambda x:x[1], reverse = True)＃根据概率降序排序
        for h in tags[13:18]:
        if h == hair_styles[0][0]:                ＃排序后第一项即为概率最大的发型,设为 1
            result[h] = 1
        else:
            result[h] = 0                ＃其余位置设为 0
        eyes_colors = [[h, result[h]] for h in tags[18:28]]
        ＃获取分类输出中关于瞳色的部分
        eyes_colors.sort(key = lambda x:x[1], reverse = True) ＃根据概率降序排序
        for h in tags[18:28]:
            if h == eye_colors[0][0]:            ＃排序后第一项即为概率最大的瞳色,设为 1
            result[h] = 1
            else:
            result[h] = 0                ＃其余位置设为 0
        for h in tags[28:]:                ＃遍历分类输出中关于其他特征的部分
            if result[h] > 0.25:                ＃若特征概率大于阈值,则对应位置设为 1
                result[h] = 1
            else:
```

```
        result[h] = 0                    ♯反之则设为 0
♯把 0～1 列表转换成逗号分隔的 0～1 字符串
result = ','.join([str(result[t]) for t in tags])
```

最终存储结果的文件内容为(以第一行为例):

1.jpg,1,0,0,0,0,0,0,0,0,0,0,0,1,0,0,0,0,1,0,0,0,0,0,0,0,0,0,0,0,1,1,0

9.3.2　模型构建

本部分包括定义模型结构和优化损失函数。

1. 定义模型结构

生成器结构如图 9-4 所示,判别器结构如图 9-5 所示。

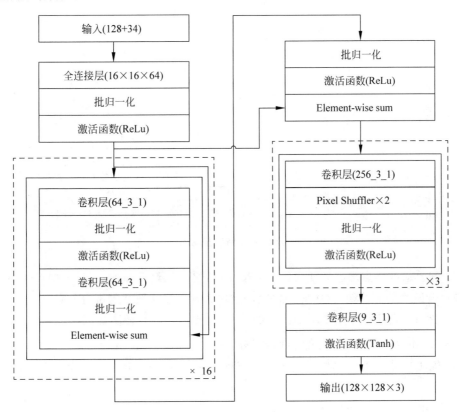

图 9-4　生成器结构

(1) 由 1 个全连接层、16 个残差块、3 个亚像素卷积层以及 1 个卷积层构成。

(2) 输入包括:128 维的噪声向量、34 维的特征标签。这里的特征标签不是训练样本中的,而是代码随机生成的标签,下面简称为"真实标签"和"虚假标签"。

(3) 64_3_1 是指卷积的层数(或者说深度)为 64,卷积核尺寸为 3×3,步长为 1(下同)。

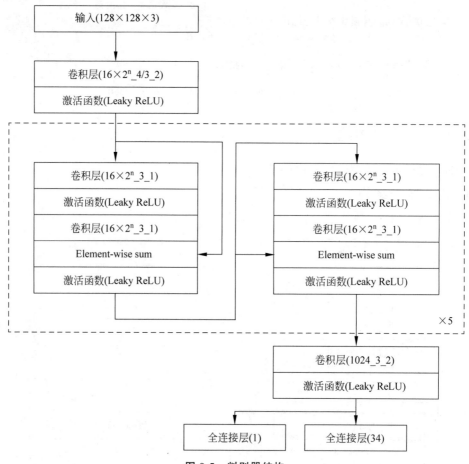

图 9-5　判别器结构

（4）残差块的优点之一是使得每层的输出都被保留，最后加到一起，这样可以使更复杂的结构提升网络的表达能力（实际上每层的输出都含有生成图片的部分信息）。

（5）亚像素卷积的作用是增加图片的尺寸，首先通过卷积使图片的深度增加了 4 倍，再通过 Pixel shuffle 把深度转化成宽度，使得图片尺寸增加了 $\sqrt{4}=2$ 倍。

（6）输出尺寸为 $128\times128\times3$，对应长宽各 128 个像素点，每个像素点有 RGB 3 个颜色通道。

判别器网络注意事项如下：

（1）主要由一个卷积层、十个残差块、三个亚像素卷积层以及一个卷积层构成。

（2）输入包括：生成器网络的输出、训练集中的图片。因此，尺寸同样为 $128\times128\times3$。

（3）十个残差块的尺寸各不相同，为方便结构图的绘制，设置 D、C 两个参数。D 值分别为：32、64、128、256、512；C 值分别为：4、4、4、3、3。

（4）批归一化（Batch Normalization）的公式如下：

$$\mu_B = \frac{1}{m}\sum_{i=1}^{m} x_i , \sigma_B^2 = \frac{1}{m}\sum_{i=1}^{m}(x_i - \mu_B)^2 \tag{9-1}$$

$$x'_i = \frac{x_i - \mu_B}{\sqrt{\sigma_B^2 + \varepsilon}} \tag{9-2}$$

$$y_i = \gamma x'_i + \beta \equiv BN_{\gamma,\beta}(x_i) \tag{9-3}$$

BN 的优点包括提升训练速度、对抗过拟合等。但在 WGAN-GP 中,需要对每个样本独立的施加梯度惩罚, 而由批归一化的公式可知,它会引入样本间的相互依赖关系,因此,使用批归一化。

（5）Leaky ReLU 能够缓解 ReLU 中可能发生的"部分神经元永远不被激活"问题,如图 9-6 所示。

（6）输出：输入判别器的图片为真概率（1 维向量）、输入判别器的图片属于各标签的概率（3 或 4 维向量）。

定义模型结构相关代码如下：

1）定义生成器网络中的残差块

相关代码如下：

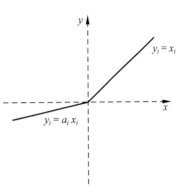

图 9-6　Leaky ReLU 函数示意图

```
class G_Block(keras.layers.Layer):
    #定义类的初始化函数
    def __init__(self):
        super(G_Block, self).__init__()
    self.conv1 = keras.layers.Conv2D(64,3,1,use_bias = False, padding = "same")
        self.bn1 = keras.layers.BatchNormalization()
     self.conv2 = keras.layers.Conv2D(64,3,1,use_bias = False, padding = "same")
        self.bn2 = keras.layers.BatchNormalization()
        self.adder = keras.layers.Add()
    #定义类的构造函数
    def call(self, inputs, training = None):
    #二维卷积层,深度(输出通道数) = 64,卷积核尺寸 = 3,步长 = 1,无偏置,无 padding
        x = self.conv1(inputs)
        #批归一化层 + 激活函数层(Leaky ReLU)
        x = tf.nn.leaky_relu(self.bn1(x, training = training))
        #二维卷积层,参数同上
        x = self.conv2(x)
        #批归一化层
        x = self.bn2(x, training = training)
        #Element - wise sum 层,把残差块的输入与批归一化后的输出相加
        x = self.adder([x,inputs])
        return x
```

2）定义生成器网络中的亚像素卷积层

相关代码如下：

```python
class Sub_pixel_Block(keras.layers.Layer):
    def __init__(self):
        super(Sub_pixel_Block, self).__init__()
        self.conv = keras.layers.Conv2D(256, 3, 1, use_bias = False, padding = "same")
        self.bn = keras.layers.BatchNormalization()
    def call(self, inputs, training = None):
        #二维卷积层,深度 = 256,卷积核尺寸 = 3,步长 = 1,无偏置,无 padding
        x = self.conv(inputs)
        #对应 pixel shuffle 操作,把深度转换为宽度
        x = tf.nn.depth_to_space(x, 2)
        #批归一化层
        x = self.bn(x, training = training)
        #激活函数层(ReLU)
        x = tf.nn.relu(x)
        return x
```

3) 定义生成器网络

相关代码如下:

```python
class Generator(keras.Model):    #生成器
    def __init__(self):    #初始化参数
        super(Generator, self).__init__()
        self.d = 16
        self.fc = keras.layers.Dense(self.d * self.d * 64)
        self.bn1 = keras.layers.BatchNormalization()
        self.g_blocks = [ G_Block() for _ in range(16) ]
        self.bn2 = keras.layers.BatchNormalization()
        self.adder = keras.layers.Add()
        self.sub_pixel_blocks = [ Sub_pixel_Block() for _ in range(3) ]
        self.conv = keras.layers.Conv2D(3, 9, 1, padding = 'same', activation = tf.nn.tanh, use_bias = True)
    def call(self, inputs, training = None):
        #inputs 代表随机噪声,labels 代表"虚假标签",级联这两个输入
        x = tf.concat([inputs, labels], axis = 1)
        #全连接层,尺寸为 16 * 16 * 64
        x = self.fc(x)
        #原本的尺寸为 Batch_size * 16 * 16 * 64,降维成 (Batch_size * 16) * 16 * 64
        x = tf.reshape(x, [ -1, self.d, self.d, 64])
        #批归一化层 + 激活函数层(ReLU)
        x = tf.nn.relu(self.bn1(x, training = training))
        #保存此时的(进入残差块之前)输出
        shortcut = x
        #十六个残差块
        for i in range(16):
            x = self.g_blocks[i](x, training = training)
            #批归一化层 + 激活函数层(ReLU)
            x = tf.nn.relu(self.bn2(x, training = training))
```

```
        ♯Element - wise sum 层,把之前保留的输出与批归一化层的输出相加
        x = self.adder([x, shortcut])
            ♯三个亚像素卷积层
    for i in range(3):
        x = self.sub_pixel_blocks[i](x, training = training)
    ♯二维卷积层,深度 = 3,卷积核尺寸 = 9,步长 = 1,有偏置,无 padding,激活函数为 Tanh
        x = self.conv(x)
        return x
```

4）定义判别器网络中的一个残差块

相关代码如下：

```
class D_Block(keras.layers.Layer):
    def __init__(self, filters):
        super(D_Block, self).__init__()
            self.conv1 = keras.layers.Conv2D(filters, 3, 1, padding = "same")
            self.conv2 = keras.layers.Conv2D(filters, 3, 1, padding = "same")
            self.adder = keras.layers.Add()
    def call(self, inputs):
    ♯二维卷积层(深度 = filters,卷积核尺寸 = 3,步长 = 1,无 padding) + 激活函数层(Leaky ReLU)
        x = tf.nn.leaky_relu(self.conv1(inputs))
        ♯二维卷积层,参数同上
        x = self.conv2(x)
♯element - wise sum 层(把输入与第二个二维卷积层的输出相加) + 激活函数层(Leaky ReLU)
        x = tf.nn.leaky_relu(self.adder([x, inputs]))
        return x
```

5）定义判别器网络中一组重复出现 5 次的子网络（一个卷积层，两个残差块）

相关代码如下：

```
class CDD_Blocks(keras.layers.Layer):
    def __init__(self, filters, C_kernel_size):
        super(CDD_Blocks, self).__init__()
        self.conv = keras.layers.Conv2D(filters, C_kernel_size, 2, padding = "same")
        self.d_block1 = D_Block(filters)
        self.d_block2 = D_Block(filters)
    def call(self, inputs):
♯二维卷积层(深度 = filters,卷积核尺寸 = C_kernel_size,步长 = 2,无 padding) +
♯激活函数层(Leaky ReLU)
        x = tf.nn.leaky_relu(self.conv(inputs))
        x = self.d_block1(x)          ♯第一个残差块
        x = self.d_block2(x)          ♯第二个残差块
        return x
```

6）定义判别器网络

相关代码如下：

```python
class Discriminator(keras.Model):
    def __init__(self):
        super(Discriminator, self).__init__()
        self.cdd_block1 = CDD_Blocks(32, 4)
        self.cdd_block2 = CDD_Blocks(64, 4)
        self.cdd_block3 = CDD_Blocks(128, 4)
        self.cdd_block4 = CDD_Blocks(256, 3)
        self.cdd_block5 = CDD_Blocks(512, 3)
        self.conv = keras.layers.Conv2D(1024, 3, 2, padding = "same")
        self.flatten = keras.layers.Flatten()
        self.fc1 = keras.layers.Dense(1)
        self.fc2 = keras.layers.Dense(34)
    def call(self, inputs):
        #五组子网络(结构相同,尺寸不同)
        x = self.cdd_block1(inputs)
        x = self.cdd_block2(x)
        x = self.cdd_block3(x)
        x = self.cdd_block4(x)
        x = self.cdd_block5(x)
#二维卷积层(深度 = 1024,卷积核尺寸 = 3,步长 = 2,无 padding) + 激活函数层(Leaky ReLU)
        x = tf.nn.leaky_relu(self.conv(x))
        x = self.flatten(x)                   #扁平化输出的向量
        logits = self.fc1(x)                  #输出 1:输入判别器图片为真的概率
        labels = self.fc2(x)                  #输出 2:输入判别器图片属于各标签的概率
        return logits, labels
```

2. 优化损失函数

为解决生成器梯度消失问题，采用 Wasserstein 距离替代原本的 JS 散度，如公式（9-4）和公式（9-5）所示。

$$\mathrm{Loss}(G) = -E_{x \sim P_{\mathrm{model}}}\big[D(x)\big] \tag{9-4}$$

$$\mathrm{Loss}(D) = -E_{x \sim P_{\mathrm{real}}}\big[D(x)\big] + E_{x \sim P_{\mathrm{model}}}\big[D(x)\big] + gp \tag{9-5}$$

（1）Wasserstein 距离只能在 k-Lipschitz 条件下给出近似解，要满足该条件，需增加梯度惩罚，如公式（9-6）所示。

$$gp = \lambda \cdot E_{x \sim P(x')}\big[(||\,\boldsymbol{\nabla}_x D(x)\,|| - k)^2\big], \quad \text{usually } k = 1 \tag{9-6}$$

（2）实验结果指出该梯度惩罚策略也能很好的缓解模式崩溃问题。

（3）为使模型能生成指定特征的图片，在更改训练网络结构的同时，需增加公式（9-7）和公式（9-8），参数如表 9-1 所示。

$$\mathrm{Loss}(G) = \mathrm{Loss}(G) + \beta \cdot \mathrm{cross\_entropy}\big[D'(x), \mathrm{label}_x\big]_{x \sim P_{\mathrm{model}}} \tag{9-7}$$

$$\mathrm{Loss}(D) = \mathrm{Loss}(D) + \beta \cdot \mathrm{cross\_entropy}\big[D'(x), \mathrm{label}_x\big]_{x \sim P_{\mathrm{real}}} \tag{9-8}$$

表 9-1　参数说明

符号	含　义
β	超参数
cross_entropy	计算两个分布的交叉熵
x	包括模型生成的图片和训练集中的图片
$D'(x)$	D 网络判断输入的图片属于各标签的概率
$label_x$	包括"虚假标签"和"真实标签"

本项目测试了在相同的数据集上，分别用改进前的 GAN 网络和改进后的 WGAN-GP 网络训练，得到模型 Loss 的变化情况，如图 9-7 所示。

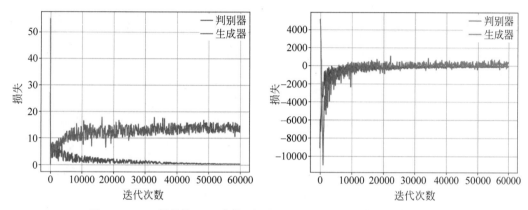

图 9-7　GAN 网络的 Loss 变化（左）和 WGAN-GP 网络的 Loss 变化（右）

注意事项如下：

（1）如果判别器训练得更好、更快，则生成器的 Loss 不会减少，反而会增加，反之亦然。

（2）WGAN-GP 网络的 Loss 变化幅度比 GAN 网络大，原因是 WGAN-GP 网络去掉了最后的 Sigmoid 层。

图 9-7 只能反映训练过程的基本趋势，不能用来比较算法的优劣，因此，本项目采用相关论文中推荐的 Inception score 作为评价模型优劣的标准（得分越高，模型越好），打印训练过程中模型得分的变化情况，如图 9-8 所示。

损失函数相关代码如下：

1）定义生成器损失函数

```
#d_fake：判别器判断虚假图片为真的概率，y_fake：判别器判断虚假图片属于各标签的概率
# random_labels：随机生成的虚假标签
def generator_loss(d_fake, y_fake, random_labels):
    #对应生成器损失函数的第一项
    loss_g_fake = - tf.math.reduce_mean(d_fake)
    #对应生成器损失函数的第二项
    loss_c_fake = tf.reduce_mean(sigmoid_cross_entropy_with_logits(y_fake, random_labels))
```

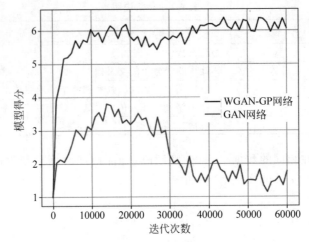

图 9-8 得分变化

```
loss_g = loss_g_fake + BETA * loss_c_fake
#统一数据类型
loss_g = tf.cast(loss_g, d_fake.dtype)
return loss_g
```

2）定义判别器损失函数

```
#d_real: 判别器判断真实图片为真的概率,y_real: 判别器判断真实图片属于各标签的概率
#real_labels: 真实(训练集中)图片的标签,gp: 梯度惩罚项
def discriminator_loss(d_real, d_fake, y_real, real_labels, gp):
    # 对应生成器损失函数的第一项
    loss_d_real = -tf.math.reduce_mean(d_real)
    # 对应生成器损失函数的第二项
    loss_d_fake = tf.math.reduce_mean(d_fake)
    # 对应生成器损失函数的第四项
    loss_c_real = tf.reduce_mean(tf.nn.sigmoid_cross_entropy_with_logits(y_real, real_
labels))
    loss_d = loss_d_real + loss_d_fake + BETA * loss_c_real
    #统一数据类型
    loss_d = tf.cast(loss_d, gp.dtype)
    # 对应生成器损失函数的第三项
    loss_d += LAMBDA * gp
    return loss_d
```

3）定义优化器

传统的 WGAN 网络不推荐基于动量的优化算法（包括 Adam），实验表明它们的效果不理想。但改进后的 WGAN-GP 可以用 Adam 优化,推荐的学习率为 0.0002,相关代码如下:

```
generator_optimizer = tf.keras.optimizers.Adam(2e-4)
```

```
＃生成器的优化函数(学习率 = 0.0002)
discriminator_optimizer = tf.keras.optimizers.Adam(2e - 4)
＃判别器的优化函数(学习率 = 0.0002)
```

9.3.3　模型训练及保存

本部分包括模型训练和模型保存。

1. 模型训练

本部分包括定义虚假标签函数、一次迭代训练函数、总训练函数、生成图片并保存的函数、合成图片的函数。

1) 定义随机生成虚假标签的函数,作为生成器网络的输入之一

```
＃要求:发色、发型、瞳色各一种,且出现概率相等;6种其他特征出现的概率为0.25
def get_random_tags():
    ＃生成0~1的随机矩阵,尺寸为batch size * 34
    y = np.random.uniform(0.0, 1.0, [batch_size, LABEL]).astype(np.float32)
    ＃若某一位的值大于0.75,则把该位的值重设为1
    y[y > 0.75] = 1
    ＃若某一位的值小于或等于0.75,则把该位的值重设为0
    y[y ≤ 0.75] = 0
    ＃通过上述操作,矩阵每一行的每一位,都有0.25的概率为1,0.75的概率为0
    ＃因此每一行(对应一个标签)的最后6位(对应6种其他特征)已符合要求
    for i in range(batch_size):
        hc = np.random.randint(0, 13)      ＃生成0~12的随机整数
        hs = np.random.randint(13, 18)     ＃生成13~17的随机整数
        ec = np.random.randint(18, 28)     ＃生成18~27的随机整数
        y[i, :28] = 0                      ＃重设矩阵每一行的前28位为0
        y[i, hc] = 1                       ＃随机(等概)选择一个发色
        y[i, hs] = 1                       ＃随机(等概)选择一个发型
        y[i, ec] = 1                       ＃随机(等概)选择一个瞳色
    return y
```

2) 定义一次迭代的训练函数
相关代码如下:

```
＃注解tf.function的作用是使函数被"编译"
@tf.function
＃参数为一个batch的图片和图片标签
def train_step(images, labels):
    ＃生成随机噪声(生成器的输入之一,作为扰动)
    noise = tf.random.normal([images.shape[0], z_dim])
    ＃生成随机标签(生成器的输入之一)
    random_labels = get_random_tags()
    with tf.GradientTape() as gen_tape, tf.GradientTape() as disc_tape:
        ＃生成0~1的随机矩阵,尺寸为batch size * 1 * 1 * 1
```

```
        alpha = tf.random_uniform_initializer(minval = 0., maxval = 1.)(
                shape = [images.shape[0], 1, 1, 1], dtype = images.dtype)
# 生成 0～1 的随机矩阵,尺寸为 batch size * 128 * 128 * 3
random1 = tf.random_uniform_initializer(minval = 0., maxval = 1.)(
                shape = images.shape, dtype = images.dtype)
# 生成随机扰动
X_batch_perturb = 0.5 * tf.math.reduce_std(images) * random1
# 计算判别器在真实图片附近(真实图片 + 随机扰动)的梯度
interpolates = images + X_batch_perturb
with tf.GradientTape() as grad_tape:
    gradD = discriminator(interpolates)
    grad = grad_tape.gradient(gradD,
                    discriminator.trainable_variables)[0][0]
    # 计算梯度的范数
    slop = tf.sqrt(tf.reduce_sum(tf.square(grad), axis = [1]))
    # 计算梯度惩罚项(采样平均代替期望)
    gp = tf.reduce_mean((slop - 1.) ** 2)
    # 把随机噪声和随机标签输入生成器,输出生成的图片: generated_images
    generated_images = generator(noise, random_labels, training = True)
    # 把真实图片输入判别器,输出真实图片为真的概率 real_output
    # 以及真实图片属于各标签的概率 y_real
    real_output, y_real = discriminator(images, training = True)
    # 把虚假图片输入判别器,输出虚假图片为真的概率 real_output
    # 以及虚假图片属于各标签的概率 y_real
    fake_output, y_fake = discriminator(generated_images,
                                        training = True)
    # 计算生成器的损失(函数)
    gen_loss = generator_loss(fake_output, y_fake, random_labels)
    # 计算判别器的损失(函数)
    disc_loss = discriminator_loss(real_output,
                        fake_output, y_real, real_labels, gp)
    # 求解生成器损失函数的梯度
    gradients_of_generator = gen_tape.gradient(gen_loss,
                        generator.trainable_variables)
    # 求解判别器损失函数的梯度
    gradients_of_discriminator = disc_tape.gradient(disc_loss,
                        discriminator.trainable_variables)
    # 把损失函数的梯度传递给优化器,进行一次迭代
generator_optimizer.apply_gradients(zip(
            gradients_of_generator, generator.trainable_variables))
discriminator_optimizer.apply_gradients(zip(
                gradients_of_discriminator,
            discriminator.trainable_variables))
return gen_loss, disc_loss
```

3）定义总训练函数

```python
def train(dataset, epochs, base_epoch):
    ♯每个 epoch 训练后,用模型生成一次图片,seed 是模型的输入
    seed = tf.random.normal([num_examples_to_generate, z_dim])
    ♯文件 loss.txt 用于记录生成器和判别器的 loss 变化
    with open(loss_file_title + "loss.txt",'w') as train_loss_results:
        if base_epoch == 0:
            train_loss_results.write("generator,discriminator\n")
        ♯总共训练 epochs 个 epoch
        for epoch in range(epochs):
            epoch += base_epoch
            ♯定义计算矩阵各项均值的函数
            gen_loss_avg = keras.metrics.Mean(
                            dtype = dataset._flat_types[0])
            disc_loss_avg = keras.metrics.Mean(
                            dtype = dataset._flat_types[0])
            ♯定义进度条(使界面更加友好)并用 batch size 把数据集划分为若干个 batch
            pbar = tqdm(dataset, desc = "Epoch: % d" % epoch, total = len(images)//batch_
size)
            ♯开始一个 epoch 中若干个 batch 的迭代
            for image_label_batch in pbar:
                ♯向之前定义的一次迭代函数输入一个 batch 的样本和标签
                ♯该函数输出生成器和判别器的 loss
                gen_loss, disc_loss = train_step(image_label_batch[0],
                    image_label_batch[1])
                ♯对 loss 矩阵的各项求均值
                gen_loss_avg(gen_loss)
                disc_loss_avg(disc_loss)
                ♯每次迭代后,把得到的结果按格式输出
                pbar.set_postfix_str("    Gen Loss: {:.3f}, \
                    Disc Loss: {:.3f}".format(gen_loss_avg.result(),disc_loss_avg.
result()))
                ♯每次迭代后,把得到的结果按格式写入文件中
                train_loss_results.write("{:.8f},{:.8f}\n".format(
                                    gen_loss_avg.result(),
                                    disc_loss_avg.result()))
            train_loss_results.flush()
            ♯每个 epoch 完结后,用模型生成一次图片并保存
            generate_and_save_images(generator, epoch + 1, seed)
            ♯每 5 个 epoch 完结后保存一次模型
            if (epoch + 1) % 5 == 0:
                checkpoint.save(file_prefix = checkpoint_prefix)
            print ('Time for epoch {} is {} sec'.format(
                    epoch + 1, time.time() - start))
        ♯最后一个 epoch 结束后生成图片
        generate_and_save_images(generator, epochs + base_epoch, seed)
```

4）定义生成图片并保存的函数

```
def generate_and_save_images(model, epoch, test_input):
    # 调用模型生成图片,这里 training 设定为 False,
    # 因此,所有层都在推理模式下运行(batchnorm)
    gen_imgs = model(test_input, training = False)
    gen_imgs = (gen_imgs + 1) / 2          # 调整图片数据范围
    gen_imgs = montage(gen_imgs)           # 合并图片(一次生成16张,拼接成一张输出)
    plt.axis('off')                        # 删除坐标轴
    plt.imshow(gen_imgs)                   # 打印图片
    imsave(os.path.join(OUTPUT_DIR, 'sample_%d.jpg' % epoch), gen_imgs)
                                           # 保存图片
```

5）定义合并图片的函数

模型一次输出16张图片,为方便展示与比较,用该函数把这16张图片拼接成一张输出,相关代码如下:

```
def montage(images):
    img_h = images.shape[1]
    img_w = images.shape[2]
    n_plots = int(np.ceil(np.sqrt(images.shape[0])))
    if len(images.shape) == 4 and images.shape[3] == 3:
        m = np.ones(
                (images.shape[1] * n_plots + n_plots + 1,
                images.shape[2] * n_plots + n_plots + 1, 3)) * 0.5
    elif len(images.shape) == 4 and images.shape[3] == 1:
        m = np.ones(
                (images.shape[1] * n_plots + n_plots + 1,
                images.shape[2] * n_plots + n_plots + 1, 1)) * 0.5
    elif len(images.shape) == 3:
        m = np.ones(
                (images.shape[1] * n_plots + n_plots + 1,
                images.shape[2] * n_plots + n_plots + 1)) * 0.5
    else:
        raise ValueError(
                'Could not parse image shape of {}'.format(images.shape))
    for i in range(n_plots):
        for j in range(n_plots):
            this_filter = i * n_plots + j
            if this_filter < images.shape[0]:
                this_img = images[this_filter]
                m[1 + i + i * img_h:1 + i + (i + 1) * img_h,

    1 + j + j * img_w:1 + j + (j + 1) * img_w] = this_img
    return m
```

2. 模型保存

模型保存与导入的相关代码如下(包括如何从前一轮停止的地方开始训练,而不是从头开始)。

定义检查点(checkpoint)相关代码如下:

```
♯检查点文件存储了模型的参数,必须结合定义了计算图的代码使用
♯该存储方式的优点是更加轻量级,方便随时恢复模型与再训练
checkpoint_dir = './oneface - training_checkpoints'
checkpoint_prefix = os.path.join(checkpoint_dir, "ckpt")
checkpoint = tf.train.Checkpoint(
                    generator_optimizer = generator_optimizer,
                    discriminator_optimizer = discriminator_optimizer,
                    generator = generator,
                    discriminator = discriminator)
```

训练开始前,导入之前保存的检查点相关代码如下:

```
checkpoint.restore(tf.train.latest_checkpoint(checkpoint_dir))
train(train_dataset, EPOCHS, base_epoch)
♯训练过程中(每隔 5 个 epoch)保存检查点
if (epoch + 1) % 5 == 0:
checkpoint.save(file_prefix = checkpoint_prefix)
```

9.3.4　网站搭建

由于服务器性能不支持大型网络的运算,同时出于系统解耦的总体思路,分为格式约定、并行处理和任务分发。

1. 格式约定

共使用 28 个标签位、9 个标签项,每一项都可以选择所允许标签的其中之一或者使用随机标签,如果使用简单的字符拼接则会浪费大量资源,且观感不好,但是使用合理分割,仅使用一个 32 位的无符号整数,即可存储一个图片的标签。

具体比特位规划如表 9-2 所示。

表 9-2　比特位规划

大端					小端
	发色	发型	瞳色	随机位	选中位
0 0 0 0 0 0 0 0 0	X X X X	Y Y Y	Z Z Z Z	R R R R R R	B B B B B B

第 22～19 位编码发色:4 位可以保存 16 种状态,发色标签共有 13 种,附加一个随机,共 14 种状态,可以保存在这个位置。

第 18～16 位编码发型:3 位可以保存 8 种状态,发型标签共有 5 种,附加一个随机,共

6 种状态, 可以保存在这个位置。

第 15~12 位编码瞳色: 4 位可以保存 16 种状态, 瞳色标签共有 10 种, 附加一个随机, 共 11 种状态, 可以保存在这个位置。

第 11~0 位编码其他标签: 其中第 11~6 每一位编码一个标签是否使用随机标签, 置为 1 则代表使用随机标签, 0 代表使用指定标签, 第 5~0 每一位编码指定标签选中情况, 只有在该标签的随机位置为 0 时生效, 置为 1 代表具有这一标签, 置为 0 代表不具有这一标签。

最终会得到一个 32 位的无符号整数, 将其转为十六进制则得到这一个标签的编码。

完成了如上的编码规则, 使用 Python 的位运算完成标签列表到编码的转换和编码到标签列表的转换。根据不同的段位, 设计编码对照表。

```
ColorTable = {   # 发色标签
    0:'blonde hair',
    1:'brown hair',
    2:'black hair',
    3:'blue hair',
    4:'pink hair',
    5:'purple hair',
    6:'green hair',
    7:'red hair',
    8:'silver hair',
    9:'white hair',
    10:'orange hair',
    11:'aqua hair',
    12:'grey hair',
    13:'all'
}
TypeTable = {   # 发型标签
    0:'long hair',
    1:'short hair',
    2:'twintails',
    3:'drill hair',
    4:'ponytail',
    5:'all'
}
EyesTable = {   # 瞳色标签
    0:'blue eyes',
    1:'red eyes',
    2:'brown eyes',
    3:'green eyes',
    4:'purple eyes',
    5:'yellow eyes',
    6:'pink eyes',
    7:'aqua eyes',
    8:'black eyes',
```

```
        9:'orange eyes',
        10:'all'
}
EthTable = {        #其他标签
        0:'blush',
        1:'smile',
        2:'open mouth',
        3:'hat',
        4:'ribbon',
        5:'glasses'
}
WithOutEthTable = {
        0:'no blush',
        1:'no smile',
        2:'no open mouth',
        3:'no hat',
        4:'no ribbon',
        5:'no glasses'
}
#创建两个函数,用于Python中的整数和比特数组的互相转换
 def int_to_bytes(x: int) -> bytes:              #整数到比特数组
        return x.to_bytes((x.bit_length() + 7) // 8, 'big')
def int_from_bytes(xbytes: bytes) -> int:       #比特数组到整数
        return int.from_bytes(xbytes, 'big')
#编写标签列表到编码的函数
def Type_to_hex(atype: List[str]) -> str:
        r = 0 #存储结果的遍历
        hair_color = 13                         #发色遍历
        hair_type = 5                           #发型遍历
        eyes = 10                               #瞳色变量
        eth = {                                 #其他标签的设置情况
            0: 2,
            1: 2,
            2: 2,
            3: 2,
            4: 2,
            5: 2
        }
        for k in atype:                         #遍历每一个标签
#判断该标签属于哪一类并设置结果
            if k in ColorTable.values():
              [hair_color] = [x[0] for x in ColorTable.items() if k == x[1]]
            if k in TypeTable.values():
                [hair_type] = [x[0] for x in TypeTable.items() if k == x[1]]
            if k in EyesTable.values():
                [eyes] = [x[0] for x in EyesTable.items() if k == x[1]]
            if k in EthTable.values():
```

```
                            [c] = [x[0] for x in EthTable.items() if k == x[1]]
                            eth[c] = 1
                   if k in WithOutEthTable.values():
                            [c] = [x[0] for x in WithOutEthTable.items() if k == x[1]]
                            eth[c] = 0
            # 按照给定的偏移量进行运算
            r += hair_color << 19
            r += hair_type << 16
            r += eyes << 12
            for k,v in eth.items():
                if v == 2:
                    r += 1 << (k + 6)
                else:
                    r += v << k
            return int_to_bytes(r).hex()                    # 返回编码结果
# 编写解码函数
def Type_from_hex(ahex: str) -> List[str]:
# 补全十六进制位数
            if len(ahex) % 2 == 1:
                ahex = '0' + ahex
            r = int_from_bytes(bytes.fromhex(ahex))     # 十六进制转整数
            res = []                                    # 由于存储结果
# 使用位运算获得响应的标签
            hair_color = r >> 19&0b1111
            hair_type = r >> 16&0b111
            eyes = r >> 12&0b1111
            reth = r >> 6&0x3F
            teth = r&0x3F
            eth = {
                0: 2,
                1: 2,
                2: 2,
                3: 2,
                4: 2,
                5: 2
            }
            for k in eth:
                eth[k] = 2 * (reth >> k&0b1) + (teth >> k&0b1)
# 根据编码合成结果
            res.append(ColorTable[hair_color])
            res.append(TypeTable[hair_type])
            res.append(EyesTable[eyes])
            for k,v in eth.items():
                if v == 0:
                    res.append(WithOutEthTable[k])
                elif v == 1:
                    res.append(EthTable[k])
```

♯返回结果
```
    return res
```

2. 并行处理

并行处理运行在高性能 GPU 主机上负责执行 Master 下发的任务并返回运算结果。分为模型对接和任务处理。

1）模型对接

根据 TensorFlow 的文档,加载模型的结构和权重并获得生成网络的上下文占位符。

```
sess = tf.Session()                                          ♯生成一个 TensorFlow 会话上下文
sess.run(tf.global_variables_initializer())                  ♯对会话中的变量进行初始化
♯加载模型的网络结构
saver = tf.train.import_meta_graph('./acgan/anime_acgan-60000.meta')
♯加载模型权重
saver.restore(sess, tf.train.latest_checkpoint('./acgan'))
graph = tf.get_default_graph()                               ♯获得网络结构操作句柄
g = graph.get_tensor_by_name('generator/g/Tanh:0')           ♯获得生成网络输入层
noise = graph.get_tensor_by_name('noise:0')                  ♯获得噪声占位符
noise_y = graph.get_tensor_by_name('noise_y:0')              ♯获得特征占位符
♯获得是否更新权重的辨识占位符
is_training = graph.get_tensor_by_name('is_training:0')
```

由于样本特征分布不均匀,为了保证质量,避免生成过多并不熟悉特征的图片,在用户需要特征未指定的情况下,使用样本的特征比例来生成特征标签。这个过程封装为函数。

```
♯根据一次处理数据的多少和标签的数量,生成介于 0~1 的随机数构成的矩阵
y = np.random.uniform(0.0, 1.0, [batch_size, LABEL]).astype(np.float32)
♯"其他标签"的训练数据占比
p_other = [0.6, 0.6, 0.25, 0.04488882, 0.3, 0.05384738]
♯遍历所有需要处理的标签
for i in range(batch_size):
♯遍历每一个"其他标签"
    for j in range(len(p_other)):
♯根据均匀分布概率密度,按照训练数据比例的概率产生随机标签
        if y[i, j + 28] < p_other[j]:
            y[i, j + 28] = 1
        else:
            y[i, j + 28] = 0
♯训练数据中不同发色的比例,即每种发色出现的概率
phc = [0.15968645, 0.21305391, 0.15491921, 0.10523116,
       0.07953927, 0.09508879, 0.03567429, 0.07733163,
       0.03157895, 0.01833307, 0.02236442, 0.00537514,
       0.00182371]
♯训练数据中不同发型出现的概率
phs = [0.52989922, 0.37101264, 0.12567589, 0.00291153,
       0.00847864]
```

```
# 训练数据中不同瞳色出现的概率
pec = [0.28350664, 0.15760678, 0.17862742, 0.13412254,
       0.14212126, 0.05439130, 0.01020637, 0.00617501,
       0.03167493, 0.00156775]
# 遍历所有需要处理数据的标签
for i in range(batch_size):
    y[i, :28] = 0  # 先将所有的位置为 0
    hc = np.random.random()  # 初始化一个随机数生成器
    for j in range(len(phc)):  # 遍历所有的发色
# 根据均匀分布的概率密度函数,判定标签为何种发色
        if np.sum(phc[:j]) < hc < np.sum(phc[:j + 1]):
            y[i, j] = 1
            break
    hs = np.random.random()  # 初始化一个随机数生成器
    for j in range(len(phs)):  # 遍历所有的发型
# 根据均匀分布的概率密度函数,判定标签为何种发型
        if np.sum(phs[:j]) < hs < np.sum(phs[:j + 1]):
            y[i, j + 13] = 1
            break
    ec = np.random.random()  # 初始化一个随机数生成器
    for j in range(len(pec)):  # 遍历所有的瞳色
# 根据均匀分布的概率密度函数,判定标签为何种瞳色
        if np.sum(pec[:j]) < ec < np.sum(pec[:j + 1]):
            y[i, j + 18] = 1
            break
return y  # 返回可用于一次运算生成的随机标签
```

由于服务场景允许用户指定标签,所以每次都应该以符合训练样本的概率分布为基础,在此基础之上生成标签。通过服务下发通道,并行处理模块可以得知需要生成图片的已编码标签,按照如下方式处理得到一组指定样式的图片:

```
typelist = Type_from_hex(typeHex)                               # 解码编码的标签
z_samples = np.random.uniform(-1.0, 1.0, [batch_size, z_dim]).astype(np.float32)
                                                                # 生成随机噪声
y_samples = get_random_tags()                                   # 生成一定概率密度的标签
for tag in typelist:                                            # 遍历所有的标签
    if tag == "all":                                            # all 代表随机,所以直接跳过
        continue
    if tag in all_tags:                                         # 判断标签是否属于正向标签
        y_samples[:, all_tags.index(tag)] = 1                   # 设置为 1
    if tag in no_tags:                                          # 判断标签是否属于负向标签
        y_samples[:, 28 + no_tags.index(tag)] = 0               # 设置为 0
gen_imgs = sess.run(g, feed_dict = {noise: z_samples, noise_y: y_samples, is_training:
False})                                                         # 运行模型得到结果
gen_imgs = (gen_imgs + 1) / 2                                   # 将图片颜色均值进行调整
names = []                                                       # 用来存储本轮生成的文件名
for i in range(batch_size):                                     # 遍历每个图片
```

```
        filename = '%s_%s.jpg' % (typeHex, ranstr(6))
        #使用规范的文件名
        imsave('testout/' + filename, img_as_ubyte(gen_imgs[i]))
        #保存到指定的文件夹
        names.append(filename)
        #将文件名保存到列表之中
    return names
```

通过借助文件系统作为中转站,降低系统耦合度,提高系统鲁棒性。而且以文件名作为图片的唯一标识,判断图片是否已经上传,保证每个图片文件都是独一无二的。上述部分保存为一个 Python 文件,仅导出"模型使用"的 RUN()函数即可。

2) 任务处理

并行处理部分使用循环对 Master 的任务下发端口进行一定时间间隔轮询,为避免任务下发和图片上传的接口被恶意使用,用固定的口令对该部分的身份进行验证。

```
import SRGAN                                         #模型封装模块
import requests, os, shutil, time
#发送 HTTP 请求、系统文件操作、文件操作工具类、系统时间
APIURL = "https://avaters.xice.wang/api"             #接口地址
key = "RUIdfhjDFHJfghcghj"                           #预先规定的口令
while True:                                          #一个无限循环
    try:
        res = requests.get(APIURL + "/get_job")      #请求任务接口
        if not res.ok:                               #异常处理
            print(res.headers)
            time.sleep(5)
            continue
        re = res
        res = res.json()                             #解析任务 json
        for tag in res['needToAdd']:                 #需要添加的样式
            flist = SRGAN.RUN(tag)                    #运行模型
            openflist = []                           #等待上传的文件句柄
            for f in flist:                          #打开所有的文件
                openflist.append(('file', open('testout/' + f, "rb")))
            r = requests.post(APIURL + "/push_img?key=" + key, files = openflist)
                                                     #Post 上传所有的文件
            if r.text != "OK":
                print(r)                             #如果失败,打印错误信息
            r.close()                                #关闭传输句柄
        for f, v in res['returnData'].items():       #处理图片反馈
            if os.path.isfile("testout/" + f):
                if v == 1:      #将用户喜欢、不喜欢的图片分别归类到不同的文件夹
                    shutil.move("testout/" + f, "good/" + f)
                else:
                    shutil.move("testout/" + f, "bad/" + f)
        time.sleep(1)                                #延迟
```

```
        re.close()                              # 关闭
    except OSError as e:                         # 异常处理
        print(e)
        time.sleep(5)
        continue
```

将用户做出反馈的图片分类保存，为再次进行模型训练提供正样本和负样本。

3. 任务分发-网页后端服务

整个 Python 服务器使用 Flask 作为 HTTP 事件循环处理框架，根据不同模块进行简要的分割，提高代码的可读性。分为配置模块、用户数据模块、邮件发信模块、七牛云 SSO 模块，不同模块被 Flask 事件循环调用，处理所需要的事务。

1）配置模块

可以使用配置模块作为上下文传递的工具对象，因为配置模块贯穿了整个项目初始化的全过程。同时，搭配 Python IDE 强大的类型推断功能，可以自动进行变量名的补全，效果比较理性。示例如下：

```
class BaseConfig():
    # 七牛云
    access_key = ""
    secret_key = ""
    bucket_name = ''
    # 数据库
    dbPath = "./user.db"
    # 文件暂存位置
    TMP = './tmp'
    # 通信密钥
    key = 'RUIdfhjDFHJfghcghj'
    # 邮件
    SMTPServer = "smtp.exmail.qq.com"
    SMTPPort = 465
    LoginName = "avaters@xice.wang"
    LoginPW = ""
    Sender = 'avaters@xice.wang'
```

2）用户数据模块

选用轻便的 Sqlite3 作为数据库用来存储用户的邮箱和口令，由于一个数据库只有一个数据表，因此，将数据库层和对象描述层进行整合。

```
import sqlite3, os                              # 引入 Sqlite3 和系统操作库
import random                                   # 随机库用于密钥生成
def ranstr(num):
    # 字符表
    H = 'ABCDEFGHIJKLMNOPQRSTUVWXYZabcdefghijklmnopqrstuvwxyz0123456789
    salt = ''                                   # 结果暂存
```

```
        for _ in range(num):                                  # 根据长度循环
            salt += random.choice(H)                          # 每次添加一个字符
        return salt                                           # 返回结果
class UserModule():                                           # 用户数据模型
    def __init__(self, DBpath):                               # 初始化
        needInit = False
        if not os.path.exists(DBpath):
            # 根据数据库文件是否存在判断,是否需要初始化
            needInit = True
        self.DBpath = DBpath                                  # 保存数据库路径
        if needInit:
            self.InitTable()                                  # 如果需要初始化则初始化
    def InitTable(self):                                      # 初始化
        with sqlite3.connect(self.DBpath) as conn:
            cursor = conn.cursor()                            # 创建一个游标
            cursor.execute("""CREATE TABLE IF NOT EXISTS User(
                                email varchar(256) primary key,
                                passkey varchar(64)
                            )""")                             # 添加数据表
            cursor.close()                                    # 关闭游标
            conn.commit()                                     # 提交更改
    # 获取用户,如果用户不存在则新建
    def get_or_add(self, email, renewKey):
        with sqlite3.connect(self.DBpath) as conn:
            cursor = conn.cursor()                            # 创建游标
            # 查看该用户是否存在
            cursor.execute("select * from User where email = ?", (email,))
            values = cursor.fetchall()
            if len(values) == 0:                              # 如果用户不存在
                values = [(email, ranstr(64))]                # 创建该用户
                cursor.execute("insert into User (email, passkey) values (?,?)", values[0])
                renewKey = False                              # 不需要刷新密码
            if renewKey:                                      # 更新密码
                values = [(email, ranstr(64))]
                cursor.execute("update User set passkey = ? where email = ?",(values[0][1],
email))                                                       # 更新用户密码
            cursor.close()                                    # 关闭游标
            conn.commit()                                     # 提交更改
            return values                                     # 返回用户数据
    def exist(self, email):                                   # 判断用户是否存在
        with sqlite3.connect(self.DBpath) as conn:
            cursor = conn.cursor()
            cursor.execute("select * from User where email = ?", (email,))
            values = cursor.fetchall()
            if len(values) == 0:
                return False                                  # 用户不存在
            return True                                       # 用户存在
```

　　由于用户头像在 SSO 上存储的文件名是用户邮箱小写的 MD5 散列,因此,无须在数据库中存储用户头像的地址,可以直接进行计算。同时体现出了"免密码状态验证"的好处,无须设置登录密码,仅需要下发密钥作为身份识别的标志即可,如果用户发现账号冒用或者丢失密钥可再次申请下发,数据库也无须维护找回密码的相关数据项。

　　3）邮件发信模块

　　放弃密码认证则用户身份需要使用邮件,对于发信操作进行分装十分有必要。借助 smtplib 可以使用 Python 发送一封邮件。

```python
import smtplib                                      # 引入 smtplib
from email.mime.text import MIMEText                # 引入邮件编辑的相关组件
from email.header import Header
class MailSender():
    def __init__(self, config):
        self.config = config                        # 暂存设置
        self.smtp = smtplib.SMTP_SSL(
            config.SMTPServer, config.SMTPPort)     # 连接发信服务器
        self.smtp.login(config.LoginName, config.LoginPW)  # 登录
        self.sender = config.Sender                 # 发信人
    def send(self, user):
        receivers = [user[0]]                       # 收信方
        message = MIMEText('欢迎使用 Avaters 头像服务,您可以通过下面\
            的连接访问该邮箱的设置页面: \n\
            https://avaters.xice.wang/set?email = % s&key = % s'
            % user, 'plain', 'utf - 8')             # 邮件的内容
        message['From'] = Header("Avaters 头像服务", 'utf - 8')# 发送者名称
        message['To'] = Header(user[0], 'utf - 8')          # 收信者名称
        message['Subject'] = Header('欢迎使用 Avaters 头像服务', 'utf - 8')
        # 邮件标题
        self.smtp.sendmail(
            self.sender, receivers, message.as_string())    # 发送邮件
```

　　在实际使用中,如果考虑到很多的邮件模板,可以引入模板引擎,格式化生成邮件。

　　4）七牛云 SSO 模块

　　为设置头像并为用户提供高且稳定的服务,将用户的头像上传到第三方云服务商的对象存储(SSO)中并采用 CDN 网络进行加速分发。头像的生成和缓存的更新需要作为一个常用的操作,应当进行封装。

```python
# 引入七牛云 SDK 组件
from qiniu import Auth, put_file, etag
from qiniu import CdnManager
import qiniu.config
# MD5 计算工具
from hashlib import md5
from os import path                                 # 路径操作库
```

```
def make_md5(s, encoding = 'utf - 8'):                               # 字符串 MD5 计算
    return md5(s.lower().encode(encoding)).hexdigest()
class QiniuCloud():
    def __init__(self, config):
        self.config = config
        # 确保参数被设置
        if config.access_key and \
          config.secret_key and \
          config.bucket_name:
            self.Q = Auth(config.access_key, config.secret_key)
            # 取得授权
            self.cdn_manager = CdnManager(self.Q)                    # CDN 控制器
        else:
            raise ValueError("云参数不得为空")                       # 抛出错误
    def UploadFile(self, email, fileName):                           # 上传头像
        key = "avatar/" + make_md5(email) + '.jpg'                   # 上传路径
        token = self.Q.upload_token(                                 # 取得上传凭证
                self.config.bucket_name, key, 3600)
        localfile = path.join(self.config.TMP, fileName)             # 文件绝对路径
        r = put_file(token, key, localfile)                          # 上传
        self.cdn_manager.refresh_urls(                               # 更新 CDN 缓存
            ["https://cdn.qiniu.xice.wang/" + key])
        return r                                                     # 返回上传结果
```

5）Flask 路由注册

由于网页采用后端模板渲染，路由可大致分为返回数据和返回网页两种。返回数据的路由根据调用者的不同分为前端接口和任务接口两部分。任务接口包括并行处理模块下发任务和工作结果的提交。

```
@app.route('/api/get_job', methods = ['GET'])
# 注册路由 GET /api/get_job
def get_job():
    global returnData
    needToAdd = [k for k in allDesc if len(allDesc[k]) < 10]
    # 该分类图片数量不足时添加到需求列表
    r = returnData.copy()
    returnData.clear()
    # 使用复制，确保可以清空原数据之后，下发部分依旧可用
    return jsonify({"needToAdd": needToAdd, "returnData": r})
    @app.route('/api/push_img', methods = ['POST'])
# 注册路由 POST /api/push_img
def push_img():
    global allDesc
    # 确保并行处理模块是合法的，验证其密钥
    if request.args.get('key', '') == config.key:
        files = request.files.getlist('file')
```

```
            # 获取一个 Post 请求中的所有图片
    if type(files) != type([]):                # 处理如果上传单张图片的情况
        files = [files]                        # 将图片转为数组兼容下面的遍历流程
    for file in files:                         # 遍历每一个文件
        filename = secure_filename(file.filename)  # 获取文件名
        file.save(os.path.join(               # 文件保存
            app.config['UPLOAD_PATH'], filename))
        d = filename.split('_')[0]             # 获取图片的标签
        if not allDesc.get(d):                 # 如果该分类从未有过,则添加这个标签
            allDesc[d] = []
        allDesc[d].append(filename)            # 将图片名添加到列表中
    return "OK"                                # 返回标志给并行处理模块
else:
    return "Nop", 403
```

前端接口用于提供设置用户头像、获取一个新图片提供支持。根据 RESTful 规范设计接口样式,将获得图片、获取图片内容、操作图片进行合并,结果如下:

```
@app.route('/api/img')
# 注册路由 GET /api/img 用于获取一个新头像的地址
@app.route('/api/img/<imgname>', methods = ['GET', 'POST'])
# 注册路由 GET /api/img/<图片名> 返回图片内容
# 注册路由 POST /api/img/<imgname> 选择头像、跳过头像
def api_img(imgname = None):
    global allDesc
    global returnData
    if imgname:                                # 是否设置了图片名称
        p = os.path.join(config.TMP, imgname)  # 获取头像图片的绝对路径
        if os.path.exists(p):                  # 判断确保头像存在
            if request.method == "GET":        # 发送的是 GET
                # 返回图片内容
                return send_file(p, mimetype = "image/jpeg")
            elif request.method == "POST":     # 发送的请求是 POST
                f = request.json               # 解析前端请求的内容
                # 进行身份认证
                [user] = uM.get_or_add(f.get('email'), False)
                if f.get('passkey') == user[1]:     # 密码认证通过
                    if f.get('method') == "Set":    # 设置头像
                        for k in allDesc:           # 在图片列表中删除该文件
                            if imgname in allDesc[k]:
                                allDesc[k].pop(
                                allDesc[k].index(imgname))
                                break
                        returnData[imgname] = 1
                        # 由于是设置,所以标记为正样本
                        cloud.UploadFile(user[0], imgname)
                    # 调用模块上传头像
                        os.remove(p)                # 网页服务器则可以删除这个文件
                        return "Ok", 200
```

```
            elif f.get("method") == "Dislike":  #跳过头像
                for k in allDesc:           #在图片列表中删除该文件
                    if imgname in allDesc[k]:
                        allDesc[k].pop(
                        allDesc[k].index(imgname))
                        break
                returnData[imgname] = 0
            #由于是跳过,所以标记为负样本
                os.remove(p)                #删除文件
                return "Ok", 200
        return "Nop", 403
    else:
        return "Not find", 404
else:
    imgType = request.args.get('type', '6dafc0')   #头像标签
    index = int(request.args.get('index', '0'))    #列表序号
    if not allDesc.get(imgType):                   #是否存在该类型标签
        allDesc[imgType] = []                      #不存在则添加,等待并行处理
        return jsonify({"code": 201, "msg": "请稍等……"})
    if len(allDesc.get(imgType)) == 0:             #继续等待
        return jsonify({"code": 201, "msg": "请稍等……"})
    #返回图片文件名
    return jsonify({"code": 200, "img": allDesc.get(imgType)
                    [index % len(allDesc.get(imgType))]})
```

提供三个页面和两个模板的渲染。两个模板,一个是前端主页,用于提供注册提交邮箱的页面和发送邮件成功的两个页面;一个是管理头像的控制页面。

```
@app.route('/')                                    #主页
def index():
    return render_template("index.html", index = True)  #直接渲染模板
@app.route('/send_email')                          #发送邮件
def send_email():
    email = request.args.get("email")
    if not uM.exist(email):
        cloud.UploadFile(email, 'def.jpg')         #设置一个默认头像
    [user] = uM.get_or_add(email, True)            #刷新用户密码
    sender.send(user)                              #发送邮件
    return render_template("index.html", success = True)
    #渲染一个发送成功页面
@app.route("/set")                                 #头像设置页面
def setf():
    passkey = request.args.get('key', '')          #用户密钥
    email = request.args.get('email', '')          #用户邮箱
    [user] = uM.get_or_add(email, False)           #判断用户
    if user[1] != passkey:
        return "Nop", 403
    md5 = make_md5(email)
    return render_template("set.html", email = email, md5 = md5)
```

9.4　系统测试

采用 Bootstrap 框架进行设计,首页如图 9-9 所示,控制页如图 9-10 所示。

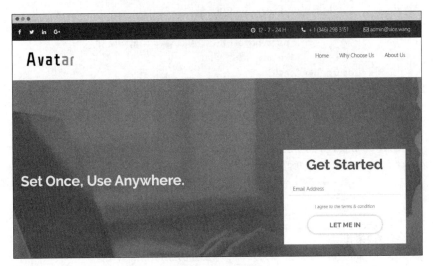

图 9-9　首页视图

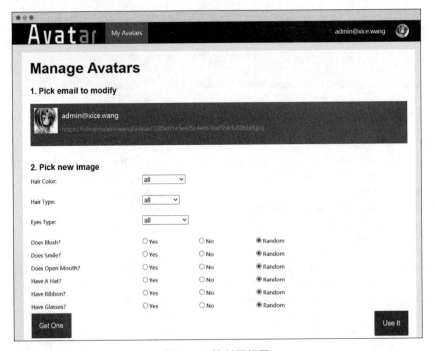

图 9-10　控制页视图

项目 10

PROJECT 10

乱序成语验证码识别

本项目通过 CNN 神经网络模型对验证码进行识别,并对结果进行筛选和排序,在图形化界面实现乱序成语验证码识别。

10.1 总体设计

本部分包括系统整体结构和系统流程。

10.1.1 系统整体结构

系统整体结构如图 10-1 所示。

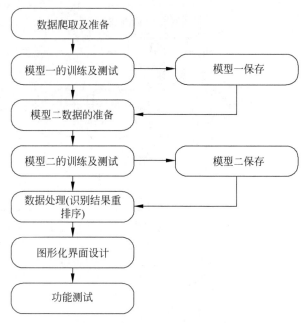

图 10-1 系统整体结构

10.1.2 系统流程

系统流程如图 10-2 所示。

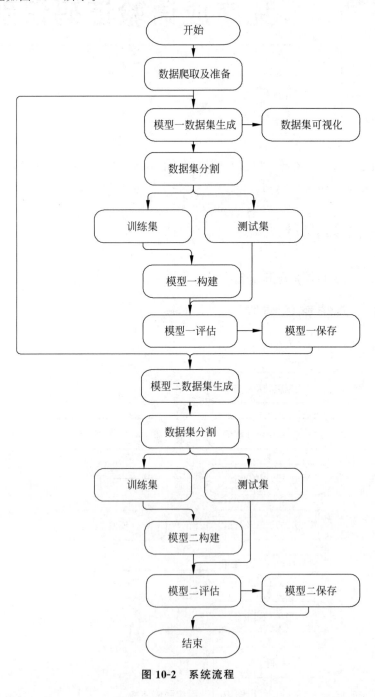

图 10-2 系统流程

10.2　运行环境

本部分包括 Python 环境、TensorFlow 环境和安装所需的包。

10.2.1　Python 环境

需要 Python 3.6 及以上配置,在 Windows 环境下载 Anaconda 完成 Python 所需的配置,下载地址为 https://www.anaconda.com/。也可以下载虚拟机在 Linux 环境下运行代码。

10.2.2　TensorFlow 环境

在 Anaconda Prompt 中输入以下指令:

(1) conda create -n tensorflow python=3.7.3

(2) conda activate tensorflow

(3) anaconda show anaconda/tensorflow

(4) conda install --channel https://conda.anaconda.org/anaconda tensorflow=1.8.0

(5) conda install ipython

(6) conda install spyder

在 spyder 中输入以下命令:

```
import TensorFlow as tf
```

检验是否安装成功,如图 10-3 所示。

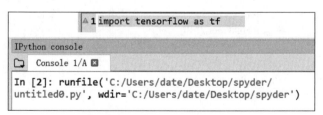

图 10-3　检测 TensorFlow 是否安装成功

10.2.3　安装所需的包

在 Anaconda Prompt 中输入以下指令:

(1) conda activate tensorflow

(2) pip install pillow

(3) pip install matplotlib

（4）pip install opencv-python

在 spyder 中输入代码检验是否安装成功，如图 10-4 所示。

```
1 import cv2
2 import matplotlib.pyplot as plt
3 from PIL import Image
```

```
In [3]: runfile('C:/Users/date/Desktop/spyder/
untitled0.py', wdir='C:/Users/date/Desktop/spyder')
```

图 10-4　检测所需的包是否安装成功

10.3　模块实现

本项目包括 5 个模块：数据预处理、模型一的构建和训练，模型二的构建和训练、乱序成语验证码识别、可视化界面的实现，下面分别给出各模块的功能介绍及相关代码。

10.3.1　数据预处理

通过 Python 爬取成语网站获得成语集、CSDN 博客获取常用 3500 汉字集 3500.txt，用于生成乱序的成语验证码和构建成语字典，常用 3500 字用于训练单个字的识别，训练集是程序生成的四字验证码，测试集通过程序生成，训练集和测试集均为 npy 文件。

1. 成语集的获取

通过 python 程序爬取成语网站，爬取的成语保存为 chengyu.txt，将 chengyu.txt 中的非四字成语删除，相关代码如下：

```
import requests
from bs4 import BeautifulSoup
all_url = 'http://chengyu.t086.com/'
＃http 请求头
Hostreferer = {
    'User-Agent':'使用自己的 User-Agent ',
    'Referer':'http://chengyu.t086.com/'
}
word = ['A','B','C','D','E','F','G','H','J','K','L','M','N','O','P','Q','R','S','T','W','X','Y','Z']
    ＃根据成语首个字的拼音按 A～Z 的顺序爬取
chengyu = ''
for w in word:
    for n in range(1,100):
        url = all_url + 'list/' + w + '_' + str(n) + '.html'
        start_html = requests.get(url, headers = Hostreferer)
        if(start_html.status_code == 404):            ＃请求网页失败
            break
        start_html.encoding = 'gb2312'
```

```
        soup = BeautifulSoup(start_html.text,"html.parser")
        listw = soup.find('div',class_ = 'listw')
        lista = listw.find_all('a')
        for p in lista:
            print(p.text)
            chengyu = chengyu + p.text + '.\n'
with open('chengyu1.txt','wb') as f:                     #存储为.txt模式
f = open('C:\\Users\\Administrator\\Desktop\\chengyu.txt','wb')    #保存成语集
        f.write(chengyu.encode('utf-8'))
        f.close()
```

2. 数据集的生成

本部分包括训练集生成的原理、模型一训练集的生成和乱序成语验证码的生成。

1) 训练集生成的原理

训练集为 100×30 像素图片的 $0 \sim 1$ 矩阵集和标签集,图片中每个汉字的位置在一定范围内是随机的,还包含随机生成四条干扰线,将每一个图片进行处理,得到每个图片 $0 \sim 1$ 矩阵以及每个字的标签,在第一个网络中标签为每个字的归一化中心坐标,在第二个网络中标签为每个字的 one-hot 矩阵。

(1) 图片 $0 \sim 1$ 矩阵生成的方法

将图片转为灰度图,进行反转黑白颜色的二值化处理,字体变为白色,背景为黑色,对整个图片矩阵除以 255,输入数据形成 0 和 1 的矩阵。

(2) 对第一个网络标签的生成

在绘制汉字验证码时已知起始坐标 (x,y),还知道每个汉字的大小为 20×20,通过表达式将起始坐标转换为中心坐标:

$$x_0 = (x+10)/100$$
$$y_0 = (y+14)/25$$

(3) 对第二个网络标签的生成

选取常用的 3500 个字作为生成验证码的来源,生成 one-hot 矩阵的方法是给每个汉字编号,生成一个长度为 3500 的数组,其中元素在编号的位置为 1,其他的元素为 0,即可得到每个汉字的 one-hot 矩阵。

2) 模型一训练集的生成

训练集生成的程序 born_data2.py。程序运行结果中保存 50000 张图片的 $0 \sim 1$ 矩阵集 trainLab0.npy 和标签集 trainImg0.npy 为模型一的训练集,将程序 def rand_img_label 中的 step 值改为 2 并将生成 50000 张图片改为生成 5000 张,生成文件 trainLab3.npy 和 trainImg3.npy,为模型二测试集的生成做准备。

3) 乱序成语验证码的生成

从成语集中随机获取一个成语,定义函数 shuffle_str 打乱成语中字的顺序,使用打乱顺序成语生成验证码,用于最终测试。函数 shuffle_str 代码如下:

```
def shuffle_str(self,s):
    str_list = list(s)          #将字符串转换成列表
    shuffle(str_list)           #调用 random 模块的 shuffle 函数打乱列表
    return ''.join(str_list)    #将列表转换成字符串
```

10.3.2 模型一的构建和训练

在生成 50000 张验证码的训练集 trainLab0.npy 和 trainImg0.npy，定义模型的网络结构之后，要使用训练集训练模型，使模型可以识别验证码中汉字的中心坐标。模型的训练结束之后进行保存，用于模型二数据集的生成及最终模型的调用。

1. 网络结构

本部分包括定义损失函数、初始化权重、定义网络结构。

1）定义损失函数

```
def cal_loss(pre_loca, lab_loca):                         #损失函数
    loca_loss = tf.reduce_mean(tf.square(tf.subtract(pre_loca, lab_loca)))
    return loca_loss * 100
```

2）初始化权重

```
def xavier_init(fan_in,fan_out,constant = 1):  #初始化权重
    low = - constant * np.sqrt(6.0/(fan_in + fan_out))
    high = constant * np.sqrt(6.0/(fan_in + fan_out))
    return tf.random_uniform((fan_in,fan_out),minval = low,maxval = high,dtype = tf.
float32)
```

3）定义网络结构

第 1 个卷积神经网络中共有 6 个卷积层，其中前 3 层为卷积＋池化层，后 3 层为全连接层。经过池化层可以得到分辨率更低的图像，其目的是获取一定的位移不变性，让图像的主要特征更为突出，提高图像识别的鲁棒性，经过特征提取层后，得到的多个特征图构成向量后通过全连接层与最终的输出层相连。

前 5 层激活函数为 ReLu，最后一层的激活函数为 sigmoid，这是因为 sigmoid 函数可以将整个实数范围的任意值映射到[0,1]内，使用 sigmoid 函数是为了将数据归一化。相关代码如下：

```
def network(in_image,if_is_training):                    #定义模型一网络结构
    batch_norm_params = {
        'is_training':if_is_training,
        'zero_debias_moving_mean':True,
        'decay':0.99,
        'epsilon':0.001,
        'scale':True,
        'updates_collections':None
```

```
        }
        #定义前 3 层卷积 + 池化层的参数,使用 ReLu 激活函数
        with slim.arg_scope([slim.conv2d],activation_fn = tf.nn.relu,
            padding = 'SAME',
            weights_initializer = slim.xavier_initializer(),
            biases_initializer = tf.zeros_initializer(),
            normalizer_fn = slim.batch_norm,
            normalizer_params = batch_norm_params,
            weights_regularizer = slim.l2_regularizer(0.0005)):
            out_2 = 64
            out_3 = 128
            #卷积层: 使用 64 个 5 * 5 的卷积核,步长为 1
        net = slim.conv2d(in_image,num_outputs = out_2,kernel_size = [5,5],stride = 1,scope =
'conv1')
            print('1_con:\t',net.get_shape())
            #池化层: 使用 2 * 2 的卷积核,步长为 2
        net = slim.max_pool2d(net,kernel_size = [2,2],stride = 2,scope = 'pool1')
            print('1_pool:\t',net.get_shape())
        net = slim.conv2d(net,num_outputs = out_2,kernel_size = [5,5],stride = 1,scope = 'conv2')
#卷积层
            print('2_con:\t',net.get_shape())
net = slim.max_pool2d(net,kernel_size = [2,2],stride = 2,scope = 'pool2')#池化层
            print('2_pool:\t',net.get_shape())
        net = slim.conv2d(net,num_outputs = out_3,kernel_size = [3,3],stride = 1,scope = 'conv3_1')
#卷积层
        net = slim.conv2d(net,num_outputs = out_3,kernel_size = [3,3],stride = 1,scope = 'conv3_2')
#卷积层
            print('3_con:\t',net.get_shape())
        net = slim.max_pool2d(net,kernel_size = [2,2],stride = 2,scope = 'pool3')
        #池化层
            print('3_pool:\t',net.get_shape())
        net = slim.flatten(net,scope = 'flatten')
        with slim.arg_scope([slim.fully_connected],
            activation_fn = tf.nn.relu,
            normalizer_fn = slim.batch_norm,
            normalizer_params = batch_norm_params):
            #定义第 4、5 层全连接层,使用 relu 激活函数
            net = slim.fully_connected(net,1000,
                weights_initializer = slim.xavier_initializer(),
                biases_initializer = tf.zeros_initializer(),
                scope = 'fc_total')
        print('fc:\t',net.get_shape())
        pre_loca = slim.fully_connected(net,2000,
                weights_initializer = slim.xavier_initializer(),
                biases_initializer = tf.zeros_initializer(),
                scope = 'fc2_1')
        print('fc2:\t',pre_loca.get_shape())
```

```
#定义最后一层全连接层,使用 sigmoid 激活函数,便于归一化
pre_loca = slim.fully_connected(pre_loca, 8,
        activation_fn = tf.nn.sigmoid,
        # normalizer_fn = None,
        weights_initializer = slim.xavier_initializer(),
        biases_initializer = tf.zeros_initializer(),
        scope = 'fc2_2')
print('fc3:\t', pre_loca.get_shape())
pre_loca = tf.reshape(pre_loca, shape = [ - 1,4,2])
print('result:\t', pre_loca.get_shape())
return pre_loca                        #返回为验证码中每个字的中心横纵坐标
```

2. 模型训练及保存

训练效果测试函数 accuracy(),一次预测 1000 张验证码的汉字坐标,预测坐标与标签坐标相差两个像素以上视为误识别。

```
defaccuracy(sess, pre_loca, in_image, x_image, y_label, if_is_training):
    erro_count = 0
    for i in range(10):                        #每次取 100 张预测,取 10 次共 1000
        bt = random.randint(0,49999 - 100)
        #从测试集中随机抽取 100 张图片
        min_x_image = x_image[bt:(bt + 100), :, :]
        min_y_label = y_label[bt:(bt + 100), :, :]
        loca_np = sess.run(pre_loca, feed_dict = {in_image:min_x_image , if_is_training:
True})                                         #使用模型一预测坐标
        m, n, l = loca_np.shape
        for j in range(m):
            for k in range(n):
                x = round(loca_np[j, k, 0] * 100)
                y = round(loca_np[j, k, 1] * 25)
                x0 = round(min_y_label[j, k, 0] * 100)
                y0 = round(min_y_label[j, k, 1] * 25)
                lo = ((x - x0) ** 2 + (y - y0) ** 2) ** 0.5
                #计算两个预测坐标和标签坐标的距离
                if lo > 2:     #预测坐标和标签坐标相差两个像素以上视为预测失败
                    erro_count += 1
    if erro_count > 20:
        return False, erro_count
    else:
        return True, erro_count
```

通过条件语句可以控制训练次数,每训练 10 次调用一次 accuracy 函数,输出此时的误判数、准确率和损失值,定义 fig_loss 和 fig_accuracy 数组保存损失值和准确率,用于系统测试,在获得较高准确率后可以输入 qq 结束训练并保存模型,模型一训练 10000 次如图 10-5 所示,最高准确率可达 99.5%。

```
input:  10000
count:  0        erro:  3956       accuracy:
0.01100000000000001  loss:  7.121287822723389
count:  10       erro:  3856       accuracy:
0.03600000000000003  loss:  2.280944585800171
count:  20       erro:  2945       accuracy:
0.26375000000000004  loss:  0.2561132311820984
count:  30       erro:  2824       accuracy:
0.29400000000000004  loss:  0.2880784571170807
count:  40       erro:  2785       accuracy:
0.30374999999999996  loss:  0.24628253281116486
count:  50       erro:  2538       accuracy:
0.36550000000000005  loss:  0.2044832408428192
count:  60       erro:  2446       accuracy:
0.38849999999999996  loss:  0.18083469569683075
count:  70       erro:  2332       accuracy:
0.41700000000000004  loss:  0.17081241309642792
count:  80       erro:  2337       accuracy:
0.41574999999999995  loss:  0.18764764070510864
count:  90       erro:  2124       accuracy:  0.469
loss:  0.16970185935497284
count:  100      erro:  2115       accuracy:
0.47124999999999995  loss:  0.1729770302772522
count:  110      erro:  2047       accuracy:
0.48824999999999996  loss:  0.16952383518218994
count:  120      erro:  2052       accuracy:  0.487
loss:  0.13565437495708466
count:  130      erro:  1969       accuracy:
0.5077499999999999  loss:  0.14528316259384155
count:  140      erro:  1964       accuracy:  0.509
loss:  0.12881381809711456
count:  150      erro:  1939       accuracy:  0.51525
```

图 10-5 训练结果

相关代码如下：

```
fig_loss = np.zeros([10000])              #用于保存损失
fig_accuracy = np.zeros([10000])          #用于保存精确度
batchs = 120
with tf.Session() as sess:
    sess.run(tf.global_variables_initializer())
    while True:
        #输入训练次数,方便控制和继续训练
        command = input('input:\t')
        if command == 'qq':
            break
        for i in range(int(command)):
            bt = random.randint(0,49999 - batchs)
            min_x_image = x_image[bt:(bt + batchs),:,:]
            min_y_label = y_label[bt:(bt + batchs),:,:]
            sess.run(train_op,feed_dict = {in_image:min_x_image , lab_loca:min_y_label , if
_is_training:True})                       #训练模型
fig_loss[i] = sess.run(loca_loss,feed_dict = {in_image:min_x_image , lab_loca:min_y_label ,
if_is_training:True})
            if i%10 == 0:                 #每训练 10 次输出 1 次训练准确率
ret,erro_count = accuracy(sess,pre_loca,in_image,x_image,y_label,if_is_training)
                fig_accuracy[i] = 1 - erro_count/4000
#计算每次训练的准确率,每次训练 1000 张验证码,每张验证码包含四个字
                print('count: ',i, '\terro: ', erro_count , '\taccuracy: ',fig_accuracy[i],'\
```

```
            tloss: ',fig_loss[i])
                    if ret:
                        break
        fig_loss = np.array(fig_loss)              #保存loss
        np.save('C:/Users/date/Desktop/ceshi/loss.npy',fig_loss)
        fig_accuracy = np.array(fig_accuracy)       #保存accuracy
        np.save('C:/Users/date/Desktop/ceshi/accuracy.npy',fig_accuracy)
        model_saver.save(sess,'C:/Users/date/Desktop/ceshi/model/mymodel.ckpt')
```

10.3.3　模型二的构建和训练

将验证码通过模型一得到每个汉字的中心坐标,并通过中心坐标将每个字裁剪进行训练,最终能够识别汉字。模型训练结束后保存,用于最终的调用。

1. 训练集的生成

模型二采用实时生成数据的方式训练,每次生成 30 张验证码,生成代码如下:

```
def generate_data():
    img_char = born_data2.ImageChar()          #调用生成验证码函数
    images = []
    labels = []
    for i in range(30):                        #生成 30 张验证码,用于实时训练
        chinese_img_PIL,label_list = img_char.rand_img_label(step = 2)
        #生成标签
        #生成 0~1 矩阵
        np_img = np.asarray(chinese_img_PIL)
        np_img = cv2.cvtColor(np_img,cv2.COLOR_BGR2GRAY)
        ret,np_img = cv2.threshold(np_img,127,255,cv2.THRESH_BINARY_INV)
        np_img = np_img/255
        images.append(np_img.tolist())
        labels.append(label_list)
    return np.array(images),np.array(labels)   #返回 0~1 矩阵及标签
```

2. 位置预测

加载第一个网络的模型,并将 generate_data() 函数生成的输入数据交给第一个网络进行预测,相关代码如下:

```
#加载第一个网络的模型
def load_model_1():
    graph_1 = tf.Graph()
    sess_1 = tf.Session(graph = graph_1)
    with graph_1.as_default():
model_saver_1 = tf.train.import_meta_graph("C:/Users/date/Desktop/ceshi/model/mymodel.
ckpt.meta")
model_saver_1.restore(sess_1,'C:/Users/date/Desktop/ceshi/model/mymodel.ckpt')  #保存模型
```

```
        y_loca = tf.get_collection('pre_loca')[0]
        x_1 = graph_1.get_operation_by_name('in_image').outputs[0]
if_is_training_1 = graph_1.get_operation_by_name('if_is_training').outputs[0]
        return x_1 , sess_1 , if_is_training_1 ,y_loca
#第一个模型对输入数据进行预测中心坐标
def pre_model_1(x_1 , sess_1 , if_is_training_1 ,y_loca,in_image_1,y_label):
    loca_np = sess_1.run(y_loca,feed_dict = {x_1:in_image_1,if_is_training_1:False})
    M,N,L = loca_np.shape
    x_image_2 = []
    y_label_2 = []
    for m in range(M):                        #根据预测的坐标裁剪每个验证码中的字
        imgCutList = crop_image(in_image_1[m,:,:],loca_np[m,:,:])
        for im in range(len(imgCutList)):
            try:
                data_2 = np.array(imgCutList[im]).reshape(400,)
            except Exception as e:
                print('imList reshape erro')
                continue
            x_image_2.append(data_2.tolist())
            y_label_2.append(y_label[m,im,:].tolist())
    return np.array(x_image_2),np.array(y_label_2)
```

3. 汉字裁剪

设计 crop_image() 函数，根据第一个网络预测的坐标，将四字验证码裁剪成四个汉字，每个汉字为 20×20 像素大小，返回 20×20 像素大小汉字的 0~1 矩阵，相关代码如下：

```
def crop_image(data,loca_np,imgshow = False):     #剪辑图片
    croped_img_list = []
    loca_list = loca_np.tolist()
    if imgshow:
        img = data.copy()
    m,n = loca_np.shape
    for i in range(m):
        x = round(loca_list[i][0] * 100 - 10)
        #将中心横坐标转换为左上角横坐标，方便裁剪
        y = round(loca_list[i][1] * 25 - 10)  #将中心纵坐标转换为左上角纵坐标
        #根据坐标裁剪可能会超出边界
        if x < 0:
            x = 0
        elif x > 80:
            x = 80
        if y < 0:
            y = 0
        elif y > 9:
            y = 9
        temp = data[y:y + 20,x:x + 20]            #对汉字进行裁剪
```

```
        croped_img_list.append(temp.tolist())
        if imgshow:
            img = cv2.rectangle(img * 255,(x,y),(x + 20,y + 20),(255,0,0),1)
    if imgshow:
        img = Image.fromarray(img)
        img.show()
    #返回的是 0~1 的图片,类型 List
    return croped_img_list
```

4. 测试集的生成

在训练集中获得了 trainLab3.npy 和 trainImg3.npy,将这两个数据集通过预测函数 def load_model_1()、def pre_model_1() 和汉字裁剪函数 crop_image() 转换为 20×20 像素的 0~1 矩阵集和标签集,并保存为 trainLab4.npy 和 trainImg4.npy,保存的两个数据集即为模型二的测试集。

```
def main():                                 #主函数
    X = np.load(r'C:\Users\date\Desktop\ceshi\trainImg3.npy')
    Y = np.load(r'C:\Users\date\Desktop\ceshi\trainLab3.npy')
    x_1 , sess_1 , if_is_training_1 ,y_loca = load_model_1()
    x_image_2,y_label_2 = pre_model_1(x_1 , sess_1 , if_is_training_1 ,y_loca,X,Y)
                                            #调用模型一
    labels = np.array(y_label_2)
    np.save('C:/Users/date/Desktop/ceshi/trainLab4.npy',labels)
     #每个字的标签集
    images = np.array(x_image_2)
    np.save('C:/Users/date/Desktop/ceshi/trainImg4.npy', images)
     #每个字的图片像素 0~1 矩阵集
    print(x_image_2.shape)
    print(y_label_2.shape)
if __name__ == '__main__':
    main()
```

5. 网络结构

本部分包括定义损失函数、初始化权重、定义网络结构。

1) 定义损失函数

相关代码如下：

```
def cal_loss(y_pre,y_label):                #损失函数
    return
    tf.reduce_mean(tf.nn.softmax_cross_entropy_with_logits(labels = y_label, logits = y_pre))
```

2) 初始化权重

相关代码如下：

```
def xavier_init(fan_in,fan_out,constant = 1):#初始化权重
```

```
        low = -constant * np.sqrt(6.0/(fan_in+fan_out))
        high = constant * np.sqrt(6.0/(fan_in+fan_out))
    return tf.random_uniform((fan_in,fan_out),minval = low,maxval = high,dtype = tf.float32)
```

3) 定义网络结构

第 2 个卷积神经网络同样有 6 个卷积层,其中前 3 层为卷积+池化层,后 3 层为全连接层,相比于第 1 个卷积神经网络只是全连接层的数组形状不同。

池化层和全连接层之后,在模型中引入丢弃进行正则化,用以消除模型的过拟合问题。相关代码如下:

```
def network(in_image, if_is_training):          # 定义网络结构
    batch_norm_params = {                        # 归一化批次参数
        'is_training':if_is_training,
        'zero_debias_moving_mean':True,
        'decay':0.99,
        'epsilon':0.001,
        'scale':True,
        'updates_collections':None
    }
    with slim.arg_scope([slim.conv2d],activation_fn = tf.nn.relu,
        padding = 'SAME',                        # 使构建模型的代码更加紧凑
        weights_initializer = slim.xavier_initializer(),
        biases_initializer = tf.zeros_initializer(),
        normalizer_fn = slim.batch_norm,
        normalizer_params = batch_norm_params,
        weights_regularizer = slim.l2_regularizer(0.0005)):
        out_2 = 64
        out_3 = 128
net = slim.conv2d(in_image,num_outputs = out_2,kernel_size = [5,5],stride = 1,scope = 'conv1')
    # 卷积层
        print('1_con:\t',net.get_shape())
net = slim.max_pool2d(net,kernel_size = [2,2],stride = 2,scope = 'pool1')    # 池化层
        print('1_pool:\t',net.get_shape())
net = slim.conv2d(net,num_outputs = out_2,kernel_size = [5,5],stride = 1,scope = 'conv2')
                                                                    # 卷积层
        print('2_con:\t',net.get_shape())
net = slim.max_pool2d(net,kernel_size = [2,2],stride = 2,scope = 'pool2')    # 池化层
        print('2_pool:\t',net.get_shape())
net = slim.conv2d(net,num_outputs = out_3,kernel_size = [3,3],stride = 1,scope = 'conv3_1')
    # 卷积层
net = slim.conv2d(net,num_outputs = out_3,kernel_size = [3,3],stride = 1,scope = 'conv3_2')
    # 卷积层
        print('3_con:\t',net.get_shape())
net = slim.max_pool2d(net,kernel_size = [2,2],stride = 2,scope = 'pool3')    # 池化层
        print('3_pool:\t',net.get_shape())
    net = slim.flatten(net,scope = 'flatten')    # 扁平化
```

```
       with slim.arg_scope([slim.fully_connected],
             activation_fn = tf.nn.relu,
             normalizer_fn = slim.batch_norm,
             normalizer_params = batch_norm_params):
          net = slim.fully_connected(net,3000,
                weights_initializer = slim.xavier_initializer(),
                biases_initializer = tf.zeros_initializer(),
                scope = 'fc1')                    # 全连接层
          print('fc1:\t',net.get_shape())
          net = slim.dropout(net, 0.5, scope = 'dropout1')
          net = slim.fully_connected(net,9000,
                weights_initializer = slim.xavier_initializer(),
                biases_initializer = tf.zeros_initializer(),
                scope = 'fc2')                    # 全连接层
          print('fc2:\t',net.get_shape())
          net = slim.dropout(net, 0.5, scope = 'dropout2')
       net = slim.fully_connected(net,3500,
             activation_fn = None,
             normalizer_fn = None,
             weights_initializer = slim.xavier_initializer(),
             biases_initializer = tf.zeros_initializer(),
             scope = 'fc3')                    # 全连接层
       print('soft:\t',net.get_shape())
       return net
```

6. 模型训练及保存

本部分包括训练效果测试和条件语句训练次数。

（1）训练效果测试函数 accuracy()。

一次预测 1000 张验证码的汉字坐标，预测的 one-hot 矩阵与标签的 one-hot 矩阵不同视为误识别，最终返回正确和错误的数量，相关代码如下：

```
def accuracy(sess,pre_image,in_image,testImg,testLab,if_is_training):
    erro_count = 0
    for i in range(10):
        bt = random.randint(0,19999 - 100)
        # 输入 5000 张图片,大小为 5000 * 4 = 20000
        x_image_2 = testImg[bt:bt + 100, :]
        y_label_2 = testLab[bt:bt + 100, :]
        pre_label = sess.run(pre_image,feed_dict = {in_image:x_image_2, if_is_training:
False})
        M, N = pre_label.shape
        for m in range(M):                    # 比较预测的 one - hot 矩阵与标签是否相同
            x = np.argmax(pre_label[m, :])
            x0 = np.argmax(y_label_2[m, :])
            if not x == x0:
                erro_count += 1
```

```
    if erro_count < = 2:
        return True, erro_count
    else:
        return False, erro_count
```

（2）通过条件语句可以控制训练次数，每训练十次调用一次 accuracy() 函数，输出此时模型误判数和准确率，若误判数在两张及以下，最后输出 True。在获得较高准确率后可以输入 qq，结束训练并保存模型，模型二训练 10000 次如图 10-6 所示，最高准确率可达 95%。

```
input:  10000
count:  0          accuracy:  1000          accuracy:  0.0
true:  False
count:  10         accuracy:  1000          accuracy:  0.0
true:  False
count:  20         accuracy:  1000          accuracy:  0.0
true:  False
count:  30         accuracy:  999 accuracy:
0.0010000000000000009          true:  False
count:  40         accuracy:  1000          accuracy:  0.0
true:  False
count:  50         accuracy:  999 accuracy:
0.0010000000000000009          true:  False
count:  60         accuracy:  999 accuracy:
0.0010000000000000009          true:  False
count:  70         accuracy:  1000          accuracy:  0.0
true:  False
count:  80         accuracy:  999 accuracy:
0.0010000000000000009          true:  False
count:  90         accuracy:  999 accuracy:
0.0010000000000000009          true:  False
count:  100        accuracy:  999 accuracy:
0.0010000000000000009          true:  False
count:  110        accuracy:  998 accuracy:
0.0020000000000000018          true:  False
count:  120        accuracy:  999 accuracy:
0.0010000000000000009          true:  False
count:  130        accuracy:  1000          accuracy:  0.0
true:  False
count:  140        accuracy:  1000          accuracy:  0.0
true:  False
count:  150        accuracy:  1000          accuracy:  0.0
```

图 10-6　训练结果

相关代码如下：

```
with tf.Session() as sess:
        sess.run(tf.global_variables_initializer())
        while True:
            #输入训练次数,方便控制和继续训练
            command = input('input:\t')
            if command == 'qq':
                break
            for i in range(int(command)):
                x_image_1, y_label = generate_data()
                x_image_2, y_label_2 = pre_model_1(x_1 , sess_1 , if_is_training_1, y_loca, x_image_1, y_label)
sess.run(train_op, feed_dict = {in_image: x_image_2, out_image: y_label_2, if_is_training: True})#训练模型
                if i % 10 == 0:                #每训练10次输出一次训练的准确率
```

```
                            ret,erro_count = accuracy(sess,pre_image,in_image,testImg,testLab,if
_is_training)
                            print('count: ',i,'\taccuracy: ',erro_count, '\taccuracy: ',erro_count/
1000,'\ttrue: ',ret)
model_saver.save(sess,'C:/Users/date/Desktop/ceshi/model2/mymodel.ckpt')    #保存模型
```

10.3.4 乱序成语验证码识别

同时调用模型一与模型二可以将汉字验证码中的四个字识别出来,定义 test 函数可以检测同时调用两个模型的准确率。此时获得的四个字为乱序成语,通过对比构建的成语字典将乱序成语重新排列为正序成语。

1. 同时调用两个模型

本部分包括加载模型和准确率。

(1)加载两个模型相关代码如下:

```
    def __init__(self):                        #初始化
        self.w3500 = open(r'C:\\Users\\date\\Desktop\\ceshi\\3500.txt','r',encoding = 'utf
-8').read()
        self.x_1,self.sess_1 , self.if_is_training_1 ,self.y_loca = self.load_model_1()
        self.x_2,self.sess_2 , self.if_is_training_2 ,self.y_class = self.load_model_2()
    def load_model_1(self):                    #加载模型一
        graph_1 = tf.Graph()
        sess_1 = tf.Session(graph = graph_1)
        with graph_1.as_default():
model_saver_1 = tf.train.import_meta_graph("C:/Users/date/Desktop/ceshi/model/mymodel.
ckpt.meta")                            #保存模型一
model_saver_1.restore(sess_1,'C:/Users/date/Desktop/ceshi/model/mymodel.ckpt')
            y_loca = tf.get_collection('pre_loca')[0]
            x_1 = graph_1.get_operation_by_name('in_image').outputs[0]
if_is_training_1 = graph_1.get_operation_by_name('if_is_training').outputs[0]
            return x_1 , sess_1 , if_is_training_1 ,y_loca
    def load_model_2(self):                    #加载模型二
        graph_2 = tf.Graph()
        sess_2 = tf.Session(graph = graph_2)
        with graph_2.as_default():
model_saver_2 = tf.train.import_meta_graph("C:/Users/date/Desktop/ceshi/model2.2/mymodel.
ckpt.meta")                            #保存模型二
model_saver_2.restore(sess_2,'C:/Users/date/Desktop/ceshi/model2.2/mymodel.ckpt')
            y_class = tf.get_collection('pre_img')[0]
            x_2 = graph_2.get_operation_by_name('in_image').outputs[0]
if_is_training_2 = graph_2.get_operation_by_name('if_is_training').outputs[0]
            return x_2 , sess_2 , if_is_training_2 ,y_class
```

(2)test 函数原理为调用 born_data2.py 中的函数实时生成验证码并保留正确字符,同

时调用模型一与模型二对验证码进行预测,将预测结果与正确结果进行对比可得到模型的准确率,相关代码如下:

```
def test(self,times):                       # 测试处理
    erro = 0
    loss = 0
    for i in range(times):
        # 生成验证码并进行图片处理
        i_chr = born_data2.ImageChar()
        img_PIL,words = i_chr.rand_img_test()
        in_img = np.asarray(img_PIL)
        in_img = cv2.cvtColor(in_img,cv2.COLOR_BGR2GRAY)
        ret,in_img = cv2.threshold(in_img,127,255,cv2.THRESH_BINARY_INV)
        data = in_img/255
        in_image = data.reshape(1,30,100)
        loca_np = self.sess_1.run(self.y_loca,feed_dict = {self.x_1:in_image,self.if_is_training_1:
False})                          # 预测每个字的中心横纵坐标
        loca_np = loca_np.reshape(4,2)
        imgCutList = self.crop_image(data,loca_np)    # 裁剪每个字
        chineseCode = ""
        for imList in imgCutList:
            try:
                data_2 = np.array(imList).reshape(1,400)
            except Exception as e:
                loss += 1
                continue
        rel = self.sess_2.run(self.y_class,feed_dict = {self.x_2:data_2,self.if_is_training_2:
False})                          # 预测每个字的 one - hot 矩阵
            num = np.argmax(rel)
            chineseCode += self.w3500[num]
        if len(chineseCode) == 4:
            if not chineseCode == words:
                erro += 1
        print('\r',i,end = '\r')
    print('erro: ',erro/times * 100,'%','\tloss: ',loss)
```

2. 乱序成语重排序

对乱序成语重新排序,需要构建 Python 字典,该字典的 key 为成语集中出现过不同的字,对应的 value 为成语集中所有包含 key 的成语。字典构建完成后,只需将乱序成语中每个字所对应的 value 筛选出来,将乱序成语逐一与 value 中的每个成语进行比较,筛选出 value 中与乱序成语差异最小的成语。该排序方法具有一定的容错率,只要一个四字验证码中识别错误字数不超过一个能返回正确的成语。

```
With
open(r'C:\Users\date\Desktop\xingxixitongsheji\chengyu.txt','r',encoding = 'utf - 8') as file:
```

```
                                                    #打开文件
        seq = file.readlines()                      #逐行导入成语集
        seq = [x.strip() for x in seq]
    seq1 = open(r'C:\Users\date\Desktop\xingxixitongsheji\chengyu.txt','r',encoding = 'UTF - 8
').read()                                           #逐字导入成语集
    predict1 = {}
    pre = [0] * len(seq1)
    for i in range(len(seq1)):
        pre[i] = seq1[i]                             #获取单字集合
    pre = sorted(set(pre),key = pre.index)          #删除重复字
    for i in range(len(pre)):
        predict1.setdefault(pre[i], [])             #构建字典的 key
        l = [s for s in seq if pre[i] in s]         #获取包含该字的成语
        predict1[pre[i]].extend(l)                  #构建字典
    with open('predict.model', 'wb') as f:
        f.write(pickle.dumps(predict1))             #保存字典
    class Idiom(object):                            #定义重排序函数
        def __init__(self, model_path = 'pre dict.model'):
            self.predict = pickle.loads(Path(model_path).read_bytes())
        def find(self, text):
            #生成单字集合
            chas = set(text)
            chas = list(chas)
            words = {}
            words1 = {}
            words2 = {}
            words3 = {}
            for k in range(len(chas)):
                #获取单字对应的备选成语
                words[k] = self.predict.get(chas[k],["abcd"])
                words1[k] = [0] * len(words[k])
                if not words:
                    continue
                for j in range(len(words[k])):
                    #检查备选成语的字是否在单字集合中
                    for i in words[k][j]:
                        if i not in chas:
                            words1[k][j] = words1[k][j] + 1
            for k in range(len(words1)):
                words2[k] = min(words1[k])   #保存差异最小的 value
            words3 = list(words1[min(words2, key = words2.get)])
            #将差异最小值转换为 list,用于返回其坐标
            return words[min(words2, key = words2.get)][words3.index(min(words3))]
                                            #返回差异最小的成语
```

10.3.5　可视化界面的实现

本项目使用Python GUI 开发工具 Tkinter 实现可视化界面,包含的功能有乱序成语验

证码的生成、保存、删除以及识别。

1. 界面的创建

使用 Tkinter 中的 Tk() 函数创建窗口、title() 函数设置标题、iconbitmap() 函数设置窗口图标、Canvas() 函数创建画布、Label() 函数设置标签、place() 函数选择位置。

```
window = tk.Tk()
window.title('乱序成语验证码生成与识别')                        #标题
window.iconbitmap(r'C:\Users\date\Desktop\ico\Safari Black.ico') #窗口图标
canvas_l = tk.Canvas(window,bg = '  #ffffff',width = image_w,height = image_h)
canvas_l.place(x = 10,y = 27)
tk.Label(window,fg = 'blue',text = '验证码分割结果').place(x = 356,y = 175)
```

2. 乱序成语验证码的生成、保存和删除

通过定义函数 printcoords_l() 调用 shengcheng.py 生成乱序成语验证码。

```
def printcoords_l():                                        #生成乱序成语验证码
    global frame
    global File_l
    img_char = shengcheng.ImageChar()
    h1,h2 = img_char.rand_img_test()
    File_l = h1
    (im_x,im_y) = (File_l).size                             #获取图片原始尺寸
    #图像输出,按宽度等比缩放
    Image_out_l = (File_l).resize((image_w,int(image_w * (im_y/im_x))),
                                  Image.ANTIALIAS)
    filename_l = ImageTk.PhotoImage(Image_out_l)
    canvas_l.image = filename_l
    #将图片居中放置,并定义画布中心点
canvas_l.create_image(image_w/2,image_h/2,anchor = 'center',image = filename_l)
    window.update()
```

通过定义 save_p() 和 delete_p() 函数将生成的验证码保存和删除,其中 File_3 为保存路径,使用 Tkinter 中的 Entry() 函数输入文本,File_3 为文本的输入值。

```
action1 = tk.Entry(window,show = None,font = ('Arial',12),width = 80)
#输入保存路径
action1.place(x = 10,y = 330)
def save_p():                                               #保存
    global File_3
    File_3 = action1.get()
    File_l.save(File_3)
def delete_p():                                             #删除
    global File_3
    os.remove(os.path.abspath(File_3))
```

3. 乱序成语验证码的选取与识别

定义函数 printcoords_r()选取乱序成语验证码，通过 Tkinter 中 filedialog 函数调用文本选择框，选取验证码。

```
def printcoords_r():                                        ♯输入乱序成语验证码
    global File_r
    global frame
    File_r = filedialog.askopenfilename(parent = canvas,
                                        initialdir = "C:",
                                        title = 'Choose an image.')
    (im_x,im_y) = (Image.open(File_r)).size                 ♯获取图片原始尺寸
Image_out_r = (Image.open(File_r)).resize((image_w,int(image_w * (im_y/im_x))),
                                        Image.ANTIALIAS)
    filename_r = ImageTk.PhotoImage(Image_out_r)
    canvas_r.image = filename_r
    frame = cv2.imread(File_r)
    ♯将图片居中放置，并定义画布中心点
canvas_r.create_image(image_w/2, image_h/2, anchor = 'center', image = filename_r)
window.update()
♯通过定义 start_p()函数调用 shibie.py 对乱序成语验证码进行识别
def start_p():
    ccr = shibie.ChineseCodeRecognition()
    x,img = ccr.predict(File_r)
    lbtime = tk.Label(window, fg = 'red', text = '识别结果: ' + x, width = 60)
    lbtime.place(x = 186, y = 140)
    global File_2
    File_2 = img
    Image_out_2 = File_2
    filename_2 = ImageTk.PhotoImage(Image_out_2)
    canvas_2.image = filename_2   ♯ <--- keep reference of your image
    ♯将图片居中放置，并定义画布中心点
canvas_2.create_image(image_w/2, image_h/2, anchor = 'center', image = filename_2)
window.update()
```

4. 按钮实现

通过 Tkinter 中 button 控件的 command 传递参数，使用 place()函数将 button 置于界面中。

```
bt_sl = tk.Button(window, text = '生成验证码', height = 1, width = 10, command = printcoords_l)
bt_sl.place(x = 120, y = 355)
bt_cc = tk.Button(window, text = '选取验证码', height = 1, width = 10, command = printcoords_r)
bt_cc.place(x = 230, y = 355)
bt_start = tk.Button(window, text = '单击识别', height = 1, width = 10, command = start_p)
bt_start.place(x = 340, y = 355)
action = tk.Button(window, text = "删除图片", height = 1, width = 10, command = delete_p)
```

```
action.place(x = 450,y = 355)
action =  tk.Button(window, text = "保存图片",height = 1,width = 10, command = save_p)
action.place(x = 560,y = 355)
```

10.4　系统测试

本部分包括训练准确率、测试效果以及可视化界面应用。

10.4.1　训练准确率

模型一和模型二的测试准确率达到 $95\%+$，意味着训练比较成功。查看整个训练日志，发现随着 epoch 次数的增多，模型在训练数据、测试数据上的损失和准确率逐渐收敛，最终趋于稳定，如图 10-7 和图 10-8 所示。

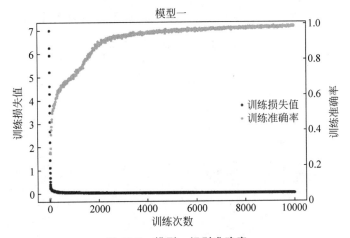

图 10-7　模型一识别准确率

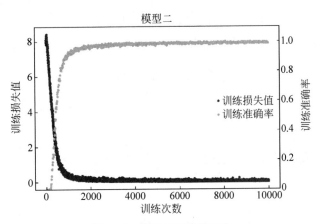

图 10-8　模型二识别错误率

10.4.2　测试效果

将数据带入模型一和模型二进行测试，与原始数据进行显示和对比，得到如图 10-9 和图 10-10 所示的测试效果。

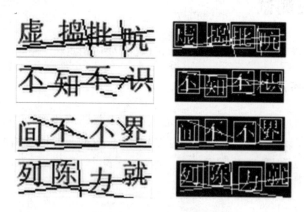

图 10-9　模型一训练效果

input image filename:C:\Users\Administrator
\Desktop\2.png
衰衰父母

input image filename:C:\Users\Administrator
\Desktop\1.png
秋波盈盈

input image filename:C:\Users\Administrator
\Desktop\2.png
风尘之变

input image filename:C:\Users\Administrator
\Desktop\5.png
五风十雨

图 10-10　模型二训练效果

将数据带入重排序模型进行测试，与原始数据进行显示和对比，得到如图 10-11 所示的测试效果，可以得到验证：重排序模型可以较好地对乱序成语验证码进行排序。

```
In [37]: runfile('C:/Users/date/Desktop/spyder/
shibie.py', wdir='C:/Users/date/Desktop/spyder')
Reloaded modules: born_data2
INFO:tensorflow:Restoring parameters from C:/Users/date/
Desktop/ceshi/model/mymodel.ckpt
INFO:tensorflow:Restoring parameters from C:/Users/date/
Desktop/ceshi/model2/mymodel.ckpt
惨雨酸风

INFO:tensorflow:Restoring parameters from C:/Users/date/
Desktop/ceshi/model/mymodel.ckpt
不足齿数

INFO:tensorflow:Restoring parameters from C:/Users/date/
Desktop/ceshi/model2/mymodel.ckpt
八难三灾
```

图 10-11　训练效果

10.4.3　可视化界面应用

可视化界面从上至下包含两个图片框显示生成和选取的验证码、一个文本框显示识别结果、一个图片框显示分割结果、一个文本输入框输入保存路径以及 5 个按钮,如图 10-12 所示。

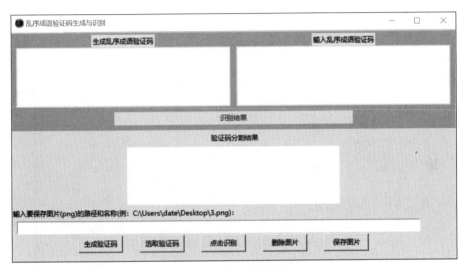

图 10-12　可视化界面

单击"生成验证码"按钮即可生成乱序成语验证码,输入保存路径后单击"保存图片"按钮,即可将生成的验证码保存,删除验证码,即可将保存的验证码删除,如图 10-13 和图 10-14 所示。

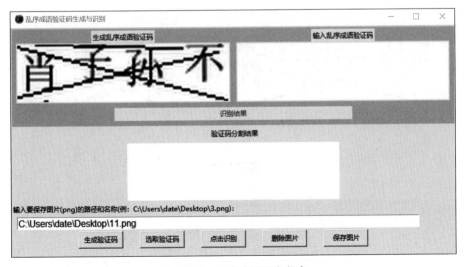

图 10-13　生成验证码和保存

图 10-14　成功保存

单击选取图片可以从文件夹中选取验证码，单击识别，识别结果变为正确的成语并显示验证码的分割结果，如图 10-15 和图 10-16 所示。

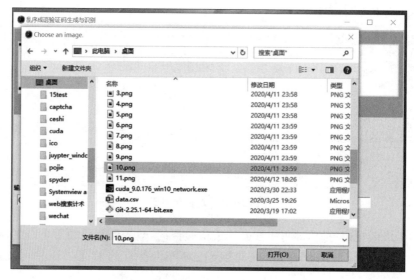

图 10-15　选取验证码

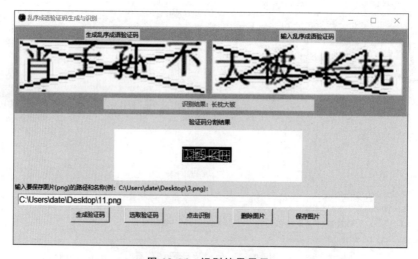

图 10-16　识别结果显示

基于 CNN 的 SNEAKERS 识别

本项目基于卷积神经网络(CNN),通过 TFRecord 制作数据集,建立模型进行训练,使用 Flask 工程以.ckpt 文件为媒介进行数据传递,实现球鞋分类。

11.1 总体设计

本部分包括系统整体结构和系统流程。

11.1.1 系统整体结构

系统整体结构如图 11-1 所示。

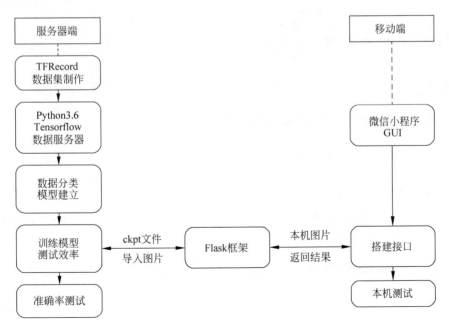

图 11-1 系统整体结构

11.1.2　系统流程

系统流程如图 11-2 所示。

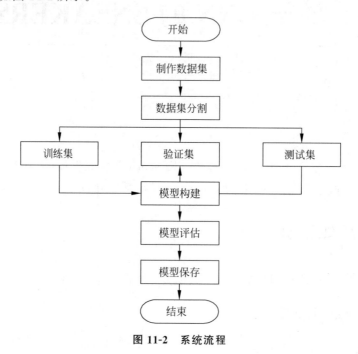

图 11-2　系统流程

11.2　运行环境

本部分包括 Python 环境与 Flask 框架、环境配置与工具包及微信小程序。

11.2.1　Python 环境与 Flask 框架

需要 Python 3.6 及以上配置，在 Windows 环境推荐下载 Anaconda 完成 Python 所需配置，使用 PyCharm、Spyder 均可。选用 Anaconda 自带的 Spyder 用于模型训练等部分，通过 PyCharm 搭建服务器，涉及 Flask 工程项目。

Flask 工程 PyCharm 专业版需要进行破解，在 PyCharm 中自动更新，即可配置好 Flask 工程所需要的相关文件。

11.2.2　环境配置与工具包

添加镜像为清华大学后，直接用 conda install tensorflow 即可安装。采用 Anaconda 安装后，其他的工具包都自行配置；如果采用 pip 需要额外安装 matplotlib 和 PIL，分别进行

图表绘制和图片处理;采用 pip install x(x 为安装包)指令在 cmd 中运行即可,本项目使用
Anaconda。

11.2.3　微信小程序环境

微信小程序下载地址为 https://developers. weixin. qq. com/miniprogram/dev/
devtools/download. html。

11.3　模块实现

本项目包括 5 个模块:数据制作、模型构建、模型训练及保存、模型生成、前端与后台搭
建,下面分别给出各模块的功能介绍及相关代码。

11.3.1　数据制作

数据下载地址为 https://pan. baidu. com/s/1D3g25qA2JhlE4EhiVqT6jw,提取码:
bptf。完成支持 TensorFlow 的 TFRecord 官方推荐的数据读取标准格式,原始数据集是每
种类别 200 张图片,如图 11-3 所示。

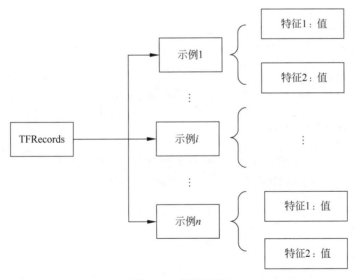

图 11-3　数据特征

在图像识别中,TFRecord 文件格式可以将图像数据和标签数据存储在同一个二进制
文件中。相关代码如下:

```
# 创建一个 TFrecords 文件用来写入
writer = tf.python_io.TFRecordWriter("AJ_train1.tfrecords")
```

```
for index, name in enumerate(classes):
    class_path = cwd + name + '/'
    for img_name in os.listdir(class_path):
        #每一个图片的地址
        img_path = class_path + img_name
        img = Image.open(img_path)
        #设置图片需要转化的尺寸
        img = img.resize((64, 64))
        #将图片转换为二进制格式
        img_raw = img.tobytes()
        #将图像数据写入协议缓存区
        example = tf.train.Example(features = tf.train.Features(feature = {
            "label": tf.train.Feature(int64_list = tf.train.Int64List(value = [index])),
            'img_raw': tf.train.Feature(bytes_list = tf.train.BytesList(value = [img_raw]))
        }))
        #序列化为字符串
        writer.write(example.SerializeToString())
```

输入模型需要读取文件，由于 TFRecord 默认采用随机队列对不同特征进行对号入座，可以保证在数据集本身不多的情况下高度随机性，避免出现一些错误的学习，同时队列内存占用小，节省空间复杂度。

```
def read_and_decode(filename):
    #生成一个队列，用来提取特征，分类文件
    filename_queue = tf.train.string_input_producer([filename])
    reader = tf.TFRecordReader()
        #返回文件名和文件
    _, serialized_example = reader.read(filename_queue)
    features = tf.parse_single_example(serialized_example,
    #取出图像数据和对应标签
    features = {
                    'label': tf.FixedLenFeature([], tf.int64),
                    'img_raw': tf.FixedLenFeature([], tf.string),
    })
    img = tf.decode_raw(features['img_raw'], tf.uint8)
    #重新定义为 64 * 64 的 3 通道图片
    img = tf.reshape(img, [64, 64, 3])
    #在流中抛出标签张量
    label = tf.cast(features['label'], tf.int32) return img, label
#使用函数读入流中
image, label = read_and_decode("AJ_train1.tfrecords")
```

11.3.2　数据构建

数据加载进模型之后，需要定义模型结构，并优化损失函数。

1. 定义模型结构

　　定义的架构为 3 个卷积层,每层卷积后都连接 1 个最大池化层,进行数据的降维,2 个全连接层和 1 个 Softmax 层。每层都会使用多个滤波器来提取不同类型的特征。最大池化和全连接层之后,在模型中引入 dropout 进行正则化,用以消除模型的过拟合问题。

```
def inference(images, batch_size, n_classes):
    #卷积层 1
    with tf.variable_scope('conv1') as scope:
        w_conv1 = tf.Variable(weight_variable([3, 3, 3, 64], 1.0), name = 'weights', dtype =
tf.float32)
        b_conv1 = tf.Variable(bias_variable([64]), name = 'biases', dtype = tf.float32)
        h_conv1 = tf.nn.relu(conv2d(images, w_conv1) + b_conv1, name = 'conv1')
    #池化层 1
    with tf.variable_scope('pooling1_lrn') as scope:
        pool1 = max_pool_2x2(h_conv1, 'pooling1')
        norm1 = tf.nn.lrn(pool1, depth_radius = 4, bias = 1.0, alpha = 0.001/9.0, beta =
0.75, name = 'norm1')
    #卷积层 2
    with tf.variable_scope('conv2') as scope:
        w_conv2 = tf.Variable(weight_variable([3, 3, 64, 32], 0.1), name = 'weights', dtype =
tf.float32)
        b_conv2 = tf.Variable(bias_variable([32]), name = 'biases', dtype = tf.float32)
        h_conv2 = tf.nn.relu(conv2d(norm1, w_conv2) + b_conv2, name = 'conv2')
    #池化层 2
    with tf.variable_scope('pooling2_lrn') as scope:
        pool2 = max_pool_2x2(h_conv2, 'pooling2')
        norm2 = tf.nn.lrn(pool2, depth_radius = 0.75, bias = 1.0, alpha = 1.0/0.9, beta =
0.75, name = 'norm2')
    #卷积层 3
    with tf.variable_scope('conv3') as scope:
        w_conv3 = tf.Variable(weight_variable([3, 3, 32, 16], 0.1), name = 'weights', dtype =
tf.float32)
        b_conv3 = tf.Variable(bias_variable([16]), name = 'biases', dtype = tf.float32)
        h_conv3 = tf.nn.relu(conv2d(norm2, w_conv3) + b_conv3, name = 'conv3')
        #池化层 3
    with tf.variable_scope('pooling3_lrn') as scope:
        pool3 = max_pool_2x2(h_conv3, 'pooling2')
        norm3 = tf.nn.lrn(pool3, depth_radius = 4, bias = 1.0, alpha = 1.0 / 0.9, beta = 0.75,
name = 'norm3')
    #全连接层
    # def weight_variable(shape, n):
    # initial = tf.truncated_normal(shape, stddev = n, dtype = tf.float32)
    # return initial
    with tf.variable_scope('local3') as scope:
        reshape = tf.reshape(norm3, shape = [batch_size, -1])
        dim = reshape.get_shape()[1].value
```

```
        w_fc1 = tf.Variable(weight_variable([dim, 128], 0.005), name = 'weights', dtype = tf.
float32)
        b_fc1 = tf.Variable(bias_variable([128]), name = 'biases', dtype = tf.float32)
        h_fc1 = tf.nn.relu(tf.matmul(reshape, w_fc1) + b_fc1, name = scope.name)
    # 全连接层 2
    with tf.variable_scope('local4') as scope:
        w_fc2 = tf.Variable(weight_variable([128, 128], 0.005), name = 'weights', dtype = tf.
float32)
        b_fc2 = tf.Variable(bias_variable([128]), name = 'biases', dtype = tf.float32)
        h_fc2 = tf.nn.relu(tf.matmul(h_fc1, w_fc2) + b_fc2, name = scope.name)
    h_fc2_dropout = tf.nn.dropout(h_fc2, 0.5)                      # 丢弃
    with tf.variable_scope('softmax_linear') as scope:
        weights = tf.Variable(weight_variable([128, n_classes], 0.005), name = 'weights',
dtype = tf.float32)                                              # 加权
        biases = tf.Variable(bias_variable([n_classes]), name = 'biases', dtype = tf.
float32)                                                        # 偏置
        softmax_linear = tf.add(tf.matmul(h_fc2_dropout, weights), biases, name = 'softmax_
linear')                                                        # 激活函数
    return softmax_linear
```

2. 优化损失函数

确定模型架构之后进行编译，这是多类别的分类问题，因此，使用交叉熵作为损失函数。由于所有的标签都带有相似的权重，使用精确度作为性能指标。Adam 是常用的梯度下降方法，用它优化模型参数。

```
# 定义损失函数和优化器
def losses(logits, labels):
    with tf.variable_scope('loss') as scope:
        cross_entropy = tf.nn.sparse_softmax_cross_entropy_with_logits(logits = logits,
labels = labels, name = 'xentropy_per_example')                  # 交叉熵损失
        loss = tf.reduce_mean(cross_entropy, name = 'loss')
        tf.summary.scalar(scope.name + '/loss', loss)            # 损失结果
    return loss
def trainning(loss, learning_rate):                              # 训练定义
    with tf.name_scope('optimizer'):
        optimizer = tf.train.AdamOptimizer(learning_rate = learning_rate)
        global_step = tf.Variable(0, name = 'global_step', trainable = False)
        train_op = optimizer.minimize(loss, global_step = global_step)
    return train_op
```

11.3.3   模型训练及保存

在定义模型架构和编译之后，通过训练集训练模型，使模型可以识别手写数字。这里，

使用训练集和测试集来拟合并保存模型。

1．模型训练

相关代码如下：

```
# 开始模型生成
sess.run(tf.initialize_all_variables())
try:
    # 执行 MAX_STEP 步的训练，一步一个 batch
    for step in np.arange(MAX_STEP):
        if coord.should_stop():
            break
        # 启动以下操作节点
        _, tra_loss, tra_acc = sess.run([train_op, train_loss, train_acc])
        # 每隔 50 步打印一次当前的 loss 以及 acc，同时记录 log，写入 writer
        if step % 100 == 0:
            print('Step %d, train loss = %.2f, train accuracy = %.2f%%' % (step, tra_
loss, tra_acc * 100.0))
            summary_str = sess.run(summary_op)
            train_writer.add_summary(summary_str, step)
        checkpoint_path = os.path.join(logs_train_dir, 'thing.ckpt')
        saver.save(sess, checkpoint_path)
        # 每隔 100 步，保存一次训练好的模型
        if (step + 1) == MAX_STEP:
            checkpoint_path = os.path.join(logs_train_dir, 'thing.ckpt')
            saver.save(sess, checkpoint_path, global_step = step)
```

其中，一个 batch 就是在一次前向/后向传播过程用到的训练样例数量，也就是一次用
20 张图片，训练 10 组，每组 50 步，到 step＝400（由于 step＝0 是初始循环）时停止，一共训
练 10000 张图片，此时可以看到准确率达到了 95.02%，停止训练，保存模型，如图 11-4
所示。

```
and will be removed in a future version.
Instructions for updating:
To construct input pipelines, use the `tf.data` module.
Step 0, train loss = 1.39, train accuracy = 15.00%
Step 100, train loss = 1.35, train accuracy = 50.00%
Step 200, train loss = 1.18, train accuracy = 50.00%
Step 300, train loss = 0.63, train accuracy = 85.01%
Step 400, train loss = 0.33, train accuracy = 95.02%
```

图 11-4　训练结果

通过观察训练集和测试集的损失函数、准确率大小来评估模型的训练程度，进行模型训
练的进一步决策。一般来说，训练集和测试集的损失函数（或准确率）不变且基本相等为模
型训练的最佳状态。

2．模型保存

为能够被程序读取，需要将模型保存为.ckpt 格式的文件。

TensorFlow 的模型文件具体内容，在每个生成路径下包含 4 个文件：

```
-- checkpoint_dir
    | | -- checkpoint
    | | -- MyModel.meta
    | | -- MyModel.data-00000-of-00001
    | | -- MyModel.index
```

ckpt 是二进制文件，保存了所有的 weights、biases、gradients 等变量，方便服务器传输。模型被保存后，可以被重用，也可以移植到其他环境中使用，还可以结合 Flask 发布.ckpt 模型。其标准的读取功能参照以下代码：

```
import tensoflow as tf
from tensorflow.python import pywrap_tensorflow
model_dir = "./ckpt/"
ckpt = tf.train.get_checkpoint_state(model_dir)
ckpt_path = ckpt.model_checkpoint_path
reader = pywrap_tensorflow.NewCheckpointReader(ckpt_path)
param_dict = reader.get_variable_to_shape_map()
for key, val in param_dict.items():
    try:
        print key, val
    except:
```

11.3.4　模型测试

该测试包括：一是移动端（微信小程序）调用相册获取数字图片；二是将数字图片转换为数据，输入 TensorFlow 的模型中，并且获取输出；三是将结果传回前端。

1. 模型导入及调用

模型调用迁移：在 Flask 工程中搭建完成，迁移之前测试一部分人物图片，即在 Flask 中实现.ckpt 文件的调用，Flask 从服务器中提取的图片，载入其项目工程所在文件目录 \static\srcImg 文件夹下，保存此路径，实现提取前端图片的功能，在 Flask 中进行调试即可。

2. 相关代码

```
def evaluate_one_image(image_array):                          # 评估图片
    with tf.Graph().as_default():
        BATCH_SIZE = 1
        N_CLASSES = 4
        image = tf.cast(image_array, tf.float32)
        image = tf.image.per_image_standardization(image)
        image = tf.reshape(image, [1, 64, 64, 3])
        logit = model.inference(image, BATCH_SIZE, N_CLASSES)
        logit = tf.nn.softmax(logit)
```

```
x = tf.placeholder(tf.float32, shape = [64, 64, 3])
#更改为实际目录
logs_train_dir = 'C:/Users/86182/Desktop/rgzn/Tensorflow - master/AJ_Recognition/
train_log'
saver = tf.train.Saver()                              #保存结果
with tf.Session() as sess:
    print("Reading checkpoints...")
    ckpt = tf.train.get_checkpoint_state(logs_train_dir)
    if ckpt and ckpt.model_checkpoint_path:           #检查点
        global_step = ckpt.model_checkpoint_path.split('/')[-1].split('-')[-1]
        saver.restore(sess, ckpt.model_checkpoint_path)
        print('Loading success, global_step is %s' % global_step)
    else:
        print('No checkpoint file found')
    prediction = sess.run(logit, feed_dict = {x: image_array}) #预测
    max_index = np.argmax(prediction)
    if max_index == 0:                                #结果输出
print('This is a Air Jordan 1 with possibility %.6f'% prediction[:, 0])
    elif max_index == 1:
print('This is a Air Jordan 4 with possibility %.6f'% prediction[:, 1])
    elif max_index == 2:
print('This is a Air Jordan 11 with possibility %.6f'% prediction[:, 2])
    else:
print('This is a Air Jordan 12 with possibility %.6f'% prediction[:, 3])
```

11.3.5 前端与后台搭建

本部分包括微信小程序界面设计和框架设计。

1. 微信小程序端界面设计

微信小程序端作为应用载体,主要作用是供用户选择需要识别的图片,上传到服务器后,后台对图片处理并将结果返回。

小程序界面分为两部分,上部分显示上传的图片,下部分显示后台识别后返回的结果,最后设置上传图片的按钮。相关代码如下:

```
<!-- 图片区域 -->
< view class = 'pages'>
  < view class = 'face'>
    < image src = '{{images}}' mode = 'widthFix'></image>
  </view>
</view>
<!-- 识别结果 -->
< view class = 'result'>
< text >识别结果</text>
< text id = 'result - text' bindtap = 'copy' wx:if = '{{characterend}}'>复</text>
```

```
</view>
<!-- 结果显示 -->
<view class = 'words' wx:if = '{{characterend}}'>
    <view class = 'aitext'>
    {{resulttext}}
    </view>
</view>
<view wx:else>
    {{resulttext}}
</view>
<!-- 上传按钮 -->
<view class = 'btn'>
    <button type = 'primary' bindtap = 'wordImage'>上传图片</button>
</view>
.pages{background:    #c9d0d8}
.face{background: white;height: 500rpx;
              margin: 0 35rpx;
              text - align: center;
              overflow: hidden;}
.face image{width: 500rpx;height: 500rpx;}
/* 识别结果 */
.result{
              display:flex;
              justify - content: space - between;
              padding:35rpx;}
.result text{font - size: 30rpx;color:    #00a4ff}
#result - text{background: blueviolet;
              padding: 0 20rpx; color: white;}
/* 返回的结果 */
.words{
          height: 470rpx;
background:    #c9d0d8;
          margin: 0 35rpx;
          overflow - y: 15px;
}
.aitext{font - size: 15px;}
/* 上传图片 */
.btn{
          position: fixed;
          bottom: 5rpx;
    width: 100%;
}
.btn button{width: 350rpx;border - radius: 70rpx;}
//从本地选择图片或者相机拍照以及将图片上传到服务器,相关代码如下:
//index.js
//获取应用实例
const app = getApp()
```

```javascript
Page({
  data: {
    images: [],
    //识别的结果
    resulttext:[],
    characterend:false
  },
  //从选择本地图片
  wordImage:function()
  {
    wx.chooseImage({
      count:1,
      sizeType:['original','compressed'],
      sourceType:['album','camera'],
      success: (res) => {
        var tempFilePaths = res.tempFilePaths
        console.log(tempFilePaths)
        this.setData({
          images:tempFilePaths,
          animation: true
        })
        wx.uploadFile({
          url: 'http://localhost:9900/ocr',
          filePath: tempFilePaths[0],
          name: 'file',
          success:(res) =>{
            animation:false;
            var wordresult = [];
            var datas = JSON.parse(res.data)
            if (datas.words_result_num == 0){
              this.setData({
                characterend: false,
                resulttext: "图片未能正确识别",
              })
            }else{
              for (var i = 0; i < datas.words_result.length; ++i)
              {
                wordresult += datas.words_result[i].words + '\n';
              }
              this.setData({
                characterend: true,
                resulttext: wordresult,
              })
            }
          }
        })
      },
```

```
          })
      },
    })
```

主程序相关代码如下：

```
App.js:
//app.js
App({
  onLaunch: function () {
    //展示本地存储能力
    var logs = wx.getStorageSync('logs') || []
    logs.unshift(Date.now())
    // wx.setStorageSync('logs', logs)
      wx.login({
      success: res => {
        //发送 res.code 到后台获取 openId, sessionKey, unionId
      }
    })
    //获取用户信息
    wx.getSetting({
      success: res => {
        if (res.authSetting['scope.userInfo']) {
          //已经授权,可以直接调用 getUserInfo 获取头像昵称,不会弹框
          wx.getUserInfo({
            success: res => {
              //可以将 res 发送给后台解码出 unionId
              this.globalData.userInfo = res.userInfo
              //由于 getUserInfo 是网络请求,可能会在 Page.onLoad 之后才返回
              //所以此处加入 callback,以防止这种情况
              if (this.userInfoReadyCallback) {
                this.userInfoReadyCallback(res)
              }
            }
          })
        }
      }
    })
  },
  globalData: {
    userInfo: null
  }
})
app.json:
{
  "pages": [
    "pages/index/index"
```

```json
    ],
    "window": {
        "backgroundTextStyle": "light",
        "navigationBarBackgroundColor": "                                    #fff",
        "navigationBarTitleText": "SNERKERS 识别",
        "navigationBarTextStyle": "black"
    },
    "sitemapLocation": "sitemap.json"
}
```

app.wxss:

```css
/** app.wxss **/
.container {
    height: 100%;
    display: flex;
    flex-direction: column;
    align-items: center;
    justify-content: space-between;
    padding: 200rpx 0;
    box-sizing: border-box;
}
```

project.config.json:

```json
{
    "description": "项目配置文件",
    "packOptions": {
        "ignore": []
    },
    "setting": {
        "urlCheck": false,
        "es6": true,
        "postcss": true,
        "minified": true,
        "newFeature": true,
        "autoAudits": false,
        "checkInvalidKey": true
    },
    "compileType": "miniprogram",
    "libVersion": "2.10.1",
    "appid": "wxb4ca988b9832ef5a",
    "projectname": "CharacterRecognitionWEI",
    "debugOptions": {
        "hidedInDevtools": []
    },
    "isGameTourist": false,
    "simulatorType": "wechat",
    "simulatorPluginLibVersion": {},
    "condition": {
        "search": {
```

```
        "current": - 1,
        "list": []
      },
      "conversation": {
        "current": - 1,
        "list": []
      },
      "game": {
        "currentL": - 1,
        "list": []
      },
      "miniprogram": {
        "current": - 1,
        "list": []
      }
    }
  }
```

2. Flask 框架设计 Web

将小程序前端上传到服务器的图片获取并保存。Flask 是一个轻量级的可定制框架，使用 Python 语言编写，较其他同类型框架更为灵活、轻便、安全且容易上手。可以很好地结合 MVC 模式进行开发，在短时间内完成功能丰富的中小型网站或 Web 服务的实现。另外，Flask 还有很强的定制性，用户可以根据自己的需求添加扩展相应功能，其强大的插件库可以让用户实现个性化的网站定制。Flask 的基本模式：在程序里将一个视图函数分配给一个 URL，当用户访问 URL 时，系统会执行给该 URL 分配好的视图函数，获取函数的返回值并将其显示到浏览器上，其工作过程如图 11-5 所示。

图 11-5　Flask 框架

WSGI(Python Web Server Gateway Interface) Werkzeug，网页服务器网关接口的 Werkzeug 工具包。

相关代码如下：

```
from flask import Flask                    ＃导入相关的工具包和模块
from flask import request
import json
import os
import uuid
from PIL import Image
```

```
import numpy as np
import tensorflow as tf
import matplotlib.pyplot as plt
import model
from batch import get_files
import pylab
import cv2
import os
app = Flask(__name__)                          #Flask 实例
words_result = {}
@app.route("/")
def index():
    return "Hello"
@app.route('/ocr', methods = ['POST'])
def postdata():                                #POST 数据
    f = request.files['file']
    basepath = os.path.dirname(__file__)       #当前文件所在路径
    src_imgname = str(uuid.uuid1()) + ".jpg"
    upload_path = os.path.join(basepath, 'static/srcImg/')
    if os.path.exists(upload_path) == False:
        os.makedirs(upload_path)
    f.save(upload_path + src_imgname)
def evaluate_one_image(image_array):           #评估图片
    with tf.Graph().as_default():
            BATCH_SIZE = 1
            N_CLASSES = 4
            image = tf.cast(image_array, tf.float32)
            image = tf.image.per_image_standardization(image)
            image = tf.reshape(image, [1, 64, 64, 3])
            logit = model.inference(image, BATCH_SIZE, N_CLASSES)
            logit = tf.nn.softmax(logit)
            x = tf.placeholder(tf.float32, shape = [64, 64, 3])
            #更改为实际路径
            logs_train_dir = 'C:/Users/86182/Desktop/rgzn/Tensorflow - master/
AJ_Recognition/train_log'
            saver = tf.train.Saver()           #保存训练模型
            with tf.Session() as sess:
                print("Reading checkpoints...")
                ckpt = tf.train.get_checkpoint_state(logs_train_dir)
                if ckpt and ckpt.model_checkpoint_path:
                    global_step = ckpt.model_checkpoint_path.split('/')[-1].split('-')
[-1]   #保存检查点模型
                    saver.restore(sess, ckpt.model_checkpoint_path)
                    print('Loading success, global_step is %s' % global_step)
                else:
                    print('No checkpoint file found')
                prediction = sess.run(logit, feed_dict = {x: image_array})
                max_index = np.argmax(prediction)
                if max_index == 0:             #预测结果输出
                    print('This is a Air Jordan 1 with possibility %.6f' % prediction[:, 0])
```

```
                a = 'This is a Air Jordan 1 with possibility %.6f' % prediction[:, 0]
            elif max_index == 1:
                print('This is a Air Jordan 4 with possibility %.6f' % prediction[:, 1])
                a = 'This is a Air Jordan 4 with possibility %.6f' % prediction[:, 1]
            elif max_index == 2:
                print('This is a Air Jordan 11 with possibility %.6f' % prediction[:, 2])
                a = 'This is a Air Jordan 11 with possibility %.6f' % prediction[:, 2]
            else:
                print('This is a Air Jordan 12 with possibility %.6f' % prediction[:, 3])
                a = 'This is a Air Jordan 12 with possibility %.6f' % prediction[:, 3]
        return json.dumps(a)
if __name__ == "__main__":                        #主程序
    app.run(host = "0.0.0.0", port = 9900)
    train_dir = 'C:/Users/86182/PycharmProjects/flask1/static/srcImg/'
    imagelist = os.listdir(train_dir)
    for image in imagelist:
        img = Image.open(train_dir + image)
        img = img.resize((64, 64))
        #img = tf.reshape(img, [64, 64, 3])
        print(image + ":")
        evaluate_one_image(img)
        del(img)
```

11.4　系统测试

本部分包括训练准确率、测试效果及模型应用。

11.4.1　训练准确率

训练准确率和随机采用训练样本的准确率如图 11-6 和图 11-7 所示。

Step 400, train loss = 0.33, train accuracy = 95.02%

图 11-6　训练 batch 准确率

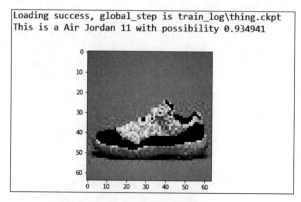

图 11-7　训练准确率

11.4.2　测试效果

测试准确率如图 11-8 所示。

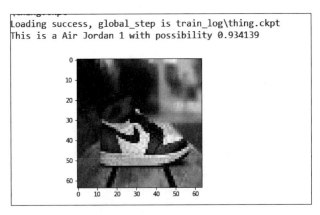

图 11-8　测试准确率

在训练集和测试集共同存在的情况下,其训练后标准准确率在 95% 左右,具体随机取图的准确率在 89%~98% 不等,基本满足要求。通过随机调整参数,实现测试图片在自动分割后的训练集测试和测试集测试。相关代码如下:

```
def get_one_image(train):
    n = len(train)
    ind = np.random.randint(0, n)
    img_dir = train[ind]                     # 随机选择测试的图片
    img = Image.open(img_dir)
    plt.imshow(img)
    # plt.show(img)
    imag = img.resize([64, 64])
    image = np.array(imag)
    return image
```

11.4.3　模型应用

在 Flask 工程下输入运行命令即可开启运行,如图 11-9 所示。

```
(venv) C:\Users\86182\PycharmProjects\flask1>python app.py runservice
 * Running on http://0.0.0.0:9900/ (Press CTRL+C to quit)
```

图 11-9　运行程序

开启微信小程序端,单击"上传文件",在目标路径生成上传的图片,如图 11-10 所示。测试端会返回其准确率,测试完成。由于测试图片采用的是.jpg 原图,而训练集和测试集经过了三通道处理,在这里测试普遍准确率降到了 60%～85%,之前预先考虑到了这个问题,所以采用了 Softmax 进行最优选取,即只要满足有一项是最大的,便可判断为这个图片,这样减少了最后的误差,在接受范围之内,如图 11-11 所示。

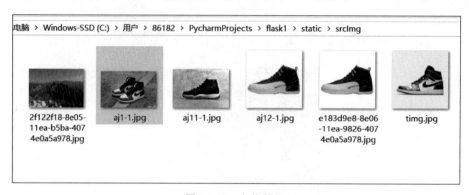

图 11-10　上传效果

图 11-11　测试结果

基于 SRGAN 的
单图像超分辨率

本项目采用图片超分辨率生成对抗网络的方法,结合高性能的神经网络模块,以网页端应用及本地程序的形式,实现图片的清晰化。

12.1 总体设计

本部分包括系统整体结构和系统流程。

12.1.1 系统整体结构

网页端整体结构如图 12-1 所示,单机程序整体结构如图 12-2 所示。

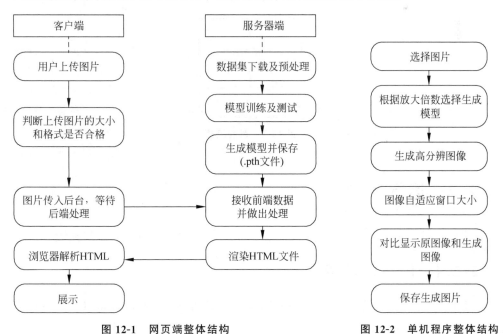

图 12-1 网页端整体结构　　　　图 12-2 单机程序整体结构

12.1.2　系统流程

系统流程如图 12-3 所示。

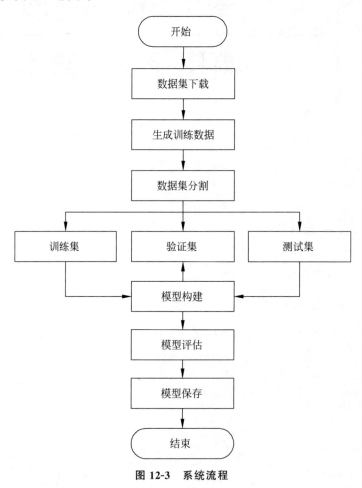

图 12-3　系统流程

12.2　运行环境

本部分包括 Python 环境、PyTorch 环境、网页端 Flask 框架和 Qt 环境配置。

12.2.1　Python 环境

需要 Python 3.6 及以上版本，推荐使用 Anaconda 管理 Python 环境以及调整相关的配置。下载地址为 https://www.anaconda.com/。Anaconda 是指一个开源的 Python 发行版本,包含 conda、Python 等 180 多个科学包及其依赖项。conda 是一个开源包、环境管理器,可以用于在同一个机器上安装不同版本,并能在不同的环境之间切换。

12.2.2　PyTorch 环境

在 Anaconda 中创建名为 PyTorch 的环境,Python 版本为 3.6,打开 Anaconda Prompt,输入命令:

```
conda create - n pytorch python = 3.6。
```

激活 PyTorch 环境,输入命令:

```
activate pytorch。
```

进入 PyTorch 环境中,开始安装。PyTorch 的运行需要用到 Nvidia 显卡支持,在官网下载与自己显卡适配的 CUDA 和 cuDNN。在 PyTorch 官网根据操作系统、软件包管理工具、编程语言找到合适的安装命令,直接复制在 Anaconda Prompt 中运行安装即可,输入命令:

```
conda install pytorch torchvision cudatoolkit = 10.1
```

CUDA 工具版本号会根据机器不同而发生变化,安装 PyTorch 时可能会出现下载速度过慢而导致安装失败的问题,此时可以配置 PyTorch 下载源加快速度,输入命令:

```
conda config -- add channels。
https://mirrors.tuna.tsinghua.edu.cn/anaconda/cloud/pytorch/。
conda config -- add channels https://mirrors.tuna.tsinghua.edu.cn/anaconda/pkgs/free/。
conda config - set show_channel_urls yes。
```

配置之后可以加快速度,正常安装 PyTorch。

12.2.3　网页端 Flask 框架

Flask 是一个轻量级的可定制框架,使用 Python 语言编写,较其他同类型框架更灵活、轻便、安全且容易上手。配置环境时,将 Flask 与 PyTorch 安装在同一环境之下,激活 PyTorch 环境之后输入命令:

```
pip install flask。
```

启动 Python 解释器,输入命令:

```
import flask。
```

导入 Flask 相关的模块,如果未报错说明 Flask 安装成功。

12.2.4　PyQt 环境配置

在构建本地单机程序时需要用到 PyQt 开发环境,可以在 PyCharm 中安装 PyQt 插件

实现环境的配置。打开 PyCharm 的命令行终端,安装 PyQt5 和 PyQt5-tools,输入命令:

```
pip install pyqt5
pip install pyqt5 - tools
```

（1）在 PyCharm 中打开 File→Settings。

（2）在 Project 设置项中找到 Project Interpreter,并单击右上角的加号。

（3）在搜索框中输入 PyQt,选中相关包,单击下方 Install Package 进行安装。

（4）选择 File→Setting→Tools→External Tools,然后在 Edit Tool 对话框中单击 Name 选项中的加号指定 QTDesigne 设置为 r,如图 12-4 所示,PyUIC 设置如图 12-5 所示,配置成功界面如图 12-6 所示。

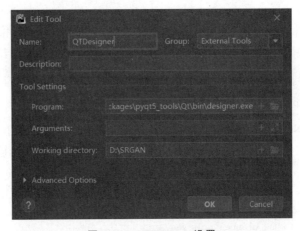

图 12-4　QTDesigner 设置

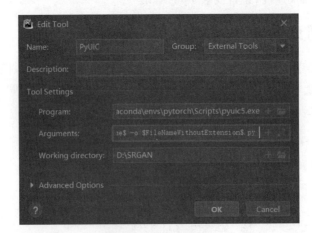

图 12-5　PyUIC 设置

（5）回到主页面,选择 Tools→External Tools,看到添加的 QTDesigner 和 PyUIC,如图 12-7 所示。

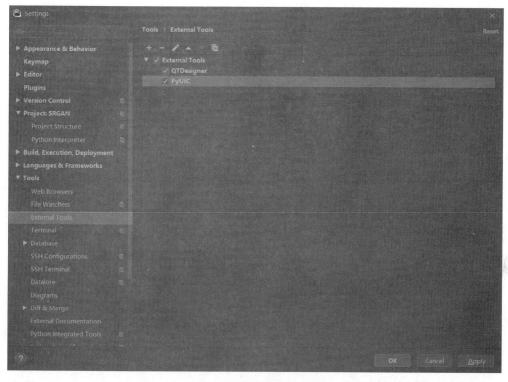

图 12-6　配置好之后的界面

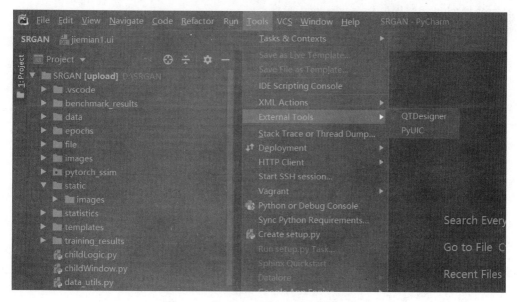

图 12-7　在 Tools 中选择配置好的工具

（6）打开 QTDesigner，进行界面配置并保存，生成对应的.ui 文件，在.ui 文件上右击，选择 External Tools→PyUIC，根据.ui 文件生成同名的.py 文件。

12.3 模块实现

本项目包括 7 个模块：数据预处理、数据导入、定义模型、定义损失函数、模型训练及保存、服务器端框架及本地单击程序，下面分别给出各模块的功能介绍及相关代码。

12.3.1 数据预处理

本项目用到的数据集为 VOC 2012，其中包括 16700 张训练图片以及 425 张验证图片。包括人、动物、交通工具、日常用品等。下载链接为：

https://pan.baidu.com/s/1iy0f_X_vOiq28wad-sJDew，提取码：frg2。

12.3.2 数据导入

相关代码如下：

```
data_utils.py                              #包含自定义获取数据的函数
from os import listdir
from os.path import join
from PIL import Image
from torch.utils.data.dataset import Dataset
#从文件夹获取训练集
class TrainDatasetFromFolder(Dataset):
    def __init__(self, dataset_dir, crop_size, upscale_factor):
        super(TrainDatasetFromFolder, self).__init__()
        #获取图片列表
        self.image_filenames = [join(dataset_dir, x) for x in listdir(dataset_dir) if is_
image_file(x)]
        crop_size = calculate_valid_crop_size(crop_size, upscale_factor)
        #定义转化函数
        self.hr_transform = train_hr_transform(crop_size)
        self.lr_transform = train_lr_transform(crop_size, upscale_factor)
    def __getitem__(self, index):
        #获取该索引的高清图像,同时转化得到低清图像
        hr_image = self.hr_transform(Image.open(self.image_filenames[index]))
        lr_image = self.lr_transform(hr_image)
        return lr_image, hr_image
    def __len__(self):
        return len(self.image_filenames)
#获取验证集
```

```
class ValDatasetFromFolder(Dataset):
    def __init__(self, dataset_dir, upscale_factor):
        super(ValDatasetFromFolder, self).__init__()
        self.upscale_factor = upscale_factor
        self.image_filenames = [join(dataset_dir, x) for x in listdir(dataset_dir) if is_
image_file(x)]
    def __getitem__(self, index):
        hr_image = Image.open(self.image_filenames[index])    ♯原始图片为高清图
        w, h = hr_image.size
        crop_size = calculate_valid_crop_size(min(w, h), self.upscale_factor)
        lr_scale = Resize(crop_size // self.upscale_factor, interpolation = Image.BICUBIC)
        hr_scale = Resize(crop_size, interpolation = Image.BICUBIC)
        hr_image = CenterCrop(crop_size)(hr_image)    ♯裁剪
        lr_image = lr_scale(hr_image)        ♯双三次变成低分辨率图像
        hr_restore_img = hr_scale(lr_image)
        return ToTensor()(lr_image), ToTensor()(hr_restore_img), ToTensor()(hr_image)
♯获取测试集
class TestDatasetFromFolder(Dataset):
    def __init__(self, dataset_dir, upscale_factor):
        super(TestDatasetFromFolder, self).__init__()
        ♯有 hr 和 lr 两个文件目录
        self.lr_path = dataset_dir + '/SRF_' + str(upscale_factor) + '/data/'
        self.hr_path = dataset_dir + '/SRF_' + str(upscale_factor) + '/target/'
        self.upscale_factor = upscale_factor
        self.lr_filenames = [join(self.lr_path, x) for x in listdir(self.lr_path) if is_
image_file(x)]
        self.hr_filenames = [join(self.hr_path, x) for x in listdir(self.hr_path) if is_
image_file(x)]
    def __getitem__(self, index):
        ♯获取 hr 和 lr 图像
        image_name = self.lr_filenames[index].split('/')[-1]
        lr_image = Image.open(self.lr_filenames[index])
        w, h = lr_image.size
        hr_image = Image.open(self.hr_filenames[index])
        hr_scale = Resize((self.upscale_factor * h, self.upscale_factor * w),
interpolation = Image.BICUBIC)
        hr_restore_img = hr_scale(lr_image)
        return image_name, ToTensor()(lr_image), ToTensor()(hr_restore_img), ToTensor()(hr_
image)
    def __len__(self):
        return len(self.lr_filenames)
```

以上是对获取数据函数的定义,训练数据时根据数据集存放的位置修改对应的目录,从磁盘中读取数据并开始训练,如图 12-8 所示。

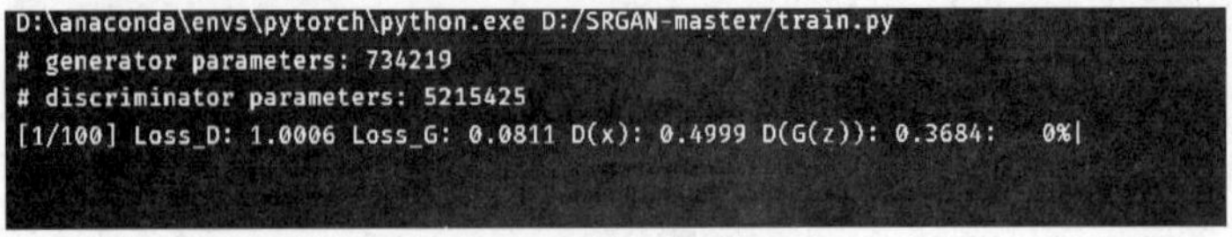

```
D:\anaconda\envs\pytorch\python.exe D:/SRGAN-master/train.py
# generator parameters: 734219
# discriminator parameters: 5215425
[1/100] Loss_D: 1.0006 Loss_G: 0.0811 D(x): 0.4999 D(G(z)): 0.3684:    0%|
```

图 12-8　读取数据训练

12.3.3　定义模型

SRGAN 包括生成网络（G 网）和鉴别网络（D 网）。G 网对输入的低分辨率图片先进行卷积，经过 ReLU 激活函数之后进入一连串残差块组成的残差网络。每个残差块中包含 2 个 3×3 的卷积层，卷积层后接批规范化层（batch normalization，BN）和 PReLU 作为激活函数，2 个 2×亚像素卷积层用来增大特征尺寸。图片在最后面的网络层增加分辨率的同时减少计算资源消耗。

鉴别器的主体使用 VGG-19 网络。该部分包含 8 个卷积层，随着网络层数加深，特征个数不断增加，特征尺寸不断减小，选取激活函数为 LeakyReLU，最终通过两个全连接层和最终的 sigmoid 激活函数得到预测为自然图像的概率。

```python
# 对生成网络的定义
class Generator(nn.Module):
def __init__(self, scale_factor):              # 初始化
    upsample_block_num = int(math.log(scale_factor, 2))
    super(Generator, self).__init__()
    self.block1 = nn.Sequential(
        nn.Conv2d(3, 64, kernel_size = 9, padding = 4),
        nn.PReLU()
    ) # 区块一卷积层
    self.block2 = ResidualBlock(64)
    self.block3 = ResidualBlock(64)
    self.block4 = ResidualBlock(64)
    self.block5 = ResidualBlock(64)
    self.block6 = ResidualBlock(64)
    self.block7 = nn.Sequential(
        nn.Conv2d(64, 64, kernel_size = 3, padding = 1),
        nn.BatchNorm2d(64)
    )
    block8 = [UpsampleBLock(64, 2) for _ in range(upsample_block_num)]
    block8.append(nn.Conv2d(64, 3, kernel_size = 9, padding = 4))
    self.block8 = nn.Sequential( * block8)
    # 定义鉴别网络
class Discriminator(nn.Module):
def __init__(self):
    super(Discriminator, self).__init__()
    self.net = nn.Sequential(
```

```
        nn.Conv2d(3, 64, kernel_size = 3, padding = 1),
        nn.LeakyReLU(0.2),
        nn.Conv2d(64, 64, kernel_size = 3, stride = 2, padding = 1),
        nn.BatchNorm2d(64),
        nn.LeakyReLU(0.2),
        nn.Conv2d(64, 128, kernel_size = 3, padding = 1),
        nn.BatchNorm2d(128),
        nn.LeakyReLU(0.2),
        nn.Conv2d(128, 128, kernel_size = 3, stride = 2, padding = 1),
        nn.BatchNorm2d(128),
        nn.LeakyReLU(0.2),
        nn.Conv2d(128, 256, kernel_size = 3, padding = 1),
        nn.BatchNorm2d(256),
        nn.LeakyReLU(0.2),
        nn.Conv2d(256, 256, kernel_size = 3, stride = 2, padding = 1),
        nn.BatchNorm2d(256),
        nn.LeakyReLU(0.2),
        nn.Conv2d(256, 512, kernel_size = 3, padding = 1),
        nn.BatchNorm2d(512),
        nn.LeakyReLU(0.2),
        nn.Conv2d(512, 512, kernel_size = 3, stride = 2, padding = 1),
        nn.BatchNorm2d(512),
        nn.LeakyReLU(0.2),
        nn.AdaptiveAvgPool2d(1),
        nn.Conv2d(512, 1024, kernel_size = 1),
        nn.LeakyReLU(0.2),
        nn.Conv2d(1024, 1, kernel_size = 1)
    )
# 定义残差块
class ResidualBlock(nn.Module):
    def __init__(self, channels):
    super(ResidualBlock, self).__init__()
    self.conv1 = nn.Conv2d(channels, channels, kernel_size = 3, padding = 1)
    self.bn1 = nn.BatchNorm2d(channels)
    self.prelu = nn.PReLU()
    self.conv2 = nn.Conv2d(channels, channels, kernel_size = 3, padding = 1)
    self.bn2 = nn.BatchNorm2d(channels)
```

12.3.4　定义损失函数

SRGAN中提出了感知损失函数,并非从像素层面上判断生成图像的质量,而是从观感的角度进行判别。损失包括内容损失、VGG损失、对抗损失和正则化损失,并通过一定的权重进行加权和。

(1) 内容损失:传统的MSE loss,可以得到很高的信噪比,但是产生的图片存在高频细节缺失的问题。像素上的均方误差计算公式如下:

$$l_{\mathrm{MSE}}^{\mathrm{SR}} = \frac{1}{r^2 WH} \sum_{x=1}^{rW} \sum_{y=1}^{rH} (I_{x,y}^{\mathrm{HR}} - G_{\theta_G}(I^{\mathrm{LR}})_{x,y})^2 \tag{12-1}$$

（2）VGG 损失：定义以预训练 19 层 VGG 网络的 ReLU 激活层为基础的 VGG 损失，求生成图像和参考图像特征表示的欧氏距离。

$$l_{\mathrm{VGG}/i.j}^{\mathrm{SR}} = \frac{1}{W_{i,j} H_{i,j}} \sum_{x=1}^{W_{i,j}} \sum_{y=1}^{H_{i,j}} (\Phi_{i,j}(I^{\mathrm{HR}}))_{x,y} - \Phi_{i,j}(G_{\theta_G}(I^{\mathrm{LR}}))_{x,y})^2 \tag{12-2}$$

（3）对抗损失：即 GAN 模型定义生成器部分的损失。

$$l_{\mathrm{Gen}}^{\mathrm{SR}} = \sum_{y=1}^{H_{i,j}} -\log_{D_{\theta_D}}(G_{\theta_G}(I^{\mathrm{LR}})) \tag{12-3}$$

（4）正则化损失：Total Variation Loss（TVLoss）。

$$l_{\mathrm{TV}}^{\mathrm{SR}} = \frac{1}{r^2 WH} \sum_{x=1}^{rW} \sum_{y=1}^{rH} \| \nabla G_{\theta_G}(I^{\mathrm{LR}})_{x,y} \| \tag{12-4}$$

```python
# 对抗损失的定义
class GeneratorLoss(nn.Module):
def __init__(self):
    super(GeneratorLoss, self).__init__()
    vgg = vgg16(pretrained = True)
    loss_network = nn.Sequential(*list(vgg.features)[:31]).eval()
    for param in loss_network.parameters():
        param.requires_grad = False
    self.loss_network = loss_network
    self.mse_loss = nn.MSELoss()
    self.tv_loss = TVLoss()
def forward(self, out_labels, out_images, target_images):
    # 对抗损失
    adversarial_loss = torch.mean(1 - out_labels)
    # 感知损失
    perception_loss = self.mse_loss(self.loss_network(out_images), self.loss_network
(target_images))
    # 图像损失
    image_loss = self.mse_loss(out_images, target_images)
    # 总变化损失
    tv_loss = self.tv_loss(out_images)
    return image_loss + 0.001 * adversarial_loss + 0.006 * perception_loss + 2e-8 * tv_
loss
# 对于 TVLoss 的定义部分
class TVLoss(nn.Module):
def __init__(self, tv_loss_weight = 1):
    super(TVLoss, self).__init__()
    self.tv_loss_weight = tv_loss_weight
def forward(self, x):
    batch_size = x.size()[0]
```

```
h_x = x.size()[2]
w_x = x.size()[3]
count_h = self.tensor_size(x[:, :, 1:, :])
count_w = self.tensor_size(x[:, :, :, 1:])
h_tv = torch.pow((x[:, :, 1:, :] - x[:, :, :h_x - 1, :]), 2).sum()
w_tv = torch.pow((x[:, :, :, 1:] - x[:, :, :, :w_x - 1]), 2).sum()
return self.tv_loss_weight * 2 * (h_tv / count_h + w_tv / count_w) / batch_size
```

12.3.5 模型训练及保存

模型训练相关代码如下:

```
# 给分析器增加描述、图片裁剪大小、放大因子、次数等参数
parser = argparse.ArgumentParser(description = 'Train Super Resolution Models')
parser.add_argument('-- crop_size', default = 88, type = int, help = 'training images crop size')
parser.add_argument('-- upscale_factor', default = 4, type = int, choices = [2, 4, 8], help =
'super resolution upscale factor')          # 放大因子,可根据需要选择不同值
parser.add_argument('-- num_epochs', default = 100, type = int, help = 'train epoch number')
                            # 训练次数,为了保证效果设为 100 次,可根据需要调整
if __name__ == '__main__':  # 对之前 add 的参数进行赋值,并返回响应 namespace
    opt = parser.parse_args()
    # 提取 opt(选项器)中设置的参数,设定为常量
    CROP_SIZE = opt.crop_size
    UPSCALE_FACTOR = opt.upscale_factor
    NUM_EPOCHS = opt.num_epochs
    # 从指定路径导入 train_set,指定裁剪大小和放大因子
    train_set = TrainDatasetFromFolder('data/VOC2012/train', crop_size = CROP_SIZE, upscale_
factor = UPSCALE_FACTOR)             # 从磁盘读取训练集
    val_set = ValDatasetFromFolder('data/VOC2012/val', upscale_factor = UPSCALE_FACTOR)
                                            # 从磁盘读取验证集
    # 使用 loader,从训练集中,一次性处理一个 batch 的文件(批量加载器) train_loader =
DataLoader(dataset = train_set, num_workers = 4, batch_size = 32, shuffle = True)
val_loader = DataLoader(dataset = val_set, num_workers = 4, batch_size = 1, shuffle = False)
    # 构建优化器,传入模型所有参数,使用 Adam 优化,调用 step()可进行一次模型参数优化
    # Adam - 自适应学习率 + 适用非凸优化
    optimizerG = optim.Adam(netG.parameters())
    optimizerD = optim.Adam(netD.parameters())
    results = {'d_loss': [], 'g_loss': [], 'd_score': [], 'g_score': [], 'psnr': [], 'ssim': []}
        for epoch in range(1, NUM_EPOCHS + 1):
        train_bar = tqdm(train_loader)
        running_results = {'batch_sizes': 0, 'd_loss': 0, 'g_loss': 0, 'd_score': 0, 'g_score': 0}
```

训练结果保存如图 12-9 所示。

netG_epoch_4_91.pth	2020/3/31 4:48	PTH 文件	2,889 KB
netG_epoch_4_92.pth	2020/3/31 5:00	PTH 文件	2,889 KB
netG_epoch_4_93.pth	2020/3/31 5:12	PTH 文件	2,889 KB
netG_epoch_4_94.pth	2020/3/31 5:24	PTH 文件	2,889 KB
netG_epoch_4_95.pth	2020/3/31 5:35	PTH 文件	2,889 KB
netG_epoch_4_96.pth	2020/3/31 5:47	PTH 文件	2,889 KB
netG_epoch_4_97.pth	2020/3/31 5:59	PTH 文件	2,889 KB
netG_epoch_4_98.pth	2020/3/31 6:11	PTH 文件	2,889 KB
netG_epoch_4_99.pth	2020/3/31 6:22	PTH 文件	2,889 KB
netG_epoch_4_100.pth	2020/3/31 6:34	PTH 文件	2,889 KB

图 12-9　训练 100 次之后生成的模型

12.3.6　服务器端架构

后端基于 Flask 框架。定义允许用户上传的图片格式，在后端对图片进行保存和格式转化，根据用户的选择，对图片放大不同的倍数。经过处理，把清晰化之后的图片返回给用户。

```python
# 设置允许的文件格式
ALLOWED_EXTENSIONS = set(['png', 'jpg', 'JPG', 'PNG', 'bmp'])
def allowed_file(filename):
    return '.' in filename and filename.rsplit('.', 1)[1] in ALLOWED_EXTENSIONS
if request.method == 'POST':
    f = request.files['file']
    if not (f and allowed_file(f.filename)):
        return jsonify({"error": 1001, "msg": "请检查上传的图片类型,仅限于 png、jpg、bmp"})
    user_input = request.form.get("name")
    basepath = os.path.dirname(__file__)        # 当前文件所在路径
    upload_path = os.path.join(basepath, 'static/images', secure_filename(f.filename))
                                        # 没有的文件夹一定要先创建,否则会提示没有该路径
    # 使用 OpenCV 转换图片格式和名称
    img = cv2.imread(upload_path)
    cv2.imwrite(os.path.join(basepath, './static/images', 'test.png'), img)
```

12.3.7　本地单机程序

本地单机程序的创建基于 PyQt 工具在 PyCharm 中开发。实现效果为一个简单的界面，可以上传图片并显示。对图片处理之后会打开一个新的窗口，把新旧图片进行对比。相关代码如下：

```python
class MyMainWindow(QMainWindow, Ui_mainWindow): # 定义主窗口逻辑
    img = None
    child_window = None
    def __init__(self, parent = None):
    super(MyMainWindow, self).__init__(parent)
```

```
        self.setupUi(self)
        def choose_file_func(self):                        #选择图片时的逻辑
        filename = QFileDialog.getOpenFileName(self, "Open File", "", " * .jpg; * .png; * .
jpeg;;")
        image_path = filename[0]
        _, ext = os.path.splitext(image_path)
        if not(ext == ".png" or ext == ".jpg" or ext == ".jpeg"):
            QMessageBox.information(self, "提示", self.tr("没有选择图片文件"))
                                                  #图片格式不正确时弹出提示
            return
    self.img = Image.open(image_path)
q_img = ImageQt.ImageQt(self.img)
    with open(image_path, 'rb') as f:
        img = f.read()                                     #读取图像
    Q_img = QImage.fromData(img)
    pix = QPixmap.fromImage(Q_img)
    item = QGraphicsPixmapItem(pix)
    scale = size_adaption(q_img.width(), q_img.height())
    item.setScale(scale)
    scene = QGraphicsScene()                               #创建场景
    scene.addItem(item)
    self.graphicsView.setScene(scene)                      #显示图片
    self.file_path.setText(image_path)                     #显示图片路径
    def check_upscale(self):                               #选择放大倍数时的逻辑
        if self.eight_upscale.isChecked():
            upscale = 8
        elif self.four_upscale.isChecked():
            upscale = 4
        else:
            QMessageBox.information(self, "提示", self.tr("没有选择放大倍数"))
                                          #如果运行时没选择放大倍数,弹出错误信息
            raise ValueError
        return upscale
    def process_func(self):
        try:
            upscale = self.check_upscale()
        except ValueError:
            return
        if self.img is None:
            QMessageBox.warning(self, "警告", "没有选择图片",QMessageBox.Yes,
QMessageBox.No )                                  #如果运行时没选择图片,弹出错误信息
            Return
#主函数定义
import sys
from parentLogic import MyMainWindow
from PyQt5.QtWidgets import QApplication
from PyQt5.QtGui import *
if __name__ == "__main__":
    app = QApplication(sys.argv)
        myWin = MyMainWindow()
```

```
myWin.show()
sys.exit(app.exec_())
```

12.4　系统测试

在根目录下运行 GUI.py，从本地选择图片，放大倍数，单击 generate 按钮对图片进行处理。处理之后的图片会在另外的窗口中生成，前后图片对比。选择 4 倍如图 12-10 所示，效果如图 12-11 所示，选择 8 倍如图 12-12 所示，效果如图 12-13 所示。

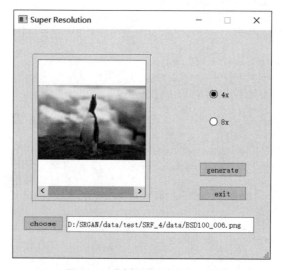

图 12-10　选择图片，放大 4 倍

图 12-11　4 倍放大之后的效果比较

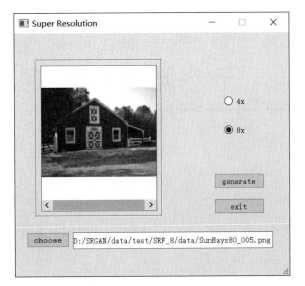

图 12-12 选择图片,放大 8 倍

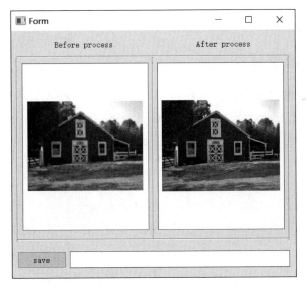

图 12-13 8 倍放大之后的效果比较

项目 13

PROJECT 13

滤 镜 复 制

本项目基于原始图像风格迁移算法,结合 Tkinter 设计用户界面,实现图像风格迁移的滤镜复制。

13.1 总体设计

本部分包括系统整体结构和系统流程。

13.1.1 系统整体结构

系统整体结构如图 13-1 所示。

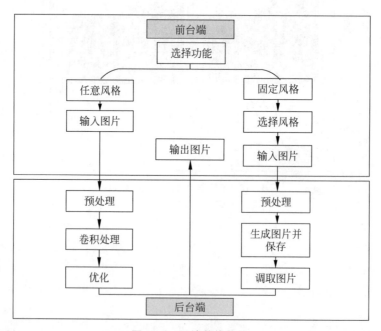

图 13-1 系统整体结构

13.1.2　系统流程

系统流程如图 13-2 所示。

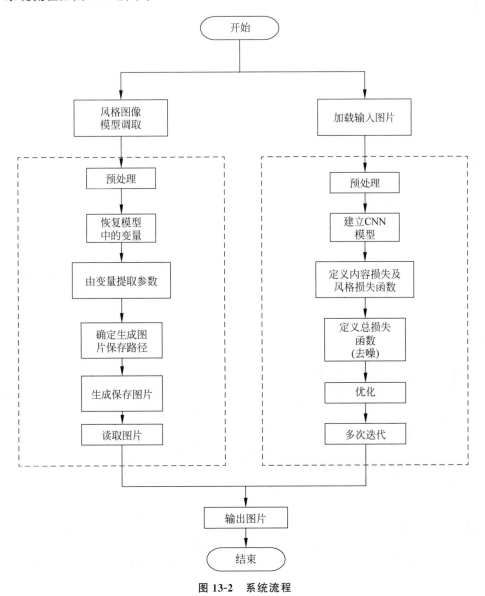

图 13-2　系统流程

13.2 运行环境

本部分包括 Anaconda 环境、TensorFlow 环境和 Keras 环境。

13.2.1 Anaconda 环境

Anaconda 下载地址为 https://www.anaconda.com/，选择 Python 3.6 版本，根据计算机操作系统的情况选择 64-Bit Graphical Installer 或 32-Bit Graphical Installer 进行下载。

13.2.2 TensorFlow 环境

打开 Anaconda Prompt，输入命令：

```
conda config -- add channels https://mirrors.tuna.tsinghua.edu.cn/anaconda/pkgs/free/
conda config - set show_channel_urls yes
```

创建 Python 3.5 的环境，名称为 TensorFlow，此时 Python 版本和后面 TensorFlow 版本有匹配问题，此步选择 Python 3.x，输入命令：

```
conda create - n tensorflow python = 3.5
```

有需要确认的地方，都输入 y。

在 Anaconda Prompt 中激活 TensorFlow 环境，输入命令：

```
activate tensorflow
```

安装 CPU 版本的 TensorFlow，输入命令：

```
pip install - upgrade -- ignore - installed tensorflow
```

安装完毕。

13.2.3 Keras 环境

Keras 的搭建基于 TensorFlow，安装之前需要安装 TensorFlow、Numpy、Matplotlib、Scipy 4 个库，打开 Anaconda Prompt，输入命令：

```
pip install numpy
pip install matplotlib
pip install scipy
pip install tensorflow
pip install keras
```

如果在安装 Keras 遇到以下错误：

parse() got an unexpected keyword argument 'transport_encoding'

则输入命令：

```
conda install pip
pip install keras
```

13.3　模块实现

本项目包括 3 个模块：模式选择、任意风格模式和固定风格模式，下面分别给出各模块的功能介绍及相关代码。

13.3.1　模式选择

通过单击相应按钮触发不同的子窗口选择不同的模式。

```
# 主页面
class MainPage(Frame):
    def __init__(self, master = None):
        Frame.__init__(self, master)
        self.pack()
        self.createPage(master)
    def createPage(self, master):
        frame = LabelFrame(master, text = "模式选择")
        frame.pack(padx = 10, pady = 10)
        # 通过按钮触发对应的新窗口
        Button(frame, text = "固定风格模式",
command = Fixed_style_page().create_fixed_style_page).pack(anchor = W)
        Button(frame, text = "任意风格模式",
command = Arbitrary_style_page().create_arbitrary_style_page).pack(anchor = W)
```

13.3.2　任意风格模式

本模块包括任意风格模式下的界面设计和图像风格迁移两部分。

1. 界面设计

页面布局主要包括内容图显示区、风格图显示区、结果图显示区、参数设置区和处理信息显示区 5 部分，可实现的功能：在本地文件中选择内容图、风格图、设置参数（迭代次数、内容权重、风格权重），进行图像风格迁移处理和实时显示处理信息。

```
    def create_arbitrary_style_page(self):
        # 顶层窗口
```

```python
        root = Toplevel()
        root.geometry("600x400")
        root.title("任意风格模式")
        root.iconbitmap("images/castle.ico")                    # 窗口图标.ico 文件
        # 初始内容图显示设置
        self.org_img_frame = Frame(root, width = 350)
        self.org_img_frame.pack(side = LEFT, fill = Y)
        self.cimg_file = "images/cimg1.png"
        self.cimg = pil.Image.open(self.cimg_file)
        self.cimg = self.tkimg_resized(self.cimg, 250, 250)
        self.clabel = Label(self.org_img_frame, image = self.cimg)
        self.clabel.pack(padx = 10, pady = 5)
        # 初始风格图显示设置
        self.simg_file = "images/simg.jpg"
        self.simg = pil.Image.open(self.simg_file)
        self.simg = self.tkimg_resized(self.simg, 250, 250)
        self.slabel = Label(self.org_img_frame, image = self.simg)
        self.slabel.pack(padx = 10, pady = 5)
        # 使设置的 frame 宽度、高度不随 label 大小改变
        self.org_img_frame.propagate(True)
        self.org_img_frame.pack_propagate(0)
        # "目标图片"按钮——选择目标图片
        cbutton = Button(self.org_img_frame, text = " 目标图片 ",
bg = "LightBlue", command = self.do_choose_cimg)
        cbutton.pack(side = LEFT, fill = X, padx = 30)
        # "风格图片"按钮——选择风格图片
        sbutton = Button(self.org_img_frame, text = " 风格图片 ",
bg = "LightYellow", command = self.do_choose_simg)
        sbutton.pack(side = LEFT, fill = X)
        # "开始转换"按钮——执行风格转换命令
        button = Button(self.org_img_frame, text = " 开始转换 ",
bg = "LightPink", command = self.do_transfer)
        button.pack(side = LEFT, fill = X, padx = 30)
        # 初始结果图显示设置
        res_img_frame = Frame(root, bg = "white")
        res_img_frame.pack(expand = YES, fill = BOTH, pady = 5)
        res_img_frame.pack_propagate(0)
        self.rimg_file = "images/rimg1.png"
        self.rimg = pil.Image.open(self.rimg_file)
        self.rimg = self.tkimg_resized(self.rimg, 400, 400)
        self.rlabel = Label(res_img_frame, image = self.rimg)
        self.rlabel.pack(side = 'top', padx = 10, pady = 10)
        # "图片生成目录按钮"——打开保存生成图片的文件夹
        Button(res_img_frame, text = " 图片生成目录 ", bg = "LightYellow",
command = self.do_browser_rimg )\
.pack(side = BOTTOM, anchor = 'se', padx = 10)
        # 参数设置、处理信息显示部分
```

```
        self.output_frame = Frame(root, height = 200)
        self.output_frame.pack(side = BOTTOM, fill = X)
        self.output_frame.pack_propagate(0)
        #创建笔记本组件
        self.tabControl = ttk.Notebook(self.output_frame)
        self.tabControl.pack(side = TOP, fill = X, anchor = NW)
        #"参数设置"分页
        tabParameters = ttk.Frame(self.tabControl)
        self.tabControl.add(tabParameters, text = '参数设置')
        #输入文本框——循环次数
        f1 = Frame(tabParameters)
        f1.pack(side = 'top', fill = 'x', pady = 10)
        Label(f1, text = "循环次数").pack(side = 'left', anchor = 'w',
pady = 3, padx = 10)
        txtIterations = Entry(f1, width = 40)
        txtIterations.pack(side = 'left', anchor = 'n', padx = 30, pady = 3)
        self.txtIterations = txtIterations
        #输入文本框——内容权重
        f2 = Frame(tabParameters)
        f2.pack(side = 'top', fill = 'x')
        Label(f2, text = "内容权重").pack(side = 'left', anchor = 'w',
pady = 3, padx = 10)
        txtContent = Entry(f2, width = 40)
        txtContent.pack(side = 'left', anchor = 'n', padx = 30, pady = 3)
        self.txtContent = txtContent
        #输入文本框——风格权重
        f3 = Frame(tabParameters)
        f3.pack(side = 'top', fill = 'x', pady = 10)
        Label(f3, text = "风格权重").pack(side = 'left', anchor = 'w',
pady = 3, padx = 10)
        txtStyle = Entry(f3, width = 40)
        txtStyle.pack(side = 'left', anchor = 'n', padx = 30, pady = 3)
        self.txtStyle = txtStyle
        #"处理信息"分页
        self.tabOutput = ttk.Frame(self.tabControl)
        self.tabControl.add(self.tabOutput, text = '处理信息')
        txtOutput = Text(self.tabOutput)                    #创建文本框
        ysb = ttk.Scrollbar(self.tabOutput, orient = "vertical",
command = txtOutput.yview)                                  #y滚动条
        ysb.pack(side = 'right', fill = 'y')
        txtOutput.configure(yscrollcommand = ysb.set)
        txtOutput.pack(expand = 'yes', fill = 'both')
        self.txtOutput = txtOutput
        #设置默认参数
        self.txtIterations.insert('end', iterations)
        self.txtContent.insert('end', content_weight)
        self.txtStyle.insert('end', style_weight)
```

```python
        # 页面逻辑
        # 对图片进行按比例缩放处理
    def tkimg_resized(self, img, w_box, h_box, keep_ratio = True):
        w, h = img.size
        if keep_ratio:
            if w > h:
                width = w_box
                height = int(h_box * (1.0 * h / w))
            else:
                height = h_box
                width = int(w_box * (1.0 * w / h))
                img1 = img.resize((width, height), pil.Image.ANTIALIAS)
                # 高质量缩放
        tkimg = ImageTk.PhotoImage(img1)
        return tkimg
    # 选择目标图片
    def do_choose_cimg(self, * args):
        self.cimg_file = askopenfilename()
        self.set_cimg()
    # 选择风格图片
    def do_choose_simg(self, * args):
        self.simg_file = askopenfilename()
        self.set_simg()
        # 浏览生成图片所在的文件夹
    def do_browser_rimg(self, * args):
        if os.path.exists(workspace_dir):
            os.startfile(workspace_dir)
    # 返回当前的时间字符,可含分隔符
    def strftime(self, show_style = True):
        if show_style:                                  # 显示风格
            return time.strftime('%Y-%m-%d %H:%M:%S',
time.localtime(time.time()))
        else:
            return time.strftime('%Y%m%d%H%M%S',
time.localtime(time.time()))
        # 记录处理过程的日志信息
    def log_message(self, * messages):
        info = self.strftime(True) + " : "
        for message in messages:
            info += str(message) + " "
        info += "\n"
        self.txtOutput.insert('end', info)
        self.txtOutput.update()                        # 实时输出日志
        self.txtOutput.see('end')
        # 处理信息
    def process_message(self, message, * args):
        para = list(args)
```

```
#将参数个数扩大 10 个,避免不够,造成下标溢出的异常
        para.extend("".rjust(10))
        return message.format( * para)
#提示异常
def show_message(self, message = "", * args):
        messagebox.showinfo("提示", self.process_message(message, * args))
#连续创建多个目录
def create_folder(self, * folder_name):
        for folder in folder_name:
            if not os.path.exists(folder):
                os.mkdir(folder)
```

2. 图像风格迁移

图像风格迁移主要包括图像预处理、加载 VGG-16 模型、提取特征并计算损失、优化损失还原图像、迭代若干次生成图像。其中,对输入图像的预处理包括将图像转换为张量的形式和图像的零均值化。图像零均值化是指分别用样本图片 RGB 三个维度的值减去图像数据集相应维度的均值,使输入图像数据各个维度的中心化为 0,避免过拟合,且在反向传播中加快每一层权重参数的收敛。

```
#图像预处理
def preprocess_image(image_path, img_height, img_width):
        img = load_img(image_path, target_size = (img_height, img_width))
        img = img_to_array(img)              #把图片转换为三维张量的形式
        img = np.expand_dims(img, axis = 0)  #在 0 位置添加数据,扩展一个张量的维度
        img = preprocess_input(img)          #零均值化
        return img
```

加载 VGG-16 模型。下载地址为 https://github.com/fchollet/deep-learning-models/releases。导入方法:在计算机的地址栏中输入%userprofile%,将下载好的 vgg16_weights_tf_dim_ordering_tf_kernels.h5 文件放入.keras/models 文件夹下,通过 from keras.applications.vgg16 import VGG16 导入即可。

VGG-16 模型是一个 16 层的卷积神经网络模型,包括 13 个卷积层和 3 个全连接层。其中,前面的卷积层用于从图像中提取"特征",后面的全连接层把图片的"特征"转换为类别概率。由于本项目中使用 VGG-16 网络模型只是实现提取特征,不需要分类,所以不使用全连接层和 Softmax,只使用有特征提取器部分,即卷积层和最大池。

```
#输入图片张量,将 3 个样本数据按指定顺序构建成一个批次,从而可一次性全部计算处理
input_tensor = K.concatenate([content_image,
                              style_image,
                              combination_image], axis = 0)
#加载 VGG-16,不包含最上层的全连接层
model = VGG16(input_tensor = input_tensor, include_top = False)
#获得 VGG-16 所有层次的名称,用于映射取值
outputs_dict = dict([(layer.name, layer.output) for layer in model.layers])
```

在 VGG-16 模型中,可通过提取靠顶部的层激活信息作为图像的内容特征值,提取靠底部的层激活信息作为图像的风格特征值。其中,全局信息只取一层,而局部信息需要多取几层以获得更加全面的风格特征信息。

```
# 用于提取内容特征值的卷积层
content_layer = 'block2_conv2'
# 用于提取风格特征值的卷积层
style_layers = ['block1_conv1',
                'block2_conv2',
                'block3_conv3',
                'block4_conv3',
                'block5_conv3']
```

提取内容特征、风格特征后将它们重新组合成目标图像,在线迭代重建目标图像,依据是生成图像、内容图像和风格图像之间的差异,量化表示为内容损失和风格损失。

其中,直接用内容图像与生成图像层激活的内容进行比较得到内容损失值。即内容损失函数定义为内容图像与生成图像,通过 VGG-16 网络模型提取的特征之间欧式距离。

```
# 内容损失函数
def content_loss(content, combination):
    return K.sum(K.square(combination - content))
# 内容特征
layer_features = layers[content_layer]
# 根据输入模型的批次,第 0 个数据为目标图片,第 1 个数据为风格数据,第 2 个数据为生成图片
content_image_features = layer_features[0, :, :, :]
combination_features = layer_features[2, :, :, :]
# 内容损失计算
loss = K.variable(0.)
loss += content_weight * content_loss(content_image_features,
                                      combination_features)
```

风格损失是通过比较风格图像和生成图像,在靠近底部依次向上所选的多层激活的同层相互关系而获取。其中,相互关系用格拉姆矩阵计算,以矩阵的相互关系、图片的尺寸信息为参数,计算出风格损失值。即风格损失函数定义为风格图像和生成图像,通过 VGG-16 网络模型提取特征之间格拉姆矩阵的欧氏距离。

```
# 格拉姆矩阵
def gram_matrix(x):
    features = K.batch_flatten(K.permute_dimensions(x, (2, 0, 1)))
    gram = K.dot(features, K.transpose(features))
    return gram
# 风格损失函数
def style_loss(style, combination, img_height, img_width):
    S = gram_matrix(style)
    C = gram_matrix(combination)
```

```
    channels = 3
    size = img_height * img_width
    return K.sum(K.square(S - C)) / (4. * (channels ** 2) * (size ** 2))
#风格损失计算
for layer_name in style_layers:
    layer_features = layers[layer_name]
    style_features = layer_features[1, :, :, :]
    combination_features = layer_features[2, :, :, :]
    style_loss = style_loss(style_features, combination_features)
    loss += (style_weight / len(style_layers)) * style_loss
```

此外，为提高图片的空间连续性，保证生成图片的相对完整性，需要引入总变差损失，即通过计算生成图片相邻点之间的差异表示图像像素点的连续情况。相邻点之间的差异损失越小，图片的像素点越连续。

```
#总变差损失函数
def total_variation_loss(x, img_height, img_width):
    a = K.square(
    x[:,:img_height - 1, :img_width - 1, :] - x[:, 1:, :img_width - 1, :])
    b = K.square(
  x[:,:img_height - 1, :img_width - 1, :] - x[:, :img_height - 1, 1:, :])
    return K.sum(K.pow(a + b, TOTAL_VARIATION_LOSS_FACTOR))
#总变差损失计算
loss += TOTAL_VARIATION_WEIGHT * total_variation_loss(combination_image)
```

总损失 loss 是以上 3 种损失的加权合计结果，是评价迁移效果的主要标准。加大相应的权重系数，使生成图有对应的偏向性。

最后利用 L-BFGS 算法对总损失进行优化，优化结果中包括生成图的特征数据，对其进行还原处理，即可获得最终的图像效果。

```
#构建优化函数 fmin_l_bfgs_b() 需要评估参数类
class Evaluator(object):
    #初始化
    def __init__(self, img_height, img_width, fetch_loss_and_grads):
        self.loss_value = None
        self.grads_values = None
        self.img_height = img_height
        self.img_width = img_width
        self.fetch_loss_and_grads = fetch_loss_and_grads
    #总损失
    def loss(self, x):
        assert self.loss_value is None
        x = x.reshape((1, self.img_height, self.img_width, 3))
        outs = self.fetch_loss_and_grads([x])
        loss_value = outs[0]
        grad_values = outs[1].flatten().astype('float64')
```

```
            self.loss_value = loss_value
            self.grad_values = grad_values
            return self.loss_value
        #梯度计算
        def grads(self, x):
            assert self.loss_value is not None
            grad_values = np.copy(self.grad_values)
            self.loss_value = None
            self.grad_values = None
            return grad_values
#计算梯度值
grads = K.gradients(loss, combination_image)[0]
#基于损失值和梯度值,计算生成图数据
fetch_loss_and_grads = K.function([combination_image], [loss, grads])
#评估标准
evaluator = Evaluator(img_height, img_width, fetch_loss_and_grads)
#生成图片的初始数据值为目标图片数据
x = preprocess_image(content_image_path, img_height, img_width)
x = x.flatten()
```

生成图像时迭代次数可随实际情况调整,迭代次数越多,效果越好,但消耗时间也越长,本项目中使用的迭代次数默认为 10 次。

```
#迭代 10 次
for i in range(iterations):
        self.log_message('开始处理轮次: ( ', str(i + 1) + " / " +
str(iterations) + " )")
        start_time = time.time()        #记录开始时间
        #使用 L-BFGS 算法进行优化处理
        x, min_val, info = fmin_l_bfgs_b(evaluator.loss, x,
                                fprime = evaluator.grads, maxfun = 20)
        self.log_message('当前图片差异损失值 :', min_val)
        #重组数组
        img = x.copy().reshape((img_height, img_width, 3))
        #将数组还原为图像
        img = deprocess_image(img)
        end_time = time.time()
        self.log_message('第 ( % d) 轮处理, 所用时间为 ( % ds)' % (i + 1,
end_time - start_time) + "\n")
        #最后一轮迭代完成后保存图片,更新结果图显示
        if i == iterations - 1:
            fname = os.path.join(workspace_dir,
result_prefix + self.strftime(False) + ".png")
            imsave(fname, img)
            self.log_message('新生成的风格图片保存为: ', fname)
            self.rimg_file = fname
            self.set_rimg()
```

```
        #之前的每轮迭代完成后都保存图片并更新结果图显示
        else:
            temp_filename = os.path.join(workspace_dir,
'temp_result.png')
            imsave(temp_filename, img)
            self.rimg_file = temp_filename
            self.set_rimg()
    total_end_time = time.time()
    total_time = total_end_time - total_start_time
    self.log_message('共(%d)轮处理,所用时间为(%ds)' %
(iterations, total_time) + "\n")
    self.root.update()
```

13.3.3　固定风格模式

本模块包括界面设计和图像风格迁移两部分。

1. 界面设计

页面布局分为内容图显示区、结果图显示区、风格样式选择区和处理信息显示区 4 部分,可实现的功能:本地文件中选择内容图,在给定的 6 个选项中任选一种风格样式,进行图像风格迁移处理和实时显示处理信息。

```
    def create_fixed_style_page(self):
        #顶层窗口
        self.root = Toplevel()
        self.root.geometry("600x400")
        self.root.title("固定风格模式")
        self.root.iconbitmap("images/castle.ico")
        #设置默认风格样式、内容图、风格图
        self.model_file = "models/scream.ckpt - done"
        self.cimg_file = " images/cimg.jpg"
        self.rimg_file = "models/scream.jpg"
        #初始内容图显示设置
        self.org_img_frame = Frame(self.root, width = 350)
        self.org_img_frame.pack(side = LEFT, fill = Y)
        self.cimg = pil.Image.open(self.cimg_file)
        self.cimg = self.tkimg_resized(self.cimg, 250, 250)
        self.clabel = Label(self.org_img_frame, image = self.cimg)
        self.clabel.pack(padx = 10, pady = 5)
        #"目标图片"按钮——选择目标图片
        cbutton = Button(self.org_img_frame, text = " 目标图片 ",
bg = "LightBlue", command = self.do_choose_img)
        cbutton.pack( pady = 30)
        group = LabelFrame(self.org_img_frame, text = "选择一种风格样式",
padx = 5, pady = 5)
        group.pack(padx = 20, pady = 20)
```

```
        v = IntVar()
        v.set(1)                                    # 默认选择 scream 风格
        # 6 个单选按钮——对应 6 种不同的风格样式
        Radiobutton(group, text = "scream", variable = v, value = 1,
command = self.scream).pack(anchor = W)
        Radiobutton(group, text = "starry", variable = v, value = 2,
command = self.starry).pack(anchor = W)
        Radiobutton(group, text = "feathers", variable = v, value = 3,
command = self.feathers).pack(anchor = W)
        Radiobutton(group, text = "mosaic", variable = v, value = 4,
command = self.mosaic).pack(anchor = W)
        Radiobutton(group, text = "udnie", variable = v, value = 5,
command = self.udnie).pack(anchor = W)
        Radiobutton(group, text = "wave", variable = v, value = 6,
command = self.wave).pack(anchor = W)
            # 使设置 frame 的宽度、高度不随 label 大小改变
        self.org_img_frame.propagate(True)
        self.org_img_frame.pack_propagate(0)
                # "开始转换"按钮——执行风格转换命令
        button = Button(self.org_img_frame, text = " 开始转换 ",
bg = "LightPink", command = self.do_transfer)
        button.pack( pady = 20)
                # 初始结果图显示设置
        res_img_frame = Frame(self.root, bg = "white")
        res_img_frame.pack(expand = YES, fill = BOTH, pady = 5)
        res_img_frame.pack_propagate(0)
        self.rimg = pil.Image.open(self.rimg_file)
        self.rimg = self.tkimg_resized(self.rimg,400, 400)
        self.rlabel = Label(res_img_frame, image = self.rimg)
        self.rlabel.pack(side = 'top', padx = 10, pady = 10)
        # "图片生成目录"按钮——打开保存生成图片的文件夹
        Button(res_img_frame, text = " 图片生成目录 ", bg = "LightYellow",
command = self.do_browser_rimg )\
.pack(side = BOTTOM, anchor = 'se', padx = 10)
        # 处理信息显示部分
        self.output_frame = Frame(self.root, height = 200)
        self.output_frame.pack(side = BOTTOM, fill = X)
        self.output_frame.pack_propagate(0)
        # 创建笔记本组件
        self.tabControl = ttk.Notebook(self.output_frame)
        self.tabControl.pack(side = tk.TOP, fill = tk.X, anchor = tk.NW)
        # "处理信息"分页
        self.tabOutput = ttk.Frame(self.tabControl)
        self.tabControl.add(self.tabOutput, text = '处理信息')
        txtOutput = Text(self.tabOutput)
        ysb = ttk.Scrollbar(self.tabOutput, orient = "vertical",
command = txtOutput.yview)                      # y 滚动条
```

```
            ysb.pack(side = 'right', fill = 'y')
            txtOutput.configure(yscrollcommand = ysb.set)
            txtOutput.pack(expand = 'yes', fill = 'both')
            self.txtOutput = txtOutput
            #使设置的 frame 的宽度、高度不随 label 大小改变
            self.output_frame.propagate(True)
                self.output_frame.pack_propagate(0)
    #内容图显示设置
    def set_cimg(self):
            self.cimg = pil.Image.open(self.cimg_file)
            self.cimg = self.tkimg_resized(self.cimg, 250, 250)
#限制页面中显示图片的大小为 max{width, height}<= 250
            self.clabel.config(image = self.cimg)
            self.clabel.image = self.cimg
                #结果图显示设置
    def set_rimg(self):
            self.rimg = pil.Image.open(self.rimg_file)
            self.rimg = self.tkimg_resized(self.rimg, 350, 350)
            #限制页面中显示图片的大小为 max{width, height}<= 350
            self.rlabel.config(image = self.rimg)
            self.rlabel.image = self.rimg
            #6 种风格选项对应的操作: 修改使用的模型、显示不同的初始结果图
    # scream 风格
    def scream(self):
            self.model_file = "models/scream.ckpt - done"
            self.rimg_file = "models/scream.jpg"
            self.set_rimg()
    # starry 风格
    def starry(self):
            self.model_file = "models/denoised_starry.ckpt - done"
            self.rimg_file = "models/starry.jpg"
            self.set_rimg()
    # feathers 风格
    def feathers(self):
            self.model_file = "models/feathers.ckpt - done"
            self.rimg_file = "models/feathers.jpg"
            self.set_rimg()
    # mosaic 风格
    def mosaic(self):
            self.model_file = "models/mosaic.ckpt - done"
            self.rimg_file = "models/mosaic.jpg"
            self.set_rimg()
    # udnie 风格
    def udnie(self):
            self.model_file = "models/udnie.ckpt - done"
            self.rimg_file = "models/udnie.jpg"
            self.set_rimg()
```

```python
        # wave 风格
    def wave(self):
        self.model_file = "models/wave.ckpt-done"
        self.rimg_file = "models/wave.jpg"
        self.set_rimg()
            # 对图片进行按比例缩放处理
    def tkimg_resized(self, img, w_box, h_box, keep_ratio=True):
        w, h = img.size
        # 保持原始长宽比
        if keep_ratio:
            if w > h:
                width = w_box
                height = int(h_box * (1.0 * h / w))
            else:
                height = h_box
                width = int(w_box * (1.0 * w / h))
                img1 = img.resize((width, height), pil.Image.ANTIALIAS)
        # ANTIALIAS: 高质量
        tkimg = ImageTk.PhotoImage(img1)
        return tkimg
    # 选择目标图片
    def do_choose_img(self, *args):
        self.cimg_file = askopenfilename()
        self.set_cimg()
        # 打开新生成图片所在文件夹
    def do_browser_rimg(self, *args):
        if os.path.exists(workspace_dir):
            os.startfile(workspace_dir)
        # 返回当前的时间字符,可含分隔符
    def strftime(show_style=True):
        if show_style:
            return time.strftime('%Y-%m-%d %H:%M:%S',
time.localtime(time.time()))
        else:
            return time.strftime('%Y%m%d%H%M%S',
time.localtime(time.time()))
            # 记录处理过程的日志信息
    def log_message(self, *messages):
        info = self.strftime() + " : "
        for message in messages:
            info += str(message) + " "
        info += "\n"
        self.txtOutput.insert('end', info)
        self.txtOutput.update()            # 实时输出日志
        self.output_frame.pack_propagate(0)
```

2. 图像风格迁移

任意风格模式下的图像风格迁移是调用训练好的模型，生成图像的过程，即恢复该模型中的变量，提取训练好的参数，直接对图像进行处理。下载地址为 https://github.com/hzy46/fast-neural-style-tensorflow。

```python
#快速图像风格转换
    def do_transfer(self):
        with open(self.cimg_file, 'rb') as img:
            with tf.Session().as_default() as sess:
                #对 png、jpeg 两种格式的图片分别处理——解码为 unit8 张量
                if self.cimg_file.lower().endswith('png'):
                    image = sess.run(tf.image.decode_png(img.read()))
                else:
                    image = sess.run(tf.image.decode_jpeg(img.read()))
                #获取输入图像的高、宽
height = image.shape[0]
                width = image.shape[1]
        self.log_message("开始处理")
        self.log_message('图片大小: %dx%d' % (width, height))
        with tf.Graph().as_default():
            with tf.Session().as_default() as sess:
                #读取图像信息
                image_preprocessing_fn, _ = preprocessing_factory.\
get_preprocessing(
                    FLAGS.loss_model,
                    is_training = False)
                image = reader.get_image(self.cimg_file, height, width,
image_preprocessing_fn)
                #在 0 位置增加 1 个维度
                image = tf.expand_dims(image, 0)
                generated = model.net(image, training = False)
                generated = tf.cast(generated, tf.uint8)
                #在 0 位置删除大小为 1 的维度
                generated = tf.squeeze(generated, [0])
                #恢复模型中的变量
                saver = tf.train.Saver(tf.global_variables(),
write_version = tf.train.SaverDef.V1)
                sess.run([tf.global_variables_initializer(),
tf.local_variables_initializer()])
                #将训练好的参数进行提取
                saver.restore(sess, self.model_file)
                #将生成图片保存为'generated/res.jpg'
                generated_file = ('generated/res.jpg')
                #确保 generated 文件夹存在
                if os.path.exists('generated') is False:
                    os.makedirs('generated')
```

```
♯生成图像并记录时间
with open(generated_file, 'wb') as img:
    start_time = time.time()
    img.write(sess.run(tf.image.encode_jpeg(generated)))
    end_time = time.time()
    self.log_message('本次图像风格转换已结束,
生成图片保存路径为: % s' % generated_file)
    self.log_message('所用时间为: % fs' %
(end_time - start_time))
    ♯更新界面中显示的生成图片
    self.rimg_file = "generated/res.jpg"
    self.set_rimg()
```

13.4　系统测试

本部分包括任意风格模式和固定风格模式的测试结果。

13.4.1　任意风格模式测试结果

如图 13-3 所示,此种模式下用户可以任意选择本地图片作为目标图片和风格图片进行风格转换,左上方的窗口显示目标图片,左下方的窗口显示风格图片。单击"开始转换"按钮后,即可生成结果图,显示在右侧窗口。右下方处理信息栏实时更新处理信息显示程序进程。

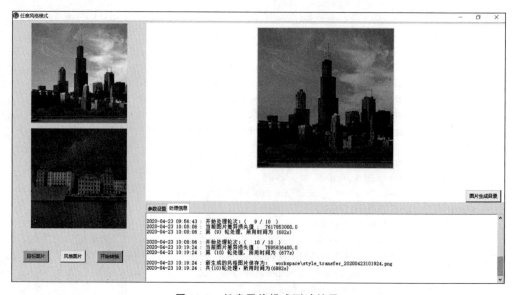

图 13-3　任意风格模式测试结果

13.4.2　固定风格模式测试结果

如图 13-4 所示,此种模式下用户可以任意选择本地图片作为目标图片,从系统设定的6 种风格选项中任选一种作为目标风格样式。左上方窗口显示目标图片,左下方为系统设定的 6 种风格选项,单击"开始转换"按钮,生成结果图,显示在右侧窗口。右下方处理信息栏实时更新处理信息显示程序进程。

图 13-4～图 13-9 为同一张图片,分别以 scream 风格、starry 风格、feathers 风格、mosaic 风格、udnie 风格、wave 风格为目标风格样式时的输出结果图。

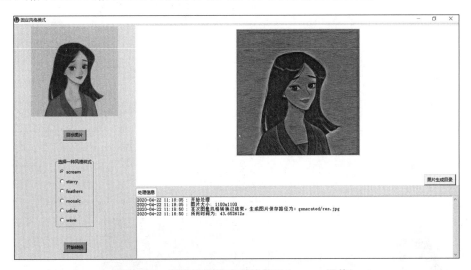

图 13-4　固定风格模式测试结果(scream 风格)

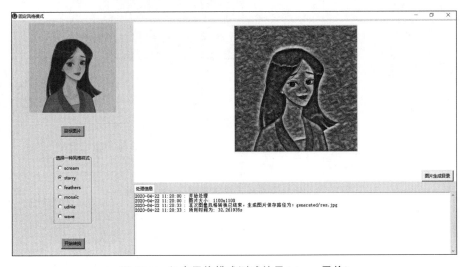

图 13-5　任意风格模式测试结果(starry 风格)

图 13-6　任意风格模式测试结果（feathers 风格）

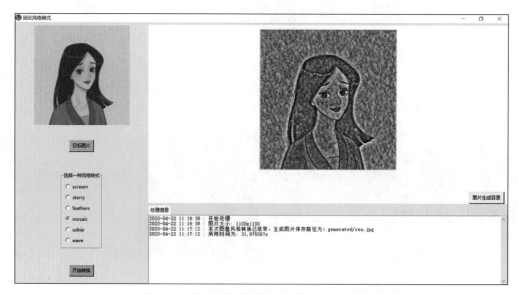

图 13-7　任意风格模式测试结果（mosaic 风格）

图 13-8　任意风格模式测试结果（udnie 风格）

图 13-9　任意风格模式测试结果（wave 风格）

基于 PyTorch 的
快速风格迁移

本项目基于 PyTorch 的神经网络模型,实现对任意风格及任意内容的图片进行风格迁移。

14.1 总体设计

本部分包括系统整体结构和系统流程。

14.1.1 系统整体结构

系统整体结构如图 14-1 所示。

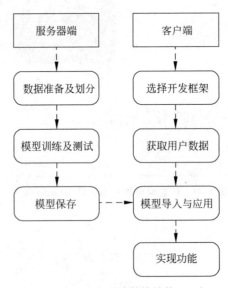

图 14-1　系统整体结构

14.1.2   系统流程

系统流程如图 14-2 所示。

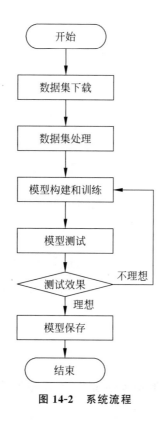

图 14-2   系统流程

14.2   运行环境

本部分包括 Python 环境、PyTorch 环境和 PyQt5 环境。

14.2.1   Python 环境

需要 Python 3.6 及以上配置,在 Windows 环境下推荐下载 Anaconda 完成 Python 所需的配置,下载地址为:https://www.anaconda.com/,还需要 PyCharm 进行开发,下载地址为 https://www.jetbrains.com。

14.2.2   PyTorch 环境

PyTorch 下载地址为 https://pytorch.org,按照自己计算机对应的版本选择代码,打开 Anaconda Prompt，创建 Python 3.6 的环境，名称为 PyTorch，输入命令：

```
conda create - n Pytorch python = 3.6
```

有需要确认的地方，都输入 y。

在 Anaconda Prompt 中激活 PyTorch 环境，输入命令：

```
conda activate tensorflow
```

安装 PyTorch，输入命令：

```
conda install pytorch torchvision cudatoolkit = 9.2 - c pytorch - c defaults - c numba/
label/dev。
```

14.2.3　PyQt5 环境

激活环境后，使用豆瓣镜像安装 PyQy5，输入命令：

```
pip install PyQt5 - i https://pypi.douban.com/simple。
```

安装 PyQt5-tools，输入命令：

```
pip install pyqt5 - tools - i https://pypi.douban.com/simple。
```

14.3　模块实现

本项目包括 4 个模块：数据预处理、模型构建、模型训练及保存、界面化及应用，下面分别给出各模块的功能介绍及相关代码。

14.3.1　数据预处理

本项目以 CoCo2014 作为训练数据的内容训练集，采用 Wikiart 数据集作为训练数据的风格训练集，数据下载如下：

CoCo2014 数据集地址为：http://msvocds.blob.core.windows.net/coco2014/train2014.zip。

Wikiart 数据集地址为：https://www.kaggle.com/c/painter-by-numbers。

数据处理模块相关代码如下：

```
import glob
import numpy as np
from torch.utils.data import Dataset
from PIL import Image
class PreprocessDataset(Dataset):
    def __init__(self, content_dir, style_dir, train_trans):
```

```
#读取内容图片
content_images = glob.glob((content_dir + '/*'))
np.random.shuffle(content_images)
#读取风格图片
style_images = glob.glob((style_dir + '/*'))
np.random.shuffle(style_images)
#将元组转换成列表输出
self.images_pairs = list(zip(content_images, style_images))
self.transforms = train_trans
def __len__(self):
    return len(self.images_pairs)
def __getitem__(self, index):
    #将数据列表中的标签输出
    content_name, style_name = self.images_pairs[index]
    #转化图像格式为 RGB
    content_image = Image.open(content_name).convert('RGB')
    style_image = Image.open(style_name).convert('RGB')
    if self.transforms:
    #调用 torch 内部库处理图片
        content_image = self.transforms(content_image)
        style_image = self.transforms(style_image)
    #返回图像及其标签
    return {'c_img': content_image, 'c_name': content_name, 's_img': style_image, 's_name'
: style_name}
```

14.3.2　模型构建

VGG-19 网络模型包括 16 个卷积层、3 个全连接层、5 个池化层组,选用合适的中间层做运算。模型构建代码如下:

```
import torch.nn as nn                    #导入相关的包和模块
import torch.nn.functional as F
from torchvision.models import vgg19
class VGGEncoder(nn.Module):            #编码
    def __init__(self, relu_level):
        super(VGGEncoder, self).__init__()
        assert(type(relu_level).__name__ == 'int' and 0 < relu_level < 6)
        vgg = vgg19(pretrained = True).features
        #选择需要处理的中间层
        if relu_level == 1:
            self.model = vgg[:2]
        elif relu_level == 2:
            self.model = vgg[:7]
        elif relu_level == 3:
            self.model = vgg[:12]
        elif relu_level == 4:
```

```
                self.model = vgg[:21]
            else:
                self.model = vgg[:30]
            #固定特征层参数,减少计算量
            for p in self.parameters():
                p.requires_grad = False
        def forward(self, images):              #前向处理
            output = self.model(images)
            return output
#构建反卷积模型
decoder = nn.Sequential(
            nn.ReflectionPad2d(1),
            #定义卷积层
            nn.Conv2d(512, 512, 3, 1),
            nn.ReLU(),
            #将卷积后的图形进行最近邻上采样
            nn.Upsample(scale_factor = 2, mode = 'nearest'),
            #镜像填充,防止撕裂
            nn.ReflectionPad2d(1),
            nn.Conv2d(512, 512, 3, 1),
            nn.ReLU(),
            nn.ReflectionPad2d(1),
            nn.Conv2d(512, 512, 3, 1),          #卷积
            nn.ReLU(),                          #激活函数
            nn.ReflectionPad2d(1),              #镜像填充
            nn.Conv2d(512, 512, 3, 1),
            nn.ReLU(),
            nn.ReflectionPad2d(1),
            nn.Conv2d(512, 256, 3, 1),
            nn.ReLU(),
            nn.Upsample(scale_factor = 2, mode = 'nearest'),
            nn.ReflectionPad2d(1),
            nn.Conv2d(256, 256, 3, 1),
            nn.ReLU(),
            nn.ReflectionPad2d(1),
            nn.Conv2d(256, 256, 3, 1),
            nn.ReLU(),
            nn.ReflectionPad2d(1),
            nn.Conv2d(256, 256, 3, 1),
            nn.ReLU(),
            nn.ReflectionPad2d(1),
            nn.Conv2d(256, 128, 3, 1),
            nn.ReLU(),
            nn.Upsample(scale_factor = 2, mode = 'nearest'),
            nn.ReflectionPad2d(1),
            nn.Conv2d(128, 128, 3, 1),
            nn.ReLU(),
```

```
            nn.ReflectionPad2d(1),
            nn.Conv2d(128, 64, 3, 1),
            nn.ReLU(),
            nn.Upsample(scale_factor = 2, mode = 'nearest'),
            nn.ReflectionPad2d(1),
            nn.Conv2d(64, 64, 3, 1),
            nn.ReLU(),
            nn.ReflectionPad2d(1),
            nn.Conv2d(64, 3, 3, 1),
            )
class Decoder(nn.Module):                     # 解码
    def __init__(self, relu_level, decoder = decoder):
        super().__init__()
        # 获取模型子类
        decoder = list(decoder.children())
        if relu_level == 1:
            self.model = nn.Sequential(* decoder[39:])
        elif relu_level == 2:
            self.model = nn.Sequential(* decoder[32:])
        elif relu_level == 3:
            self.model = nn.Sequential(* decoder[25:])
        elif relu_level == 4:
            self.model = nn.Sequential(* decoder[13:])
        elif self.relu_level == 5:
            self.model = nn.Sequential(* decoder)
    def forward(self, features):              # 前向处理输出
        output = self.model(features)
        return output
def style_swap(cf, sf, patch_size = 3, stride = 1):    # 定义 StyleSwap 函数
    # 获取风格特征
    b, c, h, w = sf.size()                    # 2x256x64x64
    kh, kw = patch_size, patch_size
    sh, sw = stride, stride
    # 通过风格特征创建卷积滤波器
    sf_unfold = sf.unfold(2, kh, sh).unfold(3, kw, sw)
    patches = sf_unfold.permute(0, 2, 3, 1, 4, 5)
    patches = patches.reshape(b, -1, c, kh, kw)
    # 将内容块分割成小块
patches_norm = torch.norm(patches.reshape(* patches.shape[:2], -1), dim = 2).reshape
(b, -1, 1, 1, 1)
    patches_norm = patches/patches_norm
    # 规格为 2 * 3844 * 256 * 3 * 3
    transconv_out = []
    # 对每一个小分块进行卷积
    for i in range(b):
        cf_temp = cf[i].unsqueeze(0)          # [1 * 256 * 64 * 64]
        patches_norm_temp = patches_norm[i]   # [3844, 256, 3, 3]
```

```
        patches_temp = patches[i]
        conv_out = F.conv2d(cf_temp, patches_norm_temp, stride = 1)
#[1 * 3844 * 62 * 62]
#进行 0~1 编码
        one_hots = torch.zeros_like(conv_out)
        one_hots.scatter_(1, conv_out.argmax(dim = 1, keepdim = True), 1)
        transconv_temp = F.conv_transpose2d(one_hots, patches_temp, stride = 1)
#[1 * 256 * 64 * 64]
#解决棋盘效应,平滑结果
        overlap = F.conv_transpose2d(one_hots, torch.ones_like(patches_temp), stride = 1)
        transconv_temp = transconv_temp / overlap
        transconv_out.append(transconv_temp)
    transconv_out = torch.cat(transconv_out, 0)   #[2 * 256 * 64 * 64]
    #返回处理后的数据向前传播给转换网络
    return transconv_out
```

14.3.3　模型训练及保存

定义模型架构并编译后,使用训练集训练模型。相关代码如下:

```
def train( ** kwargs):
    #遍历对象的元素
    for k_, v_ in kwargs.items():
        setattr(opt, k_, v_)
    #是否启用 GPU 进行运算
content = "./images/content"
#内容数据集路径
    style = "./images/style"
    #风格数据集路径
    img_size = 256
    #图片处理大小
#style swap 的块大小
    patch_size = 3
    #VGG-19 的中间层选择
    relu_level = 3
    #迭代次数
    max_epoch = 3
    minibatch = 4
    #全变差正则化的权重
    tv_weight = 1e-6
    #学习率
    lr = 1e-3
    gpu = True
    #图像输出路径
    out_dir = './outputs'
    #模型保存路径
```

```
save_dir = './save_models'
#是否使用 visdom 观察训练过程
vis = True
device = torch.device('cuda') if opt.gpu else torch.device('cpu')
os.makedirs(opt.out_dir, exist_ok = True)
os.makedirs(opt.save_dir, exist_ok = True)
VggNet = VGGEncoder(opt.relu_level).to(device)
InvNet = Decoder(opt.relu_level).to(device)
VggNet.train()
InvNet.train()
#数据处理
train_trans = transforms.Compose([
transforms.Resize(size = opt.img_size),
transforms.CenterCrop(size = opt.img_size),
transforms.ToTensor(),
transforms.Normalize(mean = [0.485, 0.456, 0.406], std = [0.229, 0.224, 0.225])
])                                    #归一化处理
train_dataset = PreprocessDataset(content, style, train_trans)
train_dataloader = DataLoader(train_dataset, batch_size = opt.minibatch,
shuffle = True, drop_last = True)             #训练数据加载
optimizer = torch.optim.Adam(InvNet.parameters(), lr = lr)
criterion = nn.MSELoss()
loss_list = []
i = 0
#开始迭代
for epoch in range(1, opt.max_epoch + 1):
    for _, image in enumerate(train_dataloader):
        content = image['c_img'].to(device)
        style = image['s_img'].to(device)
        cf = VggNet(content)
        sf = VggNet(style)
        #进行 style - swap 操作
        csf = style_swap(cf, sf, opt.patch_size, stride = 3)
        I_stylized = InvNet(csf)
        I_c = InvNet(cf)
        I_s = InvNet(sf)
        P_stylized = VggNet(I_stylized)   # size: 2 * 256 * 64 * 64
        P_c = VggNet(I_c)
        P_s = VggNet(I_s)
        #计算总损失
        loss_stylized = criterion(P_stylized, csf) + criterion(P_c, cf) +
criterion(P_s, sf)
        loss_tv = TVLoss(I_stylized, opt.tv_weight)
        loss = loss_stylized + loss_tv
        loss_list.append(loss.item())
        optimizer.zero_grad()
        #回传损失
```

```
                loss.backward()
                optimizer.step()
            print(" %d/ %d epoch\tloss: %.4f\tloss_stylized: %.4f loss_tv: %.4f" % (
                    epoch, opt.max_epoch, loss.item( )/opt.minibatch, loss_stylized.item( )/
minibatch,loss_tv.item() / opt.minibatch))
                i += 1
            ＃保存文件
            torch.save(InvNet.state_dict(), f'{opt.save_dir}/InvNet_{epoch}_epoch.pth')
        ＃将损失记录在文本文件中
        with open('loss_log.txt', 'w') as f:
            for l in loss_list:
                f.write(f'{l}\n')
```

14.3.4 界面化及应用

项目采用 Qt 实现界面可视化,相关代码如下:

```
import sys
from PyQt5.QtCore import Qt
from PyQt5.QtWidgets import QApplication,QWidget,QTabWidgetQVBoxLayout,\
QHBoxLayout,QMessageBox,QTextEdit,QFileDialog, QPushButton, QLabel
from PyQt5.QtGui import QIcon, QPixmap, QPainter, QImage,QCursor
counter = 0
class App(QWidget):
    def __init__(self):
        super().__init__()
        self.setWindowTitle('快速风格迁移 V1.0')
        self.setGeometry(350, 200, 1200, 675)
        ＃禁用最大化及拉伸按钮
        self.setFixedSize(1200, 675)
        self.setWindowIcon(QIcon('./resource/icon.jpg'))
        self.table_widget = MyTableWidget(self)
        self.setCursor(Qt.PointingHandCursor)
    def closeEvent(self, event):
        reply = QMessageBox.question(self, '退出', '您确定要退出吗?',
                        QMessageBox.Yes | QMessageBox.No, QMessageBox.No)
        if reply == QMessageBox.Yes:
            event.accept()
        else:
            event.ignore()
class MyTableWidget(QTabWidget):
    def __init__(self, parent):
        super(QWidget, self).__init__(parent)
        self.layout = QVBoxLayout(self)
        ＃添加选项卡
        self.tab1 = QWidget()
```

```python
        self.tab2 = QWidget()
        self.tab3 = QWidget()
        self.resize(1200, 675)
        #重写选项卡
        self.addTab(self.tab1, "使用说明")
        self.addTab(self.tab2, "快速风格迁移")
        self.addTab(self.tab3, "关于")
        #初始化3张选项卡的UI
        self.tab1UI()
        self.tab2UI()
        self.tab3UI()
    def tab1UI(self):
        #作为 layout 的参数, self.testEdit 必须先被定义, 亦即顺序为先 self.textEdit =
QTextEdit(), 后 layout.addWidget(self.textEdit)
        layout = QVBoxLayout()
        self.textEdit = QTextEdit()
        layout.setContentsMargins(0, 0, 0, 0)
        layout.addWidget(self.textEdit)
        #QTextEdit 富文本框 html 格式
        self.textEdit.setHtml(
            "</style></head><body style = \" font - family:\'SimSun\'; font - size:15pt;
font - weight:400; "
            "font - style:normal;\">\n "
            "<p></p>\n "
        "<font color = blue><p style = \" margin - top:40px; margin - bottom:10px; margin -
left:30px; margin - right:10px;\">如何使用本软件</p></font>\n "
            "<p style = \"margin - top:20px;margin - bottom:10px; margin - left:30px;
margin - right:10px;\"> 1.单击"风格迁移"选项卡</p>\n "
            "<p style = \"margin - top:20px;margin - bottom:10px;margin - left:30px; margin -
right:10px;\"> 2.先在导入原始图片处选择您想进行风格迁移的图片, 并预览</p>\n "
            "<p style = \" margin - top:20px; margin - bottom:10px; margin - left:30px;
margin - right:10px;\"> 3.在导入风格图片处选择对应的风格图片, 导入后预览</p>\n "
            "<p style = \" margin - top:20px; margin - bottom:10px; margin - left:30px;
margin - right:10px;\"> 4.若觉得图片不合适或不美观, 请再次调整</p>\n "
            "<p style = \" margin - top:20px; margin - bottom:10px; margin - left:30px;
margin - right:10px; \"> 5.单击最右侧"进行风格迁移"按钮, 单击对话框确认, 再单击第二个对话框并等待
</p>\n "
            "<p style = \" margin - top:20px; margin - bottom:10px; margin - left:30px;
margin - right:10px;\"> 6.待风格迁移完成后单击"确认"按钮, 并预览右下方图片</p>\n "
            "<p style = \" margin - top:20px; margin - bottom:10px; margin - left:30px; margin -
right:10px;\"> 7.图片也将自动打开, 请注意, 此处打开的是缓存副本, 请保存图片或者在 save 文件
夹下转存图片 "
            "<p style = \" margin - top:20px; margin - bottom:10px; margin - left:30px; margin -
right:10px; \"> 8.感谢您使用本风格迁移软件, 第一次尝试使用 PYQT 制作,"
        "难免会有瑕疵, 请多包涵!""</p></body></html>")
        #禁用编辑
        self.textEdit.setFocusPolicy(Qt.NoFocus)
```

```
            #设置文本框背景
            self.textEdit.setStyleSheet('QTextEdit{border - image:url(./resource/background1.
    jpg)}')
            #禁用控件边框
            self.setWindowFlags(Qt.FramelessWindowHint)
            self.tab1.setLayout(layout)
        def tab2UI(self):
            #使用嵌套布局方法,3个垂直布局 awg、bwg、cwg 在水平分布整体布局 wlayout 中
            wlayout = QHBoxLayout()
            alayout = QVBoxLayout()
            blayout = QVBoxLayout()
            clayout = QVBoxLayout()
            btn1 = QPushButton(self)
            btn2 = QPushButton(self)
            btn3 = QPushButton(self)
            btn1.setText("导入内容图片")
            btn2.setText("导入风格图片")
            btn3.setText("进行风格迁移")
            self.label1 = QLabel(self)
            self.label2 = QLabel(self)
            self.label3 = QLabel(self)
            self.label1.setText("预览内容图片")
            self.label2.setText("预览风格图片")
            self.label3.setText("预览生成图片")
            alayout.addWidget(btn1)
            alayout.addWidget(self.label1)
            blayout.addWidget(btn2)
            blayout.addWidget(self.label2)
            clayout.addWidget(btn3)
            clayout.addWidget(self.label3)
            awg = QWidget()
            bwg = QWidget()
            cwg = QWidget()
            awg.setLayout(alayout)
            bwg.setLayout(blayout)
            cwg.setLayout(clayout)
            wlayout.addWidget(awg)
            wlayout.addWidget(bwg)
            wlayout.addWidget(cwg)
            btn1.setFixedSize(370, 50)
            btn2.setFixedSize(370, 50)
            btn3.setFixedSize(370, 50)
            self.label1.setFixedSize(390, 220)
            self.label2.setFixedSize(390, 220)
            self.label3.setFixedSize(390, 220)
            self.label1.setAlignment(Qt.AlignCenter)
            self.label2.setAlignment(Qt.AlignCenter)
```

```
        self.label3.setAlignment(Qt.AlignCenter)
        btn1.clicked.connect(self.openimage1)
        btn2.clicked.connect(self.openimage2)
        btn3.clicked.connect(self.execute)
        self.tab2.setLayout(wlayout)
    def tab3UI(self):
        layout = QVBoxLayout()
        self.textEdit = QTextEdit()
        layout.setContentsMargins(0, 0, 0, 0)
        layout.addWidget(self.textEdit)
        self.textEdit.setHtml(
            "</style></head>< body style = \" font - family:\'SimSun\'; font - size:18pt;
font - weight:400; "
            "font - style:normal;\">\n "
            "< p ></ p >\n "
            "< font color = red >< p style = \" margin - top:40px; margin - bottom:10px; margin -
left:30px; margin - right:10px; \">关于软件及制作</p></font >\n "
            "< p style = \" margin - top:20px; margin - bottom:10px; margin - left:30px;
margin - right:10px; \">本软件作为信息系统设计期中项目</p>\n "
            "< p style = \" margin - top:20px; margin - bottom:10px; margin - left:30px;
margin - right:10px; \">由 2017211120 班刘岩(学号 2017210101)</p>\n"
            "< p style = \" margin - top:20px; margin - bottom:10px; margin - left:30px;
margin - right:10px; \">与 2017211121 班潘星辰(学号 2017210111)共同制作</p>\n"
            "< p style = \" margin - top:20px; margin - bottom:10px; margin - left:30px;
margin - right:10px; \">仅作为信息系统设计课使用,也可供学习、参考使用</p>\n"
            "< p style = \" margin - top:20px; margin - bottom:10px; margin - left:30px;
margin - right:10px; \">谢谢使用并提出意见或建议!</p>\n""</p></body></html>")
        self.textEdit.setFocusPolicy(Qt.NoFocus)
        self.textEdit.setStyleSheet('QTextEdit{border - image:url(./resource/background3.
jpg)}')
        self.setWindowFlags(Qt.FramelessWindowHint)
        self.tab3.setLayout(layout)
    # 为解决 QTextEdit 控件透明度为 0 时界面变黑的问题,在 tab1 和 tab3 单独设置背景
    # 此处全局背景只作用于 tab2,并且必须拥有白边
    def paintEvent(self, event):
        painter = QPainter(self)
        pixmap = QPixmap("./resource/background2.jpg")
        painter.drawPixmap(self.rect(), pixmap)
    # btn1.clicked.connect(self.openimage1)导入图片后在标签中绘制
    # 导入图片的同时在缓存文件夹中保存图片,供调用.py 使用
    # 保存之前对重名文件进行删除
    def openimage1(self):
        imgName, imgType = QFileDialog.getOpenFileName(self, "打开图片", "", " * .jpg;; * .
png;;All Files( * )")
        img1 = QImage(imgName)
        import os
        if not os.path.exists("images/content"):
            os.mkdir("images/content")
        if os.path.exists("./images/content/1.jpg"):
```

```python
        os.remove("./images/content/1.jpg")
        img1.save('./images/content/1.jpg')
    pic1 = QPixmap(imgName).scaled(self.label1.width(),self.label1.height())
        self.label1.setPixmap(pic1)
        global counter
        counter = 2
    #同上,另一个导入模块
    def openimage2(self):
        global counter
        import os
        if counter < 1:
            reply = QMessageBox.warning(self, '错误', "您未先导入风格图片,请先按顺序导入
风格图片后再试", QMessageBox.Yes)
        else:
            imgName, imgType = QFileDialog.getOpenFileName(self, "打开图片", "", " * .jpg;;
* .png;;All Files( * )")
            img2 = QImage(imgName)
            if os.path.exists("./images/style/2.jpg"):
                os.remove("./images/style/2.jpg")
            img2.save('./images/style/2.jpg')
            pic2 = QPixmap(imgName).scaled(self.label2.width(), self.label2.height())
            self.label2.setPixmap(pic2)
    #执行风格迁移操作
    def execute(self):
        import os
        if os.path.exists("./images/content/1.jpg"):
            if os.path.exists("./images/style/2.jpg"):
                dorun = QMessageBox.information(self, "风格迁移", "您确定要开始进行风格
迁移吗?", QMessageBox.Yes | QMessageBox.No,
                                                        QMessageBox.Yes)
                if dorun == QMessageBox.Yes:
                    a = QMessageBox.information(self, "风格迁移",
"正在执行风格迁移,请单击 YES 开始\n
风格迁移用时取决于使用的运算性能\n
感谢您使用本软件和您的耐心等待")
                    #锁定 UI 界面
                    self.tab1.setEnabled(False)
                    self.tab2.setEnabled(False)
                    self.tab3.setEnabled(False)
                    # self.tab2.unsetCursor()
                    # self.tab1.setCursor(QCursor(Qt.BusyCursor))
                    # self.tab2.setCursor(QCursor(Qt.BusyCursor))
                    # self.tab3.setCursor(QCursor(Qt.BusyCursor))
                    QApplication.processEvents()
                    #预留接口 import test 之后调用 test 中的 FunctionA 模块
                    #在每两个模块调用中间应采用刷新 UI 的方法防止假死,例如
                    #QApplication.processEvents()
                    #func()
                    #QApplication.processEvents()
                    os.system('python main.py test -- content ./images/content/1.jpg
```

```
            -- style ./images/style/2.jpg')
                        QApplication.processEvents()
                        print(5)
                        import os,shutil
                        from PIL import Image
                        print(6)
                        if not os.path.exists("outputs"):
                            os.mkdir("outputs")
                        QApplication.processEvents()
                        pic3 = QPixmap('./outputs/1_stylized_by_2.jpg').scaled(self.label3.
width(), self.label3.height())
                        print(7)
                        if not os.path.exists("save"):
                            os.mkdir("save")
                        if os.path.exists("./save/final.jpg"):
                            os.remove("./save/final.jpg")
                        print(8)
            shutil.copy("./outputs/1_stylized_by_2.jpg", "./save/final.jpg")
                        print(9)
                        # self.label3.setPixmap(pic3)
                        # os.remove('./output/1_stylized_by_2.jpg')
                        print(10)
                        QApplication.processEvents()
                        self.tab1.setEnabled(True)
                        self.tab2.setEnabled(True)
                        self.tab3.setEnabled(True)
                        print(11)
                        QApplication.processEvents()
                        # self.tab2.unsetCursor()
                        # self.tab1.setCursor(QCursor(Qt.PointingHandCursor))
                        # self.tab2.setCursor(QCursor(Qt.PointingHandCursor))
                        # self.tab3.setCursor(QCursor(Qt.PointingHandCursor))
                        a = QMessageBox.information(self, "风格迁移",
"风格迁移已完成,图片将默认保存至子路径 save/final.jpg,并在右下角窗口和图片查看器预览\n"
"真实画质请以 save 文件夹下的图片为准.若未从 save 文件夹复制或者转存,将会丢失已生成图片,
请注意!")
                        QApplication.processEvents()
                        img4 = Image.open('./save/final.jpg')
                        img4.show()
                else:
                    reply = QMessageBox.warning(self, '错误', "您未导入风格图片或图片已丢失,
请导入后再试", QMessageBox.Yes)
            else:
                reply = QMessageBox.warning(self, '错误', "您未导入内容图片或图片已丢失,请导
入后再试", QMessageBox.Yes)
# 程序切入点
if __name__ == '__main__':
    import fire
    fire.Fire()
    app = QApplication(sys.argv)
```

```
a = App()
a.show()
sys.exit(app.exec_())
```

14.4　系统测试

本部分主要包括训练准确率、测试效果和程序应用。

14.4.1　训练准确率

如图 14-3 所示，随着训练样本数量的增加，风格和内容的损失也越来越小。

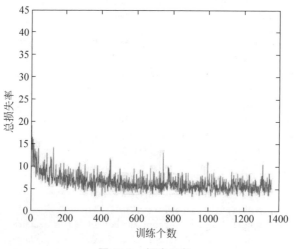

图 14-3　损失函数

14.4.2　测试效果

在应对一些色彩鲜艳、纹理清晰的风格图片时，风格转换的效果比较理想，如图 14-4 所示。

图 14-4　模型效果

14.4.3　程序应用

本部分包括程序下载运行、应用使用说明及测试结果示例。

1. 程序下载运行

按照说明配置好相应的运行环境,运行文件 main. py。

2. 应用使用说明

运行主文件后打开图形化界面,如图 14-5 所示。

图 14-5　应用初始界面

　　单击"快速风格迁移"选项卡进入应用界面，分别是 3 个按钮，单击"导入内容图片"按钮进行导入，单击"导入风格图片"按钮进行导入，当前面两张图片都被选定后，单击"进行风格迁移"按钮，迁移期间界面被锁定无法进行操作，迁移结束后会显示最终结果图，并保存在本地。

3. 测试结果示例

　　以《猫咪》和《星夜》为例，测试结果如图 14-6 所示。

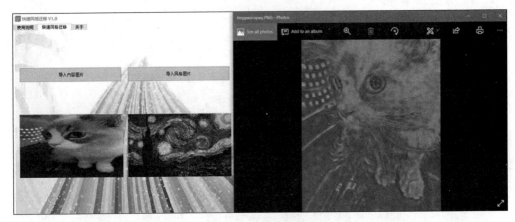

图 14-6　测试结果

项目 15

PROJECT 15

CASIA-HWDB

手写汉字识别

本项目通过输入手写汉字图片,经过识别神经网络,实现文本和语音两种形式输出。

15.1 总体设计

本部分包括系统整体结构和系统流程。

15.1.1 系统整体结构

系统整体结构如图 15-1 所示。

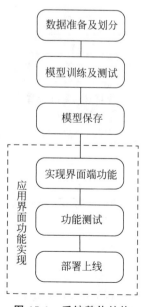

图 15-1 系统整体结构

15.1.2　系统流程

系统流程如图 15-2 所示。

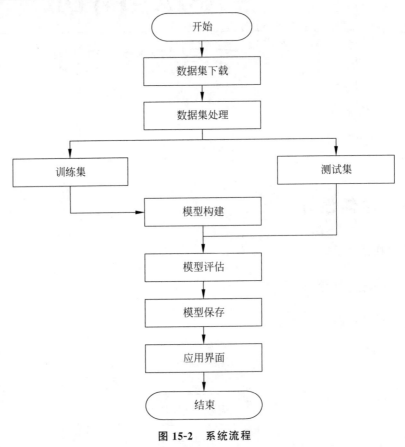

图 15-2　系统流程

15.2　运行环境

本部分包括 Python 环境、TensorFlow 环境、pyttsx3 环境、wxPython 环境和 OpenCV 环境。

15.2.1　Python 环境

需要 Python 3.6 及以上配置，在 Windows 环境下推荐下载 Anaconda 完成 Python 所需的配置，Python 下载地址为 https://www.anaconda.com/，也可以下载虚拟机在 Linux 环境下运行代码。

15.2.2　TensorFlow 环境

打开 Anaconda Prompt,输入清华仓库镜像,输入命令:

```
conda config -- add channels https://mirrors.tuna.tsinghua.edu.cn/anaconda/pkgs/free/
conda config - set show_channel_urls yes。
```

创建 Python 3.5 的环境,名称为 TensorFlow,此时 Python 版本和后面 TensorFlow 的版本要匹配,此步选择 Python 3.x,输入命令:

```
conda create - n tensorflow python = 3.5
```

有需要确认的地方,都输入 y。

在 Anaconda Prompt 中激活 TensorFlow 环境,输入命令:

```
activate tensorflow
```

安装 CPU 版本的 TensorFlow,输入命令:

```
pip install - upgrade -- ignore - installed tensorflow
```

安装完毕。

15.2.3　wxPython 和 OpenCV 环境

打开 Anaconda Prompt 安装环境,输入命令:

```
pip install wxPython
pip install opencv - python
```

15.2.4　pyttsx3 环境

打开 Anaconda Prompt 安装环境,输入命令:

```
pip install pyttsx3
```

若未安装 pywin32,需要安装此库,输入命令:

```
pip install pywin32
```

15.3　模块实现

本项目包括 4 个模块:数据预处理、模型构建、模型训练及保存、模型生成,下面分别给出各模块的功能介绍及相关代码。

15.3.1　数据预处理

CASIA-HWDB 数据集包含 1020 人书写的脱机手写中文单字样本和手写文本，手写中文单字样本分为 3 个数据库：HWDB1.0～1.2，手写文本分为 3 个数据库：HWDB2.0～2.2。本实验采用 HWDB1.1（包含 3755 个汉字的 PNG 格式图片样本），所有文字样本均为灰度图像（背景已去除），按书写人序号分别存储。

CASIA-HWDB 是大型的手写汉字数据集，训练集和测试集按照 4∶1 划分，测试集223991 张，训练集 897758 张，共 1176000 张图像，该数据集由 300 个人手写而成，其中包含 3755 类 GB2312-80 level-1 汉字，数据集下载地址为 http://www.nlpr.ia.ac.cn/databases/handwriting/Download.html，解压后得到 gnt 文件，用代码将所有文件转换为对应 label 目录下 PNG 的图片（在 HWDB1.1trn_gnt.zip 解压后是 alz 文件，需要再次使用 alz 的解压工具，解压得到 HWDB1.1trn_gnt 文件夹）。相关代码如下：

```
import os                                    # 导入相关的库和模块
import numpy as np
import struct
from PIL import Image
data_dir = './data'
train_data_dir = './data/HWDB1.1trn_gnt'      # 训练集数据
test_data_dir = './data/HWDB1.1tst_gnt'       # 测试集数据
# train_data_dir = os.path.join(data_dir, 'HWDB1.1trn_gnt')
# test_data_dir = os.path.join(data_dir, 'HWDB1.1tst_gnt')
def read_from_gnt_dir(gnt_dir = train_data_dir):
    def one_file(f):                          # 数据文件处理
        header_size = 10
        while True:
            header = np.fromfile(f, dtype = 'uint8', count = header_size)
            if not header.size: break
            sample_size = header[0] + (header[1]<< 8) + (header[2]<< 16) + (header[3]<< 24)
            tagcode = header[5] + (header[4]<< 8)
            width = header[6] + (header[7]<< 8)
            height = header[8] + (header[9]<< 8)
            if header_size + width * height != sample_size:
                break                          # 从文件加载图像
            image = np.fromfile(f, dtype = 'uint8', count = width * height).reshape((height,
width))
            yield image, tagcode
    for file_name in os.listdir(gnt_dir):
        if file_name.endswith('.gnt'):
            file_path = os.path.join(gnt_dir, file_name)
            with open(file_path, 'rb') as f:    # 打开文件
                for image, tagcode in one_file(f):
                    yield image, tagcode
```

```
char_set = set()
for _, tagcode in read_from_gnt_dir(gnt_dir = train_data_dir):
    tagcode_unicode = struct.pack('>H', tagcode).decode('gb2312')
        char_set.add(tagcode_unicode)                        #标签编码
char_list = list(char_set)
char_dict = dict(zip(sorted(char_list), range(len(char_list))))
print(len(char_dict))
import pickle
f = open('char_dict', 'wb')
pickle.dump(char_dict, f)                                    #序列化对象
f.close()
train_counter = 0
test_counter = 0
for image, tagcode in read_from_gnt_dir(gnt_dir = train_data_dir):
    tagcode_unicode = struct.pack('>H', tagcode).decode('gb2312')
    im = Image.fromarray(image)                  #读取文件
    dir_name = 'F:/data/train/' + '%0.5d'%char_dict[tagcode_unicode]
    if not os.path.exists(dir_name):
        os.mkdir(dir_name)
im.convert('RGB').save(dir_name + '/' + str(train_counter) + '.png')   #保存图片
    train_counter += 1
for image, tagcode in read_from_gnt_dir(gnt_dir = test_data_dir):
  tagcode_unicode = struct.pack('>H', tagcode).decode('gb2312')
    im = Image.fromarray(image)
    dir_name = 'F:/data/test/' + '%0.5d'%char_dict[tagcode_unicode]    #路径
    if not os.path.exists(dir_name):              #异常处理
        os.mkdir(dir_name)
  im.convert('RGB').save(dir_name + '/' + str(test_counter) + '.png')
    test_counter += 1
```

15.3.2　模型构建

数据加载进模型之后,需要读取数据、定义模型结构并优化损失函数。

1. 读取数据

```
#从目录读取数据
def get_image_path_and_labels(dir):
    img_path = []
    for root, dir, files in os.walk(dir):
        img_path += [os.path.join(root, f) for f in files]
    #洗牌数据以避免过拟合
    random.shuffle(img_path)
    #文件夹名是实际的标签
    labels = [int(name.split(os.sep)[len(name.split(os.sep)) - 2]) for name in img_path]
    return img_path, labels
```

```python
def batch(dir, batch_size, prepocess = False):
    img_path, labels = get_image_path_and_labels(dir)
    #把数据转换成张量
    img_tensor = tf.convert_to_tensor(img_path, dtype = tf.string)
    lb_tensor = tf.convert_to_tensor(labels, dtype = tf.int64)
    #对数据集进行切片并逐批读取
    input_pipe = tf.train.slice_input_producer([img_tensor, lb_tensor])
    #读取实际数据并将其转换为灰度
    img = tf.read_file(input_pipe[0])
    imgs = tf.image.convert_image_dtype(tf.image.decode_png(img, channels = 1), tf.float32)
    #随机修改图像以避免过拟合
    if prepocess:
        imgs = tf.image.random_contrast(imgs, 0.9, 1.1)
    #将原始图像调整为统一大小
    imgs = tf.image.resize_images(imgs, tf.constant([FLAGS.img_size, FLAGS.img_size], dtype = tf.int32))
    #读取标签
    lbs = input_pipe[1]
    #获取批处理
    img_batch, lb_batch = tf.train.shuffle_batch([imgs, lbs], batch_size = batch_size, capacity = 50000, min_after_dequeue = 10000)
    return img_batch, lb_batch
```

2. 定义模型结构

定义的架构为 4 个卷积层，每层卷积后连接一个池化层（进行数据的降维）和两个全连接层。最大池化和全连接层之后，在模型中引入 dropout 进行正则化，用以消除模型的过拟合问题。

```python
#CNN 卷积神经网络
def cnn():
    #(1-keep_prob)等于完全连接层上的丢弃率
    keep_prob = tf.placeholder(dtype = tf.float32, shape = [], name = 'keep_prob')
    #为数据和标签设置位置，以便将数据输入网络
    img = tf.placeholder(tf.float32, shape = [None, 64, 64, 1], name = "img_batch")
    labels = tf.placeholder(tf.int64, shape = [None], name = "label_batch")
    #核大小为[3,3]且 ReLu 为激活函数的 4 个卷积层
    conv1 = slim.conv2d(img, 64, [3, 3], 1, padding = "SAME", scope = "conv1")
    pool1 = slim.max_pool2d(conv1, [2, 2], [2, 2], padding = "SAME")
    conv2 = slim.conv2d(pool1, 128, [3, 3], padding = "SAME", scope = "conv2")
    pool2 = slim.max_pool2d(conv2,[2, 2], [2, 2], padding = "SAME")
    conv3 = slim.conv2d(pool2, 256, [3, 3], padding = "SAME", scope = "conv3")
    pool3 = slim.max_pool2d(conv3,[2, 2], [2, 2], padding = "SAME")
    conv4 = slim.conv2d(pool3, 512, [3, 3], [2, 2], scope = "conv4", padding = "SAME")
    pool4 = slim.max_pool2d(conv4,[2, 2], [2, 2], padding = "SAME")
    #展开特征图，以便将其连接到完全连接的图层
    flat = slim.flatten(pool4)
```

```
#两个完全连接层
#第一层使用 tanh()作为激活函数
fcnet1 = slim.fully_connected(slim.dropout(flat, keep_prob = keep_prob), 1024,
activation_fn = tf.nn.tanh,
                              scope = "fcnet1")
    fcnet2 = slim.fully_connected(slim.dropout(fcnet1, keep_prob = keep_prob), 3755,
activation_fn = None, scope = "fcnet2")
    #损失函数定义为最后一层 softmax 函数结果的交叉熵
    loss = tf.reduce_mean(tf.nn.sparse_softmax_cross_entropy_with_logits(logits = fcnet2,
labels = labels))
    #将结果与实际标签进行比较以获得准确性
    accuracy = tf.reduce_mean(tf.cast(tf.equal(tf.argmax(fcnet2, 1), labels), tf.float32))
    step = tf.get_variable("step", shape = [], initializer = tf.constant_initializer(0),
trainable = False)
    #指数衰减学习率
    lrate = tf.train.exponential_decay(2e - 4, step, decay_rate = 0.97, decay_steps = 2000,
staircase = True)
    #Adam 优化器减少损失值
    optimizer = tf.train.AdamOptimizer(learning_rate = lrate).minimize(loss, global_step =
step)
    prob_dist = tf.nn.softmax(fcnet2)
    val_top3, index_top3 = tf.nn.top_k(prob_dist, 3)
    #将日志写入 TensorBoard
    tf.summary.scalar("loss", loss)
    tf.summary.scalar("accuracy", accuracy)
    summary = tf.summary.merge_all()
    return {"img": img,
            "label": labels,
            "global_step": step,
            "optimizer": optimizer,
            "loss": loss,
            "accuracy": accuracy,
            "summary": summary,
            'keep_prob': keep_prob,
            "val_top3": val_top3,
            "index_top3": index_top3
            }
```

15.3.3 模型训练及保存

在定义模型架构和编译之后,通过训练集训练模型,使模型可以识别手写数字。这里,将使用训练集和测试集拟合并保存模型。

1. 模型训练

相关代码如下:

```python
#训练模块
def train():
    with tf.Session() as sess:
        print("Start reading data")
        #获取数据的批处理张量
        trn_imgs,trn_labels = batch(FLAGS.train_dir, FLAGS.batch_size, prepocess = True)
        tst_imgs,tst_labels = batch(FLAGS.test_dir, FLAGS.batch_size)
        graph = cnn()
        #训练前的准备
        sess.run(tf.global_variables_initializer())
        coord = tf.train.Coordinator()
        threads = tf.train.start_queue_runners(sess, coord)
        saver = tf.train.Saver()
        if not os.path.isdir(FLAGS.logger_dir):
            os.mkdir(FLAGS.logger_dir) trn_summary = tf.summary.FileWriter(os.path.join
(FLAGS.logger_dir, 'trn'), sess.graph) tst_summary = tf.summary.FileWriter(os.path.join
(FLAGS.logger_dir, 'tst'))
        step = 0
        #如果收到恢复标志,则从最后一个检查点开始训练
        if FLAGS.restore:
            #获取检查点目录中的最后一个检查点
            checkpoint = tf.train.latest_checkpoint(FLAGS.checkpoint)
            if checkpoint:
                #从检查点还原数据
                saver.restore(sess, checkpoint)
                step += int(checkpoint.split('-')[-1])
                print("Train from checkpoint")
        print("Start training")
        while not coord.should_stop():
            #获取实际数据
            trn_img_batch, trn_label_batch = sess.run([trn_imgs, trn_labels])
            #准备网络参数
            graph_dict = {graph['img']:trn_img_batch, graph['label']: trn_label_batch, graph
['keep_prob']: 0.8}
            #馈入网络和参数
            opt, loss, summary, step = sess.run(
                [graph['optimizer'],graph['loss'], graph['summary'], graph['global_step']],
feed_dict = graph_dict)
            trn_summary.add_summary(summary, step)
            print("  # " + str(step) + " with loss " + str(loss))
            if step > FLAGS.max_step:
                break
            #基于测试数据集的当前网络评估
            if (step % 500 == 0) and (step >= 500):
                tst_img_batch,tst_label_batch = sess.run([tst_imgs, tst_labels])
                graph_dict = {graph['img']: tst_img_batch, graph['label']: tst_label_batch,
graph['keep_prob']: 1.0}
```

```
                accuracy, test_summary = sess.run([graph['accuracy'], graph['summary']], feed
_dict = graph_dict)
                tst_summary.add_summary(test_summary, step)
                print("Accuracy: %.8f" % accuracy)
                #保存检查点
                if step % 10000 == 0:
                    saver.save(sess, os.path.join(FLAGS.checkpoint, 'hccr'), global_step =
graph['global_step'])
        coord.join(threads)
        saver.save(sess, os.path.join(FLAGS.checkpoint, 'hccr'), global_step = graph['global_
step'])
        sess.close()
    return
```

2. 模型测试

相关代码如下：

```
#模型测试模块
def test(path):
    #阅读测试图片并调整其大小，将其转换为灰度
    tst_image = cv2.imread(path, cv2.IMREAD_GRAYSCALE)
    tst_image = cv2.resize(tst_image, (64, 64))
    tst_image = numpy.asarray(tst_image) / 255.0
    tst_image = tst_image.reshape([-1, 64, 64, 1])
    d = {}
    with open("char_dict", "rb") as f:
        d = pickle.load(f)
    dk = list(d.keys())
    dv = list(d.values())
    #将测试图片输入网络并估计概率分布
    with tf.Session() as sess:
        graph = cnn()
        saver = tf.train.Saver()                   #保存训练模型
        saver.restore(sess = sess, save_path = tf.train.latest_checkpoint(FLAGS.checkpoint))
        graph_dict = {graph['img']:tst_image, graph['keep_prob']: 1.0}
        val, index = sess.run([graph['val_top3'], graph['index_top3']], feed_dict = graph_
dict)
        f = open("data.txt", "w")              #打开文件
        for i in range(3):
            f.write("Probability: %.5f" % val[0][i] + "with label:" + str(dk[dv.index(index
[0][i])]))                             #写入数据
        f.close()
        path = FLAGS.train_dir + "/" + '%0.5d' % index[0][0]
    return val, index
```

15.3.4　前端界面

运用 Matplotlib 的 wxPython 后端制作 GUI。

```python
class MyDialog(wx.Panel):
    def __init__(self, parent, pathToImage = None):
        #使用英语对话
        self.locale = wx.Locale(wx.LANGUAGE_ENGLISH)
        #初始化父项
        wx.Panel.__init__(self, parent)
        初始化 matplotlib 图形
        #self.figure = plt.figure(facecolor = 'gray')
        self.figure = Figure(facecolor = 'gray')
        #创建轴,关闭标签并将其添加到图形中
        self.axes = plt.Axes(self.figure,[0,0,1,1])
        self.axes.set_axis_off()
        self.figure.add_axes(self.axes)
        #将图形添加到 wxFigureCanvas
        self.canvas = FigureCanvas(self, -1, self.figure)
        #添加按钮和进度条
        self.openBtn = wx.Button(self, -1,"Open", pos = (680,50), size = (70,40))
        self.saveBtn = wx.Button(self, -1,"Save", pos = (680,150), size = (70,40))
        self.okBtn = wx.Button(self, -1,"Ok", pos = (790,150), size = (70,40))
        self.frontBtn = wx.Button(self, -1,"Front", pos = (680,200), size = (70,40))
        self.nextBtn = wx.Button(self, -1,"Next", pos = (790,200), size = (70,40))
        self.gauge = wx.Gauge(self, -1,100,(00,520),(640,50))
        #带功能的附加按钮
        self.Bind(wx.EVT_BUTTON, self.load, self.openBtn)
        self.Bind(wx.EVT_BUTTON, self.save, self.saveBtn)
        self.Bind(wx.EVT_BUTTON, self.ok, self.okBtn)
        self.Bind(wx.EVT_BUTTON, self.front, self.frontBtn)
        self.Bind(wx.EVT_BUTTON, self.next, self.nextBtn)
        #显示对话框路径
        self.pathText = wx.TextCtrl(self, -1,"", pos = (680,100), size = (175,30),)
        #复选框
        self.check = wx.CheckBox(self, -1,"Check", pos = (790,50), size = (70,20))
        self.check.Bind(wx.EVT_CHECKBOX, self.onCheck)
        #初始化矩形
        self.rect = Rectangle((0,0),0,0,facecolor = 'None', edgecolor = 'red')
        self.x0 = None
        self.y0 = None
        self.x1 = None
        self.y1 = None
        self.axes.add_patch(self.rect)
        #图片列表(绝对路径)
        self.fileList = []
        #图片名称
        self.picNameList = []
        #列表中的图片索引
```

```python
        self.count = 0
        # 从矩形的图片中裁剪
        self.cut_img = None
        # 将鼠标事件连接到它们的相关回调
        self.canvas.mpl_connect('button_press_event', self._onPress)
        self.canvas.mpl_connect('button_release_event', self._onRelease)
        self.canvas.mpl_connect('motion_notify_event', self._onMotion)
        # 锁定在未单击鼠标时阻止运动事件的不良行为
        self.pressed = False
        # 如果有初始图像,将其显示在图形上
        if pathToImage is not None:
            self.setImage(pathToImage)
    # 3 个语音按钮功能
    def one(self, event):                           # 第 1 个按钮
        with open("data.txt", "r") as f:
                data0 = f.read()
engine = pyttsx3.init()
engine.setProperty("voice", "HKEY_LOCAL_MACHINE\SOFTWARE\Microsoft\Speech\Voices\Tokens\TTS
_MS_ZH-CN_HUIHUI_11.0")
        engine.say(data0[32])
        engine.runAndWait()
    def two(self, event):                           # 第 2 个按钮
        with open("data.txt", "r") as f:
                data0 = f.read()
engine = pyttsx3.init()
engine.setProperty("voice", "HKEY_LOCAL_MACHINE\SOFTWARE\Microsoft\Speech\Voices\Tokens\TTS
_MS_ZH-CN_HUIHUI_11.0")
        engine.say(data0[65])
        engine.runAndWait()
    def three(self, event):                         # 第 3 个按钮
        with open("data.txt", "r") as f:
                data0 = f.read()
engine = pyttsx3.init()
engine.setProperty("voice", "HKEY_LOCAL_MACHINE\SOFTWARE\Microsoft\Speech\Voices\Tokens\TTS
_MS_ZH-CN_HUIHUI_11.0")
        engine.say(data0[98])
        engine.runAndWait()
    # 得到以 .jpg 或 .png 结尾的文件路径
    def getFilesPath(self, path):
        filesname = []
        dirs = os.listdir(path)
        for i in dirs:
            ifos.path.splitext(i)[1] == ".jpg"or os.path.splitext(i)[1] == ".png" or os.
path.splitext(i)[1] == .JPG":
                filesname += [path + "/" + i]
                self.picNameList += [i[:-4]]
        return filesname
    # 加载图片按钮功能
    def load(self, event):
        dlg = wx.DirDialog(self, "Choose File", style = wx.DD_DEFAULT_STYLE)
```

```python
        if dlg.ShowModal() == wx.ID_OK:
            self.count = 0
            self.fileList = self.getFilesPath(dlg.GetPath())    #文件列表
            if self.fileList:
                self.setImage(self.fileList[0])
                self.gauge.SetValue((self.count + 1)/len(self.fileList) * 100)
                self.pathText.Clear()
                self.pathText.AppendText(dlg.GetPath())
            else:
                print("List Null")
        dlg.Destroy()
    #保存图片按钮功能
    def save(self, event):
        if self.cut_img is None:
            print("Please Draw Area")
            return
        else:
            cv2.imwrite('test.jpg', self.cut_img)
            print("Save Successful")
    #确定按钮功能
    def ok(self, event):
        os.system("python test.py")
        with open("data.txt", "r") as f:            #打开文件读取数据
            data0 = f.read()
        self.area_text = wx.TextCtrl(self, - 1, data0, pos = (680,255), size = (220,70), style
= (wx.TE_MULTILINE))
        self.oneBtn = wx.Button(self, - 1, data0[32], pos = (680,350), size = (70,40))
        self.twoBtn = wx.Button(self, - 1, data0[65], pos = (790,350), size = (70,40))
        self.threeBtn = wx.Button(self, - 1, data0[98], pos = (680,400), size = (70,40))
        self.Bind(wx.EVT_BUTTON, self.one, self.oneBtn)
        self.Bind(wx.EVT_BUTTON, self.two, self.twoBtn)
        self.Bind(wx.EVT_BUTTON, self.three, self.threeBtn)
    #上一张照片的按钮功能
    def front(self, event):
        self.count -= 1
        self.cut_img = None
        if self.fileList:
            if self.count < 0:
                self.count += 1
                print("Null Pic")
            else:
                self.setImage(self.fileList[self.count]) self.gauge.SetValue((self.count
+ 1)/len(self.fileList) * 100)
                # print(self.count, self.fileList[self.count])
        else:
            print("Please Choose File")
            return
    #下一张照片的按钮功能
    def next(self, event):
        self.count += 1
```

```
        self.cut_img = None
    if self.fileList:
        if self.count > (len(self.fileList) - 1):
            self.count -= 1
            print("Null Pic")
        else:
            self.setImage(self.fileList[self.count])
            self.gauge.SetValue((self.count + 1)/len(self.fileList) * 100)
            # print(self.count, self.fileList[self.count])
    else:
        print("Please Choose File")
        return
# 复选框
def onCheck(self, event):
    wx.MessageBox(str(self.check.GetValue()), "Check?", wx.YES_NO | wx.ICON_QUESTION)
def _onPress(self, event):
    # 检查鼠标光标是否在画布上
    if event.xdata is not None and event.ydata is not None:
        # 初次单击鼠标时,记录原点,并将鼠标记录为单击状态
        self.pressed = True
        self.rect.set_linestyle('dashed')
        self.x0 = event.xdata
        self.y0 = event.ydata
def _onRelease(self, event):
    # 检查鼠标光标是否真的被压在画布上,而不是从其他地方开始的鼠标释放事件
    if self.pressed:
        # 释放时将矩形绘制为实心矩形
        self.pressed = False
        self.rect.set_linestyle('solid')
        # 鼠标光标是否已在画布上释放,不是则留下宽度和高度作为运动事件设置的最后一
        # 个值
        if event.xdata is not None and event.ydata is not None:
            self.x1 = event.xdata
            self.y1 = event.ydata
        # 设置边框的宽度、高度和原点
        self.boundingRectWidth = self.x1 - self.x0
        self.boundingRectHeight = self.y1 - self.y0
        self.bouningRectOrigin = (self.x0, self.y0)
        # 绘制边框
        self.rect.set_width(self.boundingRectWidth)
        self.rect.set_height(self.boundingRectHeight)
        self.rect.set_xy((self.x0, self.y0))
        self.canvas.draw()
        # OpenCV 裁剪图片(所有数字应为整数)
        x = int(self.x0)
        y = int(self.y0)
        width = int(self.boundingRectWidth)
        height = int(self.boundingRectHeight)
        if self.fileList and width:
            org = cv2.imread(self.fileList[self.count])
```

```
                    self.cut_img = org[y:y + height, x:x + width]
                    cv2.imshow('cut_image', self.cut_img)
               else:
                    print("Draw Null Rectangle")
                    return
     def _onMotion(self, event):
          # 如果鼠标被单击,则在移动鼠标时绘制一个更新的矩形,以便用户可以看到当前的选择
          if self.pressed:
               # 鼠标光标是否在画布上释放,如果不是,则将宽度和高度保留为运动事件设置的最后一个值
               if event.xdata is not None and event.ydata is not None:
                    self.x1 = event.xdata
                    self.y1 = event.ydata
               # 设置宽度和高度并绘制矩形
               self.rect.set_width(self.x1 - self.x0)
               self.rect.set_height(self.y1 - self.y0)
               self.rect.set_xy((self.x0, self.y0))
               self.canvas.draw()
          # 显示图片
     def setImage(self, pathToImage):
          # 清除前图片中的矩形
          self.axes.text(100,100,'',None)
          self.rect.set_width(0)
          self.rect.set_height(0)
          self.rect.set_xy((0, 0))
          self.canvas.draw()
          # OpenCV 加载图片
          # image = cv2.imread(pathToImage,1)
          # 将图像加载到 Matplotlib 和 PIL 中
          image = matplotlib.image.imread(pathToImage)
          imPIL = Image.open(pathToImage)
          # 从 PIL 中保存图像的尺寸
          self.imageSize = imPIL.size
          str1 = '%s,%s'% (str(self.imageSize[0]),str(self.imageSize[1]))
          rev = wx.StaticText(self, -1,str1,(680,550))
          # 将图像添加到图形并重新绘制画布,还要确保图像的纵横比保持不变
          self.axes.imshow(image,aspect = 'equal')
          self.canvas.draw()
```

15.4　系统测试

本部分包括测试效果和模型应用。

15.4.1　测试效果

将测试集的数据带入模型进行测试、分类的标签与原始数据进行显示和对比,得到如图 15-3 所示的测试效果,可以得到验证:模型基本可以实现手写汉字的识别。

Probability: 0.99558 with label:丑
Probability: 0.00303 with label:且
Probability: 0.00031 with label:五

图 15-3　模型训练效果

15.4.2　模型应用

本部分包括程序运行和应用使用说明。

1. 程序运行

直接在 windows 上运行.py 文件,需要提前安装好对应库。

2. 应用使用说明

运行文件,初始界面如图 15-4 所示。

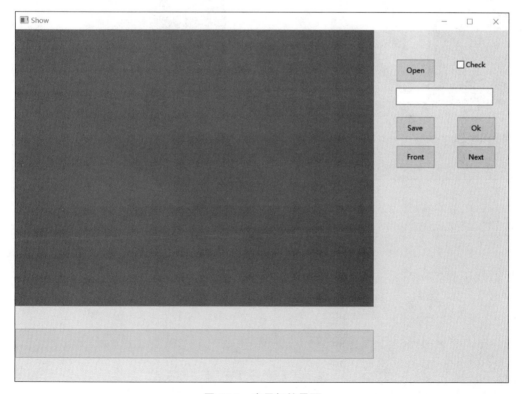

图 15-4　应用初始界面

　　界面左边是图片显示框,右边是多个操作按钮,单击 Open 按钮打开"文件选择"界面,选择目标图片所在的文件夹并单击 OK 按钮,会在左边显示对应的图片,右边的文本框显示对应的路径,通过 Front 和 Next 按钮选择当前文件夹下不同的图片,实现同文件夹内图片的快速切换,在左边的显示界面中选择想要的汉字(从左上角到右下角框出),可勾选 Check 复选框确定(非必要),单击 Save 按钮保存选择的图片,显示最相关的 3 个汉字和语音按键,单击对应的汉字按钮开始发音(按相近度排列),如图 15-5 所示。

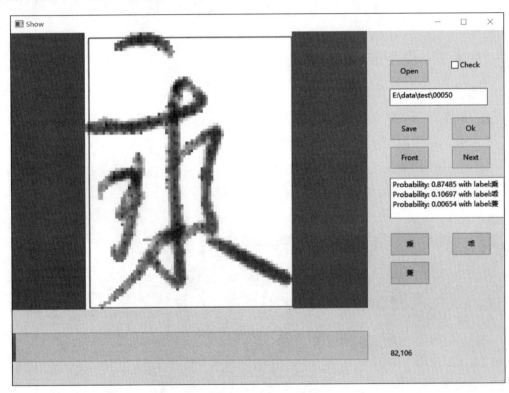

图 15-5　预测结果显示界面

项目 16

PROJECT 16

图像智能修复

本项目基于 OpenCV 图像修复函数和 GAN(Generative Adversarial Networks)生成对抗网络,通过轮流训练生成器和鉴别器,令其相互对抗,实现残缺图像修复补全的功能。

16.1　总体设计

本部分包括系统整体结构和系统流程。

16.1.1　系统整体结构

GAN 整体结构如图 16-1 所示,OpenCV 图像修复整体结构如图 16-2 所示。

图 16-1　GAN 系统整体结构

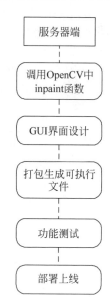

图 16-2　OpenCV 图像修复整体结构

16.1.2 系统流程

GAN 修复系统流程如图 16-3 所示，OpenCV 修复系统流程如图 16-4 所示。

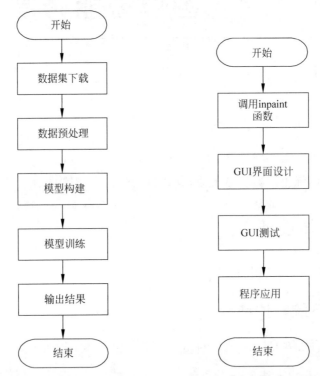

图 16-3　GAN 修复系统流程　　图 16-4　OpenCV 修复系统流程

对抗生成网络整体结构如图 16-5 所示，补全网络结构如表 16-1 所示，全局鉴别器结构如表 16-2 所示，局部鉴别器如表 16-3 所示。

表 16-1　补全网络结构

层类型	卷积核大小	卷积核膨胀	步幅	输出
卷积	5×5	1	1×1	64
卷积	3×3	1	2×2	128
卷积	3×3	1	1×1	128
卷积	3×3	1	2×2	256
卷积	3×3	1	1×1	256
卷积	3×3	1	1×1	256
空洞卷积	3×3	2	1×1	256
空洞卷积	3×3	3	1×1	256

续表

层类型	卷积核大小	卷积核膨胀	步幅	输出
空洞卷积	3×3	8	1×1	256
空洞卷积	3×3	16	1×1	256
卷积	3×3	1	1×1	256
卷积	3×3	1	1×1	256
反卷积	4×4	1	1/2×1/2	128
卷积	3×3	1	1×1	128
反卷积	4×4	1	1/2×1/2	64
卷积	3×3	1	1×1	32
输出	3×3	1	1×1	3

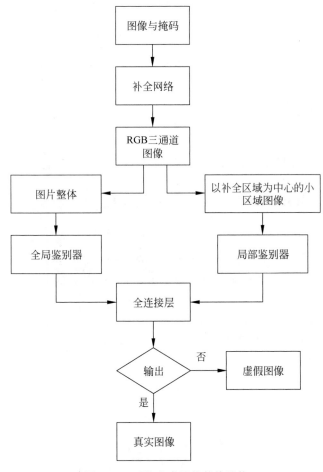

图 16-5　对抗生成网络整体结构

表 16-2　全局鉴别器结构

层类型	卷积核大小	步幅	输出
卷积	5×5	2×2	64
卷积	5×5	2×2	128
卷积	5×5	2×2	256
卷积	5×5	2×2	512
卷积	5×5	2×2	512
全连接层	—	—	1024

表 16-3　局部鉴别器结构

层类型	卷积核大小	步幅	输出
卷积	5×5	2×2	64
卷积	5×5	2×2	128
卷积	5×5	2×2	256
卷积	5×5	2×2	512
全连接层	—	—	1024

16.2　运行环境

本部分包括 Python 环境、TensorFlow 环境和 OpenFace 环境。

16.2.1　Python 环境

在 Windows 环境下需要 Python 2 和 Python 3.5 及以上配置，推荐下载 Anaconda 完成 Python 所需的配置，下载地址为 https://www.anaconda.com/。在 Mac 环境下需要 Python 2 及以上配置，可通过 Homebrew 进行安装，也可以下载虚拟机在 Linux 环境下运行代码。

16.2.2　TensorFlow 环境

打开 Anaconda Prompt，输入清华仓库镜像，输入命令：

```
conda config -- add channels https://mirrors.tuna.tsinghua.edu.cn/anaconda/pkgs/free/
conda config - set show_channel_urls yes
```

创建 Python3.5 的虚拟环境，名称为 TensorFlow，此时 Python 版本和后面 TensorFlow 的版本有匹配问题，此步选择 Python3.x，输入命令：

```
conda create - n tensorflow python = 3.5
```

有需要确认的地方,都输入 y。

在 Anaconda Prompt 中激活 TensorFlow 环境,输入命令:

```
conda activate tensorflow
```

安装 CPU 版本的 TensorFlow,输入命令:

```
pip install tensorflow
```

安装完毕。

16.2.3　OpenFace 环境

打开 Anaconda Prompt,输入清华仓库镜像,输入命令:

```
conda config -- add channels https://mirrors.tuna.tsinghua.edu.cn/anaconda/pkgs/free/
conda config -- add channels https://mirrors.tuna.tsinghua.edu.cn/anaconda/cloud/conda-forge/
```

创建 Python 2.7 的虚拟环境,名称为 OpenFace,OpenFace 支持 Python 2.x 版本,OpenFace 依赖库版本与 Python 版本有匹配问题,此步选择 Python 2.7,输入命令:

```
conda create -- name openface python = 2.7
```

有需要确认的地方,都输入 y。

在 Anaconda Prompt 中激活 OpenFace 环境,输入命令:

```
conda activate openface
```

添加 conda-forge 并安装依赖库,输入命令:

```
conda config -- add channels conda-forge
conda install opencv numpy pandas scipy scikit-learn scikit-image dlib
```

下载 OpenFace 源码,输入命令:

```
git clone https://github.com/cmusatyalab/openface.git
```

下载完毕后安装 OpenFace 到 openface 环境,输入命令:

```
cd openface
python setup.py install
```

下载预训练模型,输入命令:

```
./models/get-model.sh
```

安装完毕。

16.3　模块实现

本项目包括 6 个模块：数据预处理、模型构建、模型训练、程序实现、GUI 设计、程序打包，下面分别给出各模块的功能介绍及相关代码。

16.3.1　数据预处理

LFW(Labeled Faces in the Wild)人脸数据集是目前人脸识别的常用测试集，其中提供的人脸图片均来源于生活中的自然场景，共有 13233 张人脸，每张图片的尺寸为 250×250，绝大部分为彩色图片，但也存在少许黑白人脸图片。数据集下载地址为 http://vis-www. cs. umass. edu/lfw/♯download。

LFW 数据集中有些照片可能不止一个人脸出现，对多人脸图像仅选择中心坐标的人脸作为目标，其他区域视为背景干扰，此处需要使用 OpenFace 对图像进行人脸对齐与裁剪操作。

下载 LFW 数据集并随机选取 200 张图片，在 openface 下建立 data/your-dataset/raw 目录，将这 200 张图片放入 openface/data/your-dataset/raw 文件下。表明该数据集是未经加工的图片，此处在 Mac 环境下执行，如图 16-6 所示，将图片批量处理成 128×128 像素的图片，如图 16-7 所示。

```
(tensorflow) cengchendeMacBook-Air:openface cengchen$  ./util/align-dlib.py data]
/your-dataset/raw align innerEyesAndBottomLip data/your-dataset/aligned --size 1
28
```

图 16-6　终端代码执行示意图

```
=== data/your-dataset/raw/Alexander_Losyukov_0001.jpg ===
=== data/your-dataset/raw/Alan_Tang_Kwong-wing_0001.jpg ===
=== data/your-dataset/raw/Al_Leiter_0001.jpg ===
=== data/your-dataset/raw/Alejandro_Toledo_0001.jpg ===
=== data/your-dataset/raw/Anwar_Ibrahim_0001.jpg ===
=== data/your-dataset/raw/Alan_Dreher_0001.jpg ===
=== data/your-dataset/raw/AJ_Cook_0001.jpg ===
=== data/your-dataset/raw/Alex_Zanardi_0001.jpg ===
=== data/your-dataset/raw/Alan_Trammell_0001.jpg ===
=== data/your-dataset/raw/Anthony_Principi_0001.jpg ===
=== data/your-dataset/raw/Alexandre_Vinokourov_0001.jpg ===
=== data/your-dataset/raw/Anthony_Scott_Miller_0001.jpg ===
=== data/your-dataset/raw/Aram_Adler_0001.jpg ===
=== data/your-dataset/raw/Alfonso_Soriano_0001.jpg ===
=== data/your-dataset/raw/Alexandra_Jackson_0001.jpg ===
=== data/your-dataset/raw/Ali_Adbul_Karim_Madani_0001.jpg ===
=== data/your-dataset/raw/Aldo_Paredes_0001.jpg ===
=== data/your-dataset/raw/Alfredo_di_Stefano_0001.jpg ===
=== data/your-dataset/raw/Alejandro_Avila_0001.jpg ===
=== data/your-dataset/raw/Agnelo_Queiroz_0001.jpg ===
=== data/your-dataset/raw/Anzori_Kikalishvili_0001.jpg ===
=== data/your-dataset/raw/Ahmet_Necdet_Sezer_0001.jpg ===
=== data/your-dataset/raw/Alex_Cejka_0001.jpg ===
=== data/your-dataset/raw/Ashton_Kutcher_0001.jpg ===
```

图 16-7　读取代码成功示意图

16.3.2 模型构建

数据载入模型之后,需要定义模型结构,并优化损失函数。

1. 定义模型结构

整个网络结构包括补全网络(Completion Network)和鉴别器(Discriminator)。补全网络:首先,在全卷积网络中采用空洞卷积(Dilated Convolution),输入具有二进制通道的RGB图像,在进一步处理图像之前,降低分辨率减少存储器使用和计算时间,其次,通过反卷积层(Deconvolution)将输出恢复为原始分辨率。空洞卷积允许使用更大的输入区域计算每个输出,使用相同数量的参数和计算能力感知每个像素周围更大的区域。

```
class generator:
♯补全网络,输入: 带 mask 具有二进制通道的 RGB 图像
 def __call__(self, inputs_img, reuse):
  with tf.variable_scope("G", reuse = reuse) as vs:
   ♯用 12 层卷积网络对原始图片( + mask)进行 encoding,得到原图 1/16 大小的网格
   inputs = slim.conv2d(inputs_img, 64, 5, 1, activation_fn = tf.identity)
   inputs = slim.batch_norm(inputs, activation_fn = tf.identity)
   inputs = leaky_relu(inputs)
   inputs = slim.conv2d(inputs, 128, 3, 2, activation_fn = tf.identity)
   inputs = slim.batch_norm(inputs, activation_fn = tf.identity)
   inputs = leaky_relu(inputs)
   inputs = slim.conv2d(inputs, 128, 3, 1, activation_fn = tf.identity)
   inputs = slim.batch_norm(inputs, activation_fn = tf.identity)
   inputs = leaky_relu(inputs)
   inputs = slim.conv2d(inputs, 256, 3, 2, activation_fn = tf.identity)
   inputs = slim.batch_norm(inputs, activation_fn = tf.identity)
   inputs = leaky_relu(inputs)
   inputs = slim.conv2d(inputs, 256, 3, 1, activation_fn = tf.identity)
   inputs = slim.batch_norm(inputs, activation_fn = tf.identity)
   inputs = leaky_relu(inputs)
   inputs = slim.conv2d(inputs, 256, 3, 1, activation_fn = tf.identity)
   inputs = slim.batch_norm(inputs, activation_fn = tf.identity)
   inputs = leaky_relu(inputs)
   inputs = tf.contrib.layers.conv2d(inputs, 256, 3, 1, activation_fn = tf.identity, rate = 2)
   inputs = slim.batch_norm(inputs, activation_fn = tf.identity)
   inputs = leaky_relu(inputs)
   inputs = tf.contrib.layers.conv2d(inputs, 256, 3, 1, activation_fn = tf.identity, rate = 4)
   inputs = slim.batch_norm(inputs, activation_fn = tf.identity)
   inputs = leaky_relu(inputs)
   inputs = tf.contrib.layers.conv2d(inputs, 256, 3, 1, activation_fn = tf.identity, rate = 8)
   inputs = slim.batch_norm(inputs, activation_fn = tf.identity)
   inputs = leaky_relu(inputs)
   inputs = tf.contrib.layers.conv2d(inputs, 256, 3, 1, activation_fn = tf.identity, rate = 16)
```

```
        inputs = slim.batch_norm(inputs, activation_fn = tf.identity)
        inputs = leaky_relu(inputs)
        inputs = slim.conv2d(inputs, 256, 3, 1, activation_fn = tf.identity)
        inputs = slim.batch_norm(inputs, activation_fn = tf.identity)
        inputs = leaky_relu(inputs)
        inputs = slim.conv2d(inputs, 256, 3, 1, activation_fn = tf.identity)
        inputs = slim.batch_norm(inputs, activation_fn = tf.identity)
        inputs = leaky_relu(inputs)
        #对网格采用4层卷积网络进行 encoding,得到补全图像
        inputs = slim.conv2d_transpose(inputs, 128, 4, 2, activation_fn = tf.identity)
        inputs = slim.batch_norm(inputs, activation_fn = tf.identity)
        inputs = leaky_relu(inputs)
        inputs = slim.conv2d(inputs, 128, 3, 1, activation_fn = tf.identity)
        inputs = slim.batch_norm(inputs, activation_fn = tf.identity)
        inputs = leaky_relu(inputs)
        inputs = slim.conv2d_transpose(inputs, 64, 4, 2, activation_fn = tf.identity)
        inputs = slim.batch_norm(inputs, activation_fn = tf.identity)
        inputs = leaky_relu(inputs)
        inputs = slim.conv2d(inputs, 32, 3, 1, activation_fn = tf.identity)
        inputs = slim.batch_norm(inputs, activation_fn = tf.identity)
        inputs = leaky_relu(inputs)
        out = slim.conv2d(inputs, 3, 3, 1, activation_fn = tf.nn.tanh)
        #输出：RGB 图像
    G_var = tf.contrib.framework.get_variables('G')
    return out, G_var
```

鉴别器基于卷积神经网络，将图像压缩成小特征向量，网络的输出通过连接层融合在一起，采用两个不同的鉴别器，使最终网络全局观测一致，并且能够优化细节，得到更好的图片填充效果。

```
class discriminator:
    #局部鉴别器和全局鉴别器
    def __call__(self, inputs, inputs_local, train_phase):
        reuse = len([t for t in tf.global_variables() if t.name.startswith('D')]) > 0    #如果是第一
                                                                    #次运行 discriminator 则 reuse = False
        with tf.variable_scope('D', reuse = reuse):
        #局部鉴别器,输入：128 * 128 三通道 RGB 图片,4 层卷积层和一个全连接层,得到一个 1024 维向量
            local = slim.conv2d(inputs_local, 64, 5, 2, activation_fn = tf.identity)
            local = slim.batch_norm(local, activation_fn = tf.identity)
            local = leaky_relu(local)
            local = slim.conv2d(local, 128, 5, 2, activation_fn = tf.identity)
            local = slim.batch_norm(local, activation_fn = tf.identity)
            local = leaky_relu(local)
            local = slim.conv2d(local, 256, 5, 2, activation_fn = tf.identity)
            local = slim.batch_norm(local, activation_fn = tf.identity)
            local = leaky_relu(local)
            local = slim.conv2d(local, 512, 5, 2, activation_fn = tf.identity)
```

```
   local = slim.batch_norm(local, activation_fn = tf.identity)
   local = leaky_relu(local)
   local = tf.reshape(local, [-1, np.prod([4, 4, 512])])
   local = slim.fully_connected(local, 1024, activation_fn = tf.identity)
   local = slim.batch_norm(local, activation_fn = tf.identity)
   output_l = leaky_relu(local)
# 全局鉴别器,输入:256 * 256 三通道 RGB 图片,5 层卷积层和一个全连接层,得到一个 1024 维向量
   image_g = slim.conv2d(inputs, 64, 5, 2, activation_fn = tf.identity)
   image_g = slim.batch_norm(image_g, activation_fn = tf.identity)
   image_g = leaky_relu(image_g)
   image_g = slim.conv2d(image_g, 128, 5, 2, activation_fn = tf.identity)
   image_g = slim.batch_norm(image_g, activation_fn = tf.identity)
   image_g = leaky_relu(image_g)
   image_g = slim.conv2d(image_g, 256, 5, 2, activation_fn = tf.identity)
   image_g = slim.batch_norm(image_g, activation_fn = tf.identity)
   image_g = leaky_relu(image_g)
   image_g = slim.conv2d(image_g, 512, 5, 2, activation_fn = tf.identity)
   image_g = slim.batch_norm(image_g, activation_fn = tf.identity)
   image_g = leaky_relu(image_g)
   image_g = slim.conv2d(image_g, 512, 5, 2, activation_fn = tf.identity)
   image_g = slim.batch_norm(image_g, activation_fn = tf.identity)
   image_g = leaky_relu(image_g)
   image_g = tf.reshape(image_g, [-1, np.prod([4, 4, 512])])
   image_g = slim.fully_connected(image_g, 1024, activation_fn = tf.identity)
   image_g = slim.batch_norm(image_g, activation_fn = tf.identity)
   output_g = leaky_relu(image_g)
# 全连接层,将全局和局部两个鉴别器输出连接
   output = tf.concat([output_g,output_l],axis = 1)
   output = slim.fully_connected(output, num_outputs = 1, activation_fn = None)
   output = tf.squeeze(output, -1)
# 可以不使用 sigmoid 函数去激活成(0,1),训练 GAN 中不使用 sigmoid 会让网络更稳定
   D_var = tf.contrib.framework.get_variables('D')
   return output,D_var
```

2. 优化损失函数

补全网络使用均方误差(Mean Squared Error,MSE)函数作为损失函数,计算原图与补全图像像素之间的差异,表达式如公式(16-1)所示。

$$L(x,M_c) = \| M_c \odot (C(x,M_c) - x) \|^2 \tag{16-1}$$

鉴别器使用 GAN 损失函数,其目标是最大化补全图像和原始图像的相似概率,表达式如公式(16-2)所示。

$$\min_{C}\max_{D}\mathbf{E}[\log D(x,M_d) + \log(1 - D(C(x,M_c),M_c)] \tag{16-2}$$

其中,$\mathbf{E}[\cdot]$ 代表数学期望。C 代表补全网络,D 代表鉴别器,补全网络和鉴别器形成了对抗关系。

两者结合后,联合损失函数如公式(16-3)所示。

$$\min_{C}\max_{D}\mathbf{E}[L(x,M_c) + \alpha\log D(x,M_d) + \alpha\log(1 - D(C(x,M_c),M_c))] \tag{16-3}$$

最重要的是超参数 α，它能调节 GAN 损失函数在联合损失中的比重，设置 α 为 0.0004。如果 α 过小，则 GAN 损失函数不能发挥作用，补全图像平滑，缺失细节；如果 α 过大，则训练过程不稳定，补全效果不理想。

```python
#损失函数
self.G_loss_mse = tf.reduce_mean(tf.square(self.inputs - imitation))  #mse
self.G_loss_gan = tf.reduce_mean(tf.nn.sigmoid_cross_entropy_with_logits(logits = self.fake_logits, labels = label_real))
#GAN 损失
self.G_loss_all = self.G_loss_mse + 0.0004 * self.G_loss_gan
self.D_loss_real = tf.reduce_mean(tf.nn.sigmoid_cross_entropy_with_logits(logits = self.real_logits, labels = label_real))
self.D_loss_fake = tf.reduce_mean(tf.nn.sigmoid_cross_entropy_with_logits(logits = self.fake_logits, labels = label_fake))
self.D_loss = self.D_loss_fake + self.D_loss_real
#判别器损失
更新 GAN 网络常使用 Adam 优化器
#Adam 优化器,设学习率为 0.001
opt = tf.train.AdamOptimizer(learning_rate = 0.001,beta1 = 0.5)
self.D_Opt = opt.minimize(self.D_loss, var_list = self.D_var)
self.G_Opt_mse = opt.minimize(self.G_loss_mse, global_step = self.step, var_list = self.G_var)
self.G_Opt = opt.minimize(self.G_loss_all,global_step = self.step, var_list = self.G_var)
```

16.3.3　模型训练

在定义模型架构和编译之后，读取数据训练模型，使模型可以补全任意缺失区域的图片。

网络训练分为三部分：一是使用 MSE 损失单独训练补全网络，不更新鉴别器；二是使用 GAN 损失函数，单独训练鉴别器，不更新补全网络；三是使用联合损失，结合补全网络和鉴别器一起训练，但是根据 GAN 的做法，补全网络和鉴别器轮流更新。

定义 MSE 训练轮数为 600，GAN 损失轮数为 200。

```python
#训练模型
def train(self):
saver = tf.train.Saver()
for i in range(2001):
#第一部分: 只训练补全网络
if i <= Tc:
  self.sess.run(self.G_Opt_mse, feed_dict = {self.train_phase: True})
if i % 50 == 0:
G_loss_mse = self.sess.run(self.G_loss_mse,feed_dict = {self.train_phase:False})
G_loss_gan = self.sess.run(self.G_loss_gan,feed_dict = {self.train_phase:False})
D_loss = self.sess.run(self.D_loss,feed_dict = {self.train_phase: False})
```

```
print("Epoch: [%d], G_loss_mse: [%.4f],G_loss_gan: [%.4f],D_loss: [%.4f]" % (i,G_loss_
mse,G_loss_gan,D_loss))                                  #计算损失
if i % 50 == 0:
 com_img,imi_img,input_img = self.sess.run([self.completion,self.imitation,self.input_
batch],feed_dict = {self.train_phase: False})
path = os.path.join('Results', '{}completion.png'.format(i))
save_image(com_img, path)
path = os.path.join('Results', '{}imitation.png'.format(i))
save_image(imi_img, path)
 path = os.path.join('Results', '{}input.png'.format(i))
    save_image(input_img, path)
#第二部分：更新判别器 D
else:
self.sess.run(self.D_Opt, feed_dict = {self.train_phase: True}) if i % 50 == 0:
 D_loss = self.sess.run(self.D_loss, feed_dict = {self.train_phase: False})
print("Epoch: [%d] , D_loss: [%.4f]" % (i,D_loss))
#第三部分：补全网络和鉴别器一起训练
if i > Tc + Td:
self.sess.run(self.G_Opt, feed_dict = {self.train_phase: True})
if i % 50 == 0:
G_loss_mse = self.sess.run(self.G_loss_mse,feed_dict = {self.train_phase:False}) G_loss_gan
 = self.sess.run(self.G_loss_gan,feed_dict = {self.train_phase: False})    #计算损失
D_loss = self.sess.run(self.D_loss,feed_dict = {self.train_phase: False})
G_loss_all = self.sess.run(self.G_loss_all,feed_dict = {self.train_phase: False})
print("Epoch: [%d], G_loss_all: [%.4f] , G_loss_mse: [%.4f] , _loss_gan: [%.4f] , D_loss:
[%.4f]" % (i,G_loss_all,G_loss_mse,G_loss_gan,D_loss)) if i % 50 == 0:
com_img, in_img, input_img, imitation = self.sess.run([self.completion,self.input_img,self.
input_batch,self.imitation],feed_dict = {self.train_phase:False})
path = os.path.join('Results', '{}completion.png'.format(i))
save_image(com_img, path)                               #保存图像
path = os.path.join('Results', '{}real.png'.format(i))
save_image(in_img, path)
path = os.path.join('Results', '{}input.png'.format(i))
 save_image(input_img, path)
path = os.path.join('Results', '{}imitation.png'.format(i))
save_image(imitation, path)
print("Done.")
```

16.3.4　程序实现

OpenCV 库中定义了图像修复函数。

```
dst = .inpaint(src,mask,inpaintRadius,flags)
```

输入 src 为 8 位单通道或三通道图像；输出 dst 与输入具有相同大小和类型的图像；

mask 是修复掩码，为 8 位单通道图像，非零像素表示需要修复的区域；inpaintRadius 是算法考虑每个点圆形领域的半径；flags 中有两个参数：INPAINT_NS 表示基于 Navier-Stokes 方法实现图像修复；INPAINT_TELEA 表示基于 FMM 方法实现图像修复。程序中重要的是创建和输入图像大小一致的掩码，其中非零像素对应修复区域。

```python
#用于鼠标处理的 OpenCV 实用程序类
class Sketcher:
def __init__(self, windowname, dests, colors_func):
self.prev_pt = None
self.windowname = windowname
self.dests = dests
self.colors_func = colors_func
self.dirty = False
self.show()
cv.setMouseCallback(self.windowname, self.on_mouse)
def show(self):
cv.imshow(self.windowname, self.dests[0])
#cv.imshow(self.windowname + ": mask", self.dests[1])
#onMouse()函数用于鼠标处理
def on_mouse(self, event, x, y, flags, param):
pt = (x, y)
if event == cv.EVENT_LBUTTONDOWN:
self.prev_pt = pt
elif event == cv.EVENT_LBUTTONUP:
self.prev_pt = None
if self.prev_pt and flags & cv.EVENT_FLAG_LBUTTON:
for dst, color in zip(self.dests, self.colors_func()):
cv.line(dst, self.prev_pt, pt, color, 5)
slf.dirty = True
self.prev_pt = pt
self.show()
def inpaint(path):
def function(img):
try:
# 创建原始图像的副本
img_mask = img.copy()
# 创建原始图像的黑色副本充当掩码
inpaintMask = np.zeros(img.shape[:2], np.uint8)
# OpenCV 应用类: Sketcher
sketch = Sketcher('image',[img_mask,inpaintMask],lambda:((255,255,255),255))
ch = cv.waitKey()
if ch == ord('t'):
'''使用算法参考:
https://pdfs.semanticscholar.org/622d/5f432e515da69f8f220fb92b17c8426d0427.pdf
'''
res = cv.inpaint(src = img_mask, inpaintMask = inpaintMask, inpaintRadius = 3, flags = cv.
```

```
INPAINT_TELEA)
cv.imshow('Inpaint Output using FMM', res)
cv.waitKey()
cv.imwrite(path, res)
if ch == ord('n'):
res = cv.inpaint(src = img_mask, inpaintMask = inpaintMask, inpaintRadius = 3, flags = cv.
INPAINT_NS)
cv.imshow('Inpaint Output using NS Technique', res)
cv.waitKey()
cv.imwrite(path, res)
if ch == ord('r'):
img_mask[:] = img
inpaintMask[:] = 0
sketch.show()
cv.destroyAllWindows()
if path != '':
try:
img = Image.open(path)
img1 = cv.imread(path, cv.IMREAD_COLOR)
img1 = function(img1)
```

16.3.5　GUI 设计

GUI 界面包括按钮和文本显示,使用 Button 和 Label 实现。按钮需要实现两个功能:一是选择本地图片;二是开始执行修复工作,文本给出操作步骤提示。

```
sizex = 0
sizey = 0
quality = 100
path = ''
output_path = None
output_file = None
root = Tk()
root.geometry()
label_img = None
# 加载图像
def loadimg():
global path
global sizex
global sizey
path = tkinter.filedialog.askopenfilename()
lb.config(text = path)
if path != '':
 try:
  img = Image.open(path)
  sizex = img.size[0]
```

```
        sizey = img.size[1]
        img = img.resize((400,400),Image.ANTIALIAS)
        global img_origin
        img_origin = ImageTk.PhotoImage(img)
        global label_img
        label_img.configure(image = img_origin)
        label_img.pack()
    except OSError:
        tkinter.messagebox.showerror('错误','图片格式错误,无法识别')
lb = Label(root,text = '会在原路径保存图像')
lb.pack()
lb1 = Label(root,text = '警告:会覆盖原图片',width = 27,height = 2,font = ("Arial", 10),bg
 = "red")
lb1.pack(side = 'top')
btn = Button(root,text = "选择图片",command = loadimg)
btn.pack()
lb2 = Label(root,text = '单击"开始"绘制想要修复的位置')
lb2.pack()
btn2 = Button(root,text = "开始",command = lambda:inpaint(path))
btn2.pack()
lb3 = Label(root,text = '绘制完成使用以下步骤')
lb3.pack()
lb4 = Label(root,text = 't - 使用 FMM 修复\n - 使用 NS 方法修复\r - 重新绘制区域')
lb4.pack()
label_img = tkinter.Label(root, text = '原始图片')
label_img.pack()
root.mainloop()
```

16.3.6　程序打包

打开 Anaconda Prompt，安装 pyinstaller，输入命令：

```
pip install pyinstaller
```

使用 pyinstaller 打包，输入命令：

```
Pyinstaller - Fw 图像智能修复.py
```

16.4　系统测试

本部分包括 GAN 网络损失变化、测试效果和两种方法比较。

16.4.1　GAN 网络损失变化

如图 16-8 所示，在训练第三部分，更新补全网络和鉴别器损失时，G_loss_gan 和 D_loss

形成对抗,其中一个损失变小另一个损失则变大,呈现此消彼长的趋势。

```
Epoch: [0], G_loss_mse: [0.3062],G_loss_gan: [0.8353],D_loss: [1.5428]
Epoch: [50], G_loss_mse: [0.0754],G_loss_gan: [0.7993],D_loss: [1.5432]
Epoch: [100], G_loss_mse: [0.0272],G_loss_gan: [0.8785],D_loss: [1.5760]
Epoch: [150], G_loss_mse: [0.0268],G_loss_gan: [0.8513],D_loss: [1.6051]
Epoch: [200], G_loss_mse: [0.0176],G_loss_gan: [0.8392],D_loss: [1.6072]
Epoch: [250], G_loss_mse: [0.0191],G_loss_gan: [0.8740],D_loss: [1.7187]
Epoch: [300], G_loss_mse: [0.0153],G_loss_gan: [0.8273],D_loss: [1.5255]
Epoch: [350], G_loss_mse: [0.0182],G_loss_gan: [0.8718],D_loss: [1.6112]
Epoch: [400], G_loss_mse: [0.0181],G_loss_gan: [0.8920],D_loss: [1.6345]
Epoch: [450], G_loss_mse: [0.0115],G_loss_gan: [0.8521],D_loss: [1.6973]
Epoch: [500], G_loss_mse: [0.0138],G_loss_gan: [0.8456],D_loss: [1.6613]
Epoch: [550], G_loss_mse: [0.0134],G_loss_gan: [0.8302],D_loss: [1.5771]
Epoch: [600], G_loss_mse: [0.0104],G_loss_gan: [0.8378],D_loss: [1.6345]
Epoch: [650], D_loss: [9.2631]
Epoch: [700], D_loss: [1.3802]
Epoch: [750], D_loss: [1.3688]
Epoch: [800], D_loss: [1.3935]
Epoch: [850], D_loss: [1.3496]
Epoch: [900], D_loss: [1.4199]
Epoch: [950], D_loss: [1.5527]
Epoch: [950], G_loss_all: [0.0094],G_loss_mse: [0.0084],G_loss_gan: [0.9704],D_loss: [1.4813]
Epoch: [1000], D_loss: [0.7616]
Epoch: [1000], G_loss_all: [0.0093],G_loss_mse: [0.0082],G_loss_gan: [0.8410],D_loss: [1.3129]
Epoch: [1050], D_loss: [1.2301]
Epoch: [1050], G_loss_all: [0.0081],G_loss_mse: [0.0087],G_loss_gan: [0.8994],D_loss: [1.1280]
Epoch: [1100], D_loss: [1.2249]
Epoch: [1100], G_loss_all: [0.0082],G_loss_mse: [0.0139],G_loss_gan: [0.7993],D_loss: [1.1363]
Epoch: [1150], D_loss: [1.3366]
Epoch: [1150], G_loss_all: [0.0083],G_loss_mse: [0.0098],G_loss_gan: [1.5135],D_loss: [0.8356]
Epoch: [1200], D_loss: [1.3911]
```

图 16-8　网络损失变化

16.4.2　测试效果

GAN 网络中,数据输入如图 16-9 所示,模型训练效果如图 16-10 所示。

OpenCV 修复系统中,GUI 界面如图 16-11 所示,修复结果如图 16-12 所示。

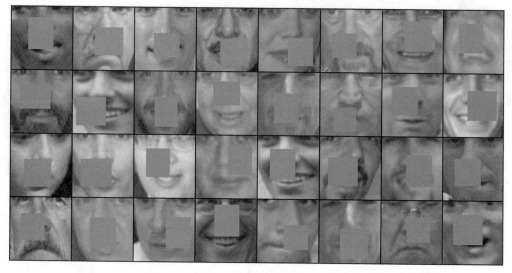

图 16-9　GAN 网络输入

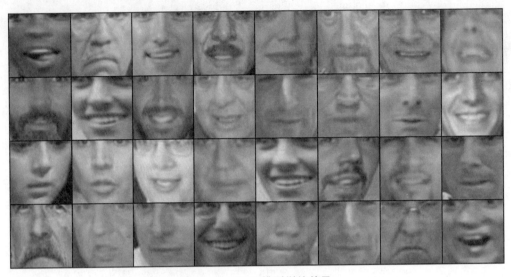

图 16-10　GAN 模型训练效果

图 16-11　GUI 界面

图 16-12　修复结果

黑白图像自动着色

本项目通过提取黑白图像特征,选择性进行训练,实现对黑白图像的自动着色,并对图像的饱和度和亮度进行调整,优化结果。

17.1 总体设计

本部分包括系统整体结构和系统流程。

17.1.1 系统整体结构

系统整体结构如图 17-1 所示。

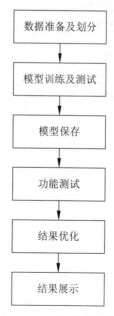

图 17-1 系统整体结构

17.1.2　系统流程

系统流程如图 17-2 所示，训练网络结构如图 17-3 所示。

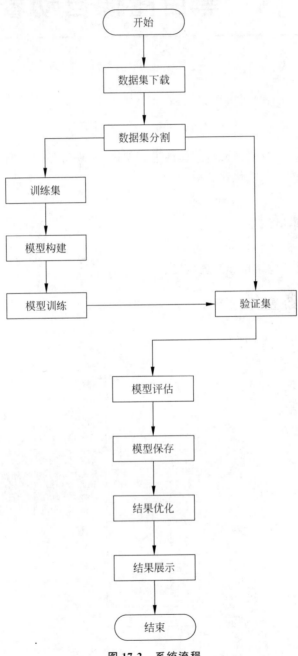

图 17-2　系统流程

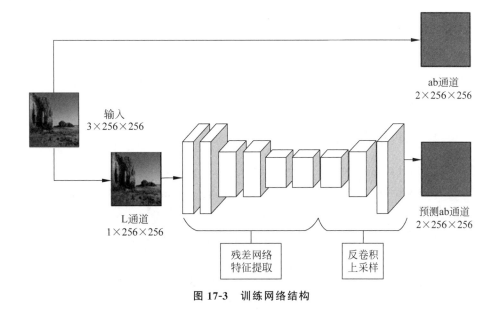

图 17-3　训练网络结构

17.2　运行环境

需要 Python 3.7 环境，在 Windows 10 系统下通过 PyCharm 实现，下载地址为 https://www.jetbrains.com/pycharm/。

安装以下 Python 库，通过 pip 安装 Matplotlib、Numpy、Scikit-image、Pillow、OpenCV，分别输入命令：

```
pip install matplotlib
pip install numpy
pip install scikit - image
pip install pillow
pip install opencv - contrib - python
```

PyTorch 下载地址为 https://pytorch.org/get-started/locally/。通过 pip 安装，输入命令：

```
pip install torch === 1.4.0 torchvision === 0.5.0 - f https://download.pytorch.org/whl/torch
_stable.html
```

下载安装 CDUA(NVIDIA 发明的并行计算平台和编程模型)：

下载地址为 https://developer.nvidia.com/cuda-downloads。

下载安装 cuDNN(用于深度神经网络的 GPU 加速库)：

下载地址为 https://developer.nvidia.com/rdp/cudnn-archive，安装完毕。

17.3 模块实现

本项目包括 4 个模块：数据预处理、模型构建与训练、模型调用与结果优化、结果展示，下面分别给出各模块的功能介绍及相关代码。

17.3.1 数据预处理

本项目使用 MIT 地点数据集。该数据集为 256×256 图片集，内容包含地点、景观和建筑物等。数据集下载地址为 http://data.csail.mit.edu/places/places205/testSetPlaces205_resize.tar.gz。

可以通过 Windows 系统自带的 PowerShell 进行下载，输入命令：

```
$ client = new - object System.Net.WebClient
$ client.DownloadFile('http://data.csail.mit.edu/places/places205/testSetPlaces205_resize.
tar.gz', 'F:\文档\Image Colorization\test.tar.gz')。
```

下载数据集并解压后，将数据集划分为训练集和验证集，相关代码如下：

```
# 导入相应数据包
import os
# 创建训练集目录
os.makedirs('images/train/class/', exist_ok = True)
# 创建验证集目录
os.makedirs('images/val/class/', exist_ok = True)
# 将图片移动到训练集和验证集目录下
for i, file in enumerate(os.listdir('test')):
    if i < 1000:                            # 1000 张图片用于验证
        os.rename('test/' + file, 'images/val/class/' + file)
    elif i < 10000:                         # 9000 张图片用于训练
        os.rename('test/' + file, 'images/train/class/' + file)
```

17.3.2 模型构建与训练

数据集分割后，需要定义模型结构、确定损失函数、加载数据、辅助函数、训练函数、验证函数、训练模型。

1. 定义模型结构

模型结构分两部分，前半部分为特征提取层，以现有的 ResNet-18 模型为基础，修改网络第一层，使其接收灰度输入，切断第六层后面的网络，用于提取图像的中阶特征。后半部分为反卷积和上采样层，激活 ReLU 函数，依次进行二维卷积、batch 方向归一化、线性整流、上采样操作，输出为 ab 的归一化值。

```
＃定义网络模型结构
class ColorizationNet(nn.Module):
    def __init__(self, input_size = 128):
        ＃对继承自父类的属性进行初始化
        super(ColorizationNet, self).__init__()
        MIDLEVEL_FEATURE_SIZE = 128                                    ＃中阶特征大小
        ＃前半部分为残差网络,直接调用即可
        resnet = models.resnet18(num_classes = 365)
        ＃将第一层的输入由彩色改为灰度
        resnet.conv1.weight = nn.Parameter(resnet.conv1.weight.sum(dim = 1).unsqueeze(1))
        ＃使用网络的1～6层提取图像特征
        self.midlevel_resnet = nn.Sequential( * list(resnet.children())[0:6])
        ＃后半部分为上采样层
        self.upsample = nn.Sequential(
            ＃二维卷积
            nn.Conv2d(MIDLEVEL_FEATURE_SIZE, 128, kernel_size = 3, stride = 1, padding = 1),
            ＃batch方向做归一化
            nn.BatchNorm2d(128),
            ＃线性整流函数
            nn.ReLU(),
            ＃上采样
            nn.Upsample(scale_factor = 2),
            nn.Conv2d(128, 64, kernel_size = 3, stride = 1, padding = 1),＃二维卷积
            nn.BatchNorm2d(64),                                          ＃batch方向做归一化
            nn.ReLU(),                                                   ＃线性整流函数
            nn.Conv2d(64, 64, kernel_size = 3, stride = 1, padding = 1), ＃二维卷积
            nn.BatchNorm2d(64),                                          ＃batch方向做归一化
            nn.ReLU(),                                                   ＃线性整流函数
            nn.Upsample(scale_factor = 2),                              ＃上采样
            nn.Conv2d(64, 32, kernel_size = 3, stride = 1, padding = 1), ＃二维卷积
            nn.BatchNorm2d(32),                                          ＃batch方向做归一化
            nn.ReLU(),                                                   ＃线性整流函数
            nn.Conv2d(32, 2, kernel_size = 3, stride = 1, padding = 1),  ＃二维卷积
            nn.Upsample(scale_factor = 2)                               ＃上采样
        )
    ＃定义前向传播函数
    def forward(self, input):
        ＃从输入的灰度图像中提取中阶特征
        midlevel_features = self.midlevel_resnet(input)
        ＃上采样获取ab输出
        output = self.upsample(midlevel_features)
        return output
```

2. 确定损失函数

判断预测值与实际值的差距,通过均方误差损失函数,即求预测颜色值与实际颜色值之间距离的平方。Adam是常用的梯度下降方法,使用它来优化模型参数。

```
＃损失函数
criterion = nn.MSELoss()
＃使用 Adam 优化器优化
optimizer = torch.optim.Adam(model.parameters(),lr = 1e - 2,weight_decay = 0.0)
```

3. 加载数据

使用 torchtext 加载数据,由于需要使用 Lab 颜色空间的图像,所以定义一个自定义数据加载器(dataloader)来转换图像。

```
＃加载数据
class GrayscaleImageFolder(datasets.ImageFolder):
    def __getitem__(self, index):
        path, target = self.imgs[index]              ＃图像路径
        img = self.loader(path)                      ＃加载图片
        if self.transform is not None:               ＃判断图片是否已经转换
            img_original = self.transform(img)       ＃原图片
            img_original = np.asarray(img_original)   ＃类型自动转换
            img_lab = rgb2lab(img_original)          ＃将 RGB 图片转换成 Lab 图片
            img_lab = (img_lab + 128) / 255          ＃归一化
            img_ab = img_lab[:, :, 1:3]              ＃获取 ab 通道
            img_ab = torch.from_numpy(img_ab.transpose((2, 0, 1))).float()   ＃转置
            img_original = rgb2gray(img_original)    ＃获取 L 通道
            img_original = torch.from_numpy(img_original).unsqueeze(0).float()
                ＃增加一个值为 1 的维度
        if self.target_transform is not None:        ＃目标图像即原图像
            target = self.target_transform(target)
        return img_original, img_ab, target          ＃返回 L 通道、ab 通道、目标图像
```

4. 辅助函数

在开始训练之前,先定义辅助函数来跟踪训练损失并将 Lab 图像转换回 RGB 图像。

```
＃辅助函数
class AverageMeter(object):
    ＃跟踪训练损失
    def __init__(self):
        self.reset()
    def reset(self):                                 ＃计算训练进度及时间参数初始化
        self.val, self.avg, self.sum, self.count = 0, 0, 0, 0
    def update(self, val, n = 1):                     ＃参数更新
        self.val = val
        self.sum += val * n
        self.count += n
        self.avg = self.sum / self.count
＃将预测的 ab 通道与输入的 L 通道组合还原 RGB 图像
def to_rgb(grayscale_input, ab_input, save_path = None, save_name = None):
```

```
pyplot.clf()                                           #清除数据初始化
color_image = torch.cat((grayscale_input, ab_input), 0).numpy()   #组合通道
color_image = color_image.transpose((1, 2, 0))         #转置
color_image[:, :, 0:1] = color_image[:, :, 0:1] * 100  #L 通道恢复
color_image[:, :, 1:3] = color_image[:, :, 1:3] * 255 - 128   #ab 通道恢复
color_image = lab2rgb(color_image.astype(np.float64))
    #将 Lab 图像还原为 RGB 图像
grayscale_input = grayscale_input.squeeze().numpy()    #灰度图
if save_path is not None and save_name is not None:    #保存图像
    pyplot.imsave(arr = grayscale_input, fname = '{}{}'.format(save_path['grayscale'],
save_name), cmap = 'gray')
#保存灰度图
    pyplot.imsave(arr = color_image, fname = '{}{}'.format(save_path['colorized'], save_
name))                                                 #保存彩色图
```

5. 训练函数

在训练过程中,使用 loss. backward()运行模型并进行反向传播过程。训练 epoch 的函数如下:

```
#训练函数
def train(train_loader, model, criterion, optimizer, epoch):
    print('Starting training epoch {}'.format(epoch))      #输出训练进度
    model.train()                                          #开始训练
    #准备计数器计算每部分准备时间、处理时间和误差损失
    batch_time, data_time, losses = AverageMeter(), AverageMeter(), AverageMeter()
    end = time.time()                                      #获取初始时间
    for i, (input_gray, input_ab, target) in enumerate(train_loader):
        #使用 CUDA 加速
        if use_gpu: input_gray, input_ab, target = input_gray.cuda(), input_ab.cuda(),
target.cuda()
        data_time.update(time.time() - end)                #时间更新
        output_ab = model(input_gray)                      #模型训练
        loss = criterion(output_ab, input_ab)              #损失函数
        losses.update(loss.item(), input_gray.size(0))
        optimizer.zero_grad()                              #优化器优化参数
        loss.backward()                                    #反向传播
        optimizer.step()
        #参数更新
        batch_time.update(time.time() - end)
        end = time.time()
        #每完成一部分输出训练进度、花费时间、误差损失
        if i % 25 == 0:
            print('Epoch: [{0}][{1}/{2}]\t'
                'Time {batch_time.val:.3f} ({batch_time.avg:.3f})\t'
```

```
                    'Data {data_time.val:.3f} ({data_time.avg:.3f})\t'
                    'Loss {loss.val:.4f} ({loss.avg:.4f})\t'.format(
                epoch, i, len(train_loader), batch_time = batch_time,
                    data_time = data_time, loss = losses))
        # 每回合训练结束输出
        print('Finished training epoch {}'.format(epoch))
```

6. 验证函数

在验证过程中，使用 torch.no_grad()函数简单地运行没有反向传播的模型。相关代码如下：

```
    # 验证函数
def validate(val_loader, model, criterion, save_images, epoch):
    model.eval()                                    # 模型评价
    # 准备计数器计算每部分准备时间、处理时间和误差损失
    batch_time, data_time, losses = AverageMeter(), AverageMeter(), AverageMeter()
    end = time.time()                               # 获取初始时间
    already_saved_images = False                    # 初始未保存图像
    for i, (input_gray, input_ab, target) in enumerate(val_loader):
        data_time.update(time.time() - end)         # 参数更新
        # 使用 CUDA 加速
        if use_gpu: input_gray, input_ab, target = input_gray.cuda(), input_ab.cuda(),
target.cuda()
        output_ab = model(input_gray)               # 用模型获取预测结果
        loss = criterion(output_ab, input_ab)       # 损失函数
        losses.update(loss.item(), input_gray.size(0))
        # 保存部分验证图片
        if save_images and not already_saved_images:
            already_saved_images = True
            for j in range(min(len(output_ab), 10)):        # 最多保存 10 张图片
                save_path = {'grayscale': 'val/gray/', 'colorized': 'val/color/'}
                save_name = 'img - {} - epoch - {}.jpg'.format(i * val_loader.batch_size +
j, epoch)
                to_rgb(input_gray[j].cpu(), ab_input = output_ab[j].detach().cpu(), save_
path = save_path,
                        save_name = save_name)
        batch_time.update(time.time() - end)        # 参数更新
        end = time.time()
        # 输出每一部分的时间、误差
        if i % 25 == 0:
            print('Validate: [{0}/{1}]\t'
                    'Time {batch_time.val:.3f} ({batch_time.avg:.3f})\t'
                    'Loss {loss.val:.4f} ({loss.avg:.4f})\t'.format(
                i, len(val_loader), batch_time = batch_time, loss = losses))
```

＃完成每回合验证提醒
print('Finished validation.')
return losses.avg   ＃返回训练损失

7. 训练模型

在做好前面的准备工作后,训练100 epochs。相关代码如下:

```python
＃创建输出目录,设置参数
os.makedirs('outputs/color', exist_ok = True)
os.makedirs('outputs/gray', exist_ok = True)
os.makedirs('checkpoints', exist_ok = True)
save_images = True                                            ＃保存图片
best_losses = 1e10                                            ＃初始化损失
epochs = 0                                                    ＃设置训练回数
if __name__ == "__main__":
    epochs = 100                                              ＃训练100轮
    ＃开始训练模型
for epoch in range(epochs):
    ＃训练一回合,之后验证
    train(train_loader, model, criterion, optimizer, epoch)
    with torch.no_grad():                                     ＃验证获取损失,对模型进行评估
        losses = validate(val_loader, model, criterion, save_images, epoch)
    ＃如果模型更好则保存模型
    if losses < best_losses:
        best_losses = losses                                  ＃更新最小损失
        torch.save(model.state_dict(), 'checkpoints/model - epoch - {} - losses - {:.3f}.pth'.
format(epoch + 1, losses))
```

输出如图17-4所示,显示了训练进度、花费时间、训练损失等信息。

```
Starting training epoch 0
Epoch: [0][0/603]   Time 4.233 (4.233)  Data 3.171 (3.171)  Loss 0.4031 (0.4031)
Epoch: [0][25/603]  Time 3.390 (3.405)  Data 3.109 (3.095)  Loss 0.0127 (0.1804)
Epoch: [0][50/603]  Time 3.202 (3.329)  Data 2.921 (3.034)  Loss 0.0039 (0.0955)
Epoch: [0][75/603]  Time 3.218 (3.299)  Data 2.937 (3.009)  Loss 0.0050 (0.0655)
Epoch: [0][100/603] Time 3.046 (3.270)  Data 2.781 (2.983)  Loss 0.0046 (0.0504)
Epoch: [0][125/603] Time 3.046 (3.374)  Data 2.765 (3.089)  Loss 0.0040 (0.0412)
Epoch: [0][150/603] Time 3.312 (3.345)  Data 3.015 (3.060)  Loss 0.0033 (0.0351)
Epoch: [0][175/603] Time 3.124 (3.318)  Data 2.843 (3.034)  Loss 0.0048 (0.0308)
Epoch: [0][200/603] Time 3.234 (3.295)  Data 2.968 (3.011)  Loss 0.0036 (0.0274)
Epoch: [0][225/603] Time 3.062 (3.275)  Data 2.781 (2.992)  Loss 0.0031 (0.0248)
Epoch: [0][250/603] Time 2.937 (3.258)  Data 2.656 (2.975)  Loss 0.0031 (0.0227)
Epoch: [0][275/603] Time 2.842 (3.258)  Data 2.560 (2.975)  Loss 0.0040 (0.0210)
```

图 17-4 训练输出

训练过程中还会输出10幅图在每次模型评估时的着色效果,如图17-5所示。输出路径为 Image Colorization\val\color。

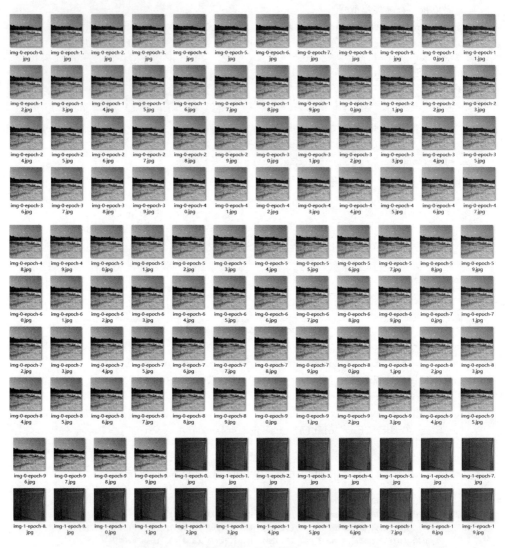

图 17-5　着色效果

17.3.3　模型调用与结果优化

该模块主要有两个功能：一是调用训练好的模型给黑白图像进行着色；二是对图像的饱和度和亮度进行调整，优化着色结果。

1. 模型调用

将需要着色的黑白图像放在 images\color\class 路径下，再加载训练好的模型进行批量着色，结果输出到 outputs 路径下。

```
#加载训练了100轮的模型
pretrained = torch.load('checkpoints/model-epoch-100-losses-0.003.pth', map_location =
lambda storage, loc: storage)
model.load_state_dict(pretrained)
#待上色图片的路径
path = 'images\color\class'
#待上色图片的数量
image_num = len([lists for lists in os.listdir(path) if os.path.isfile(os.path.join(path,
lists))])
#定义上色函数
def colorization(col_loader, model, save_images):
    already_saved_images = False
    #依次读取待上色图片
    for i, (input_gray, input_ab, target) in enumerate(col_loader):
        #使用CUDA加速
        if use_gpu: input_gray, input_ab, target = input_gray.cuda(), input_ab.cuda(),
target.cuda()
        #预测ab通道
        output_ab = model(input_gray)
        #保存图片
        if save_images and not already_saved_images:
            already_saved_images = True
            for j in range(image_num):
                save_path = {'grayscale': 'outputs/gray/', 'colorized': 'outputs/color/'}
                                                                    #保存路径
                save_name = 'img-{}.jpg'.format(i * col_loader.batch_size + j)
                                                                    #保存名称
                to_rgb(input_gray[j].cpu(), ab_input = output_ab[j].detach().cpu(), save_
path = save_path,
                        save_name = save_name)          #通道组合输出RGB图像
    #上色完成提醒
    print('Finished colorization...')
#着色图像路径与图像加载
col_transforms = transforms.Compose([transforms.Resize(256), transforms.CenterCrop(224)])
col_imagefolder = GrayscaleImageFolder('images/color', col_transforms)
col_loader = torch.utils.data.DataLoader(col_imagefolder, batch_size = 64, shuffle = False)
save_images = True                                  #保存每一幅图像
with torch.no_grad():                               #上色过程无反向传播
   colorization(col_loader, model, save_images)
```

2. 结果优化

调用模型自动着色后有些图像着色效果不佳,因此,对图像的饱和度和亮度进行调整,
优化着色结果。

1)饱和度调整

饱和度调整需要将图像从RGB颜色空间转换到HSL颜色空间,并自定义一个

increment 参数,参数为正时饱和度线性增强,参数为负时饱和度线性衰减。

```python
＃定义优化函数
def PSAlgorithm(rgb_img, increment):
    img = rgb_img * 1.0                          ＃输入图像
    img_min = img.min(axis = 2)                  ＃图像最大亮度
    img_max = img.max(axis = 2)                  ＃图像最小亮度
    img_out = img                                ＃输出图像
    ＃获取 HSL 空间的饱和度和亮度
    delta = (img_max - img_min) / 255.0          ＃饱和度归一化
    value = (img_max + img_min) / 255.0          ＃图像亮度中值归一化
    L = value/2.0                                ＃亮度修改门限
    mask_1 = L < 0.5
    s1 = delta/(value)                           ＃亮度偏低修改
    s2 = delta/(2 - value)                       ＃亮度偏高修改
    s = s1 * mask_1 + s2 * (1 - mask_1)
    ＃定义增量大于 0,饱和度线性增强
    if increment >= 0:
        temp = increment + s
        mask_2 = temp > 1
        alpha_1 = s
        alpha_2 = s * 0 + 1 - increment
        ＃线性变换系数计算
        alpha = alpha_1 * mask_2 + alpha_2 * (1 - mask_2)
        alpha = 1/alpha - 1
        ＃三个维度线性变换
        img_out[:, :, 0] = img[:, :, 0] + (img[:, :, 0] - L * 255.0) * alpha
        img_out[:, :, 1] = img[:, :, 1] + (img[:, :, 1] - L * 255.0) * alpha
        img_out[:, :, 2] = img[:, :, 2] + (img[:, :, 2] - L * 255.0) * alpha
    ＃定义增量小于 0,饱和度线性衰减
    else:
        alpha = increment
        ＃ 三个维度线性变换
        img_out[:, :, 0] = img[:, :, 0] + (img[:, :, 0] - L * 255.0) * alpha
        img_out[:, :, 1] = img[:, :, 1] + (img[:, :, 1] - L * 255.0) * alpha
        img_out[:, :, 2] = img[:, :, 2] + (img[:, :, 2] - L * 255.0) * alpha
    img_out = img_out/255.0                       ＃归一化
    ＃RGB 颜色上下限处理(小于 0 取 0,大于 1 取 1)
    mask_3 = img_out < 0
    mask_4 = img_out > 1
    img_out = img_out * (1 - mask_3)
    img_out = img_out * (1 - mask_4) + mask_4
    return img_out
```

2) 亮度调整

通过 get_lightness 函数计算图像的平均像素亮度,如果大于一个指定值,则表示亮度足够,不用调整;否则通过 compute 模块将指定范围(这里是 1~99)的像素点亮度等比例拉伸到 1～255 的全亮度范围上。

```
# 图像亮度变换
def compute(img, min_percentile, max_percentile):
    max_percentile_pixel = np.percentile(img, max_percentile)
    min_percentile_pixel = np.percentile(img, min_percentile)
    return max_percentile_pixel, min_percentile_pixel
# 获取图像平均亮度
def get_lightness(src):
    hsv_image = cv2.cvtColor(src, cv2.COLOR_BGR2HSV)
    lightness = hsv_image[:, :, 2].mean()
    return lightness
# 将指定范围(这里是 1～99)的像素点亮度等比例拉伸到 1～255 的全亮度直方图上
def aug(src):
    max_percentile_pixel, min_percentile_pixel = compute(src, 1, 99)
    src[src >= max_percentile_pixel] = max_percentile_pixel
    src[src <= min_percentile_pixel] = min_percentile_pixel
    out = np.zeros(src.shape, src.dtype)
    cv2.normalize(src, out, 255 * 0.1, 255 * 0.9, cv2.NORM_MINMAX)
    return out
# 自定义优化系数
increment = 0.6
i = 0
# 创建优化集目录
if not os.path.exists('outputs\optimization'):
    os.mkdir('outputs\optimization')
# 依次读取图像优化
while i < image_num:
    path = "outputs\color\img-{}.jpg".format(i)           # 图片名
    img = cv2.imread(path)
    img = aug(img)
    img = cv2.cvtColor(img, cv2.COLOR_BGR2RGB)            # 图像变换
    img_new = PSAlgorithm(img, increment)                # 图像优化
    plt.imsave('outputs\optimization\img-{}.jpg'.format(i), img_new)   # 图像保存
    i = i + 1
# 图像优化完成提醒
print("Finished optimization...")
```

17.3.4　结果展示

本项目使用 Tkinter 做一个简单的界面,包含三幅图像(输入的黑白图、输出的彩色图、着色效果优化图)以及两个用于切换图像的按钮。相关代码如下:

```
# 导入相应数据包
from PIL import ImageTk
import tkinter as tk
```

```
import os
# 创建窗口
window = tk.Tk()
window.title('图像上色效果对比')                                         # 窗口标题
window.geometry('1024x560')                                              # 窗口大小
global xx,img1,img2,img3,label_img1,label_img2,label_img3               # 全局变量
xx = 0                                                                   # 初始显示图像序号
# 图像路径
path = 'images\color\class'
# 获取图像数量
image_num = len([lists for lists in os.listdir(path) if os.path.isfile(os.path.join(path,
lists))])
img1 = []                                                                # 灰度图
img2 = []                                                                # 彩色图
img3 = []                                                                # 优化图
# 依次读取图像
for i in range(image_num):
    img1.append(ImageTk.PhotoImage(file = 'outputs/gray/img-{}.jpg'.format(i)))
    img2.append(ImageTk.PhotoImage(file = 'outputs/color/img-{}.jpg'.format(i)))
    img3.append(ImageTk.PhotoImage(file = 'outputs/optimization/img-{}.jpg'.format(i)))
# 图像显示
label_img1 = tk.Label(window, image = img1[xx])
label_img2 = tk.Label(window, image = img2[xx])
label_img3 = tk.Label(window, image = img3[xx])
# 图像显示坐标
label_img1.place(x = 100,y = 100)
label_img2.place(x = 400,y = 100)
label_img3.place(x = 700,y = 100)
# 切换至上一幅图
def last_img():
    global xx,img1,img2,img3,label_img1,label_img2,label_img3
    if xx == 0:
        xx = image_num - 1                                               # 上一幅图
    else:
        xx = xx - 1                                                      # 上一幅图
    label_img1.configure(image = img1[xx])                               # 切换图像
    label_img2.configure(image = img2[xx])
    label_img3.configure(image = img3[xx])
# 切换至下一幅图
def next_img():
    global xx,img1,img2,img3,label_img1,label_img2,label_img3
    if xx == image_num - 1:
        xx = 0                                                           # 下一幅图
    else:
        xx = xx + 1                                                      # 下一幅图
    label_img1.configure(image = img1[xx])                               # 切换图像
    label_img2.configure(image = img2[xx])
```

```
        label_img3.configure(image = img3[xx])
# 定义切换至上一幅图按钮
btn_last = tk.Button(window,text = '上一幅',width = 15,height = 2,command = last_img)
btn_last.place(x = 300,y = 400)                           # 按钮坐标
# 定义切换至下一幅图按钮
btn_next = tk.Button(window,text = '下一幅',width = 15,height = 2,command = next_img)
btn_next.place(x = 615,y = 400)                           # 按钮坐标
# 窗口显示
window.mainloop()
```

17.4 系统测试

黑白图像着色的效果对比如图 17-6 所示。在每幅图中，左侧为输入灰度图，中间为输出彩色图，右侧为彩色优化图。对比三幅图，可以发现经过训练，使用的模型能够较好地实现给黑白图像着色。在经过对图像的饱和度和亮度优化后，图像的着色效果得到了进一步提高。

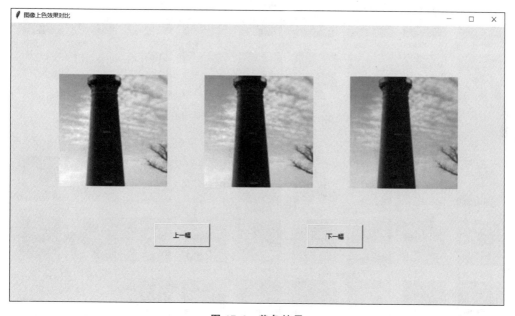

图 17-6 着色结果

本项目可以实现对黑白图像的批量着色。首先，将待着色图像放在 Image Colorization \images\color\class 路径下；其次，运行着色优化代码，输出图像路径分别为 outputs\color 和 outputs\optimization。使用 25 张黑白图像进行测试，结果如图 17-7～图 17-9 所示，着色效果良好。

图 17-7　黑白图像

图 17-8　彩色图像

图 17-9　优化图像

项目 18
PROJECT 18

深度神经网络压缩与加速
技术在风格迁移中的应用

本项目基于 CelebA 数据集，训练全卷积神经网络，实现图像风格迁移的功能。

18.1 总体设计

本部分包括系统整体结构和系统流程。

18.1.1 系统整体结构

系统整体结构如图 18-1 所示。

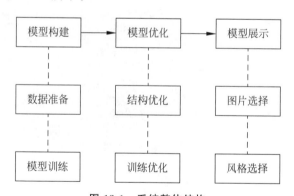

图 18-1 系统整体结构

18.1.2 系统流程

系统流程如图 18-2 所示，风格迁移网络流程如图 18-3 所示。

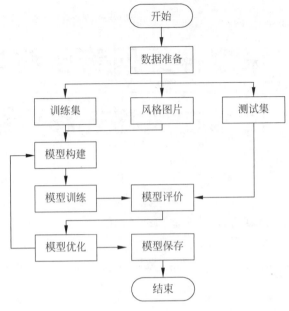

图 18-2　系统流程

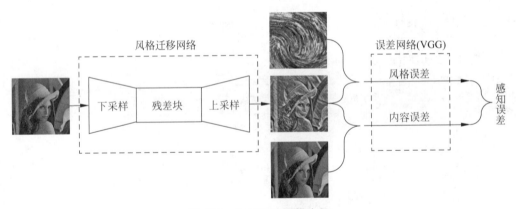

图 18-3　风格迁移网络流程

18.2　运行环境

本部分包括 Python 环境和 GPU 环境。

18.2.1　Python 环境

相关操作如下：

（1）在 Python 官网下载并安装 Python 3.7，下载地址为 https://www.python.org/。通过 pip 指令安装依赖，输入命令：

```
pip install numpy
pip install matplotlib。
```

（2）如图 18-4 在 PyTorch 官网选择安装的版本，并通过 pip 指令安装。PyTorch 下载地址为：https://pytorch.org/get-started/locally/。

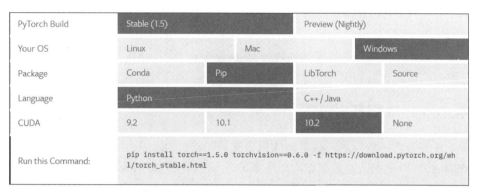

图 18-4　PyTorch 安装

18.2.2　GPU 环境

下载并安装 CUDA 10.0（https://developer.nvidia.com/cuda-downloads）和 cuDNN 7.6.0（https://developer.nvidia.com/cudnn）。安装完成后添加环境变量，如图 18-5 所示。

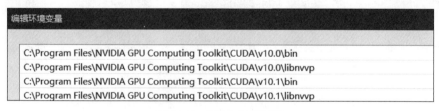

图 18-5　CUDA 环境变量

如图 18-6 所示，通过 nvcc-version 指令查看 CuDA 版本；如图 18-7 所示，进入 C:\Program Files\NVIDIA GPU Computing Toolkit\CUDA\v10.0\include\cudnn.h 查看 cuDNN 版本。可以通过 PyTorch 检测 GPU 是否可用，如图 18-8 所示，GPU 可用，型号为 1050Ti。

```
C:\Users\ang>nvcc --version
nvcc: NVIDIA (R) Cuda compiler driver
Copyright (c) 2005-2018 NVIDIA Corporation
Built on Sat_Aug_25_21:08:04_Central_Daylight_Time_2018
Cuda compilation tools, release 10.0, V10.0.130
```

图 18-6　CUDA 版本

图 18-7 cuDNN 版本

图 18-8 检测 GPU 是否可用

18.3 模块实现

本项目包括 4 个模块：数据预处理、创建模型、模型训练及保存、模型测试，下面分别给出各模块的功能介绍及相关代码。

18.3.1 数据预处理

本项目主要应用场景之一是对头像风格化，因此，选用 CelebA 数据集进行训练，本实验采用 CelebA 中 1000 张人脸数据作为训练集。训练前将图片裁剪为正方形，尺寸为 256×256，如图 18-9 所示。数据集链接为：https://www.kaggle.com/jessicali9530/celeba-dataset。

图 18-9 CelebA 数据集

训练前通过 torchvision 中的 transform 模块对图像进行预处理，首先，将图片放大1.15 倍；其次，随机裁剪，将图像转换为 PyTorch 支持的 Tensor 类型；最后，对图片进行归一化，从而加快网络收敛速度。初始化后使用 PyTorch 中的 DataLoader 类将训练集封装为可迭代的类型。相关代码如下：

```
train_dataset = datasets.ImageFolder(dataset_path,
transform = transforms.Compose([
transforms.Resize(int(image_size * 1.15)),          # 放大
transforms.RandomCrop(image_size),                  # 随机裁剪
transforms.ToTensor(),                              # 转换为 Tensor
transforms.Normalize(mean, std)]))                  # 归一化
dataloader = DataLoader(train_dataset, batch_size = batch_size)
```

18.3.2　创建模型

本项目需要定义基础模型结构和轻量级的 ShuffleNet 模块。

由 2D 卷积、正则化和激活函数顺次连接组成。此外，这个模块可以通过插值的方式增加特征图的大小，相关代码如下：

```python
class ConvBlock(torch.nn.Module):
    #基本卷积块
    #模块参数基本配置
    def __init__(self, in_channels, out_channels, kernel_size, stride = 1, upsample = False,
normalize = True, relu = True):
        super(ConvBlock, self).__init__()
        self.upsample = upsample
        #padding 来控制特征图尺寸
        self.block = nn.Sequential(nn.ReflectionPad2d(kernel_size // 2),
nn.Conv2d(in_channels, out_channels, kernel_size, stride))
        self.norm = nn.InstanceNorm2d(out_channels, affine = True) if normalize else None
        self.relu = relu
    def forward(self, x):
        #是否进行上采样
        if self.upsample:
            x = F.interpolate(x, scale_factor = 2)
            x = self.block(x)
        #是否进行正则化
        if self.norm is not None:
            x = self.norm(x)
            #是否使用激活函数
            if self.relu:
                x = F.relu(x)
                return x
```

相关代码如下：

```python
class ShuffleUnit(nn.Module):
    #ShuffleNet v2
    def __init__(self, inplanes, outplanes,
c_tag = 0.5, activation = nn.ReLU, residual = True, groups = 2):
    #ShuffleBlock 基本参数配置，主要涉及通道的分割数，默认为一半
        super(ShuffleUnit, self).__init__()
        self.left_part = round(c_tag * inplanes)
        self.right_part_in = inplanes - self.left_part
        self.right_part_out = outplanes - self.left_part
        self.conv1 = nn.Conv2d(self.right_part_in, self.right_part_out,
kernel_size = 1, bias = False)
    #批归一化
        self.bn1 = nn.BatchNorm2d(self.right_part_out)
```

```
        # 2D 深度分离卷积层
        self.conv2 = nn.Conv2d(self.right_part_out, self.right_part_out,
    kernel_size = 3, padding = 1, bias = False, groups = self.right_part_out)
        # 批归一化
        self.bn2 = nn.BatchNorm2d(self.right_part_out)
        # 2D 逐点卷积层
        self.conv3 = nn.Conv2d(self.right_part_out,
    self.right_part_out, kernel_size = 1, bias = False)
        self.bn3 = nn.BatchNorm2d(self.right_part_out)
        # ReLU 激活函数
        self.activation = activation(inplace = True)
        self.inplanes = inplanes
        self.outplanes = outplanes
        self.residual = residual
        self.groups = groups
    def forward(self, x):
        # 将特征图分为两部分, 只对 right 进行运算
        left = x[:, :self.left_part, :, :]
        right = x[:, self.left_part:, :, :]
        out = self.conv1(right)
        out = self.bn1(out)
        out = self.activation(out)
        out = self.conv2(out)
        out = self.bn2(out)
        out = self.conv3(out)
        out = self.bn3(out)
        out = F.relu(out)
        if self.residual and self.inplanes == self.outplanes:
            out += right
        return channel_shuffle(torch.cat((left, out), 1), self.groups)
# 上述代码的通道打乱函数 channel_shuffle 需要自定义
def channel_shuffle(x, groups):
    """Last part of shuffleNet v2 block"""
    batchsize, num_channels, height, width = x.data.size()
    assert (num_channels % groups == 0)
    channels_per_group = num_channels // groups
    # 改变形状
    x = x.view(batchsize, groups, channels_per_group, height, width)
    # 转置
    x = torch.transpose(x, 1, 2).contiguous()
    # 展开
    x = x.view(batchsize, -1, height, width)
    return x
```

　　残差模块由上述卷积模块或轻量级模块组成, 是两个基础模块的连接, 附加残差结构, 它是风格迁移网络的主要部分。

```
class ResidualBlock(torch.nn.Module):
# Resblocks:更改模式以使用不同的构建基块
# 可通过模式选择是否使用轻量级模块
def __init__(self, channels, mode = "conv"):
super(ResidualBlock, self).__init__()
# 模式为 conv 时使用普通卷积模块
        if mode == "conv":
            self.block = nn.Sequential(ConvBlock(channels, channels,
kernel_size = 3, stride = 1, normalize = True, relu = True),
                                       ConvBlock(channels, channels,
kernel_size = 3, stride = 1, normalize = True, relu = False))
    # 模式为 shuffle 时使用轻量级模块
        elif mode == "shuffle":
          self.block = nn.Sequential(ShuffleUnit(channels, channels),
                                     ShuffleUnit(channels, channels))
        else:
            raise NotImplementedError
def forward(self, x):
    # 这里输出与输入相加就是残差
        return self.block(x) + x
```

风格迁移网络包括下采样部分、残差部分和上采样部分。其中,下采样和上采样部分采用上述卷积模块,网络中间采用残差模块,由于网络主要参数集中于残差部分,因此,替换的轻量级模块也应用于残差部分。

```
class TransformerNet(torch.nn.Module):
    # TransformNet:执行风格迁移
    def __init__(self, mode = "conv"):
        super(TransformerNet, self).__init__()
        self.model = nn.Sequential(
        # 下采样部分包括 3 个卷积模块
            ConvBlock(3, 32, kernel_size = 9, stride = 1),
            ConvBlock(32, 64, kernel_size = 3, stride = 2),
            ConvBlock(64, 128, kernel_size = 3, stride = 2),
            # 残差部分包括 5 个残差模块,mode 参数决定是否使用轻量级网络
            ResidualBlock(128, mode = mode),
            ResidualBlock(128, mode = mode),
            ResidualBlock(128, mode = mode),
            ResidualBlock(128, mode = mode),
            ResidualBlock(128, mode = mode),
            # 上采样部分包括 3 个卷积模块
            ConvBlock(128, 64, kernel_size = 3, upsample = True),
            ConvBlock(64, 32, kernel_size = 3, upsample = True),
            ConvBlock(32, 3, kernel_size = 9, stride = 1,
normalize = False, relu = False),
            )
    def forward(self, x):
        return self.model(x)
```

18.3.3　模型训练及保存

训练的步骤依次为清空梯度、将数据载入 GPU、提取特征、计算风格损失和内容损失、反向传播、更新参数，相关代码如下：

```
for epoch in range(epochs):
    epoch_metrics = {"content": [], "style": [], "total": []}
    for batch_i, (images, _) in enumerate(dataloader):
        #清空梯度
        optimizer.zero_grad()
        #将数据载入 GPU
        images_original = images.to(device)
        images_transformed = transformer(images_original)
        #提取特征
        features_original = vgg(images_original)
        features_transformed = vgg(images_transformed)
        #计算内容损失
        content_loss = lambda_content * \
l2_loss(features_transformed.relu2_2,features_original.relu2_2)
        #计算风格损失
        style_loss = 0
        for ft_y, gm_s in zip(features_transformed, gram_style):
            gm_y = gram_matrix(ft_y)
            style_loss += l2_loss(gm_y, gm_s[: images.size(0), :, :])
        style_loss *= lambda_style
        total_loss = content_loss + style_loss
        #反向传播
        total_loss.backward()
        #更新参数
        optimizer.step()
        #将训练好的模型保存为 pth 文件
    if (epoch + 1) % save_epoch == 0:
        save_sample(epoch, image_samples)
            torch.save(transformer.state_dict(), save_path + str(epoch) + ".pth")
```

18.3.4　模型测试

测试模块不仅能使用训练的模型进行风格迁移，还需要测试模型的运算速度验证轻量级模块的有效性，相关代码如下：

```
#选择是否使用 GPU
if use_gpu:
    device = torch.device("cuda")
else:
```

```python
device = torch.device("cpu")
transform = style_transform()
# 声明模型
transformer = TransformerNet(mode = mode).to(device)
# 打印模型结构和参数量
summary(transformer, input_size = (3, 256, 256))
# 加载模型参数
transformer.load_state_dict(torch.load(model_path))
transformer.eval()
# 数据准备
image_tensor = transform(Image.open(image_path)).to(device)
image_tensor = image_tensor.unsqueeze(0)
if use_gpu:
    torch.cuda.synchronize()
# 记录开始时间
start = time.time()
# 风格化图像
with torch.no_grad():
    for i in range(forward_num):
        stylized_image = denormalize(transformer(image_tensor)).cpu()
if use_gpu:
    torch.cuda.synchronize()
# 记录结束时间
end = time.time()
# 保存图片
save_image(stylized_image, save_path + "output.png")
# 打印风格迁移所需的时间
print(end - start)
```

18.4　系统测试

本部分包括风格迁移效果和网络的加速与压缩。

18.4.1　风格迁移效果

图 18-10 展示了风格迁移算法的效果,可见通过使用感知误差,风格图像和迁移图像的纹理、颜色等特征都非常相似,且迁移图像的内容和主体轮廓仍与原图相同,达到了风格迁移的效果。

泛化能力是评价一个模型好坏的关键因素,在风格迁移任务中体现为测试图像的风格迁移效果。由图 18-11 所示,用人脸数据集训练的模型也可以完成其他一般图像的风格迁移,且效果良好,所以,基于感知误差的风格迁移,网络的泛化能力很强,所需训练集较小。

　　在风格迁移算法中，最重要的就是感知损失函数，其包括风格损失和内容损失，这两部分的比例对最后迁移的结果有很大的影响。如图 18-11 所示，从左至右，风格损失所占比例依次增加，图像的细节由清晰变抽象，风格特征越来越明显。由此可见，风格损失函数控制了图像风格化的程度，可通过改变风格损失所占比例调整风格迁移的效果。

原图　　　　　　　　　　　　　　　迁移图像

图 18-10　风格迁移效果展示

图 18-11　风格迁移效果

18.4.2　网络的加速与压缩

　　对于风格迁移任务，主要关注以下几方面：第一，减少网络的参数量，节省存储空间；第二，提高测试时的运算速度；第三，提高网络收敛速度，以减少训练时间。为实现以上目标并同时保证风格迁移的效果，使用 ShuffleNet v2 模块，替换了原有 3×3 的卷积核，如表 18-1 所示。

表 18-1　轻量级网络与原始网络对比

网络类型	参数量	所占内存/MB	运算速度/ms
原始网络	1679235	6.41	1911
轻量级网络	292355	1.16	1619

通过使用 Shuffle Net V2 模块的轻量级网络，参数量和所占内存均下降到原始网络的五分之一以下，速度提升约 15%。其中，速度测试在 CPU 进行，运算速度为网络进行 30 次风格迁移的平均速度，图片大小为 256×256。

在实现了网络压缩和加速的同时，仍然可以实现较好的风格迁移效果，如图 18-12 所示，轻量级网络与原始网络达到的效果没有明显区别，因此，对网络的压缩是有效的，参数量的减少并未影响网络实现风格迁移的基本功能。

原始网络迁移效果　　　　　　　　　　轻量级网络迁移效果

图 18-12　轻量级网络与原始网络迁移效果对比

　　以上提出的轻量级网络与原始网络相比，体积小、运算快，只需要把训练好的网络参数和结构存储在移动端，在用户需要时调用即可，因为轻量级网络所占内存小，应用程序可以提供大量预训练的网络，实现非常丰富的风格迁移。但是，如果用户希望指定风格图像，就无法使用预训练的网络，需要在移动端进行，这就要求算法具有较高的收敛速度，提高算法收敛速度的普遍方法是迁移学习，用预训练的权重初始化网络进行继续训练，在分类任务中使用 ImageNet 训练的网络参数初始化，因为分类任务有很多共同的特征。

　　如图 18-13 所示，与随机参数初始化相比，迁移学习可显著提高网络收敛速度，在第一个 Epoch 就达到了较好的迁移效果，而随机参数初始化则需要较长时间的训练。虽然在迁移学习中使用的预训练参数是通过其他风格，但是仍起到了加速收敛的作用，原因在于网络不仅需要学习新的风格，也需要学习图像内容和轮廓信息，预训练的参数中已经含有了图像内容和大致轮廓的信息，因此，网络收敛速度非常快。

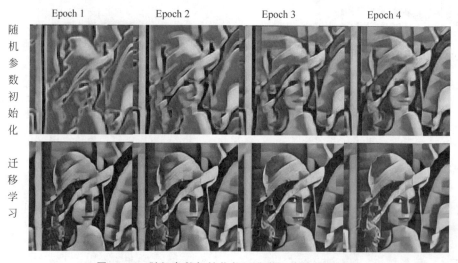

图 18-13　随机参数初始化与迁移学习收敛速度对比

项目 19

PROJECT 19

迁移学习的狗狗分类器

本项目通过迁移学习,在预训练模型的基础上构建狗狗品种分类模型,并实现应用程序,完成不同种类的识别。

19.1　总体设计

本部分包括系统整体结构和系统流程。

19.1.1　系统整体结构

系统整体结构如图 19-1 所示。

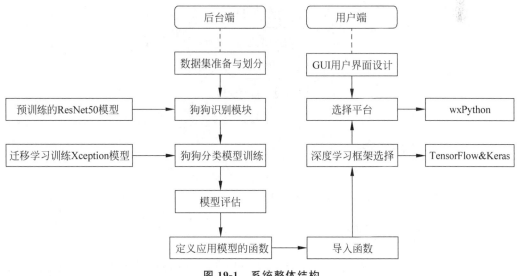

图 19-1　系统整体结构

19.1.2　系统流程

系统流程如图 19-2 所示。

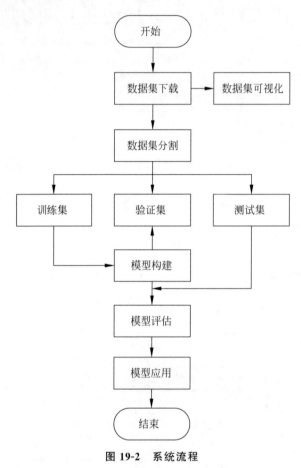

图 19-2　系统流程

19.2　运行环境

本部分包括 Python 环境、TensorFlow 环境、Keras 和 wxPython 的安装。

19.2.1　Python 环境

需要 Python 3.5 或者 Python 3.6 版本，在 Windows 环境下推荐下载 Anaconda 完成 Python 所需的配置。Python 下载地址为 https://www.anaconda.com/。如果需要下载以前版本的 Anaconda，下载地址为 https://repo.anaconda.com/archive/。

19.2.2　TensorFlow 环境

打开 Anaconda Prompt,输入清华仓库镜像,输入命令:

```
conda config -- add channels https://mirrors.tuna.tsinghua.edu.cn/anaconda/pkgs/free/
conda config - set show_channel_urls yes
```

创建 Python 3.6 的环境,名称为 TensorFlow,此时 Python 版本和后面 TensorFlow 的版本有匹配问题,此步选择 Python 3.6,输入命令:

```
conda create - n Tensorflow python = 3.6
```

有需要确认的地方,都输入 y。

在 Anaconda Prompt 中激活 TensorFlow 环境,输入命令:

```
activate Tensorflow
```

安装 CPU 版本的 TensorFlow,输入命令:

```
pip install - upgrade -- ignore - installed tensorflow
```

安装完毕。

19.2.3　Keras 环境

安装 TensorFlow 环境为 1.5.0 版本,Keras 安装版本需与 TensorFlow 对应,本项目安装的 Keras 为 2.1.6 版本。安装步骤如下:

打开 Anaconda Prompt,以管理员身份运行;激活环境,输入命令:

```
activate Tensorflow
```

安装 Keras,输入命令:

```
pip install keras == 2.1.6
```

安装完毕。

19.2.4　wxPython 的安装

在 Anaconda 中激活 TensorFlow 环境,再输入命令:

```
pip install wxpython
```

19.3　模块实现

本项目包括 5 个模块:数据预处理、模型构建、模型训练、API 调用和模型生成,下面分别给出各模块的功能介绍及相关代码。

19.3.1　数据预处理

数据集为 Udacity 数据库中的 133 种狗狗，共 8150 张图片，其中训练集 6680 张图片、验证集 835 张图片、测试集 635 张图片，利用这些数据集进行模型的训练及评估。数据集链接为：https://s3-us-west-1.amazonaws.com/udacity-aind/dog-project/dogImages.zip。

训练集（Training Set）用于训练模型；验证集（Validation Set）用于调整和选择模型；测试集（Test Set）用于评估最终的模型；下载并保存数据集，相关代码如下：

```python
# 使用 sklearn 库中的 load_files 函数获取需要用到的变量
from sklearn.datasets import load_files
# 使用 to_categorical 函数将类别向量转换为二进制
from tensorflow.keras.utils import to_categorical
# 导入 numpy 库函数
import numpy as np
# 导入 glob 库函数
from glob import glob
# 定义函数加载 train、test 和 validation 数据集
def load_dataset(path = "D:/dogImages"):
    data = load_files(path)
    dog_files = np.array(data['filenames'])
    dog_targets = to_categorical(np.array(data['target']), 133)
    return dog_files, dog_targets
# 加载 train、test 和 validation 数据集
train_files, train_targets = load_dataset('D:/dogImages/train')
valid_files, valid_targets = load_dataset('D:/dogImages/valid')
test_files, test_targets = load_dataset('D:/dogImages/test')
```

19.3.2　模型构建

本部分包括 ResNet50 模型和预训练的 Xception 模型。

1. ResNet50 模型

对于本项目而言，ImageNet 中恰好有狗狗类型，序号为 151～268。在进行识别检测中，基于预训练的 ResNet50 模型和 ImageNet 数据集训练好的权重。选择 ResNet50 模型是因为它比传统的顺序网络架构更深且模型大小比较合适。

ImageNet 包含 120 万个图像、1000 个类别。这些类别主要被分为两大类：动物和物体。每个类别的图像数量大约为 1000 个。大多数深度学习库都提供在 ImageNet 上预训练的 CNN 模型。相关代码如下：

```python
# 下载 ResNet50 网络模型参数
from keras.applications.resnet50 import ResNet50
# 定义 ResNet50 模型
```

```
Resnet50_model = ResNet50(weights = 'imagenet')
```

定义函数,将图像路径的字符串组成 Numpy 数组作为输入,将图像转换为 4 维张量,相关代码如下:

```
def path_to_tensor(img_path):
    ♯用 PIL 加载 RGB 图像为 PIL.Image.Image 类型
    img = image.load_img(img_path, target_size = (224, 224))
    ♯将 PIL.Image.Image 类型转化格式为(224, 224, 3)的 3 维张量,图像大小为 224 * 224
    x = image.img_to_array(img)
    ♯将 3 维张量转换为(1,224,224,3)的 4 维张量并返回,分别为图像总数、行数、列数和通道数
  return np.expand_dims(x, axis = 0)
```

使用 preprocess_input()函数重排 RGB 通道,并将向量归一化(RGB 都减去各自的均值),使用 ResNet50_predict_labels()函数,选择出序号最大的概率,序号所对应的即为该物的种类,找到位于 151~268 的序号,此区间判断为狗狗,如果是则返回 true,否则将返回false,相关代码如下:

```
def ResNet50_predict_labels(img_path):
    ♯返回 img_path 路径图像的预测向量
    img = preprocess_input(path_to_tensor(img_path))
    return np.argmax(Resnet50_model.predict(img))
def dog_detector(img_path):
    ♯检查 ResNet50_predict_labels 返回值是否介于 151~268,如果是则返回 True
    prediction = ResNet50_predict_labels(img_path)
return ((prediction <= 268) & (prediction >= 151))
♯测试代码如下(前两张图片为比熊犬和边境牧羊犬,最后一张为人像)
print(dog_detector('C:/Users/曹宁/Pictures/bixiong.jpg'))
print(dog_detector('C:/Users/曹宁/Pictures/bianmu.jpg'))
print(dog_detector('C:/Users/曹宁/Pictures/Camera Roll/曹君瑞/6M2A1052.JPG'))
```

结果如图 19-3 所示。

2. Xception 模型

狗狗的识别与检测完成后,进行分类模型的构建,本项目使用预训练的 Xception 模型,通过 bottleneck_features 对原有模型进行微调,满足所需要分类的要求。同时,将原有的 Xception 模型去掉全连

图 19-3　测试结果

接层和输出层,替换为全局平均池化层(GAP),以此减少参数数目,实现模型优化。微调的具体步骤如下:

(1)准备训练好的模型权重。

(2)运行、提取瓶颈特征(网络在全连接之前的最后一层激活特征图,卷积-全连接层之间),单独调用并保存。

(3)瓶颈特征层数据之后进入全连接层,进行微调。

使用检查点回调函数,在每轮结束后保存模型权重;为防止过拟合,使用早停法,具体

步骤如下:

(1)将原始的训练数据集划分成训练集和验证集。

(2)只在训练集上进行训练,每个周期计算模型在验证集上的误差。

(3)当模型在验证集上的误差比上一次训练结果差的时候停止训练。

(4)使用上次迭代结果中的参数作为模型的最终参数。

相关代码如下:

```
from tensorflow.keras.models import Sequential          #导入相关的库和模块
from tensorflow.keras.layers import Conv2D, MaxPooling2D, GlobalAveragePooling2D
from tensorflow.keras.layers import Dropout, Flatten, Dense, Activation
from tensorflow.keras.layers import BatchNormalization
from tensorflow.keras.callbacks import ModelCheckpoint,EarlyStopping
#从另一个预训练的 CNN 获取瓶颈特征
bottleneck_features = np.load('D:/bottleneck_features/DogXceptionData.npz')
train_Xception = bottleneck_features['train']
valid_Xception = bottleneck_features['valid']
test_Xception = bottleneck_features['test']
#调用预训练模型
Xception_model = Sequential()
#添加全局平均池化层,避免过拟合
Xception_model.add(GlobalAveragePooling2D(input_shape = train_Xception.shape[1:]))
#添加丢弃层,避免过拟合
Xception_model.add(Dropout(0.2))
#添加 BatchNormalization 层加速运算过程
Xception_model.add(BatchNormalization())
Xception_model.add(Dense(256))
Xception_model.add(Dropout(0.2))
#添加 BatchNormalization 层加速运算过程
Xception_model.add(BatchNormalization())
#添加 ReLu 激活函数,缓解过拟合
Xception_model.add(Activation('relu'))
#添加 133 个节点的全连接层,并使用 softmax 激活函数输出每个狗狗品种的概率
Xception_model.add(Dense(133, activation = 'softmax'))
Xception_model.summary()
#编译模型
#categorical_crossentropy 为交叉熵损失函数,adagrad 是基于梯度的优化算法
Xception_model.compile(loss = 'categorical_crossentropy',optimizer = 'adagrad', metrics =
['accuracy'])
```

19.3.3 模型训练

在定义模型架构和编译之后,通过验证集防止过拟合,使模型可以区分狗的品种。相关代码如下:

```
#训练模型
```

```
# 在每轮结束作为回调函数,保存模型
checkpointer = ModelCheckpoint(filepath = 'C:/Users/曹宁
/.keras/models/xception_weights_tf_dim_ordering_tf_kernels.h5',verbose = 1,
save_best_only = True)
# 使用早停法,参数分别为验证集的损失值、提升的最小变化、每个检查点之间的间隔(训练轮数)
# 详细信息模式 verbose: verbose = 1 为输出进度条记录
earlystopping = EarlyStopping(monitor = 'val_loss', min_delta = 0.001, patience = 20, verbose
= 1)
# verbose = 2 为每轮输出一行记录
history = Xception_model.fit(train_Xception, train_targets, validation_data = (valid_
Xception, valid_targets), epochs = 100, batch_size = 20, callbacks = [checkpointer,
earlystopping], verbose = 2)
# 加载具有最佳验证损失的模型权重
Xception_model.load_weights('C:/Users/曹宁
/.keras/models/xception_weights_tf_dim_ordering_tf_kernels.h5')
# 定义最终的 Xception 模型
def extract_Xception(tensor):
    from keras.applications.xception import Xception, preprocess_input
    return Xception(weights = 'imagenet', include_top = False).predict(preprocess_input
(tensor))
```

训练过程如图 19-4 所示,每次用 20 张图片训练 100 次,每个 batch 更新 1 次权重,每轮保存 1 次权重。

```
Epoch 00098: val_loss improved from 0.47835 to 0.47698, saving model to C:/Users/曹
宁/.keras/models/xception_weights_tf_dim_ordering_tf_kernels.h5
6680/6680 - 11s - loss: 0.3987 - accuracy: 0.9108 - val_loss: 0.4770 - val_accuracy:
0.8611
Epoch 99/100

Epoch 00099: val_loss improved from 0.47698 to 0.47567, saving model to C:/Users/曹
宁/.keras/models/xception_weights_tf_dim_ordering_tf_kernels.h5
6680/6680 - 10s - loss: 0.4090 - accuracy: 0.9058 - val_loss: 0.4757 - val_accuracy:
0.8647
Epoch 100/100

Epoch 00100: val_loss did not improve from 0.47567
6680/6680 - 12s - loss: 0.4043 - accuracy: 0.9061 - val_loss: 0.4765 - val_accuracy:
0.8635
```

图 19-4　训练过程

19.3.4　API 调用

由于数据集中狗狗的类别名称为英文,不方便使用,因此,通过调用百度翻译 API,进行输出结果的翻译。

(1) 打开百度翻译开放平台 http://api.fanyi.baidu.com,注册并登录。

(2) 注册成为开发者,获得 APPID。

(3) 开通通用翻译 API 服务链接为 http://api.fanyi.baidu.com/api/trans/product/apichoose。

(4) 参考技术文档和 Demo 编写代码。

相关代码如下：

```python
from tkinter import *              # 导入相关的库和模块
from urllib import request
from urllib import parse
import json
import hashlib
# 定义英译汉函数
def translate_Word(en_str):
    # 获取百度翻译 URL
    URL = 'http://api.fanyi.baidu.com/api/trans/vip/translate'
    # 创建 From_Data 字典,存储向服务器发送的 data
    From_Data = {}
    # 从英文翻译到中文
    From_Data['from'] = 'en'
    From_Data['to'] = 'zh'
    # 要翻译的数据
    From_Data['q'] = en_str
    # 申请的 APPID
    From_Data['appid'] = '20200405000412651'
    # 随机数
    From_Data['salt'] = '1435660288'
    # 平台分配的密匙
    Key = 'HF5TK9BbOZeAtMnlt54r'
    m = From_Data['appid'] + en_str + From_Data['salt'] + Key
    m_MD5 = hashlib.md5(m.encode('utf8'))
    From_Data['sign'] = m_MD5.hexdigest()
    # 使用 urlencode()方法转换标准格式
    data = parse.urlencode(From_Data).encode('utf-8')
    # 传递 request 对象和转换完格式的数据
    response = request.urlopen(URL, data)
    # 读取信息并解码
    html = response.read().decode('utf-8')
    # 使用 JSON
    translate_results = json.loads(html)
    # 找到翻译结果
    translate_results = translate_results['trans_result'][0]['dst']
    # 打印翻译信息
    print('您所查询狗狗的品种是:\n%s' % translate_results)
return translate_results
```

定义狗狗品种预测函数,调用 translate_Word(en_str)实现翻译功能,相关代码如下：

```python
# 狗狗品种预测函数
def predict_label(img_path):
```

```
from IPython.core.display import Image,display
display(Image(img_path,width = 200,height = 200))
#如果狗狗标签位于151~268则输入路径,获取类名并翻译
#否则提示无法匹配
if dog_detector(img_path):
    dog_name = Xception_predict_breed(img_path)
    translate_Word(dog_name)
    return print(dog_name)
else:
    return print("您所输入的图片无法匹配,请重新尝试")
```

19.3.5 模型生成

使用 Python 的 wxPython 模块进行编程,实现 GUI 设计、模型输入/输出可视化。

1. 狗品种预测模块

定义 Xception_predict_breed(img_path)函数,将图像路径作为输入,返回狗的品种,相关代码如下:

```
def Xception_predict_breed(img_path):
    #提取瓶颈特征
    bottleneck_feature = extract_Xception(path_to_tensor(img_path))
    #获取预测向量
    predicted_vector = Xception_model.predict(bottleneck_feature)
    #返回此模型预测狗的品种
return dog_names[np.argmax(predicted_vector)]
```

2. 图片输入模块

该模块能够打开"文件"对话框,对计算机全盘搜索,允许用户选择任意一张图片,相关代码如下:

```
def OnOpenPic(self,event):              #打开文件函数
    global PicturePath
    wildcard = 'All files( * . * )| * . * '
    dialog = wx.FileDialog(self, message = "选择图片",
                    defaultDir = '',
                    defaultFile = '',
                    wildcard = wildcard,
                    style = wx.FD_OPEN)
#打开文件对话框,并设置对话框标题为:默认文件夹、默认文件以及打开文件类型
    if dialog.ShowModal() == wx.ID_OK:    #单击文件对话框中的"打开"按钮,就能获取打开图片
                                          #的路径
        PicturePath = dialog.GetPath()
        dialog.Destroy()
```

3. 图片内容解析，引用模型训练结果模块

该模块引入训练过的模型结果，对图片内容进行解析和判决，如果结果为 True，则输出犬品种；如果结果为 False，则输出"无法识别"。相关代码如下：

```
def ReadPic(self,event):                    #引用模型结果的函数
        global PicturePath
        if dog_detector(PicturePath):#识别狗函数
            DogName = wx.MessageDialog(None,translate_Word(Xception_predict_breed
(PicturePath)),'您选择的狗品种为：',wx.OK|wx.CANCEL)
            DogName.ShowModal()
#识别为狗,消息框设置的参数依次为：无父框架、设置消息框内容为狗的名字、图标、标题以及按钮
        else:
            dial = wx.MessageDialog(None, '无法识别',
'Error', wx.OK | wx.ICON_ERROR)
            dial.ShowModal()        #识别函数判决为否,设置消息框的标题、内容、图标和按钮
    def OnEraseBackground(self, evt):  #设置图片背景函数
        dc = evt.GetDC()
        if not dc:
            dc = wx.ClientDC(self)
            rect = self.GetUpdateRegion().GetBox()
            dc.SetClippingRect(rect)
        dc.Clear()
        bmp = wx.Bitmap(COVERPATH)
        dc.DrawBitmap(bmp, 0, 0)
    def Back(self,event):            #返回为初始界面函数
img = Image.open("RAWCOVER.jpg") #此为初始界面背景图片
img = img.resize((800,500))
img.save("COVER.jpg")             #复制到画板背景读取路径的图片
self.panel.Refresh()              #刷新画板
```

19.4 系统测试

本部分包括训练准确率、测试效果和模型应用。

19.4.1 训练准确率

通过导入 matplotlib.pyplot 绘制图像，解决图像中文显示问题，相关代码如下：

```
import matplotlib.pyplot as plt
import matplotlib.font_manager
#设置字体为华文宋体,并设置字号大小
font1 = matplotlib.font_manager.FontProperties(fname = 'C:\Windows\Fonts\STSONG.TTF',size = 20)
```

```
font2 = matplotlib.font_manager.FontProperties(fname = 'C:\Windows\Fonts\STSONG.TTF', size =
15)
font3 = matplotlib.font_manager.FontProperties(fname = 'C:\Windows\Fonts\STSONG.TTF', size =
10)
# 精确度可视化
plt.plot(history.history['accuracy'])
plt.plot(history.history['val_accuracy'])
# 精确度图像标题
plt.title('模型精确度', fontproperties = font1)
# x 轴和 y 轴标签
plt.ylabel('精确度', fontproperties = font2)
plt.xlabel('训练次数', fontproperties = font2)
# 添加图例
plt.legend(['训练集', '测试集'], loc = 'lower right', prop = font3)
# 显示图像
plt.show()
# 损失可视化
plt.plot(history.history['loss'])
plt.plot(history.history['val_loss'])
# 损失图像标题
plt.title('模型损失', fontproperties = font1)
# x 轴和 y 轴标签
plt.ylabel('损失', fontproperties = font2)
plt.xlabel('训练次数', fontproperties = font2)
# 添加图例
plt.legend(['训练集', '测试集'], loc = 'upper right', prop = font3)
# 显示图像
plt.show()
```

结果如图 19-5 和图 19-6 所示。

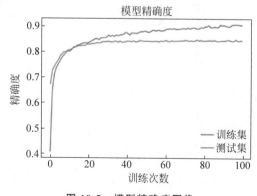

图 19-5　模型精确度图像

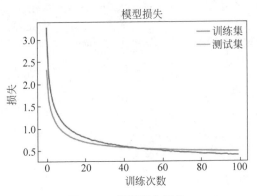

图 19-6　模型损失图像

训练集的精确度已经达到 90％ 以上，而测试集的精确度在 85％ 左右；损失函数随着训练次数的增加逐渐减小。

19.4.2　测试效果

将用于测试的图片路径带入 predict_label(img_path) 函数，可验证模型基本能够实现狗的识别和狗品种的分类，如图 19-7～图 19-9 所示。

您所查询狗狗的品种是：
29. 边境牧羊犬
29. Border_collie

图 19-7　示例 1 结果

您所查询狗狗的品种是：
05. 阿拉斯加
05. Alaskan_malamute

图 19-8　示例 2 结果

您所输入的图片无法匹配，请重新尝试

图 19-9　示例 3 结果

19.4.3　模型应用

本部分包括模型的引用、应用使用说明和测试结果。

1. 模型的引用

将模型训练的 .py 文件放在 GUI 设计代码文件的同一层目录下，在 GUI 设计的 .py 文件中使用 import 将训练好的模型引入，GUI 设计代码完成后，生成 .exe 文件。

2. 应用使用说明

打开.exe 文件,初始界面如图 19-10 所示,从上到下依次是三个并列一行的按钮和一个图片背景。

图 19-10 初始界面

单击"选择图片"按钮,允许在全盘选择一张图片,弹出如图 19-11 所示的"选择图片"对话框。

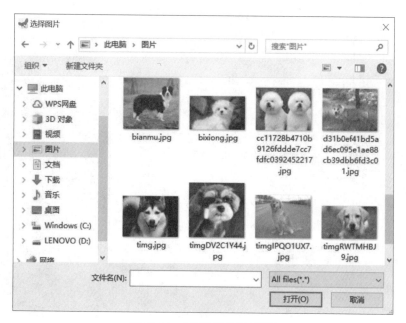

图 19-11 "选择图片"对话框

打开一张图片后,变成以该图片为背景,如图 19-12 所示,选择一张拉布拉多的图片,背景图片即变成该图片。

图 19-12   选择一张图片后的背景

单击"确定"按钮,弹出一个消息框,判断该图片是否是狗,若是,则消息框中的内容即为犬种类名;若不是,则消息框为 error 警告框,提示图片中不是狗。分别输入狗的图片、输入不是狗的图片进行演示效果,如图 19-13 和图 19-14 所示。

图 19-13   输入狗图片消息框的效果

图 19-14 输入不是狗图片的效果

单击"返回"按钮恢复原始界面,如图 19-15 所示。

图 19-15 恢复为原始界面

3. 测试结果

在 .exe 文件界面测试如图 19-16～图 19-18 所示。

图 19-16 测试结果示例 1

图 19-17 测试结果示例 2

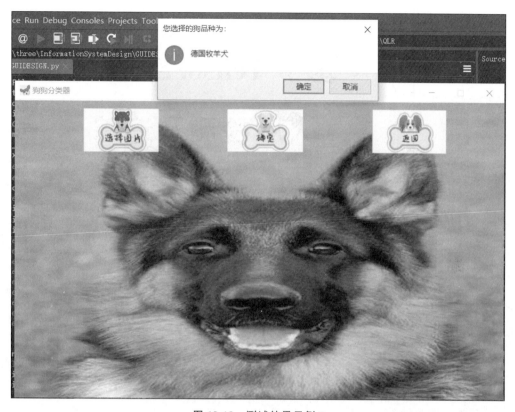

图 19-18　测试结果示例 3

基于 TensorFlow 的

人脸检测及追踪

本项目采用 WiderFace 数据集，通过 SSD-Mobilenet 算法及 TensorFlow 的 Object_ Detection API 对模型进行训练，实现视频中人脸检测及运动的跟踪。

20.1 总体设计

本部分包括系统整体结构和系统流程。

20.1.1 系统整体结构

系统整体结构如图 20-1 所示。

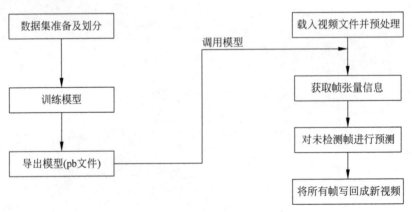

图 20-1 系统整体结构

20.1.2 系统流程

系统流程如图 20-2 所示。

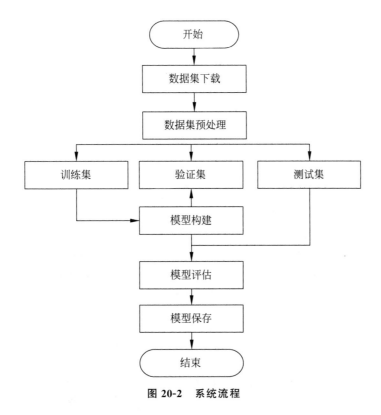

图 20-2　系统流程

20.2　运行环境

本部分主要包括 Python 环境、TensorFlow 环境和 models 环境。

20.2.1　Python 环境

需要 Python 3.6 及以上配置,在 Windows 环境下推荐下载 Anaconda 完成 Python 所需的配置,Python 下载地址为 https://www.anaconda.com/。

20.2.2　TensorFlow 环境

打开 Anaconda Prompt,输入清华仓库镜像,输入命令:

```
conda config -- add channels https://mirrors.tuna.tsinghua.edu.cn/anaconda/pkgs/free/
conda config - set show_channel_urls yes
```

创建 Python 3.6 的环境,名称为 TensorFlow,此时 Python 版本和后面 TensorFlow 的版本有匹配问题,此步选择 python 3.x,输入命令:

```
conda create - n TensorFlow python = 3.6
```

有需要确认的地方，都输入 y。

在 Anaconda Prompt 中激活 TensorFlow 环境，输入命令：

```
activate TensorFlow
```

安装 CPU 版本的 TensorFlow，输入命令：

```
pip install - upgrade -- ignore - installed TensorFlow
```

安装完毕。

20.2.3 models 环境

在 GitHub 上下载 models 文件，下载地址为 https://github.com/TensorFlow/models。编译 protobuf，Object_Detection API 使用 protobuf 训练模型和配置参数，先编译 protobuf，下载地址为 https://github.com/google/protobuf/releases，并完成配置。

20.3 模块实现

本项目包括 3 个模块：数据预处理、模型构建、模型训练及保存，下面分别给出各模块的功能介绍及相关代码。

20.3.1 数据预处理

本项目的数据集来自 WiderFace：http://shuoyang1213.me/WIDERFACE/。WiderFace 数据集是人脸检测的一个基准数据集，包含 32203 个图像、393703 个人脸，这些人脸在尺度、姿态、遮挡方面都有很大的变化范围。

通过 SSD(Single Shot MultiBox Detector)算法进行模型训练，要求输入图片人脸不能过小，否则会出现算法无法收敛、评估分数很低的情况，另外 SSD 要求输入图片为方形，否则会扭曲图片。首先，WiderFace 转化成 voc 格式；其次，转化成 TFRecords 格式，因为 TensorFlow 版的 SSD 算法仅支持 TFRecords 格式的数据。

1. 将 WiderFace 数据集转换成 pascal_voc 格式

```
import os,cv2,sys,shutil,numpy                          #导入相关库和模块
from xml.dom.minidom import Document
import os
def writexml(filename, saveimg, bboxes, xmlpath):
#该函数功能为创建数据集各元素节点
    doc = Document()                                    #定义文件对象
    annotation = doc.createElement('annotation')        #创建根节点
```

```
# annotaion 为 voc 数据集的注解文件
doc.appendChild(annotation)                                    # 放在 doc 中
folder = doc.createElement('folder')
folder_name = doc.createTextNode('WiderFace')
# 创建名为 Widerface 的文件夹
folder.appendChild(folder_name)
annotation.appendChild(folder)
filenamenode = doc.createElement('filename')                   # 创建文件名节点
filename_name = doc.createTextNode(filename)
filenamenode.appendChild(filename_name)
annotation.appendChild(filenamenode)
source = doc.createElement('source')
annotation.appendChild(source)
database = doc.createElement('database')                        # 创建数据库
database.appendChild(doc.createTextNode('wider face Database'))
source.appendChild(database)
annotation_s = doc.createElement('annotation')
annotation_s.appendChild(doc.createTextNode('PASCAL VOC2007'))
source.appendChild(annotation_s)                               # 添加一个新的子节点
image = doc.createElement('image')
image.appendChild(doc.createTextNode('flickr'))
source.appendChild(image)
flickrid = doc.createElement('flickrid')                       # 创建一个元素
flickrid.appendChild(doc.createTextNode('-1'))
source.appendChild(flickrid)
owner = doc.createElement('owner')
annotation.appendChild(owner)
flickrid_o = doc.createElement('flickrid')
flickrid_o.appendChild(doc.createTextNode('muke'))
owner.appendChild(flickrid_o)
name_o = doc.createElement('name')
name_o.appendChild(doc.createTextNode('muke'))                 # 添加一个新的子节点
owner.appendChild(name_o)
size = doc.createElement('size')
annotation.appendChild(size)
width = doc.createElement('width')
width.appendChild(doc.createTextNode(str(saveimg.shape[1])))
height = doc.createElement('height')
height.appendChild(doc.createTextNode(str(saveimg.shape[0])))
depth = doc.createElement('depth')
depth.appendChild(doc.createTextNode(str(saveimg.shape[2])))
size.appendChild(width)                                        # 宽度
size.appendChild(height)                                       # 高度
size.appendChild(depth)                                        # 深度
segmented = doc.createElement('segmented')
segmented.appendChild(doc.createTextNode('0'))
annotation.appendChild(segmented)                              # 添加一个新的子节点
```

```python
    for i in range(len(bboxes)):
        bbox = bboxes[i]
        objects = doc.createElement('object')                    # 创建元素
        annotation.appendChild(objects)
        object_name = doc.createElement('name')
        object_name.appendChild(doc.createTextNode('face'))      # 添加新的子节点
        objects.appendChild(object_name)
        pose = doc.createElement('pose')
        pose.appendChild(doc.createTextNode('Unspecified'))
        objects.appendChild(pose)
        truncated = doc.createElement('truncated')
        truncated.appendChild(doc.createTextNode('0'))
        objects.appendChild(truncated)
        difficult = doc.createElement('difficult')               # 创建元素
        difficult.appendChild(doc.createTextNode('0'))
        objects.appendChild(difficult)                           # 添加一个新的子节点
        bndbox = doc.createElement('bndbox')
        objects.appendChild(bndbox)
        xmin = doc.createElement('xmin')                         # 创建元素
        xmin.appendChild(doc.createTextNode(str(bbox[0])))
        bndbox.appendChild(xmin)                                 # 添加一个新的子节点
        ymin = doc.createElement('ymin')
        ymin.appendChild(doc.createTextNode(str(bbox[1])))
        bndbox.appendChild(ymin)
        xmax = doc.createElement('xmax')                         # 创建元素
        xmax.appendChild(doc.createTextNode(str(bbox[0] + bbox[2])))
        bndbox.appendChild(xmax)                                 # 添加一个新的子节点
        ymax = doc.createElement('ymax')
        ymax.appendChild(doc.createTextNode(str(bbox[1] + bbox[3])))
        bndbox.appendChild(ymax)
    f = open(xmlpath, "w")                                       # 打开文件
    f.write(doc.toprettyxml(indent = ''))                        # 写入文件
    f.close()
# 数据集的位置
rootdir = "/home/wzj/TF/WiderFace"
gtfile = "/home/wzj/TF/WiderFace/wider_face_split/wider_face_train_bbx_gt.txt"
im_folder = "/home/wzj/TF/WiderFace/WIDER_train/images"
fwrite = open("/home/wzj/TF/WiderFace/ImageSets/Main/train.txt", "w")
# wider_face_train_bbx_gt.txt 的文件内容
# 第一行为名字
# 第二行为头像的数量 n
# 剩下的为 n 行人脸数据
with open(gtfile, "r") as gt:
    while(True):
        gt_con = gt.readline()[:-1]
```

```
        if gt_con is None or gt_con == "":
            break;
        im_path = im_folder + "/" + gt_con;
        print(im_path)
        im_data = cv2.imread(im_path)
        if im_data is None:
            continue
        numbox = int(gt.readline())
        ＃获取每一行人脸数据
        bboxes = []
        if numbox == 0:                                  ＃numbox 为 0 的情况处理
            gt.readline()
        else:
            for i in range(numbox):
                line = gt.readline()
                infos = line.split(" ")                  ＃用空格分割
                ＃ 如：x y w h ….
                bbox = (int(infos[0]), int(infos[1]), int(infos[2]), int(infos[3]))
                bboxes.append(bbox)          ＃将一张图片的所有人脸数据加入 bboxes
            filename = gt_con.replace("/", "_")
＃将存储位置作为图片名称,斜杠转为下画线
            fwrite.write(filename.split(".")[0] + "\n")
            cv2.imwrite("{}/JPEGImages/{}".format(rootdir, filename), im_data)
            xmlpath = "{}/Annotations/{}.xml".format(rootdir, filename.split(".")[0])
            writexml(filename, im_data, bboxes, xmlpath)
fwrite.close()
```

2. 将 Voc 格式转化成 TFrecords 格式

```
DATASET_DIR = ./VOC2007/test/                        ＃数据集位置
OUTPUT_DIR = ./tfrecords
python tf_convert_data.py \
   -- dataset_name = pascalvoc \
   -- dataset_dir = ${DATASET_DIR} \
   -- output_name = voc_2007_train \
-- output_dir = ${OUTPUT_DIR}
```

20.3.2　模型构建

数据加载进模型之后,需要定义模型结构,并优化损失函数。

1. 创建标签分类配置文件

在工程文件夹 data 目录下创建标签分类的配置文件(label_map.pbtxt),需要检测几种目标就创建几个 ID,注意 ID=0 是固定分配给 background 的,所以要从 1 开始编号。本项

目中只检测人脸，只有 0 和 1，其中 1 代表人脸。

```
item {
  id: 1                                              ＃ID从 1 开始编号
  name: 'person'
}
```

2. 配置管道配置文件

找到 models\research\object_detection\samples\configs\ssd_inception_v2_pets.config 文件，复制到 data 文件夹下，修改之后配置如下：

注意：只有两类，所以第 3 行需改成 2，另外需要修改的还有 169 和 183 两行，将地址换成自己文件夹上训练集和验证集的位置，以及 171 和 185 两行，换成自己文件夹上 pbtxt 文件的地址。

另外可供修改的参数还有 135 行的 batch_size，即批次大小，139～142 行上设置学习率和退化率，156 行设置训练的总步数等。其余参数采用默认配置，各参数的意义可在官网查询。

```
model {                                              ＃采用模型
  ssd {
    num_classes: 2
    box_coder {
      faster_rcnn_box_coder {
        y_scale: 10.0
        x_scale: 10.0
        height_scale: 5.0
        width_scale: 5.0
      }
    }
    matcher {                                        ＃匹配器
      argmax_matcher {
        matched_threshold: 0.45
        unmatched_threshold: 0.35
        ignore_thresholds: false
        negatives_lower_than_unmatched: true
        force_match_for_each_row: true
      }
    }
    similarity_calculator {                          ＃相似度计算
      iou_similarity {
      }
    }
    anchor_generator {                               ＃生成器
      ssd_anchor_generator {
        num_layers: 6
```

```
      min_scale: 0.2
      max_scale: 0.95
      aspect_ratios: 1.0
      aspect_ratios: 2.0
      aspect_ratios: 0.5
      aspect_ratios: 3.0
      aspect_ratios: 0.3333
    }
}
image_resizer {                              #图像变化
  fixed_shape_resizer {
    height: 648
    width: 1152
    }
}
box_predictor {                              #预测
  convolutional_box_predictor {
    min_depth: 0
    max_depth: 0
    num_layers_before_predictor: 0
    use_dropout: false
    dropout_keep_probability: 0.8
    kernel_size: 1
    box_code_size: 4
    apply_sigmoid_to_scores: false
    conv_hyperparams {                       #卷积超参数
      activation: RELU_6,
      regularizer {
        l2_regularizer {
          weight: 0.00004
        }
      }
      initializer {                          #初始化
        truncated_normal_initializer {
          stddev: 0.03
          mean: 0.0
        }
      }
      batch_norm {                           #批次参数
        train: true,
        scale: true,
        center: true,
        decay: 0.9997,
        epsilon: 0.001,
      }
    }
  }
```

```
        }
        feature_extractor {                                    # 特征提取
          type: 'ssd_mobilenet_v1'
          min_depth: 16
          depth_multiplier: 1.0
          conv_hyperparams {
            activation: RELU_6,
            regularizer {
              l2_regularizer {
                weight: 0.00004
              }
            }
            initializer {                                      # 初始化
              truncated_normal_initializer {
                stddev: 0.03
                mean: 0.0
              }
            }
            batch_norm {                                       # 批次参数
              train: true,
              scale: true,
              center: true,
              decay: 0.9997,
              epsilon: 0.001,
            }
          }
        }
        loss {                                                 # 损失
          classification_loss {                                # 分类损失
            weighted_sigmoid {
            }
          }
          localization_loss {                                  # 定位损失
            weighted_smooth_l1 {
            }
          }
          hard_example_miner {                                 # 困难样本挖掘
            num_hard_examples: 3000
            iou_threshold: 0.99
            loss_type: CLASSIFICATION
            max_negatives_per_positive: 3
            min_negatives_per_image: 0
          }
          classification_weight: 1.0
          localization_weight: 1.0
        }
        normalize_loss_by_num_matches: true                    # 归一化损失
        post_processing {
          batch_non_max_suppression {                          # 批非极大值抑制
            score_threshold: 1e - 8
```

```
            iou_threshold: 0.6
            max_detections_per_class: 100
            max_total_detections: 100
          }
          score_converter: SIGMOID
        }
      }
    }
train_config: {                                          #训练配置
    batch_size: 24
    optimizer {                                          #优化器
      rms_prop_optimizer: {
        learning_rate: {
          exponential_decay_learning_rate {
            initial_learning_rate: 0.004
            decay_steps: 1000
            decay_factor: 0.95
          }
        }
        momentum_optimizer_value: 0.9
        decay: 0.9
        epsilon: 1.0
      }
    }
    from_detection_checkpoint: false
    num_steps: 40000
    data_augmentation_options {                          #数据增强选项
      random_horizontal_flip {
      }
    }
    data_augmentation_options {
      ssd_random_crop {
      }
    }
}
train_input_reader: {                                    #训练输入数据
    tf_record_input_reader {
      input_path: "D:/Project/object-detection/data/WiderFace_train.tfrecord"
    }
    label_map_path: "D:/Project/object-detection/data/label_map.pbtxt"
}
eval_config: {                                           #测试配置
    num_examples: 2000
    max_evals: 10
}
eval_input_reader: {                                     #测试输入数据
    tf_record_input_reader {
      input_path: "D:/Project/object-detection/data/WiderFace_validation.tfrecord"
    }
    label_map_path: "D:/Project/object-detection/data/label_map.pbtxt"
```

```
    shuffle: false
    num_readers: 1
}
```

20.3.3　模型训练及保存

本部分包括模型训练和模型保存。

1. 模型训练

将 object_detection\train.py 文件复制到工程目录下，用以下命令行进行训练。

```
python train.py －－ logtostderr －－ pipeline_config_path = D:/Project/object－detection/data/
ssd_mobilenet_v1_pets.config －－train－dir = D:/Project/object－detection/data
```

这里的两个地址须换成自己工程目录下对应的地址。

2. 模型保存

训练过程中会在 data 目录下生成不同步数训练成的 model.ckpt-xxxxx 文件，在命令行中输入：

```
python export_inference_graph.py －－ pipeline_config_path = D:/Project/object－detection/
data/ssd_mobilenet_v1_pets.config －－ trained_checkpoint_prefix ./data/model.ckpt－30000 －
－output_directory ./data/exported_model_directory
```

在模型参数设置时，训练步数选择了 30000 步，可以根据自身情况选择，上述命令行需要更换自己工程目录地址。

模型结果：保存名为 frozen_inference_graph.pb 的文件。

20.4　系统测试

人脸检测效果如图 20-3 所示。

图 20-3　人脸检测效果

图书资源支持

感谢您一直以来对清华大学出版社图书的支持和爱护。为了配合本书的使用，本书提供配套的资源，有需求的读者请扫描下方的"书圈"微信公众号二维码，在图书专区下载，也可以拨打电话或发送电子邮件咨询。

如果您在使用本书的过程中遇到了什么问题，或者有相关图书出版计划，也请您发邮件告诉我们，以便我们更好地为您服务。

我们的联系方式：

教学资源·教学样书·新书信息

地　　址：北京市海淀区双清路学研大厦 A 座 714

邮　　编：100084

电　　话：010-83470236　010-83470237

资源下载：http://www.tup.com.cn

客服邮箱：tupjsj@vip.163.com

QQ：2301891038（请写明您的单位和姓名）

人工智能科学与技术
人工智能|电子通信|自动控制

资料下载·样书申请

书圈

用微信扫一扫右边的二维码，即可关注清华大学出版社公众号。